CMP BOOKS
机工 IT

“芯”科技前沿技术丛书

AI处理器硬件架构设计

任子木 李东声◎编著

机械工业出版社
CHINA MACHINE PRESS

本书基于当前工业界主流的设计规格，详细介绍了AI处理器硬件架构及微架构的设计原理，并配有对应的工程经验总结与产品实例分析。本书主要内容包括：业界主流AI处理器架构及基础背景知识（第1章）；AI处理器指令集设计与硬件架构总体设计（第2、3章）；核心计算单元，即向量处理单元、矩阵处理单元、标量处理单元的微架构设计实现（第4~6章）；数据搬运单元与存储系统设计（第7、8章）；AI处理器设计实例剖析（第9章）。

本书为读者提供全部案例源代码（下载方式见封底勒口）、高清学习视频，读者可以直接扫描二维码观看。

本书可作为从事AI处理器相关研发工作的专业人员的参考书，也可用作高等院校计算机、集成电路相关专业研究生、高年级本科生的教材和参考书，还可供对AI处理器设计感兴趣的读者自学。

图书在版编目（CIP）数据

AI处理器硬件架构设计 / 任子木，李东声编著.
北京：机械工业出版社，2025. 4. --（“芯”科技前沿技术丛书）. -- ISBN 978-7-111-77830-1

Ⅰ. TP18；TP332

中国国家版本馆CIP数据核字第2025NQ5065号

机械工业出版社（北京市百万庄大街22号　邮政编码100037）
策划编辑：李培培　　　　　　责任编辑：李培培　马　超
责任校对：张　薇　李　杉　　责任印制：单爱军
保定市中画美凯印刷有限公司印刷
2025年4月第1版第1次印刷
184mm×240mm · 19.25印张 · 398千字
标准书号：ISBN 978-7-111-77830-1
定价：129.00元

电话服务　　　　　　　　　　网络服务
客服电话：010-88361066　　机　工　官　网：www.cmpbook.com
　　　　　010-88379833　　机　工　官　博：weibo.com/cmp1952
　　　　　010-68326294　　金　书　网：www.golden-book.com
封底无防伪标均为盗版　　机工教育服务网：www.cmpedu.com

推荐语

RECOMMEND

（按姓氏拼音排序）

艾　克

ImaginationTechnologies 中国区技术专家

1956 年，约翰·麦卡锡在达特茅斯会议上正式提出人工智能的概念，然而直到 2023 年，ChatGPT 掀起了全球 AI 大模型浪潮，才把人工智能推到了风口浪尖。而作为实现人工智能必不可少的算力基础——人工智能芯片，是人工智能技术得以实现的关键。人工智能芯片先驱英伟达公司认为，2025 年将是 AI 智能体发展历程中的关键节点。人工智能芯片设计无疑会成为未来一段时间芯片设计界的重中之重。我有幸拜读过这本书作者之前编写的关于高性能处理器设计的书，对这本书作者在处理器架构设计上的专注精神十分佩服。这本书全面介绍了人工智能处理器硬件架构及微架构，并配有对应的工程经验总结与产品实例分析，值得产业相关人员、高校集成电路等专业学生深入学习与借鉴。

邓　宇

飞腾信息技术有限公司高性能研发总监

作为一名正在学习 AI 硬件知识的传统 CPU 架构师，这本书来得正是时候。与其他简单介绍各种 GPU 和 NPU 的资料不同，这本书真正深入到了 AI 处理器内部，先后介绍了指令集设计、架构设计、向量处理单元、矩阵处理单元、标量处理单元、数据搬运单元和存储系统设计等内容，最后以一个实例帮助读者融会贯通前面所学知识。读完这本书之后，读者能够真正理解 AI 处理器的底层工作逻辑，将会获益良多。

冯幼林

Zscaler，Inc. 资深架构师

作为一名传统高性能多核处理器操作系统及高速外设驱动程序的开发者，我渴望获得一本能助我跨界进入 AI 处理器软件开发领域的参考书。这本书正好满足了我的这个需求，它深入地介绍了现代 AI 处理器设计的方方面面，覆盖指令集、各种微架构、数据的存储及搬移等内容。尽管这本书偏重于硬件设计，但仍然是软件开发者用来学习 AI 处理器及系统设计的必备手册。

华惟哲

Microsoft AI 资深专家

过去几年，大语言模型的进步为人工智能的应用开启了新篇章。这些年获得的丰硕成果除了得益于 Transformer 架构、自回归模型和海量高质量数据的支持以外，还离不开 AI 硬件性能的飞跃，后者为复杂模型的训练与应用提供了关键支撑。这本书围绕 AI 发展的核心，从主流模型需求出发，系统讲解了 AI 硬件的架构、指令集和微架构设计。同时，书中还分析了设计理念和方法论，帮助读者了解 AI 硬件的全貌。这本书适合所有对 AI 硬件设计感兴趣的读者阅读。我还想将这本书推荐给算法研究人员，通过阅读这本书来了解硬件基础，可以为优化算法提供新的思路。

黄　音

ImaginationTechnologies 中国区高级经理

算力作为推动人工智能蓬勃发展的“三驾马车”之一，肩负着基石的重任。算力芯片无疑是人工智能得以引领科技巨浪的关键要素。这本书结合当前人工智能发展趋势，从人工智能发展源头开始，抓住其发展脉络和应用场景，深入介绍处理器设计模块及架构选型。这本书作者作为具有丰富处理器设计经验的实操者，给读者带来的不只是一本工具书，更多的是多年形成的设计理念和思考方法。这本书值得反复研读。

李　伟

全球 TOP5 半导体公司中国区 SoC/IP 首席架构师

这本书是一本深入探讨 AI 处理器的图书，它针对新型计算需求以及传统通用处理器的局限性，从处理器的硬件架构到微架构设计，介绍了 AI 处理器的指令集设计、核心计算单元、数据搬运单元与存储系统设计等多个方面，并分享了丰富的工程经验及提供了实例分析。这本书涵盖了 AI 处理器主要的设计原理和实现方法，对于想了解最新的计算需求和 AI 处理器设计的学生与专业人员来说，都是一本难得的专业领域书籍。

刘宏伟

中国科学院计算技术研究所副研究员

这本书全面地介绍了 AI 处理器的硬件架构设计，包括多种核心计算单元的微架构实现。通过这本书，读者可以较为全面地了解 AI 处理器架构。在这本书中，从指令集设计到存储系统实现，每个环节都有相应的解析和实例说明。此外，这本书还很注重实用性和工程可实现性，这对于正在或即将从事 AI 处理器设计的人来说，是一笔宝贵的资源。总之，这本书是一本非常优秀的专业参考书，无论是对 AI 硬件架构感兴趣的学者，还是从事 AI 处理器设计的工程技术人员，都可以从中获得必要的知识支持和一定的技术启发。

毛　伟

西安电子科技大学菁英教授，中国计算机学会集成电路设计专业委员会执行委员

AI 技术发展迅猛，迫切需要高性能 AI 专用处理器。这本书涵盖 AI 处理器硬件架构设计的方方面面，从理论基础到微架构实现，再到实例分析。这本书的独特之处在于结合丰富的工程经验，深入剖析各种数据处理单元微架构及相应数据流设计，为读者提供前沿且实用的解决方案。无论是 AI 处理器研发人员、科研人员，还是高等院校相关专业的师生，这本书都是不可或缺的重要参考书。

邵　巍

ARM 中国区服务器与生态系统前市场总监，阿里平头哥前高级产品经理，AI 芯片创新公司产品总监，极客时间“说透芯片”课程主讲人

这本书是一本关于芯片设计的 AI 处理器工程实践图书。

这本书把计算机体系结构中的核心概念，从芯片设计的角度，围绕 AI 处理器这个主题，一一呈现出来。从理论到实践，这本书展现了如何从头设计一个 AI 处理器核心。

我最喜欢这本书的一点是，作者不仅列出了 AI 处理器设计中的不同选择，还从芯片设计的角度，根据流水线执行效率、后端布局的难易度等工程维度来评价不同选择的优劣，可见作者具有丰富的工程设计经验。

这本书既有高层次的架构分析，又有细粒度的向量处理单元、矩阵处理单元和标量处理单元的微架构设计。另外，这本书还提供了一个真实 AI 处理器的实例，该实例也是一个完整的 AI 处理器设计教程。这本书工程细节非常多，即使只是为了学习集成电路设计，也值得一读。

唐　欣

蚂蚁集团芯片架构负责人，自研芯片首席架构师

在这个百年不遇的大变局时代，AI 技术和算力已经成为彰显科技实力的重要指标，AI 芯片作为 AI 技术的基础底座，日益成为芯片研发领域的焦点。

芯片设计具有传统、小众、封闭等特点，近十年才开始出现，因此市面上缺少由具有丰富研发经验的工程师所撰写的相关图书。近日有幸阅读了这本书，深感其逻辑清晰、内容深入、见解独到，且全书处处体现出作者丰富的工程经验，阅读此书对我理解 AI 芯片的架构和设计有极大的帮助。

从某种意义上来说，芯片设计是一门取舍的艺术。无论是面向大规模云计算领域的 GPU/AI 加速卡，还是用于端侧的 NPU IP，本质上都是算力(性能)、成本(面积和功耗)、通用性(可编程能力)之间的平衡。这本书从 AI 算法和目前通用的算力芯片 GPU 架构分析入手，然后介绍自定义指令集定义和 AI 处理器功能组件划分，接着深入到 AI 芯片通用的标量、向量、张量(矩阵)单元设计，最后介绍当前 AI 芯片设计的痛点，即落后于算力单元的存储单元的设计，处处体现出作者丰富的工程经验。更加难得的是，这本书还提供了一个完整的 AI 处理器设计实例，该实例可以为广大读者学习 AI 处理器设计提供一个完整

的设计教程。

总而言之，这本书是一本关于 AI 处理器硬件架构设计的专业之作。它提供了丰富且具有明显可实现性的实践案例，让我对 AI 处理器的硬件架构和设计有了更深入的了解。无论是从事 AI 芯片研发的专业人员，还是有志于进入 AI 芯片研发领域的学生，以及对 AI 芯片设计感兴趣的相关人士，都能从这本书中有所收获。感谢作者无私分享了自己丰富的工程经验，希望芯片设计行业内有更多的专业人士以开源的精神分享自己的工程经验和见解。

吴 冶

南京英麒智能科技有限公司 CEO

非常高兴看到这本书的出版！这本书内容系统、全面，涵盖了 AI 处理器从理论基础到硬件实现的方方面面，既有严谨的理论讲解，又融入了丰富的实践案例。无论是目前从事 AI 处理器设计的工程师，还是未来想要致力于这一领域的学生，都能从这本书中汲取经验与获得灵感。这本书的问世，无疑会成为 AI 硬件设计领域的一大助力。这本书值得每一位对 AI 硬件设计感兴趣的读者深入阅读。

徐 盛

奥比中光科技集团股份有限公司首席架构师

这本书的两位作者都是拥有丰富处理器设计经验的行业资深专家。阅读这本书时，很多地方都会让我感觉在研读项目中的架构设计文档。这本书详细阐述了如何设计 AI 处理器的各个模块，以及如何将这些模块高效集成，构建出一个完整的 AI 处理器，使其各模块协同高效运行。这本书既有深入的理论分析，又提供了丰富的实际案例，非常适合芯片设计行业的从业者学习和参考。

张一航

Zoox，Inc. 工程经理

作为人工智能领域从业者，非常高兴看到这本书出版。随着人工智能应用场景的极大丰富，任务的日益多元化，以及在不同环境中对算力和能效比需求的指数级增加，适应人工智能运算需求的专用处理器的设计及其实现将对人工智能技术及产业的发展起到举足轻重的作用。这本书从 AI 处理器的运算任务出发，自上而下，从宏观和微观的角度完整且扼要地介绍了 AI 处理器的设计方法。这本书从工程样例入手，理论介绍深入浅出，是一本不可多得的系统性介绍 AI 芯片设计理论与方法的参考书。阅读这本书大有裨益。

赵文哲

西安交通大学人工智能学院副教授

这本书从 AI 技术发展的前沿切入，系统探讨了人工智能如何驱动计算机体系结构的优化与重塑。在人工智能时代，面对大规模并行运算的需求，计算体系结构需要在设计上进行深度调整，以提升计算能力。这本书详细解析了流水线并行、计算阵列、并行调度等关键技术，这些技术在提升 AI 模型计算效率方面发挥了至关重要的作用。这本书全方位展示了计算机体系结构是如何在智能化时代转型升级，通过技术创新来满足人工智能日益增长的算力需求的。这本书内容翔实、结构清晰，为对该领域感兴趣且希望深入了解的读者提供了极大的帮助。

前　言

PREFACE

人工智能技术正在深刻改变着我们的学习、工作和生活。从计算机视觉到自然语言处理，从自动驾驶到智能机器人，AI应用的蓬勃发展对计算平台提出了新的挑战。这些挑战主要表现在以下两个方面：1）计算需求的爆炸性增长，深度学习模型规模持续扩大，训练数据量急剧增加，实时推理应用对延迟提出更高要求，边缘计算场景对能效比的要求提升；2）新兴应用带来的特殊需求，包括大规模矩阵运算加速、灵活的数据精度支持、复杂的数据重用模式，以及特定算子的硬件映射优化。

随着人工智能技术的快速发展和广泛应用，传统通用处理器架构在处理AI工作负载时的局限性日益凸显，其瓶颈主要表现在：存储墙问题日益严重、对AI特征计算支持不足、控制逻辑开销过大，以及数据搬运效率低下。为了更好地支持大规模参数和复杂计算结构的机器学习模型的高效执行，专门面向人工智能领域的处理器架构设计成为近几年计算机体系结构领域最活跃的研究方向之一。面对传统处理器在AI领域应用的瓶颈，设计专用的AI处理器架构已是大势所趋。由此，作者团队撰写了本书，对AI处理器硬件架构设计进行了全方位的系统阐述。

本书所呈现的内容基于工业界当下实际的产品和应用技术，在不侵犯商用知识产权的前提下，尽力为读者呈现“是什么（What）”“为什么这样设计（Why）”，以及“如何设计，如何分析（How）”。在本书的写作过程中，作者相对弱化了对计算机体系结构基础知识的阐述，将更多的篇幅有针对性地聚焦于处理器架构/微架构设计的内容，最大限度地为读者呈现硬件架构/微架构的全貌，以及如何设计一款AI处理器。

无论是产品还是工程经验，都会存在自身的局限性。每个成熟的商业公司都有其特有研发体系，工程师也往往在体系之内选择自己认为适宜的方式去做设计以及思考，这本身就带有一定的惯性和片面性。因此，作者通过一家之言抛砖引玉，希望能够引发读者对设计的思考；或者，根据作者的视角和工程经验，启发读者的思路。如果本书能够帮助读者解决实际的工程问题，或者帮助读者弥合了课堂与工业界的差距，那么作者将甚感荣幸。

本书分为 9 章，各章内容如下。

第 1 章为基础知识概述，简要介绍了神经网络和硬件加速平台的相关基础知识，便于读者理解后续内容。

第 2 章和第 3 章从宏观角度分别介绍了 AI 处理器指令集与硬件架构的设计。其中第 2 章为读者介绍了一套通用的 AI 处理器指令集的详细规格，包括标量指令、向量指令、矩阵运算指令等。第 3 章为架构设计总述，介绍了当前典型的 AI 处理器架构实现（包括 VLIW/超标量+SIMD 和 SIMT），计算核心向量运算单元、矩阵处理单元，以及标量处理单元三者的架构设计、流水线分配，以及运算融合。

第 4 章介绍了向量处理单元的详细微架构设计，涉及从整体微架构到各个功能单元的设计，包括浮点运算单元、各种向量类指令和超越函数类指令的硬件实现。

第 5 章介绍了矩阵处理单元的详细微架构设计，重点阐述了数据流设计、脉动阵列的设计和优化，以及乘累加单元的硬件实现。

第 6 章介绍了标量处理单元的详细微架构设计，对应于标量指令的生命周期，基于 AI 处理器与通用 CPU 在应用场景与设计考量上的差异，根据流水线设计的次序，依次讲解了指令提取单元、分支预测单元、指令译码单元与指令发射单元、执行单元，以及访存单元的微架构设计。

第 7 章介绍了数据搬运单元的设计，包括数据传输和在线处理，以及总线接口单元设计。

第 8 章介绍了 AI 处理器中存储系统的设计，包括存储器中 Bank 的划分、Gather/Scatter 引擎的设计，以及进行相应的物理实现时需要关注的问题。

第 9 章对西安交通大学人工智能与机器人研究所研发的 HiPU 微架构进行了深度剖析，包括从指令集设计到硬件架构的实现。通过对流水线和各功能单元微架构的介绍，读者可对第 2~8 章中介绍的内容进行相互印证并将所学知识融会贯通。

感谢西安交通大学赵文哲副教授和大洋彼岸的同学 Howard Wong 在本书策划与编写过程中提供的指导及帮助；感谢机械工业出版社编辑李培培一如既往的关照和支持。

天下事，在局外呐喊议论，总是无益。必须躬身入局，挺膺负责，方有成事之可冀。最后以此句话与各位业界同仁共勉。

李东声

CONTENTS 目录

CHAPTER 1

第 1 章

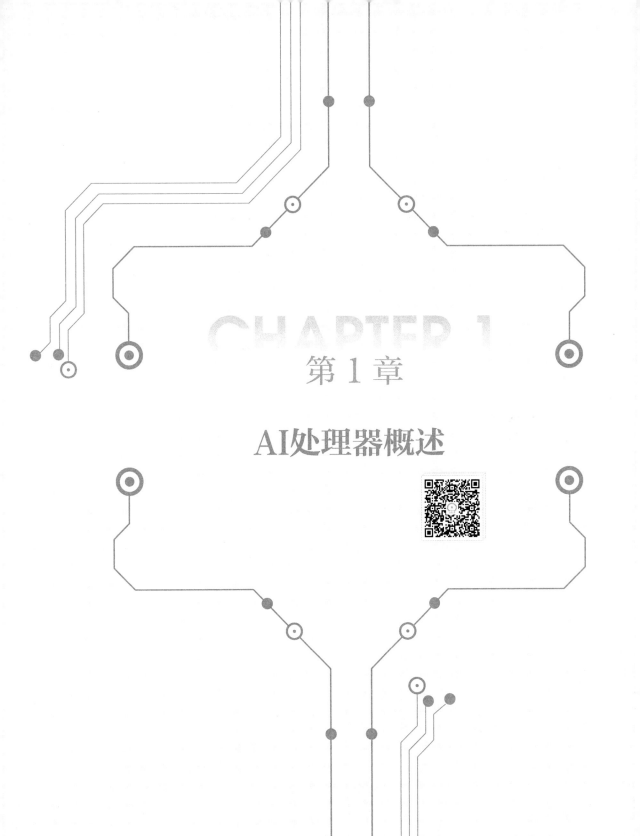

AI处理器概述

近年来，人工智能（Artificial Intelligence，AI）技术飞速发展，人工神经网络目前是许多现代人工智能应用的基础。现有的研究表明，人工神经网络在机器学习、模式识别、信号处理和特征提取等多个领域已经取得了显著的成果。通过模拟人类大脑的工作模式，神经网络能够处理复杂的感知任务，如视觉、听觉和触觉等。这些感知能力使机器人能够在多种感官输入下进行信息整合和决策，显著提升其环境感知和反馈能力。人工神经网络发展至今，网络深度不断增加，网络中权重参数的数量爆发式增长，现有的网络参数数量已达到千亿数量级，计算网络时会产生非常巨大的计算量。人工神经网络在实际部署过程中面临诸多瓶颈。传统的通用计算芯片在处理复杂网络任务时效率低，能耗高，难以满足深度学习模型对计算资源的需求。尤其是在处理大规模数据时，现有硬件架构常常表现出计算瓶颈，导致训练时间过长，推理速度缓慢。此外，传统芯片在处理并行计算和大数据传输时，存储和带宽限制严重影响了其整体性能，无法充分发挥人工神经网络的潜力。为了解决这些问题，设计 AI 专用处理器成为当务之急。AI 专用处理器通过优化硬件架构，显著提升了人工神经网络的运算速度和能效。这些芯片能够并行处理大量数据，减少延迟，满足深度学习模型对计算资源的高需求。此外，AI 专用处理器还能优化存储和带宽，提高数据传输效率，进一步提升系统性能。本章首先介绍神经网络相关的基础知识，重点介绍几种典型神经网络的计算流程，为后续的章节打下理论基础。

1.1 神经网络基础

卷积神经网络（Convolutional Neural Network，CNN）被广泛应用于计算机视觉、自然语言处理等领域。由于 CNN 具有局部感知性、参数共享和池化操作等特点，因此它能够有效地提取图像特征。但随着层数的增加，有时 CNN 的预测效果反而越来越差，这个问题称为退化问题。为了解决这个问题，ResNet 诞生。ResNet 可以人为地让神经网络某些层跳过下一层神经元的连接，隔层相连，弱化每层之间的强联系，这样层的堆叠就不会导致预测效果越来越差。然而，ResNet 想要获得更全面的特征，不可避免地需要堆叠大量的卷积层，但这会造成网络中产生大量的冗余，训练速度缓慢，计算效率低，在边缘设备上实现的成本会变高。同时，其真实的感受野远远低于理论值，从而使卷积提取到很多干扰信息，精度难以提升。Transformer 模型是一种基于注意力机制的深度学习模型，近几年在计算机视觉和自然语言处理领域大放异彩，逐渐超越了卷积型模型。注意力机制能够提取全局特征，然后将注意力放在需要关注的特征上，对无关特征进行过滤，这有助于过滤复杂信道环境中的干扰，并提取有用的特征。接下来对卷积神经网络、残差神经网络和 Transformer 网络分别进行介绍。

1.1.1 卷积神经网络简介

卷积神经网络包含大量卷积（Convolution，Conv）层，为了更好地处理二维图像的空间信息，卷积层先将卷积核与特征图上感受野内对应的特征值进行对应元素相乘并累加，之后通过滑窗移动到下一位置继续进行操作。该运算更接近人类视觉系统，并且通过权值共享极大地减少了网络参数量。CNN 广泛应用在图像分类等计算机视觉任务中。

卷积神经网络的基本结构如图 1-1 所示。其基本结构主要包括：卷积层、激活函数层、池化层、全连接层和目标函数层。

● 图 1-1　卷积神经网络结构

1. 卷积层

卷积层（Convolutional Layer）是卷积神经网络的核心，主要用来提取数据的底层特征。如图 1-2 所示，卷积核在输入特征图上不断平移滑动，并与输入特征图上对应窗口的数据做内积，直到计算完所有数据为止，这个过程就是卷积操作。卷积核经过的地方便是感受野（Receptive Field），也就是神经网络中神经元“看到的”输入区域。在卷积神经网络中，特征图（Feature Map）上某个元素的计算受输入图像上某个区域的影响，这个区域即该元素的感受野。卷积层的计算过程也可以被进一步地描述为一个 7 层循环，对应的伪代码如下所示。其中 N 是批处理数，M 是指输出特征通道数，C 是指输入特征通道数，R 和 S 分别是输出特征图的高度与宽度，K 和 Q 分别是卷积核的高度与宽度。在循环体内，O 是输出特征矩阵，W 是权重矩阵，I 是输入特征矩阵。

```
for(n=0;n<N;n++)
  for(m=0;m<M;m++)
    for(c=0;c<C;c++)
      for(r=0;r<R;r++)
        for(s=0;s<S;s++)
          for(k=0;k<K;k++)
            for(q=0;q<Q;q++)
              O[n,m,r,s]+=W[m,c,k,q]*I[n,c,r+k,s+q];
```

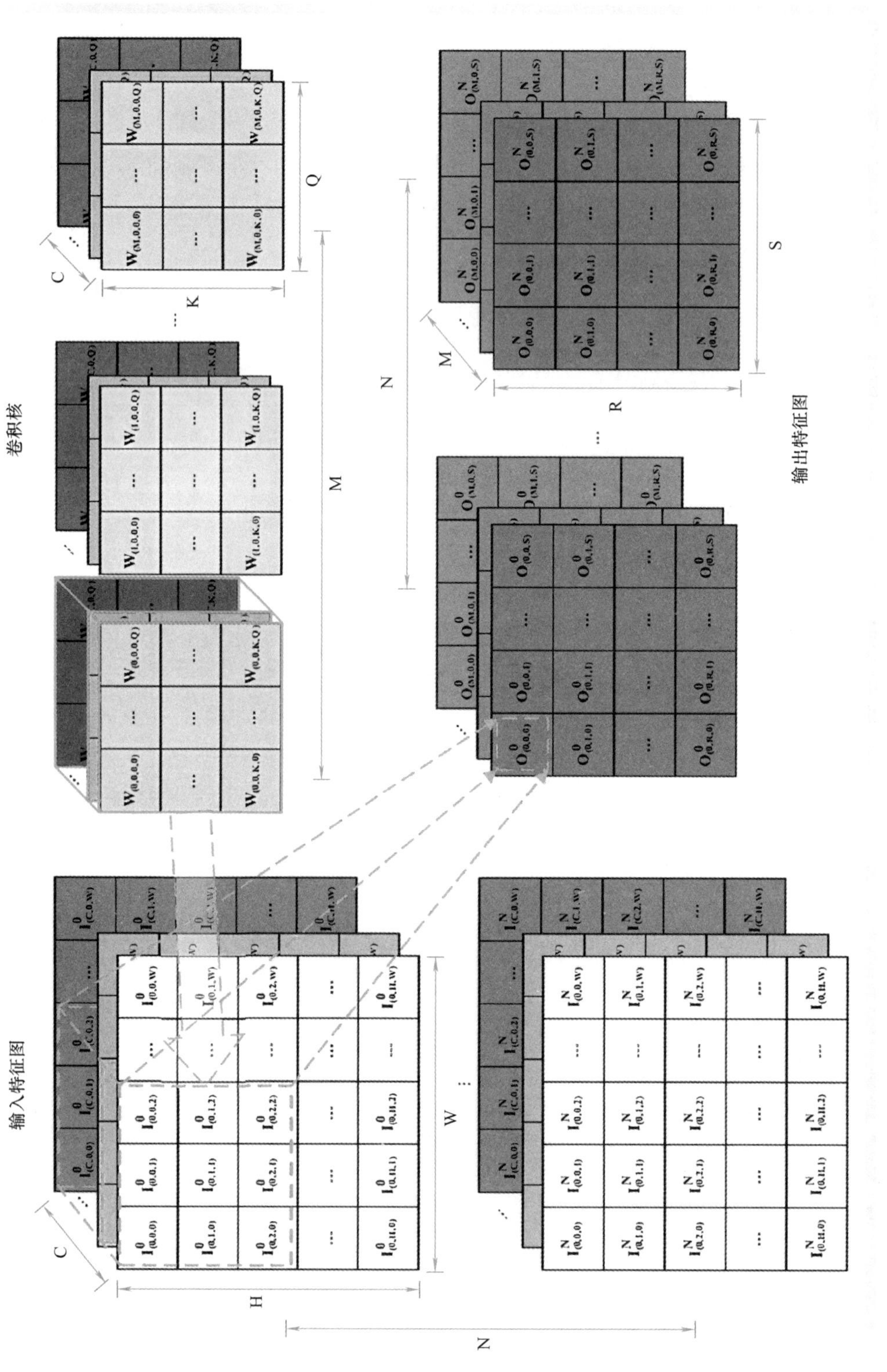

图1-2 卷积示意图

2. 激活函数层

激活函数（Activation Function）主要是为神经网络引入非线性，改变神经元的输出，达到非线性的目的。激活函数的位置一般在神经元的输入端或输出端，在输入端时，可以增强模型表达能力，处理更复杂的问题；在输出端时，可以限制输出信号，满足特定要求，提升模型的性能。常见的激活函数有 Sigmoid、Tanh 和 ReLU 等，如图 1-3 所示。

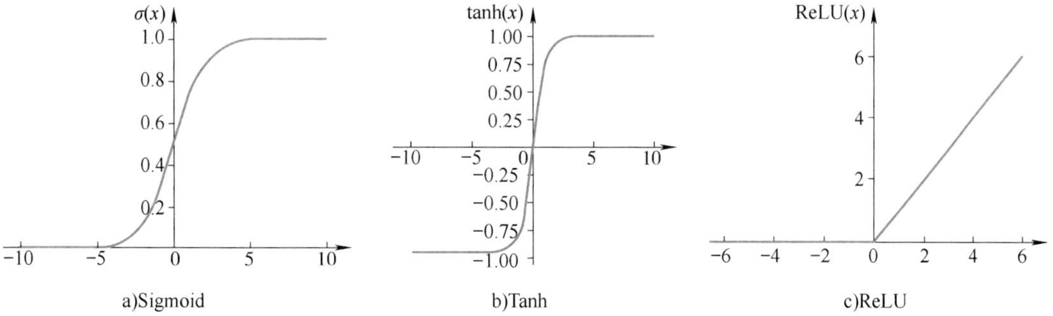

图 1-3　几种典型激活函数

Sigmoid 函数的计算公式见式（1-1），它能够把输入的连续实值变换为 0 和 1 之间的输出，特别地，如果输入是非常大的负数，输出为 0；如果输入是非常大的正数，输出为 1。Tanh 是双曲正切函数，其计算公式见式（1-2）。Tanh 函数和 Sigmoid 函数的曲线都是 S 形。Tanh 函数以原点为中心，负输入被映射为负数。ReLU（Rectified Linear Unit，修正线性单元）是目前使用最广泛的激活函数之一，提供了一种非常简单的非线性变换方法，在 0 和 x 之间取最大值，易于硬件实现。

$$\mathrm{sigmoid}(x)=\frac{1}{1+\mathrm{e}^{-x}} \tag{1-1}$$

$$\tanh(x)=\frac{\mathrm{e}^{x}-\mathrm{e}^{-x}}{\mathrm{e}^{x}+\mathrm{e}^{-x}} \tag{1-2}$$

3. 池化层

池化层（Pooling Layer）会对特征进行降维，在保留特征的同时减少参数和计算量，降低模型复杂度，防止过拟合。池化是将输入划分成多个区域，然后在每个区域上得到一个值来表示整个区域，这个值可以作为这个区域的总体特征，主要有平均池化（Average Pooling）、最大池化（Max Pooling）等。池化层的超参数包括池化窗口大小和池化步长。图 1-4 中，特征图的大小为 4×4，池化窗口大小为 2×2，池化步长为 2，分别做最大池化和平均池化，得到了两个不同的输出矩阵。其中，最大池化抑制噪声和保持平移不变性的效果更强，而平均池化可以消除局部极大值的影响，使模型更稳定。

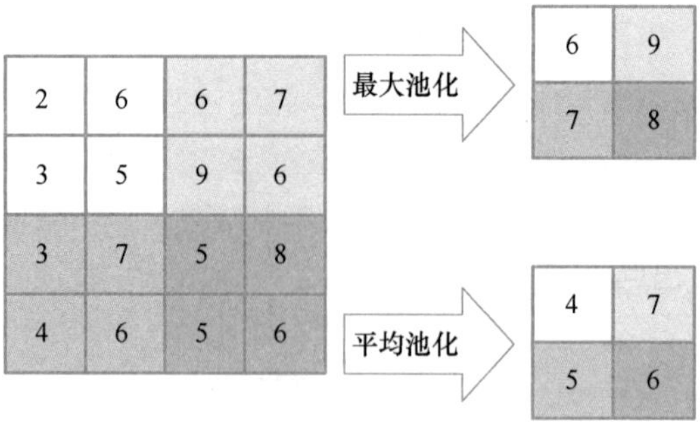

● 图 1-4　池化操作

4. 全连接层

全连接层（Fully Connected layer，FC 层）的结构如图 1-5 所示。

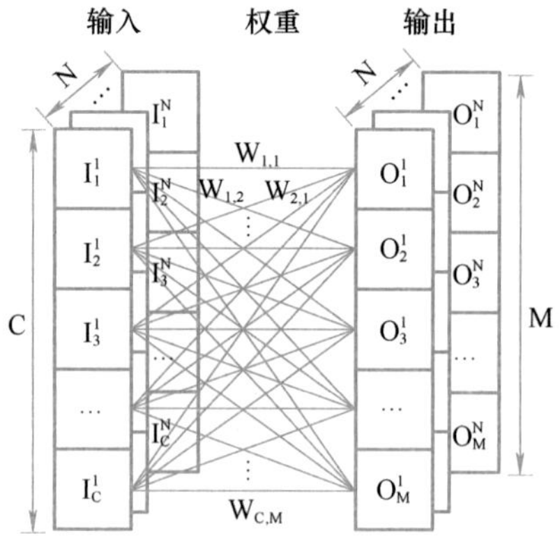

● 图 1-5　全连接层

在 FC 层中，输入/输出数据由多个特征向量构成，其中 C 代表输入向量的长度，N 为网络的批处理数目，M 为输出向量的长度。网络的所有输入都需要通过权重计算来连接到对应的输出数据，即 FC 层中的输出结果需要通过所有输入数据乘以对应的权重来得到。计算过程中，所有权重数据可以构成一个权重矩阵，多个输入特征向量也可以拼接成为输入矩阵，所以 FC 层的计算也可以转变为标准的矩阵乘法。FC 层的伪代码如下所示，整个计算过程包括 3 层循环。在循环体内，O 是输出特征矩阵，W 是权重矩阵，I 是输入特征矩阵。

```
for(n=0;n<N;n++)
  for(m=0;m<M;m++)
    for(c=0;c<C;c++)
      O[n,m]+=W[m,c]*I[n,c];
```

5. 目标函数层

卷积神经网络的最后一层是目标函数（Objective Function）层，用于多分类问题的输出。Softmax 是一种常用的目标函数，其本质也是一种激活函数，其作用是将一个数值向量归一化为一个概率分布向量，且各个概率之和为 1。Softmax 的计算公式见式（1-3），式中，z_i是输入向量的第 i 个元素，S_i是输出向量的第 i 个元素，与 z_i一一对应，K 为输入向量长度。

$$S_i = \frac{e^{z_i}}{\sum_{j=0}^{K-1} e^{z_j}} \tag{1-3}$$

理论上，网络深度越深，卷积层层数越多，感受野就越大。然而，随着层数的增加，卷积神经网络会出现梯度消失以及退化问题。其中，梯度消失是指由于在训练过程中存在反向传播，较深的网络层中参数初始化接近于 0，从而导致浅层网络的梯度也接近 0。退化问题是指当网络达到一定深度后，模型性能会暂时陷入一个瓶颈，当网络继续加深后，模型在测试集上的性能反而会下降。这是由于深层次网络存在冗余的网络层，这些冗余的网络层学习了不是恒等映射的参数，导致了性能无法提升，甚至下降。

1.1.2 残差神经网络简介

残差神经网络（ResNet）[1]可以解决梯度消失以及退化问题，其核心计算单元是残差单元（Residual Unit），残差单元的结构如图 1-6 所示。ResNet 中大量使用了跳过或旁路连接的概念，允许特征通过网络在多个尺度和深度上运行，这使得神经网络在各种任务中都有了显著的改进。

残差神经网络可以表示成 $H(x)=F(x)+x$，输出函数 $H(x)$关于输入 x 的导数为 $H'(x)=F'(x)+1$，导数中的常数 1 能保证在求梯度的时候梯度不会消失。对于网络退化问题，通过上一节关于卷积层的描述，可以分析得到防止网络退化的重点就是如何做到恒等映射，使深层网络的冗余层不会对性能造成影响，能够在加深网络的时候，至少保证深层网络的表现和浅层网络持平。ResNet 中残差单元的设计让学习恒等映射变得容易，即使堆叠了过量的单元，ResNet 仍可以让冗余的单元学习成恒等映射，性能也不会下降。

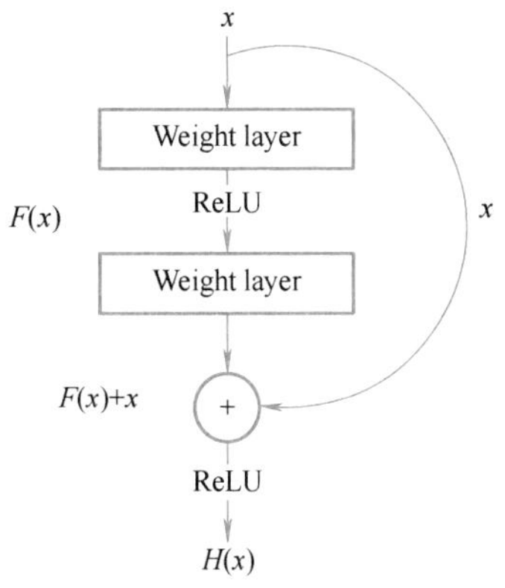

图 1-6　残差单元

1.1.3 Transformer 网络简介

2017 年，Google 的机器翻译团队提出了一种完全基于多头自注意力机制的神经网络结构，并将其命名为 Transformer[2]，该网络结构一经问世便在自然语言处理领域取得了极佳的效果，之后它被证明在其他人工神经网络研究方向上也有不错的表现，且基于 Transformer 基本结构出现了各种变体。Transformer 采用并行计算结构，同时对输入序列的每个位置都进行计算，拥有更快的训练速度，且在面对长序列时，可以很好地对其进行建模，规避了梯度爆炸和梯度消失问题。2018 年，Google 在 Transformer 的基础上提出了 BERT（Bidirectional Encoder Representation from Transformers）模型[3]，这一模型在自然语言处理任务中取得了极佳的效果。2022 年，OpenAI 推出了自然语言处理模型 ChatGPT（Chat Generative Pre-trained Transformer），其绝佳的对话效果在人工神经网络学界引发了巨大的反响。

Transformer 网络主要由编码器（Encoder）和解码器（Decoder）两个部分组成，其架构如图 1-7 所示。编码器主要用于将输入序列转换为自身可以表示的形式，这个过程称为编码。编码器由多个编码层重叠构成，每个编码层均含有多头自注意力单元以及前馈神经网络单元。在多头自注意力机制中，编码器将输入序列中的每个位置作为查询（Query）向量、键（Key）

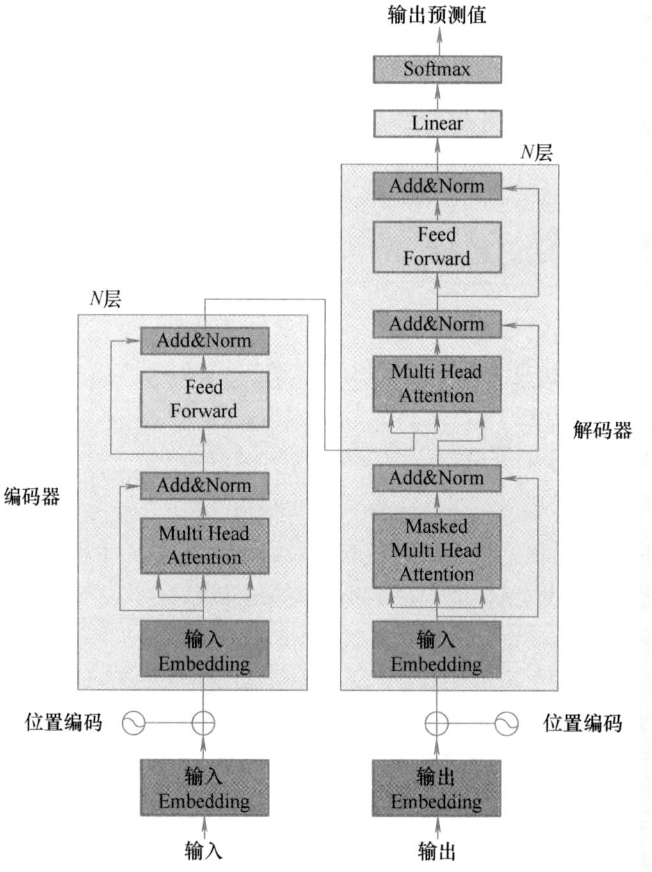

● 图 1-7　Transformer 网络结构

向量和值（Value）向量进行编码。这 3 个向量先通过矩阵乘法计算出注意力分数，再将注意力分数作为权重，对值向量进行加权平均，得到每个位置的自注意力表示。多头自注意力机制通过并行地执行多个查询矩阵、键矩阵、值矩阵的线性变换，提高了模型对输入序列的表示能力。在前馈神经网络中，编码器通过两个全连接层和一个非线性激活函数层进行线性变换，进一步增强了输入序列的表示能力。具体来说，前馈神经网络将每个位置的自注意力表示先通过一个线性变换，再经过一个激活函数，如 GELU（Gaussian Error Linear Unit），最后通过另一个线性变换得到最终的输出。这个非线性变换使得编码器可以学习到更复杂、更抽象的输入序列表示。最终，编码器通过多个编码器层的叠加，将输入序列转换为编码结果。这个编码结果会作为解码器的输入，用于生成目标序列。编码器的作用可以理解为将输入序列转换为一个向量空间中的表示，使得模型可以更好地理解输入序列中的语义信息，从而实现更准确的翻译或预测任务。

解码器主要用于根据编码器生成的输入序列表示和先前已生成的部分目标序列，预测下一个目标序列的单词。每个解码层都包含多头自注意力机制单元以及前馈神经网络单元。解码器由数个这样的解码层组成。

这个自注意力表示可以帮助解码器更好地理解已生成的部分目标序列的语义信息。在编码器-解码器注意力机制中，解码器将编码器生成的输入序列表示作为键向量和值向量，以先前已生成的目标序列的最后一个位置的自注意力表示作为查询向量进行编码。因此，注意力机制可以利用解码器关注到输入序列中与当前位置相关的信息，从而提高翻译的准确度。在前馈神经网络中，解码器使用两个全连接层和一个激活函数层进行数据的非线性转换，进一步增强了解码器对目标序列的表示能力。最终，解码器通过多个解码器层的叠加，根据编码器生成的输入序列表示和先前已生成的部分目标序列，预测下一个目标序列的单词。解码器的作用可以理解为将编码器生成的输入序列表示和先前已生成的部分目标序列结合起来，生成更准确、更自然的翻译结果。

自注意力（Self-Attention）是 Transformer 模型中的一种核心机制，用于在序列数据中建立全局依赖关系。自注意力机制可以根据对输入序列中每个向量的位置信息进行加权汇总，从而生成新的表示，具有重要的特征提取和建模能力。

在 Self-Attention 中，一个输入序列可以表示为一个形状为（N,d）的矩阵 $\boldsymbol{X}$，其中 N 是序列长度，d 是每个位置的向量维度。其计算流程如图 1-8 所示。首先，通过 3 个线性变换将输入矩阵 $\boldsymbol{X}$ 分别映射到查询 Q、键 K 和值

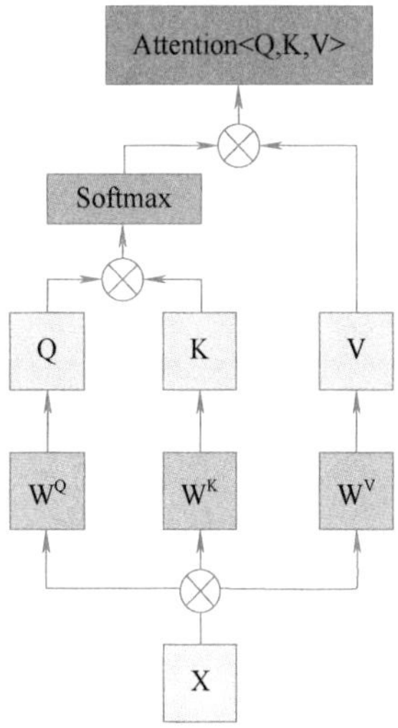

图 1-8　Self-Attention 计算流程

V 的空间中。然后，对每个位置的 Q 矩阵和 K 矩阵进行矩阵乘法计算，再将得到的计算结果通过 Softmax 函数进行归一化处理，进而得到每个输入向量的位置信息，然后对所有位置的权重进行分布处理。最后将每个位置的值 V 向量和权重分布计算之后的向量进行加权汇总，得到每个位置的最终表示。Self-Attention 的优势在于它可以捕捉序列中的长程依赖关系，同时允许每个位置对序列中的其他位置进行不同程度的关注，从而提高序列建模的能力。在 Transformer 神经网络中，Self-Attention 被编码器和解码器频繁使用，以建立输入向量序列和输出向量序列之间的内在联系。

1.2 应用场景及其硬件需求介绍

AI（人工智能）技术正在深刻改变人们的生活和工作方式。从智能手机中的虚拟助手到自动驾驶汽车，从医疗诊断到金融预测，AI 的应用无处不在。这些不同的细分应用场景对 AI 处理器提出了不同的要求，推动了 AI 硬件的快速发展。本节将探讨 3 个典型的 AI 应用场景：图像识别、自动驾驶和自然语言生成（包括大模型训练）。

1.2.1 图像识别场景简介

图像识别是计算机视觉领域最基础、最广泛应用的技术之一。它使计算机能够“看懂”图像，识别出图像中的对象、场景、文字等内容。图像识别的核心是卷积神经网络（CNN）。CNN 通过模仿人类视觉系统的工作原理，能够自动学习图像的特征。这个过程包括以下 3 个关键步骤。

1）图像预处理：调整图像大小、归一化像素值等。

2）特征提取：使用卷积层和池化层提取图像的关键特征。

3）分类：利用全连接层对提取的特征进行分类。

图像识别技术在过去几十年中取得了巨大进展，这在很大程度上要归功于 CNN 模型的不断创新。以下是 CNN 模型发展过程中的几座里程碑。

- LeNet-5（1998）：由 Yann LeCun 等人提出，是第一个成功应用于手写数字识别的 CNN 模型。
- AlexNet（2012）：在 ImageNet 竞赛中取得 breakthrough 性能，标志着深度学习在计算机视觉领域的崛起。
- VGGNet（2014）：以其简单而深度的架构著称，证明了增加网络深度可以提高性能。
- GoogLeNet/Inception（2014）：引入了 Inception 模块，在减少参数的同时提高了性能。
- ResNet（2015）：通过残差连接解决了深度网络的梯度消失问题，允许训练超深网络。
- DenseNet（2017）：进一步优化了网络连接，实现了更高效的特征重用。
- EfficientNet（2019）：通过神经架构搜索和复合缩放方法，在准确率和效率之间取得了更好的平衡。

尽管图像识别技术已经取得了巨大进展，但仍然面临一些挑战，如计算资源的需求。高精度的图像识别模型通常需要大量的计算资源，这对移动设备和嵌入式系统的硬件性能构成了挑战。还有实时性要求，许多应用场景需要毫秒级的响应时间，这对处理器的性能也提出了很高的要求。

为了应对这些挑战并进一步推动图像识别技术的发展，需要更加高效和专业化的 AI 处理器。其应该具有以下特点。

- 高并行度：具有能够同时处理大量像素数据的并行架构。
- 低功耗：特别是对于移动和嵌入式设备，需要在保持高性能的同时降低能耗。
- 配有专用硬件加速器：为卷积、池化等常见操作设计专门的硬件单元。
- 灵活：具有能够适应不同规模和结构的神经网络模型。
- 设计片上内存：减少数据移动，提高处理速度和能效。
- 支持动态精度：能够根据任务需求动态调整计算精度，在精度和效率之间取得平衡。

图像识别作为 AI 的一个核心应用领域，其发展直接推动了 AI 处理器架构的迭代创新。对于详细的硬件设计，这里不会展开。

1.2.2 自动驾驶场景简介

自动驾驶技术是 AI 在现实世界中最具挑战性和潜在影响力的应用之一。自动驾驶系统需要实时处理来自多个传感器的海量数据，做出快速且准确的决策，这对 AI 处理器提出了极高的要求。

自动驾驶技术的发展是一个渐进的过程。美国汽车工程师学会（Society of Automotive Engineers，SAE）定义了 6 个自动化级别：L0 级为无自动化，驾驶员完全控制车辆，但可能有警告系统；L1 级为驾驶辅助，系统可以控制转向或加速/减速，但不能同时进行，如自适应巡航控制、车道保持辅助；L2 级为部分自动化，系统可以同时控制转向和加速/减速，驾驶员必须随时准备接管控制，如特斯拉的 Autopilot 系统；L3 级为有条件自动化，在特定条件下（如高速公路），车辆可以自主驾驶，系统会在需要时请求驾驶员接管，如 Traffic Jam Pilot；L4 级为高度自动化，在大多数情况下可以自主驾驶，可能限制在特定区域或条件下，也可能不需要人类干预，如 Waymo 在特定区域的自动驾驶出租车服务；L5 级为完全自动化，在任何情况下都能自主驾驶，无须人类干预，目前仍是理论上的概念，尚未实现。

自动驾驶系统通常包括以下 4 个核心组件。

- 感知系统：利用摄像头、雷达、激光雷达（LiDAR）等传感器收集环境数据。
- 定位系统：结合 GPS 和惯性测量单元（Inertial Measurement Unit，IMU）精确定位车辆

位置。

- 决策系统：基于感知和定位信息，规划路线并做出驾驶决策。
- 控制系统：将决策转化为具体的车辆控制指令。

自动驾驶场景对 AI 处理器提出了较为严苛的要求，其中与处理器架构设计强相关的主要有：实时处理来自多个传感器的大量数据，要求处理器具有强大的并行处理能力以同时处理多个 AI 模型；在高速行驶中，即使是毫秒级的延迟也可能导致严重后果，要求处理器低延迟，反应时间必须在毫秒级别；需要同时处理视觉、LiDAR 等多种数据，要求处理器具有多样化的处理能力，能够高效处理不同类型的数据和算法。

自动驾驶技术的发展趋势是将更多的处理任务转移到车载系统，减少对云端的依赖，利用 5G 网络和车联网技术增强自动驾驶能力。其发展将持续推动 AI 处理器向高性能、低功耗、高可靠性的方向发展。同时，这也将促进新的硬件架构和计算范式的出现，开发针对自动驾驶特定任务优化的 AI 处理器，以更好地满足自动驾驶这一极具挑战性的应用场景的需求。

1.2.3 自然语言生成场景简介

自然语言生成（Natural Language Generation，NLG）是人工智能和自然语言处理（Natural Language Processing，NLP）领域一个快速发展的分支。它涉及创建能够生成人类可读文本的 AI 系统，这些系统可以理解上下文、生成连贯的段落，甚至模仿特定的写作风格。随着大型语言模型（如 GPT 系列）的出现，NLG 技术已经达到了前所未有的水平，能够生成高质量的文本内容，包括文章、对话、代码等。

自然语言生成系统通常基于多种核心技术，包括：1）深度学习模型，主要是 Transformer 架构，如 BERT、GPT 等；2）序列到序列（Seq2Seq）学习，将输入序列转换为输出序列；3）注意力机制（Attention），允许模型关注输入的特定部分；4）迁移学习（Transfer Learning），利用预训练模型适应特定任务；5）强化学习（Reinforcement Learning），优化生成策略以提高文本质量。

自然语言生成技术在过去几年中取得了巨大进展，以下是几个里程碑式的模型。

- RNN/LSTM 模型（2014 年之前）：早期的 NLG 模型主要基于循环神经网络。
- Seq2Seq with Attention（2014）：引入注意力机制，大幅提高了生成质量。
- Transformer（2017）：完全基于注意力机制的架构，成为后续模型的基础。
- BERT（2018）：双向编码器表示，革新了 NLP 领域。
- GPT（2018）：大规模语言模型，展现了惊人的生成能力。
- T5（2019）：统一了多种 NLP 任务的框架。
- BART（2019）：结合了 BERT 和 GPT 的优点。

- GPT-3（2020）：1750 亿参数的大模型，展示了 Few-shot 学习能力。
- InstructGPT/ChatGPT（2022）：通过指令微调和人类反馈强化学习，大幅提高了模型的可控性和对话能力。
- GPT-4（2023）：多模态大语言模型，可以处理图像输入并生成文本输出。

尽管 NLG 技术已经取得了显著进展，但仍然面临许多挑战，例如：语义一致性，确保生成的文本在长段落中保持连贯和一致；上下文理解，准确捕捉和利用上下文信息；风格和语气控制，能够根据需求调整生成文本的风格和语气；事实准确性，避免生成虚假或误导性信息；多模态整合，结合文本、图像等多种模态信息进行生成；计算效率，在有限的计算资源下实现快速响应；长文本生成，保持长篇文章的结构和连贯性。

大模型，特别是大型语言模型（Large Language Model，LLM）的出现和快速发展彻底改变了自然语言处理领域的格局。大模型，特指那些参数数量巨大（通常从数十亿到数万亿不等）的深度学习模型。虽然大模型并不局限于语言领域，但目前最引人注目的大模型主要集中在自然语言处理领域。这些模型通常具有以下特点。

- 海量参数：从早期的 BERT（3 亿参数）到 GPT-3（1750 亿参数），再到更新的模型，如 PaLM（5400 亿参数），参数规模呈指数级增长。
- 自监督学习：大模型通常采用自监督学习方法，从海量未标注的文本中学习语言知识和世界知识。
- Few-shot 学习能力：经过预训练的大模型往往具备强大的迁移学习能力，能够在仅有少量样本的情况下快速适应新任务。
- 多任务能力：单一大模型可以胜任多种 NLP 任务，如文本生成、翻译、问答等。
- 涌现能力：随着模型规模的扩大，一些意想不到的能力会自发涌现，如常识推理、简单数学问题解决等。

其中具有代表性的大模型见表 1-1。

表 1-1　业界知名大模型（部分）

模型名称	发布时间	开发者	参数规模	创新点	主要应用
PaLM	2022 年	Google	5400 亿	使用 Pathways 系统训练，展示了强大的推理能力	复杂推理、多语言任务和代码生成
Llama 2	2023 年	Meta	70 亿~700 亿	高效的开源基础模型、优秀的 Few-shot 学习性能	文本生成、对话系统和知识问答
GPT4	2024 年	OpenAI	约 17600 亿	大规模语言模型强大的 Few-shot 学习能力	自然语言生成、对话系统和代码生成

一般认为，OpenAI 的 GPT 系列在通用能力上表现优异，Google 的 PaLM（以及后来的 Gemini）在技术创新和多模态方面具有优势，而 Meta 的 Llama 作为开源模型，促进了整个领域的发展。

大模型训练是一个复杂、资源密集型的过程，涉及多个关键计算场景。了解这些场景对设计适合大模型训练的 AI 处理器至关重要。表 1-2 列出了关键场景的计算特点和相应的硬件需求。

表 1-2 大模型关键场景的计算特点和相应的硬件需求

训练阶段	任务描述	计算特点	硬件需求
数据预处理	清洗原始文本数据，进行分词、编码等操作	I/O 密集型、易并行化和需要处理大量小文件	高速存储系统（如 NVMe SSD）、多核处理器和大内存
嵌入层计算	将词元（Token）转换为稠密向量表示	内存密集型、随机访存模式和大量的查表操作	高带宽内存（如 HBM）、大容量缓存和支持稀疏矩阵运算的单元
自注意力机制计算	计算词元间的注意力权重	计算密集型、大量矩阵乘法、内存访问密集和序列长度对计算复杂度有平方级影响	高性能矩阵乘法单元、高带宽内存、支持低精度计算（如 FP16、BF16）和专用的注意力计算加速器
前馈神经网络计算	对注意力输出进行非线性变换	计算密集型、规则的数据访问模式、涉及大量的矩阵-向量乘法	高效的向量处理单元、支持激活函数的专用硬件和优化的数据流架构
梯度计算和反向传播	计算损失函数关于模型参数的梯度	计算密集型、内存密集型、需要存储前向传播中的中间结果、计算图与前向传播相反	支持自动微分的硬件、大容量高带宽内存和高效的梯度累加单元
优化器更新	基于计算得到的梯度更新模型参数	内存密集型、涉及大量小规模计算、可能需要维护优化器状态（如动量）	支持原子操作的内存系统、专用的优化器硬件单元，以及高带宽、低延迟的片上存储
模型并行和数据并行	在多个设备间分配模型参数和训练数据	通信密集型、需要精心的负载均衡、涉及复杂的同步机制	高速互连网络（如 NVLink、InfiniBand）、支持高效集合通信的硬件，以及智能的任务调度和负载均衡单元
检查点保存和恢复	定期保存模型状态，以便从故障中恢复	I/O 密集型、间歇性大规模数据传输，以及需要快速序列化和反序列化	高带宽存储系统、大容量内存和专用的数据压缩/解压缩单元
混合精度训练	在训练过程中使用不同的数值精度	需要动态调整数值精度、涉及精度转换操作，以及需要处理数值溢出和下溢	支持多种精度（FP32、FP16、BF16 等）的计算单元、高效的精度转换硬件和动态范围管理单元
动态批处理	动态调整批大小以优化内存使用和计算效率	需要灵活的内存管理、计算图可能动态变化和涉及复杂的调度决策	支持动态内存分配的硬件、可重构的数据流架构和智能的批处理大小调整单元

基于上述关键场景的计算特点和相应的硬件需求，可以看出AI处理器设计时的考量因素。同时，随着模型规模的继续扩大，以及边缘计算的需求不断增加，加之多模态融合和定制化的影响，对AI处理器的性能、功耗、灵活性都提出了更高的要求，推动了处理器设计向更高效、更灵活的方向发展。处理器设计人员需要在这些因素之间找到平衡，以创建能够高效支持大模型训练的硬件平台。

1.3 硬件加速平台介绍

在通用计算领域，CPU是最传统的计算设备，CPU根据计算机指令串行执行运算操作，其性能提升主要依赖于提高处理器主频，而主频的提升主要依赖于制作工艺的改进。然而，制作工艺的提升是有限的，晶体管尺寸的降低速度逐渐趋缓，电路集成度的提升速度也逐渐趋于稳定，通过提高处理器主频来提升CPU性能遇到了前所未有的困难。因此，一些CPU供应商尝试改变CPU架构来获得性能的提升，在单块芯片内集成更多的处理器核心，使CPU向多核的方向发展成为主要趋势。

在较早时期，受限于算法和原始数据，人工智能的发展和应用经历了多次起伏，此时的人工智能并没有受到学术界和工业界广泛的关注，由于计算量小、结构相对简单，通用的CPU计算平台可以满足人工智能的计算要求。随着人工智能的发展，计算量大幅增加，因此对计算能力的要求变得越来越高。传统的CPU串行执行运算的方式无法再满足人工神经网络的训练和推理的要求。

在1.1节介绍的几种常见的神经网络中，从计算流程中可以发现，大部分的运算资源都消耗在了计算密集型的卷积、矩阵乘法等操作上，卷积运算可以通过Image to Column操作直接转换为一般矩阵乘法（General Matrix Multiplications，GEMM）运算，全连接层本质上可以等效为GEMM运算，Transformer网络中也涉及大量的GEMM运算。可以看到，矩阵乘法是神经网络的核心运算组件，因此许多硬件加速平台采用专门的加速模块对矩阵乘法进行优化。

在神经网络的计算流程中，各种激活函数、池化等操作也消耗了大量的算力，这部分操作具有高度的数据并行性，比较适合进行向量化并行处理，在硬件中多基于SIMD（Single Instruction Multiple Data stream，单指令多数据流）的方式进行加速。例如卷积神经网络中的最大池化操作，可以映射为多条向量比较指令，向量比较指令每个时钟周期可以完成多笔数据的比较操作。

为实现矩阵运算、向量运算的加速，市面上涌现出了大量的面向神经网络的硬件加速平台，常见的硬件加速平台有两种：一是基于图形处理器单元（Graphics Processing Unit，GPU）的硬件加速平台，利用GPU的高速并行计算能力，对神经网络进行训练和推理；还有一种是基于“特定域架构”（Domain Specific Architecture，DSA）的专用集成电路（ASIC），如 Google 的 TPU，可以在较小的时延内完成大量的矩阵、向量运算。

1.3.1 GPU 简介

GPU 是目前最常用的进行神经网络训练和预测的硬件加速平台，旨在通过其高速并行计算能力，提高神经网络的训练和推理效率。GPU 具有大量的线程单元和高效的流水线，可以实现高速并行计算，更加复杂的任务可以根据硬件处理核心数量切分为若干个小的任务。因此 GPU 适用于并行计算的任务场景。GPU 比 CPU 更加适用于针对大规模数据信息的处理情景。随着技术的不断进步，通过将大量的矩阵运算并行分配到 GPU 的多个线程单元中，可以大幅减少计算时间，并通过使用 CUDA 和 OpenCL 等技术最大限度地利用 GPU 的计算能力。

虽然 CPU 架构的优化使其可以支持多线程并行处理，但它与 GPU 在并行计算上依然存在较大差距。CPU 和 GPU 在硬件结构上存在根本差异，导致了它们在并行计算方面存在较大差别。CPU 的结构采用了复杂的逻辑控制单元和分支预测功能单元，通过大量的缓存来提高执行效率，对延迟较为敏感；而 GPU 的设计是用来处理大规模矩阵的简单运算，因此它主要通过大量功能简单的流处理器共同运转来提高数据的吞吐率。GPU 与 CPU 的主要区别可以归纳为以下两点。

1）并行层次的区别。CPU 的并行是粗粒度并行，粗粒度的并行是基于任务的并行，每个线程执行相同或不同的任务，CPU 线程的切换是通过上下文的切换实现的，每次进行线程切换都需要保存现场。这种机制使得 CPU 通常要花费数百个时钟周期来切换线程，其时间成本非常高。而 GPU 的并行是细粒度并行，细粒度的并行是基于数据的并行，其线程切换耗时很少。GPU 中同时存在大量并行执行的线程，而 32 个线程组成一个线程束来同时执行任务，多个线程束以流水线的方式依次执行任务。当一个线程束挂起时，可以立即切换到另一个处于就绪状态的线程束，以此来隐藏延迟，并且线程越多，隐藏延迟的效果越好。

2）并行模型的区别。由于 CPU 的每个核心都具有多种功能的完整单元，因此其并行模型是多指令多数据流，每个核可以在同一时刻执行自己的指令，与其他核无关。GPU 中流处理器簇与 CPU 的核心类似，每个流处理器集群以单指令多数据流的方式工作，只能执行相同的计算任务。尽管 GPU 运行频率低于 CPU，但由于其流处理器数目远多于 CPU 的核心数，导致 GPU 能够同时处理更多的数据，因此其并行计算能力远超 CPU。CPU 与 GPU 的架构对比如图 1-9 所示。CPU 为确保单核的 IPC（Instruction Per Clock，平均时钟周期执行的指令条数），采用乱序的指令执行策略，控制逻辑比较复杂，其单核面积较大，而 GPU 简化了每个计算核心的设计，控制逻辑较为简单，占用的面积较小，在同等的面积下，GPU 可以集成更多的计算核。

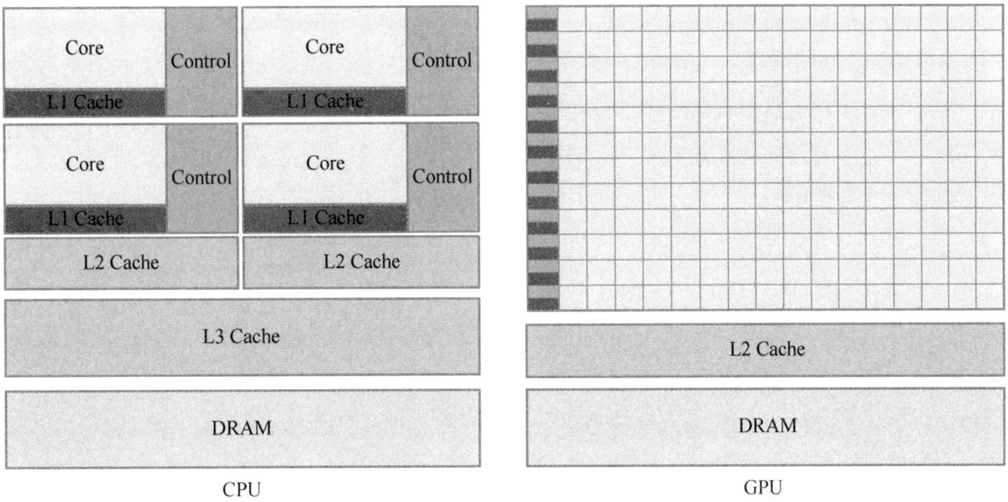

● 图 1-9　CPU 与 GPU 的架构对比

综上，GPU 通过大量处理单元同时工作实现数据并行计算，适合处理计算量大、逻辑分支简单的大规模数据并行运算；而 CPU 则有复杂的控制逻辑单元，擅长复杂逻辑运算。而在实际应用中，往往面临的问题既包含大量数据的运算，又包含复杂逻辑运算，因此，通常在一个系统中，同时使用 CPU 和 GPU，组成异构计算平台，实现神经网络训练的并行加速。

1.3.2　DSA 简介

在计算机体系结构发展的新时期，摩尔定律节奏逐渐放缓，而特定应用领域对处理器性能、功耗和成本的要求却在不断提高。特定域架构（Domain-Specific Architecture，DSA）应运而生。DSA 是面向特定领域定制的芯片架构，与通用处理器不同，DSA 通过深入理解应用领域的特征和需求，在架构设计中做出有针对性的优化，从而在性能、功耗和成本等方面获得显著优势。DSA 的核心特征包括：1）领域特征导向，即基于应用领域的算法特征，针对特定计算模式优化，满足领域特定需求；2）专用化设计，具有定制化的计算单元、优化的存储层次，以及专用的数据流动路径；3）效率优先，高性能，低功耗；4）具有可编程性，支持领域特定编程模型，提供编译工具链，保持一定的灵活性。

通用处理器与 DSA 代表了两种不同的处理器设计理念。

通用处理器追求广泛的应用覆盖范围，强调灵活性和可编程性，性能优化趋向于统计平均；DSA 专注于特定应用领域，强调效率和专用性，性能优化针对特定场景。通用处理器的优化目标在于追求平均情况下的性能最优，指令集的通用性与完备性，资源利用的动态灵活性，以及兼容性与系统生态支持。而 DSA 的优化目标在于通过专用指令的优化设计，资源利用的静态优化，以及领域特定的开发工具链，从而达到特定场景下的极致效率。

从指令集设计的角度看，通用处理器采用完备的通用的指令集，支持多种数据类型和运算以及控制流指令，并且具有完善的异常处理机制和广泛的扩展指令支持；DSA 采用精简和专用的指令集，针对特定数据类型进行优化，并且支持简化的控制流处理、最小化的异常处理，使用领域专用的扩展指令。

从硬件微架构来说，通用处理器一般涉及深度的流水线（超过 8 级）、复杂的分支预测算法、（指令）多发射乱序（Out-of-Order）执行引擎和多级缓存系统；DSA 则主要采取定制化流水线深度、简化的分支预测、顺序（In-Order）执行引擎、专用的存储层次和简化的内存管理设计。

实际上，在人工智能产业爆发式增长的大环境中，处理器架构的整体演进趋势就是向异构计算方向发展。无论是何种形态的处理器，都会考虑增加专用加速单元，强化 AI 计算能力，并且提升能效比。

DSA 的发展历程最初可以追溯到数字信号处理器（Digital Signal Processor，DSP）的应用。DSP 是最早出现的面向特定领域的专用集成电路。DSP 的使用范围非常广，从简单的 MP3 播放器到最新一代的 5G 通信都有其使用场景。向量处理单元是 DSP 的核心模块，DSP 则具有一定的并行数据处理能力。DSP 处理器核内部包含 Vector Arithmetic Logic Unit（用于处理向量的算术逻辑运算），以及用于处理向量浮点运算的 Vector Floating Point Unit 和用于特定向量加速场景的 Vector 加速器。DSP 凭借其较强的向量处理能力，在传统的计算机视觉、图像处理等领域有着广泛的应用。在面向人工智能的计算场景中，大部分的运算资源都消耗在了计算密集型的卷积、矩阵乘法等操作上，而 DSP 的矩阵运算能力较弱，可以为 DSP 核扩展一个 GEMM 加速器，将通用的矩阵运算卸载到 GEMM 加速器上执行，在 DSP 核中执行常规的激活函数等向量运算。基于 DSP 的神经网络加速平台如图 1-10 所示，DSP 核与 GEMM 加速器通过 DMA 进行数据交互。向量处理单元的设计较为复杂，涉及的向量指令条数较多，从零开始设计一款向量处理器的代价较高，而 DSP 具有成熟的生态体系，向量指令较为完备。这种基于 DSP 的神经网络加速平台大幅降低了 AI 处理器的开发难度，缩短了 AI 处理器的研发周期。

2010 年后，DSA 进入了发展最为迅速的时期。摩尔定律节奏放缓促使架构创新，人工智能等新兴应用对计算需求剧增。同时，配套的芯片制造工艺持续进步，先进封装技术也不断趋于成熟，这些从技术方面驱动了 DSA 的发展。此外，云计算数据中心规模的持续扩大，边缘计算需求的不断增长，以及自动驾驶等新应用涌现，移动设备性能要求的提升，也从市场需求的角度推动了 DSA 的发展。在这个时间段，AI 处理器也迎来了爆发式增长：2016 年，Google 发布 TPU v1，专注推理加速；2017 年，特斯拉推出自动驾驶 FSD 芯片；2019 年，Google 发布 TPU v3，同时支持训练和推理；2021～2024 年，AI 大模型推动了高端训练芯片的发展。

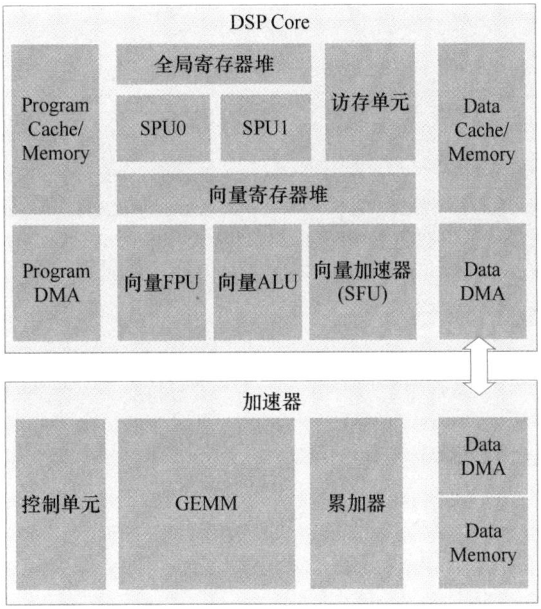

图 1-10　基于 DSP 的神经网络加速平台

Google 的 Tensor Processing Unit（TPU）[4]是由 Google 专门为深度学习应用设计的定制化特定域架构芯片。其诞生的背景是传统处理器架构（CPU、GPU）在处理深度学习工作负载时存在效率瓶颈。TPU 的出现是专用 AI 芯片设计的一个重要里程碑，为提升深度学习应用的性能和能效比开创了新的技术路线。

TPU 具有大量矩阵处理单元、高效的存储系统、非常高的内存带宽，以及更低的功耗。TPU 可以更快地训练更大规模的深度学习模型，同时还能节省计算资源和带宽。Google 已在其云端平台上部署 TPU，使开发人员可以方便地使用它。TPU 的出现对深度学习的研究和应用都产生了重要影响，使得研究人员和开发人员能够利用更强大的计算资源，促进深度学习技术的发展。TPU 的推广也吸引了众多公司和组织关注深度学习硬件，促使它们开发自己的 TPU 或类似架构的芯片。

TPU 的整体架构，如图 1-11 所示，它是为多芯片配置而构建的，其中矩阵乘法单元（Matrix Multiply Unit，MXU），采用脉动阵列（Systolic Array）设计，支持高度并行矩阵运算，通过二维脉动阵列的形式实现。每个 MXU 都能够在每个周期中以降低的 bfloat16（BF16）精度执行 16K（128×128）乘法累加运算。向量单元（Vector Unit）在典型的训练工作负载中执行其他所有计算。转置单元（Transpose/Permute Unit）执行高效的通用矩阵变换。

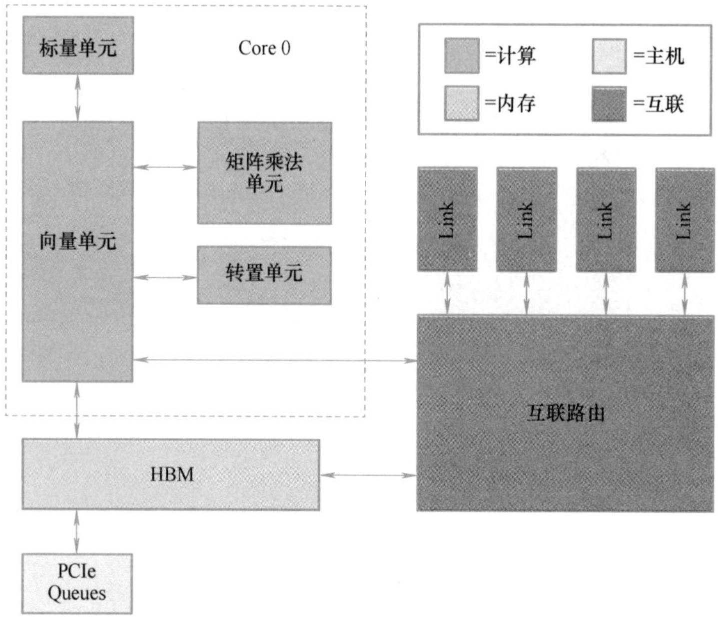

● 图 1-11　TPU 的整体架构

TPU 标量单元架构如图 1-12 所示，从核的指令块 Memory 中获取超长指令字（Very Long Instruction Word，VLIW）指令，使用 4K 32bit 标量数据存储器（Scalar Memory）和 32 个 32bit 标量寄存器（Scalar Regs）执行标量运算，并负责将向量指令发送到向量单元。与传统 CPU 不同，TPU 没有指令缓存。

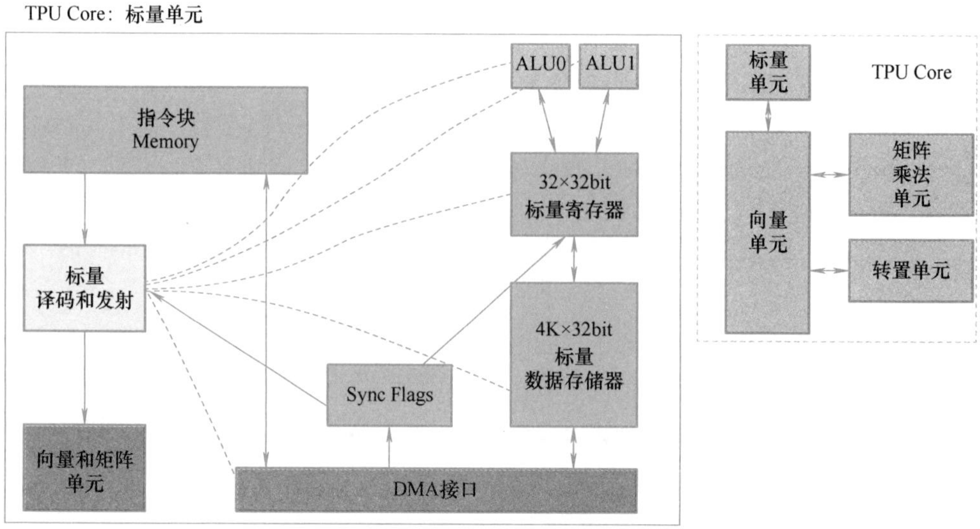

● 图 1-12　TPU 标量单元架构

TPU 向量单元架构如图 1-13 所示，其使用具有 32K×128×32bit 数据（16MB）的大型片上向量存储器（Vector Memory）和 32 个二维向量寄存器（Vregs）执行向量运算，每个寄存器都包含 128×8×32bit 数据（4KB）。向量单元通过去耦合 FIFO 将数据传入和传出矩阵乘法单元，并通过数据级并行（二维矩阵和向量功能单元）和指令级并行（每条指令有 8 个操作数）收集与分发数据到向量存储器。

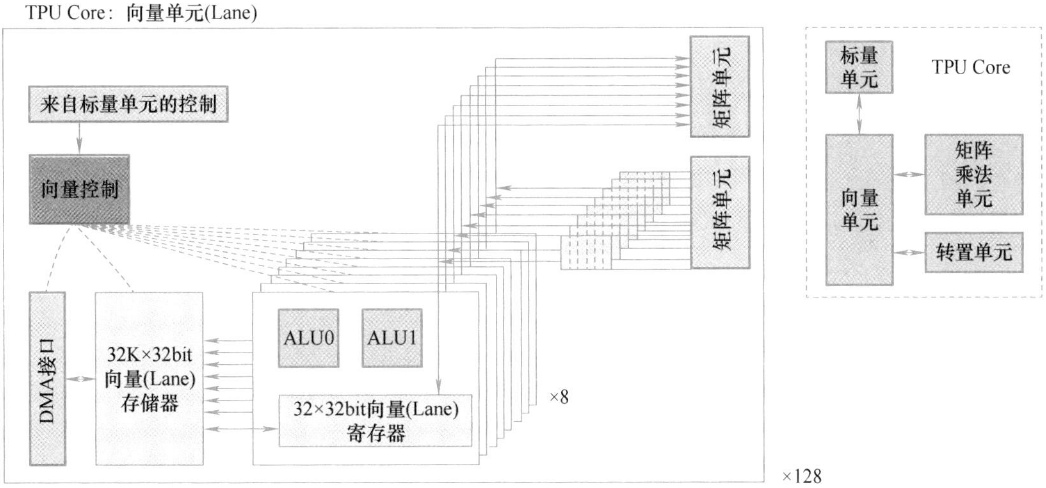

图 1-13 TPU 向量单元架构

TPU 通过减少架构瓶颈（包括内存带宽、向量单元和寄存器）带来的压力，优化了 BERT 的步骤时间，从而允许在 TPU v3 矩阵单元上以最小的流水线瓶颈执行计算。为了减少内存带宽，利用 BF16 数据类型进行模型激活和梯度聚合。为了减少向量运算的压力，通过标量乘法和矩阵乘法的交换性将标量乘法与除法移到矩阵乘法的较小一侧。为了减少寄存器溢出，将小变量组合到一个大的张量中。这在很大程度上减少了要存储在寄存器中的变量地址的数量，从而减少了训练的时间。

基于特定域架构的 AI 处理器可以对计算密集型的矩阵、向量运算进行加速，此外为获得较好的通用性，AI 处理器还需要支持标量指令，标量指令完成单笔数据的计算以及程序流的控制。因此一个完整的基于特定域架构的 AI 处理器，需要包含用于标量运算及程序流控制的标量处理单元、用于向量运算加速的向量处理单元，以及用于矩阵乘法加速的矩阵处理单元。除了这些计算单元之外，还需要配备各个层级的数据存储单元，数据存储单元可以采用基于 Cache 的存储结构，也可以采用基于 Buffer 的存储结构，基于 Cache 的存储结构可以主动发起对上级缓存的请求操作，基于 Buffer 的存储结构需要借助 DMA 单元完成数据在不同存储体之间的搬移。

从芯片设计的视角看，DSA 的优势主要体现在以下 4 个方面：第一个方面是专用化设计，包括面向特定算法定制计算单元、优化的指令集与数据通路、高效的流水线设计，以及具有专用的加速引擎；第二个方面是并行处理能力加强，包括细粒度并行、向量化处理，以及流水线和任务级并行；第三个方面是架构级优化，包括去除冗余功能单元和简化控制逻辑；第四个方面是数据搬运优化，包括减少数据搬运距离、优化存储访问模式、采用近存计算，以及数据复用优化。

与此同时，DSA 也面临着一些挑战，例如：领域知识要求高，需要深入理解应用特征和优化算法，不仅会对设计人员的架构设计专业能力提出挑战，还要考验设计人员跨领域知识整合的能力。对于硬件本身而言，其设计空间探索复杂，优化目标多样，评估方法难以确定。并且由于应用场景中的工作负载特征多样，导致性能瓶颈分析难，同时也增加了性能验证的难度。

本书将介绍基于特定域架构的 AI 处理器的设计方法，从 AI 处理器的指令集设计出发，介绍标量、向量和矩阵运算的指令集设计，然后介绍整个 AI 处理器的架构设计思路，接下来会对标量处理单元、向量处理单元和矩阵处理单元的微架构设计进行详细介绍，最后会对数据平面中的数据搬运单元和存储侧的存储系统进行介绍。

CHAPTER 2

第2章

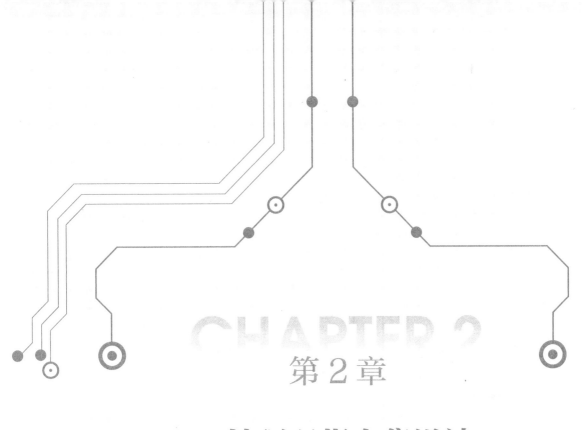

AI处理器指令集设计

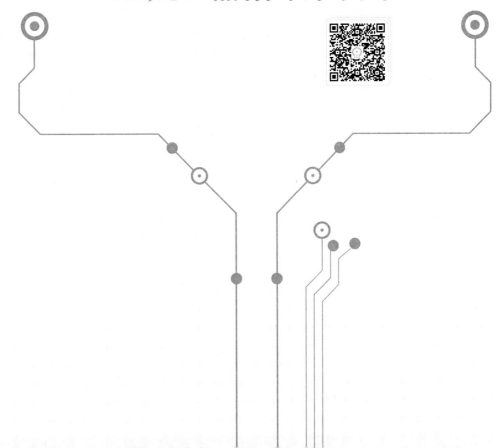

指令集架构（Instruction Set Architecture，ISA）也称指令集或者指令集体系，其可以被视为一种标准，定义了处理器与软件之间的接口。AI 处理器的指令集可以分为标量指令集、向量指令集和矩阵运算指令集。

AI 处理器的指令集设计需要遵循以下 4 个基本原则。

- 应用场景特征驱动：需要设计者深入分析目标应用领域的计算特征，识别关键算法和核心操作，提取共性计算模式，确定性能瓶颈。
- 考虑指令集的简洁性与正交性：要求避免冗余指令，保证为每个指令都提供所有的寻址模式，并且简化指令编码，降低译码的复杂度。
- 效率优先：面向关键的计算模式优化，减少指令执行的硬件开销，提高指令级并行度，优化访存模式。
- 保留可扩展性：预留操作码空间，支持功能扩展，保持向后兼容。

同时，在 AI 处理器指令集设计过程中，需要权衡以下 4 个方面。

- 通用性与专用性，包括基础指令的完备性、专用指令的覆盖度，以及软硬件界面划分。
- 性能与复杂度，包括指令粒度的选择、编码长度的确定、功能复杂度的控制，以及硬件实现开销评估。
- 功耗与面积约束，包括指令执行能效、译码逻辑开销、控制通路复杂度，以及存储需求。
- 可编程性，包括编程模型友好性、编译器支持难度、调试便利性，以及工具链配套。

下面将从标量、向量、矩阵运算指令集以及 DMA 描述符分别呈现 AI 处理器的指令集设计。

2.1 标量指令集设计

AI 处理器中标量指令主要完成标量的运算和程序流的控制，可以根据 AI 处理器的系统需求定义一套标量指令集，但重新定义一套标量指令集的代价较高，并且在 AI 处理器中，对处理器性能影响较大的是向量指令和矩阵运算指令的执行效率。标量指令对 AI 处理器的整体效率的影响较小，重新定义一套标量指令集的收益也较小，可以直接使用市面上比较成熟的开源指令集作为 AI 处理器的标量指令集。目前热门的 RISC-V 指令集是一个很好的选择。RISC-V 指令集是加州大学伯克利分校（University of California，Berkeley）设计的第五代开源 RISC 指令集[5]，它相对于成熟的指令集来说有开源、简洁、可扩展和后发优势，没有历史“包袱”，可以少走很多弯路，也不需要考虑兼容历史指令集问题。

RISC-V 指令集是一种以模块化形式存在的结构。该指令集分为基础部分和扩展部分，硬件需要实现基础指令集，而扩展部分则是可选的。扩展部分又分为标准扩展和非标准扩展。例如，乘除法、单双精度的浮点、原子操作就在标准扩展子集中。RISC-V 指令集构成见表 2-1。

表 2-1　RISC-V 指令集构成

指　令　集	名称	指令数	说　　明
基础指令集	RV32I	47	整数指令，包含：算术运算指令、分支指令、访存指令。32 位寻址空间，32 个 32 位寄存器
	RV32E	47	同 RV32I，寄存器数量为 16 个，用于嵌入式等低功耗环境
	RV64I	59	整数指令，64 位寻址空间，32 个 64 位寄存器
	RV128I	71	整数指令，128 位寻址空间，32 个 128 位寄存器
扩展指令集	M	8	包含：4 条乘法指令、2 条除法指令、2 条取余操作指令
	A	11	包含原子操作指令，增加对存储器的原子读、写、修改，以及处理器间的同步操作
	F	26	包含单精度浮点指令，增加了浮点寄存器、计算指令、L/S 指令
	D	26	包含双精度浮点指令，增加了浮点寄存器、计算指令、L/S 指令
	Q	26	包含 4 倍精度浮点指令，增加了浮点寄存器、计算指令、L/S 指令
	C	46	压缩指令集，其中指令长度是 16 位，主要目的是减少代码量

I+M+F+A+D 可缩写为“G”，共同组成通用的标量指令。基础的 RISC-V 指令集具有 32bit 的固定长度，并且需要 32bit 地址对齐。但是它也支持变长扩展，要求指令长度为 16bit 整数倍，且 16bit 地址对齐。具体的指令长度在编码中的体现如图 2-1 所示。对于 16bit 的压缩指令集，其最低的两位不能为 11；对于 32bit 指令集，其最低两位固定为 11，第［4:2］位不能为 111。从这种编码形式来看，硬件可以根据低位的若干位快速判断出指令的位宽，便于硬件电路的实现。AI 处理器可以选择 RV32GC 作为其标量指令集。

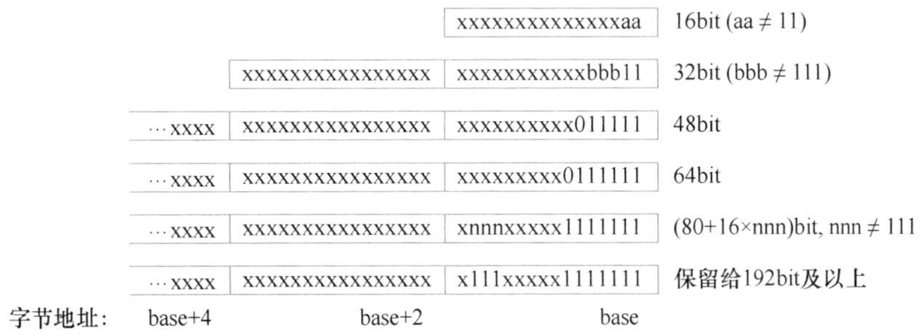

● 图 2-1　RISC-V 指令长度编码

RV32I 指令集包括 4 种核心指令格式（R、I、S、U）和两种变体格式（B、J），如图 2-2 所示。其中 opcode 表示指令操作码，funct7、funct3 表示功能码，rs1、rs2 表示指令中的源寄存器，rd 表示目标寄存器，imm 表示立即数。这 6 种指令格式的划分依据如下。

- R 类型指令：两个源操作数都来自寄存器的指令。

- I 类型指令：其中一个源操作数为立即数的指令，以及访存 Load 类指令。
- S 类型指令：访存 Store 类指令。
- B 类型指令：条件跳转指令。
- U 类型指令：长立即数操作指令。
- J 类型指令：无条件跳转指令。

31	30 25	24 21	20	19 15	14 12	11 8	7	6 0	
funct7		rs2		rs1	funct3	rd		opcode	R类型指令
imm[11:0]				rs1	funct3	rd		opcode	I类型指令
imm[11:5]		rs2		rs1	funct3	imm[4:0]		opcode	S类型指令
imm[12]	imm[10:5]	rs2		rs1	funct3	imm[4:1]	imm[11]	opcode	B类型指令
imm[31:12]						rd		opcode	U类型指令
imm[20]	imm[10:1]		imm[11]	imm[19:12]		rd		opcode	J类型指令

图 2-2 RV32I 指令格式

算术运算类指令如图 2-3 所示，其中 add 指令完成两个操作数寄存器 rs1 和 rs2 的整数加法操作，结果写回 rd 寄存器。如果结果发生了溢出，则不进行处理，直接保留低 32bit 数据。sub 指令完成两个操作数寄存器 rs1 和 rs2 的整数减法操作，结果写回 rd 寄存器。同样，如果结果发生了溢出，则不进行处理，直接保留低 32bit 数据。slt 完成两个操作数寄存器 rs1 和 rs2 的有符号数比较操作，如果 rs1 的值小于 rs2，则结果为 1，否则为 0，结果写回 rd 寄存器。以 i 结尾的指令为立即数模式，其运算与不带 i 的指令完全相同，只是第二个源操作数为立即数，而非寄存器。

31 30 25	24 21 20	19 15	14 12	11 8 7	6 0	
imm[11:0]		rs1	000	rd	0010011	addi
imm[11:0]		rs1	010	rd	0010011	slti
imm[11:0]		rs1	011	rd	0010011	sltiu
0000000	rs2	rs1	000	rd	0110011	add
0100000	rs2	rs1	000	rd	0110011	sub
0000000	rs2	rs1	010	rd	0110011	slt
0000000	rs2	rs1	011	rd	0110011	sltu

图 2-3 算术运算类指令

逻辑运算类指令如图 2-4 所示，其中 and 指令完成两个操作数的按位“与”操作，or 指令完成两个操作数的按位“或”操作，xor 指令完成两个操作数的按位“异或”操作。同样，以 i 结尾的指令为立即数模式。

31 30 25	24 21 20	19 15	14 12	11 8 7	6 0	
imm[11:0]		rs1	100	rd	0010011	xori
imm[11:0]		rs1	110	rd	0010011	ori
imm[11:0]		rs1	111	rd	0010011	andi
0000000	rs2	rs1	100	rd	0110011	xor
0000000	rs2	rs1	110	rd	0110011	or
0000000	rs2	rs1	111	rd	0110011	and

● 图 2-4　逻辑运算类指令

移位类指令如图 2-5 所示，其中 sll 为逻辑左移指令，rs1 和 rs2 为两个操作数寄存器，将 rs1 进行逻辑左移操作，低位补 0，移位量为 rs2 的低 5bit，结果写回 rd 寄存器。srl 为逻辑右移指令，rs1 和 rs2 为两个操作数寄存器，将 rs1 进行逻辑右移操作，高位补 0，移位量为 rs2 的低 5bit，结果写回 rd 寄存器。sra 为算术右移指令，rs1 和 rs2 为两个操作数寄存器，将 rs1 进行算术右移操作，高位补符号位，移位量为 rs2 的低 5bit，结果写回 rd 寄存器。lui 指令将指令编码中的 20bit 立即数写入 rd 的高 20bit，rd 的低 12bit 置零。auipc 指令构建一个 32bit 的 offset，其中高 20bit 来自指令编码，低 12bit 置零，将该 offset 与 auipc 的 PC（程序计数器）值相加，结果写入 rd 中。

31 30 25	24 21 20	19 15	14 12	11 8 7	6 0	
0000000	shamt	rs1	001	rd	0010011	slli
0000000	shamt	rs1	101	rd	0010011	srli
0100000	shamt	rs1	101	rd	0010011	srai
0000000	rs2	rs1	001	rd	0110011	sll
0000000	rs2	rs1	101	rd	0110011	srl
0100000	rs2	rs1	101	rd	0110011	sra
imm[31:12]				rd	0110011	lui
imm[31:12]				rd	0010111	auipc

● 图 2-5　移位类指令

访存类指令如图 2-6 所示。RISC-V 访存类指令是一种 RISC 指令集架构，它和所有的 RISC 指令集架构一样具有专门的 Load/Store 指令（存储器读指令/存储器写指令），而除了 Load/Store 指令以外，其他指令均无法访问存储器。这极大地简化了处理器的硬件设计，降低了成本。对于 32bit 架构的 RISC-V 处理器，Load/Store 指令支持 8bit（字节）、16bit（半字）、32bit（字）的存储器读写操作。而 64bit 架构的 RISC-V 处理器，还可以进行 64bit（双字）的存储器读写操作。

31 30 25	24 21 20	19 15	14 12	11 8 7	6 0	
imm[11:0]		rs1	000	rd	0000011	lb
imm[11:0]		rs1	001	rd	0000011	lh
imm[11:0]		rs1	010	rd	0000011	lw
imm[11:0]		rs1	100	rd	0000011	lbu
imm[11:0]		rs1	101	rd	0000011	lhu
imm[11:5]	rs2	rs1	000	imm[4:0]	0100011	sb
imm[11:5]	rs2	rs1	001	imm[4:0]	0100011	sh
imm[11:5]	rs2	rs1	010	imm[4:0]	0100011	sw

● 图 2-6　访存类指令

分支跳转类指令格式如图 2-7 所示。jal、jalr 为无条件跳转指令，将 PC+4 保存到目标寄存器。目标寄存器选择非 x0 寄存器能实现过程调用与返回。MIPS、Arm 等架构规范中需要两条指令实现条件分支跳转，第一条指令实现比较，将比较结果保存到通用寄存器，第二条指令根

31	30 25	24 21 20	19 15	14 12	11 8	7	6 0	
imm[12]	imm[10:5]	rs2	rs1	000	imm[4:1]	imm[11]	1100011	beq
imm[12]	imm[10:5]	rs2	rs1	001	imm[4:1]	imm[11]	1100011	bne
imm[12]	imm[10:5]	rs2	rs1	100	imm[4:1]	imm[11]	1100011	blt
imm[12]	imm[10:5]	rs2	rs1	101	imm[4:1]	imm[11]	1100011	bge
imm[12]	imm[10:5]	rs2	rs1	110	imm[4:1]	imm[11]	1100011	bltu
imm[12]	imm[10:5]	rs2	rs1	111	imm[4:1]	imm[11]	1100011	bgeu
imm[11:0]			rs1	000	rd		1100111	jalr
imm[20]	imm[10:1]	imm[11]	imm[19:12]		rd		1101111	jal

● 图 2-7　分支跳转类指令

据前一条指令的结果判断跳转条件。RISC-V 将比较和跳转放在一条指令中完成，这样可以缩减指令数量，简化硬件设计。

RISC-V 架构要求处理器最低要支持静态分支预测，规定无条件跳转指令预测为跳转；如果带条件跳转指令向地址减小的方向跳转，则预测为跳转，否则预测为不跳转。所有基于 RISC-V 架构的编译器都要支持这种静态分支预测机制，保证低端处理器也有不错的性能，而高端处理器可以采用更加精确、高效的动态分支预测机制。

在现有的 RISC-V 指令集的基础上，还可以根据 AI 处理器的系统需求，增加一些定制化的标量指令，如任务间的同步指令、与上层调度器的交互指令，以及与加速器的交互指令等。

2.2 向量指令集设计

AI 处理器中的向量指令用于完成向量的运算，向量指令集的完备性直接影响 AI 处理器的性能。基础的向量指令包括用于运算的算术逻辑类指令、将向量降维成标量的规约类指令、对向量元素进行位置变换的重排列类指令、进行不同数制之间转换的数制转换类指令，以及访问向量存储器的访存类指令。本节主要对这些基础的向量指令进行介绍。

另外，在高性能向量处理器中，通常会实现一些硬件加速类指令，以提升特定场景下的计算性能，如向量排序指令、超越函数指令、直方图统计指令等。这些指令的实现较为复杂，但加速效果非常明显，后续章节中会详细介绍这类硬件加速指令的硬件实现。

2.2.1 寄存器设计

向量指令集中的寄存器包含多种类型，大致可以分为通用向量寄存器（Vector Register）、超宽向量寄存器（Wide Vector Register）、向量布尔寄存器（Vector Boolean Register）和向量拼接寄存器（Vector Alignment Register），下面对这些寄存器的功能进行介绍。

通用向量寄存器存放向量运算的源操作向量（Vector Source，VS）和目标操作向量（Vector Destination，VD），完成两个向量的加法操作，如图 2-8 所示，vs0 和 vs1 为两个源操作向量，vd 为目标操作向量，向量长度为 4。通用向量寄存器是向量指令集中最基本的寄存器，通用向量寄存器的集合称为向量寄存器堆（Vector Register File，VRF）。通用向量寄存器的位宽较宽，VRF 中向量寄存器的数量一般为 32 或 64 个。

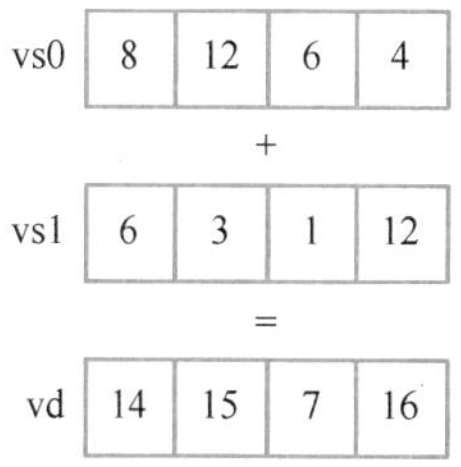

图 2-8 通用向量寄存器

超宽向量寄存器通常用于存放定点累加结果，单个数据的宽度可以为 24bit、48bit 或 64bit。在定点向量累加场景中，如果直接用通用向量寄存器存放累加结果，则可能会出现数据溢出的情况。引入超宽向量寄存器后，累加运算的计算流程是：不断调用累加类指令完成累加运算，使用超宽向量寄存器作为目标寄存器，当累加完成后，通过转换类指令对超宽向量寄存器中的数据进行数制转换，可以转换为低位宽的定点数，或直接转为浮点数。高位宽数据到低位宽数据的转换过程中会涉及舍入操作和饱和处理，饱和处理是指当数据超出目标数值表示范围时，将数据饱和成目标数据最大/最小值的操作。超宽向量寄存器的作用是保证数据在累加过程中不丢失精度。由于超宽向量寄存器的应用场景有限，因此超宽向量寄存器堆中一般包含 4 或 8 个超宽向量寄存器即可。一个超宽向量寄存器的累加示例如图 2-9 所示，vs0 为通用向量寄存器，每个数据的位宽为 32bit；wvs1 和 wvd 为超宽向量寄存器，每个数据的位宽为 48bit。

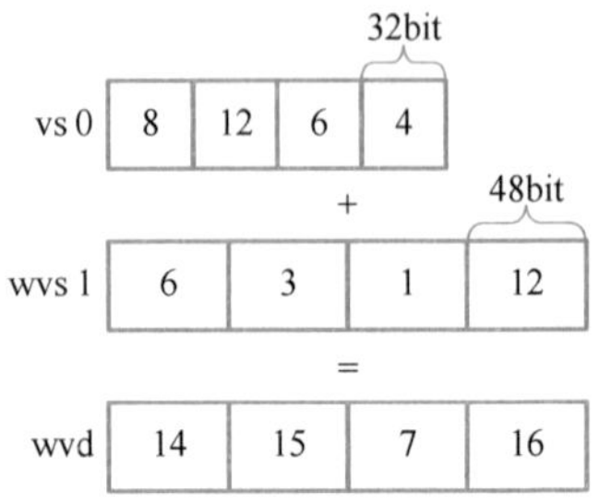

● 图 2-9　超宽向量寄存器累加示例

向量布尔寄存器通常作为向量运算中的条件操作数，如选择类指令，当布尔值 vbs 为 1 时，选择源操作向量 vs0 中对应位置数据；当布尔值为 0 时，选择源操作向量 vs1 中对应位置数据，如图 2-10 所示。向量布尔寄存器中的 1bit 对应通用向量寄存器的一个元素，如果通用向量寄存器宽度最小的数据类型为 INT8，则向量布尔寄存器的宽度为通用向量寄存器的 1/8。由于向量布尔寄存器只有在部分场景下会用到，因此向量布尔寄存器堆中的寄存器数量可以为 8 或 16 个。

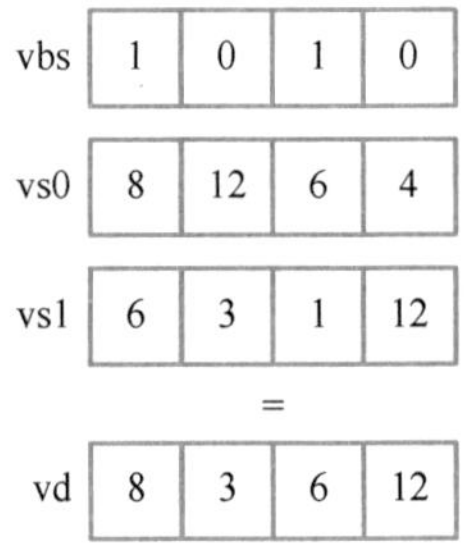

● 图 2-10　向量布尔寄存器应用示例

向量拼接寄存器完成向量访问指令的数据拼接操作，在一些处理器中，其 L1 数据存储器的 Bank 宽度较宽，要实现细粒度的寻址，需要借助向量拼接寄存器来实现。一个向量拼接寄存器的应用示例如图 2-11 所示，假设向量存储器的 Bank 宽度为 64bit，向量寄存器的宽度为 64bit，如果要访问的数据地址不是 Bank 宽度对齐的，则需要跨两个 Bank 访问，以及发起两个 Vector Load 操作。第一个 Vector Load 将前半部分数据存入向量拼接寄存器 va 中，第二个 Vector Load 将读取后半部分数据，将这部分数据和 va 中的数据拼接后得到最终的访存数据。向量拼接寄存器只会在地址非对齐的 Vector

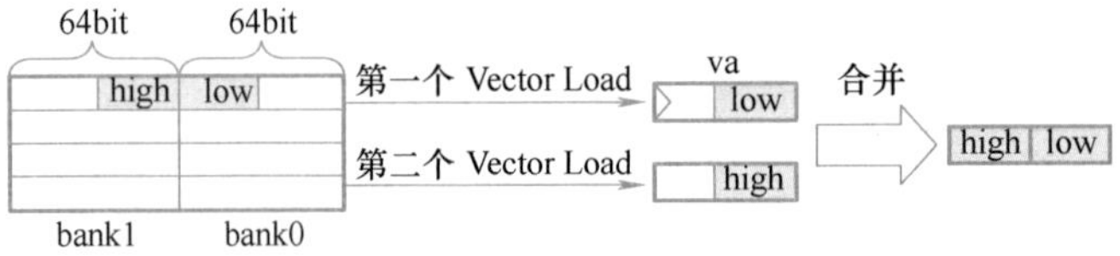

● 图 2-11　向量拼接寄存器应用示例

Load/Store 场景下用到，向量拼接寄存器堆中的寄存器数量可以为 4 或 8 个。

需要注意的是，不是所有的向量处理器都需要实现上述向量寄存器。当然，实现的寄存器种类越多，向量处理器的灵活性就越高。

2.2.2 算术逻辑类指令设计

算术逻辑类指令主要包括基本的加减乘除类指令和"与、或、非"等逻辑运算指令，参与运算的操作数可以都是向量，也可以是向量和标量的混合，接下来以向量加法为例进行说明。"VADD vd, vs0, vs1"指令完成两个向量的加法操作，其中 vs0 和 vs1 均为源操作向量，vd 为目标操作向量。VADD 指令对应的伪代码如下所示，其中 SIMD_WIDTH 为向量的宽度，该指令将 vs0 和 vs1 这两个向量对应位置数据相加，结果写入 vd 中。

```
for(int i=0; i<SIMD_WIDTH; i++) {
    vd [i] = vs0 [i] + vs1 [i];
}
```

"VADDS vd, vs, rs"指令完成向量和标量的混合运算，其中 vs 为源操作向量，rs 为源操作数（标量数据），vd 为目标操作向量。VADDS 会将 vs 中的每个元素和 rs 进行加法操作，结果写入 vd 中对应位置。VADDS 的伪代码如下所示。

```
for(int i=0; i<SIMD_WIDTH; i++) {
    vd [i] = vs [i] +rs;
}
```

表 2-2 列出了一些常用的向量算术逻辑类指令。

表 2-2 常用的向量算术逻辑类指令

指令	伪代码（i 表示对整个向量进行遍历）	描述
VADD vd, vs0, vs1	vd[i] = vs0[i] + vs1[i]	向量加法
VSUB vd, vs0, vs1	vd[i] = vs0[i] - vs1[i]	向量减法
VMUL vd, vs0, vs1	vd[i] = vs0[i]×vs1[i]	向量乘法
VDIV vd, vs0, vs1	vd[i] = vs0[i] / vs1[i]	向量除法
VABS vd, vs	vd[i] = (vs[i]<0) ? -vs[i] : vs[i]	向量取绝对值
VSUBABS vd, vs0, vs1	vd[i] = abs(vs0[i] - vs1[i])	向量减法后取绝对值
VMAX vd, vs0, vs1	vd[i] = (vs0[i]>vs1[i]) ? vs0[i] : vs1[i]	向量取最大值
VMIN vd, vs0, vs1	vd[i] = (vs0[i]<vs1[i]) ? vs0[i] : vs1[i]	向量取最小值
VNEG vd, vs	vd[i] = -vs0[i]	向量取负
VAND vbd, vbs0, vbs1	vbd[i] = vbs0[i] & vbs1[i]	向量按位与

（续）

指　令	伪代码(i表示对整个向量进行遍历)	描　述
VOR vbd, vbs0, vbs1	vbd[i] = vbs0[i] | vbs1[i]	向量按位或
VXOR vbd, vbs0, vbs1	vbd[i] = vbs0[i] ^ vbs1[i]	向量按位异或
VNOT vbd, vbs	vbd[i] = ~vbs0[i]	向量按位取反

2.2.3 规约类指令设计

规约类（Reduce）指令将输入向量降维成标量，常见的有规约加指令 VREDUCE_ADD、规约最大指令 VREDUCE_MAX 和规约最小指令 VREDUCE_MIN。

1）VREDUCE_ADD 指令将输入向量所有元素累加到一起，输出标量累加结果，需要注意的是输出的标量累加结果可以直接写入标量寄存器，也可以写入向量寄存器。“VREDUCE_ADD rd, vs”的伪代码如下所示，其中 rd 为累加结果，vs 为源操作向量。

```
rd = 0;
for(int i=0; i<SIMD_WIDTH; i++) {
    rd += vs [i];
}
```

2）VREDUCE_MAX 指令求输入向量中所有元素的最大值，输出标量最大值结果，输出的标量最大值可以直接写入标量寄存器，也可以写入向量寄存器。“VREDUCE_MAX rd, vs”的伪代码如下所示，其中 rd 为目标标量寄存器，vs 为源操作向量。

```
rd =vs[0];
for(int i=1; i<SIMD_WIDTH; i++) {
    rd = (rd < vs [i]) ? vs [i] : rd;
}
```

3）VREDUCE_MIN 指令求输入向量中所有元素的最小值，输出标量最小值结果，输出的标量最小值可以直接写入标量寄存器，也可以写入向量寄存器。“VREDUCE_MIN rd, vs”的伪代码如下所示，其中 rd 为目标标量寄存器，vs 为源操作向量。

```
rd =vs[0];
for(int i=1; i<SIMD_WIDTH; i++) {
    rd = (rd > vs [i]) ? vs [i] : rd;
}
```

需要注意的是，规约类指令的伪代码中，累加或比较会按照从低位到高位的顺序，在硬件实现的过程中也需要按照这个顺序进行累加或比较运算，如果调整运算顺序，可能会导致计算结果不一致。例如，为优化计算延迟，累加或比较类的规约运算在硬件中使用了树形结构，这种树形结构改变了数据运算的顺序，会出现硬件计算结果和理论值不一致的现象，这种情况需要在指令集文档中进行说明。

2.2.4 重排列类指令设计

重排列类指令会对输入向量进行重排列，常见的有 3 种：混洗指令、压缩/解压缩指令和元素移位指令，下面分别介绍这 3 种指令。

混洗指令（Shuffle）对输入向量进行重排列，重排列的位置信息可以来自另外一个向量寄存器。“SHUFFLE vd, vs0, vs1” 指令如图 2-12 所示，vs0、vs1 均为源操作向量，vs0 中存放原始输入向量数据，vs1 中存放重排列索引，vd 为目标操作向量。在图 2-12 中，vs1[0]为 2，表示要将源寄存器 vs0[2]的数据复制到目标寄存器 vd[0]中。

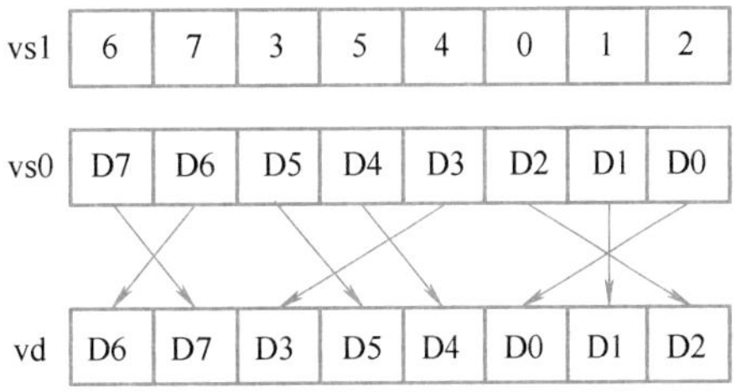

图 2-12 混洗指令示例

混洗指令的伪代码如下所示：

```
for(int i=0; i<SIMD_WIDTH; i++) {
    vd [i] = vs0 [vs1 [i] ];
}
```

重排列的位置信息也可以来自一个固定的 LUT（lookup table）表格，LUT 表格中包含各种常用的向量重排列模式，如奇偶交织、奇偶解交织等操作，要进行这些常规的向量重排列操作，无须构造源操作向量 vs1，配置好重排列的模式即可，这种情况下的指令格式为“SHUFFLE vd, vs, mode”，其中 mode 为一个常量。

需要注意的是，混洗指令的输出可能来自任意位置的输入，在硬件上存在输入到输出的全连接网络，硬件实现代价非常大，要实现混洗指令，向量处理器的并行度不能太大，否则后端布局布线很难收敛。

压缩指令（VSQUEEZE）将源输入向量中有效数据压缩到目标向量的头部，有效数据由向量布尔寄存器指示；解压缩指令（VUNSQUEEZE）为解压指令的逆过程，将源输入向量中头部数据分散到目标向量的有效位上，有效位由向量布尔寄存器指示。

压缩/解压缩指令的示例如图 2-13 所示，图 2-13a 为压缩指令示例，vs 为源输入向量，vbs 为向量布尔寄存器，vbs 指示 vs 中哪些位上的数据是有效的，vbs 的第 1、3、4、7 位为 1，压缩指令将 vs[1]、vs[3]、vs[4]、vs[7]选择出来，压缩到向量 vd 的头部位置。图 2-13b 为解压缩指令示例，vs 为源输入向量，vbs 为向量布尔寄存器，vbs 指示 vd 中哪些位上的数据是有效的，vbs 的第 1、3、4、7 位为 1，解压缩指令将向量 vs 头部的 4 个数据写入 vd[1]、vd[3]、vd[4]、vd[7]中。

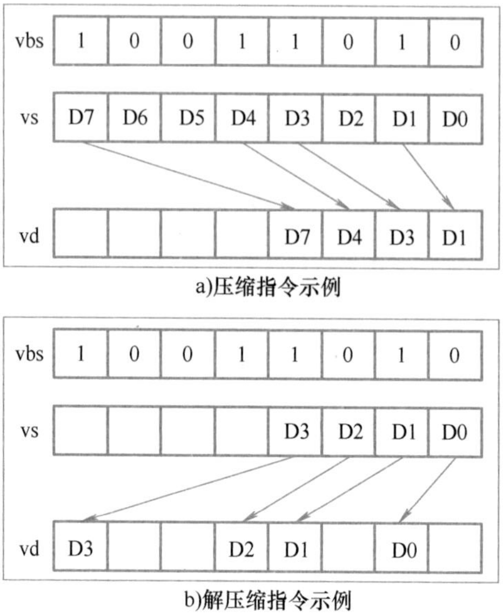

● 图 2-13　压缩/解压缩指令示例

压缩指令的伪代码如下所示：

```
cnt = 0;
for(int i=0; i<SIMD_WIDTH; i++) {
    if ( vbs [i] ) {
        vd [cnt++] = vs [i];
    }
}
```

解压缩指令的伪代码如下所示：

```
cnt = 0;
for(int i=0; i<SIMD_WIDTH; i++) {
    if ( vbs [i] ) {
        vd [i] = vs [cnt++];
    }
}
```

压缩/解压缩指令本质上是混洗指令的特殊形式，可以通过计算将压缩/解压缩指令中的向量布尔信息转换为混洗指令中的位置向量信息。另外，压缩/解压缩指令不会改变有效数据之间的相对位置关系，是较为规律的向量重排列方式。在硬件中可以使用蝶形网络和逆蝶形网络分别实现压缩与解压缩指令，后续章节会详细介绍压缩指令的硬件实现。

元素移位指令以元素为单位对输入向量进行位置移动操作，移位量可以为立即数，也可以来自标量寄存器。常见的移位操作有左移、右移、循环左移和循环右移，如图 2-14 所示。移位操作也是一种规律的位置重排列，在硬件中也可以使用蝶形网络或逆蝶形网络实现。可以认为元素移位操作是一种特殊的压缩/解压缩操作，在实际的硬件实现过程中，元素移位指令和压缩/解压缩指令复用同一套硬件资源，只是输入数据的预处理逻辑略有区别。

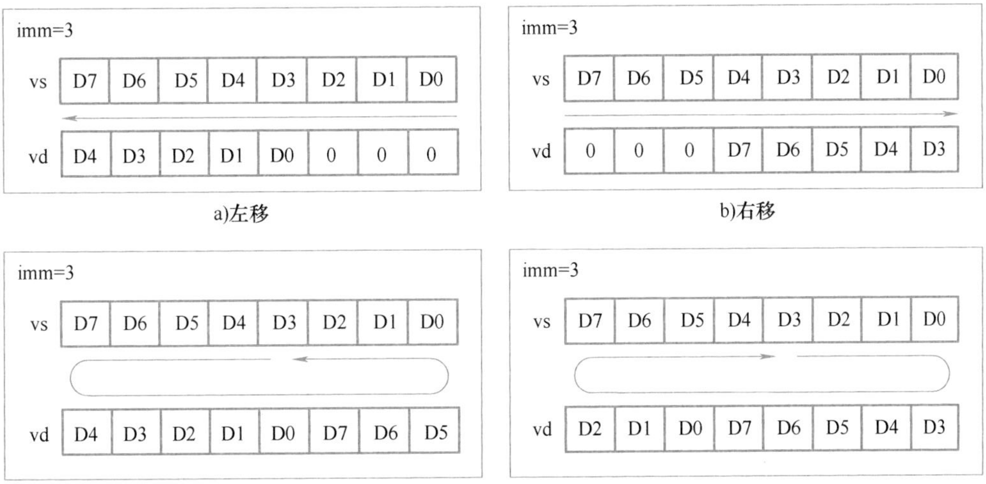

a)左移　b)右移　c)循环左移　d)循环右移

图 2-14　元素移位指令示例

元素循环右移的伪代码如下所示：

```
for(int i=0; i<SIMD_WIDTH; i++) {
    if (i<SIMD_WIDTH-imm) {
        vd[i] = vs[i+imm];
    }
    else {
        vd[i] = vs[i-(SIMD_WIDTH-imm)];
    }
}
```

2.2.5 数制转换类指令设计

AI 处理器中处理的数据可以分为浮点型数据（浮点数）和定点型数据（定点数），在计算过程中，如果输入数据类型和运算数据类型不一致，则需要对输入数据进行数制转换。下面对浮点型数据和定点型数据进行介绍。

IEEE 754 标准定义了通用的浮点型数据格式，如 FP32 和 FP16，随着深度学习的发展，又新增了一些针对应用场景优化的浮点型格式，如 BF16。这些浮点型数据的格式如图 2-15 所示。浮点型数据有 3 个域段：符号位（Sign）、指数位（Exponent）和尾数位（Mantissa），4.3.1 节将会对浮点型数据格式进行详细介绍。

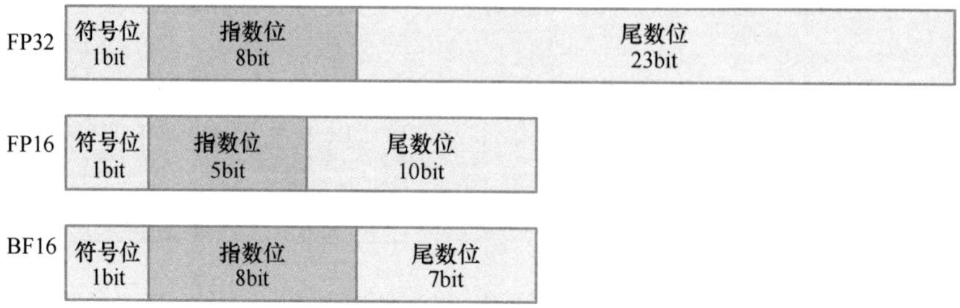

● 图 2-15　浮点型数据格式

定点型数据的小数点的位置是固定不变的。定点型数据可以分为有符号数（signed）和无符号数（unsigned）。根据位宽的不同，定点型数据又可以分为 INT8、INT16 和 INT32 等。

通过数制转换类指令，可以完成定点数到定点数、浮点数到浮点数以及定点数和浮点数之间的数制转换。需要注意的是，在进行从高位宽数据到低位宽数据转换的过程中，涉及舍入操作和饱和操作，可能存在精度损失。

2.2.6　访存类指令设计

访存类指令可以完成读写向量存储器的操作。根据寻址方式，访存类指令可以分为 3 种访存类型：线性访问、带 Stride 的增量访问和完全随机的离散向量访问。

线性访问是指从指定地址开始，访问一段连续的地址空间，对应的指令是向量加载指令“VLOAD vd, [rs], imm”，其中 rs 为标量寄存器，imm 为立即数，访存地址为基地址 rs 和地址偏移 imm 的和，vd 为存放读数据的向量寄存器。“VSTORE vs, [rs], imm” 为向量存储指令，其中 rs 为标量寄存器，imm 为立即数，访存地址为基地址 rs 和地址偏移 imm 的和，vs 为存放写数据的向量寄存器。

带 Stride 的增量访问是指向量中元素和元素之间在地址分布上是不连续的，但地址间隔是固定的。“VLOAD_STRIDE vd, [rs0], rs1” 为带 Stride 的增量向量加载指令，rs0 为首个元素的地址，rs1 为元素之间的地址增量，vd 为存放读数据的向量寄存器。一个带 Stride 的增量访问示例如图 2-16 所示，假设向量长度为 4，rs0 = 1 表示首个元素的起始地址为 1，rs1 = 9 表示相邻两个元素之间的地址间隔为 9，因此第二个元素的地址为 10，第三个元素的地址为 19，第四个元素的地址为 28。“VSTORE_STRIDE vs，[rs0]，rs1” 为带 Stride 的增量向量存储指令，rs0 为首个元素的地址，rs1 为元素之间的地址增量，vs 为存放写数据的向量寄存器。

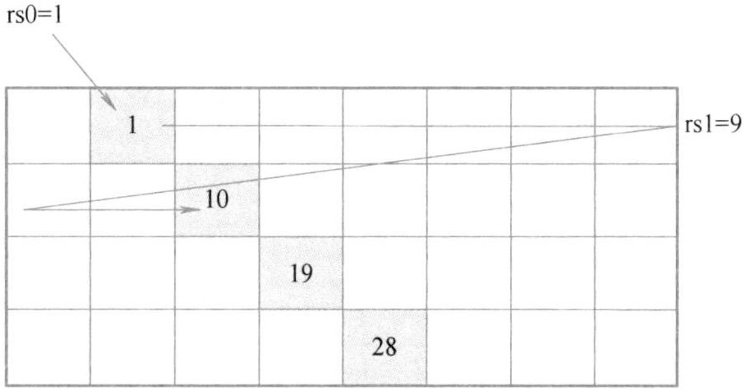

图 2-16　带 Stride 的增量访问示例

Gather/Scatter 是完全随机的离散向量访问。“GATHER vd，vs，[rs]” 是指将向量存储器中离散的数据加载到向量寄存器中，其中 rs 为标量寄存器，指示基地址，vs 为向量寄存器，指示各个元素的地址偏移，vd 为存放读数据的向量寄存器。“SCATTER vs0，vs1，[rs]” 是指将向量寄存器中的数据离散写入向量存储器中，vs0 和 vs1 均为向量寄存器，vs0 为要写出的向量，vs1 为各个元素的地址偏移，rs 为标量寄存器，指示基地址。一个 Scatter 指令访问存储器的示意图如图 2-17所示，假设向量长度为 4，基地址 rs = 2，vs1[0] = 18，首个元素的访存地址为 rs+vs1[0] = 20，因此 vs0 中数据 D0 写入向量存储器的地址 20 中。不同元素访问的地址是完全随机的，如果这些地址不存在 Bank 冲突，则访问效率会很高；如果存在 Bank 冲突，Gather/Scatter 访存效率会降低，最差的情况是所有离散请求都落在了向量存储器的同一个 Bank 中，而且这些离散请求只能串行访问。

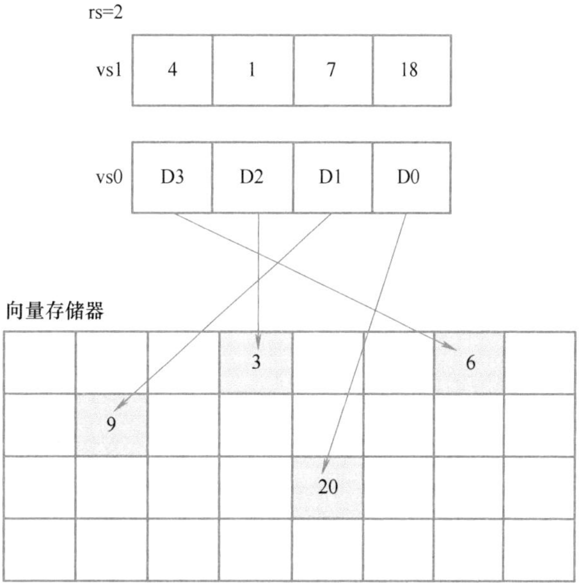

图 2-17　Scatter 访问示例

Scatter 指令的伪代码如下所示：

```
for(int i=0; i<SIMD_WIDTH; i++) {
    mem [rs+vs1 [i] ] = vs0 [i];
}
```

2.3 矩阵运算指令设计

矩阵运算指令可以完成矩阵乘法操作。一个典型的矩阵乘法运算如图 2-18 所示，参与运算的左矩阵为输入特征图（Input Feature Map），规格为 $M\times K$，右矩阵为权重（Weight），规格为 $K\times N$，两矩阵相乘的结果为输出特征图（Output Feature Map），规格为 $M\times N$。每个输出数据涉及 K 个乘加操作，整个计算过程涉及 $M\times N\times K$ 个乘加操作，计算量非常大，通常采用多维的乘加阵列实现矩阵乘法操作。一种基于权重常驻的二维脉动阵列架构如图 2-19 所示，脉动阵列由多个计算单元（Processing Element，PE）组成，每个 PE 完成一个乘加运算，PE 中包含一个权重寄存器（Weight Register，WR），用于存放权重数据。权重数据从脉动阵列的上方流入，在开始计算前加载到各个 PE 的 WR 寄存器中。当权重数据就绪后，输入特征图以数据流的形式从脉动阵列的左侧流入，在整个脉动阵列中横向传播。每个 PE 的计算结果向下传播，最终的部分和从脉动阵列的底部流出，再与累加缓冲区（Accumulate Buffer，ACC Buffer）中的部分和进行累加运算。当所有输入特征图计算完毕后，累加缓冲区中存放的就是最终的累加结果，即输出特征图。

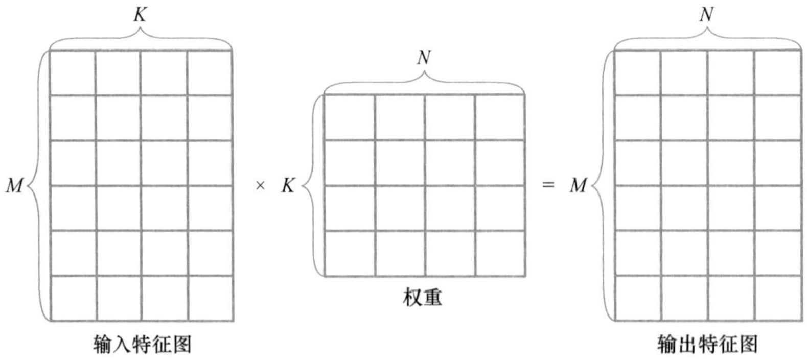

图 2-18　矩阵乘法运算示例

基于上述二维脉动阵列实现矩阵乘法运算，需要两步操作，一是将权重数据加载到脉动阵列中，二是载入输入特征图数据，这两步操作对应着两条指令，即权重加载指令 weight_load 和输入特征图加载指令 ifm_load。可以看到，不管是权重的加载还是特征图的加载，都需要加载

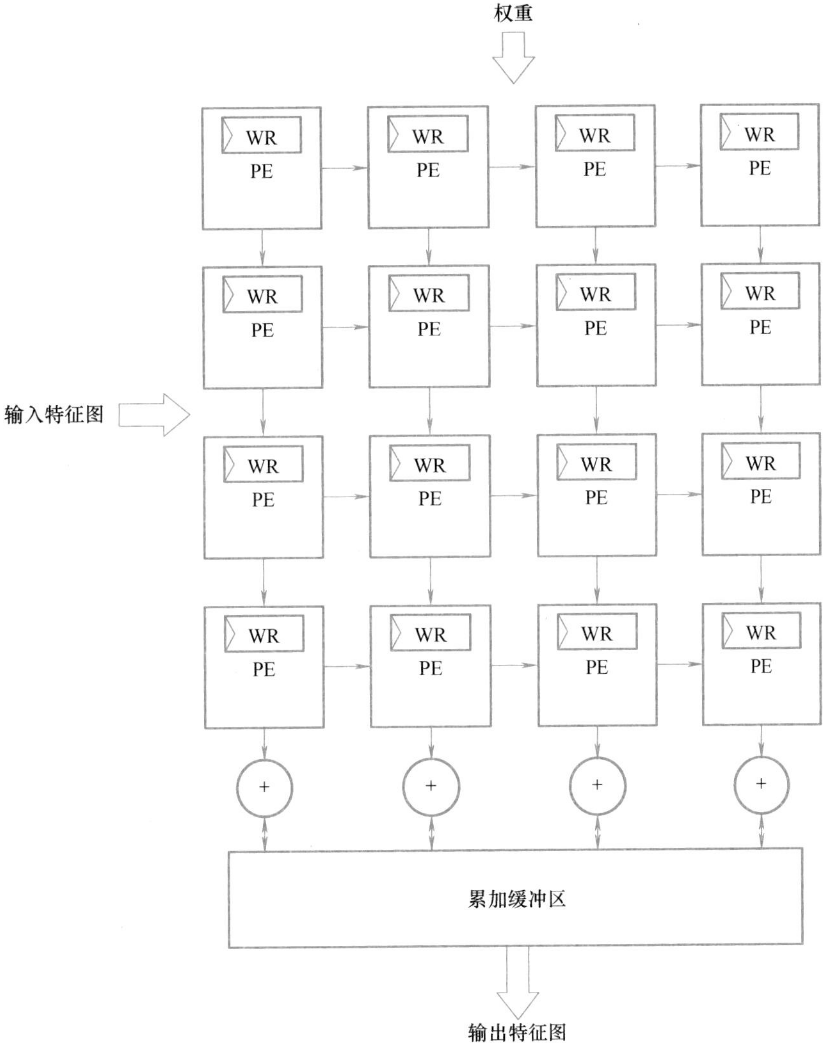

● 图 2-19 二维脉动阵列架构

多笔数据，这种涉及多笔数据的操作可以由多个微指令实现，也可以由一条宏指令实现，如图 2-20 所示。首先介绍微指令和宏指令的特点。微指令（Micro-instruction）的一个特点是一条指令只驱动一笔（Beat）数据的执行。对于标量运算，一条标量微指令只驱动一笔标量数据的执行；对于向量运算，一条向量微指令只驱动一笔向量数据的执行。微指令的另一个特点是比较灵活，可应对较为复杂的计算场景，其缺点是占用的指令空间较大。宏指令（Macro-instruction）的一个特点是一条指令驱动多笔数据的执行。如这里的权重加载过程，如果定义了一条权重加载宏指令，那么，只要设置好权重存放的地址、每笔数据间的地址间隔等信息，硬件接收到权重加载宏指令后就可以自动进行多笔加载操作。宏指令的另一个特点是占用的指令空间较小，适用于有规律的指令执行场景。

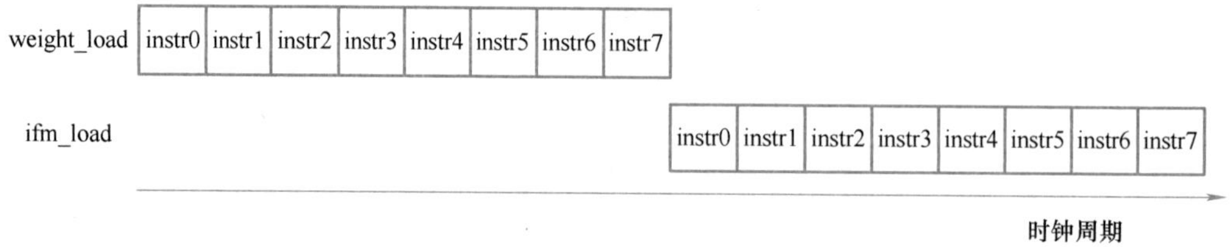

a）微指令

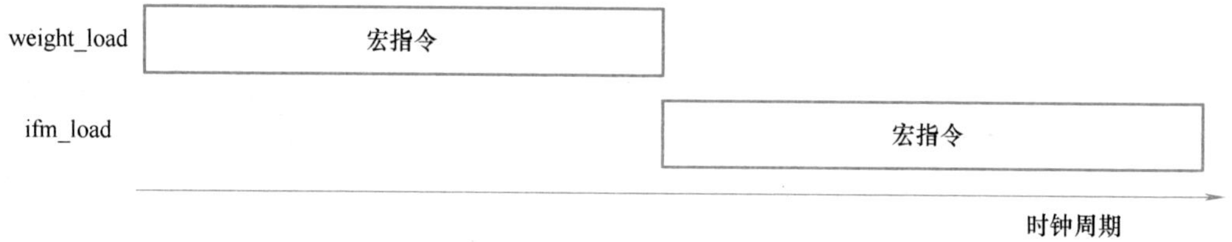

b）宏指令

● 图 2-20　微指令和宏指令示例

使用微指令实现 weight_load 指令和 ifm_load 指令的示意图如图 2-20a 所示，可以看到整个加载过程涉及多条微指令，过多的微指令会占用大量的指令缓存空间，并且微指令的执行效率比较依赖于编译器的调度，如果编译器在指令打包过程中插入了指令空泡（Bubble），就会降低硬件的执行效率。使用宏指令实现 weight_load 指令和 ifm_load 指令的示意图如图 2-20b 所示，整个权重加载过程只需要一条宏指令进行驱动。由于权重数据和输入特征图数据在矩阵存储器中的排布方式一般是比较规律的，可以通过简单的带 Stride 的增量寻址方式得到访存地址，因此 weight_load 指令和 ifm_load 指令比较适合用宏指令实现。在 weight_load 和 ifm_load 的宏指令中，需要包含以下域段信息：数据在存储器中的起始地址 start_address、相邻两笔数据之间的地址间隔 stride、加载数据的向量总长度 length 和计算模式信息 calculate_mode 等。完成这些域段的配置后，硬件即可自动完成宏指令的执行。

2.4 DMA 描述符设计

DMA（Direct Memory Access）可以完成不同存储器之间的数据搬移，显然一个 DMA 任务涉及多笔数据，以宏指令驱动，通常使用描述符（Descriptor）来定义。描述符是多个寄存器配置域段的集合，示例如图 2-21 所示。示例中描述符共 7 个域段，control 域段指示了 DMA 任务类型，该 DMA 任务的源数据存储格式为 1D，目标数据存储格式为 2D；src_start_addr 域段指示了源数据的起始地址（Source Start Address）为 10；src_length 域段指示了源数据长度（Source Length）为 16（根据 src_start_addr 和 src_length 这两个域段的信息，可以得到要搬移的源数据存放在地址 10~25 的存储空间中）；dst_start_addr 域段指示了目标数据的起始地址（Destination Start Address）为 2；dst_width 域段指示了 2D 传输的目标数据宽度（Destination Width）为 4；dst_height 域段指示了 2D 传输的目标数据高度（Destination Height）为 4；dst_stride 域段指示了 2D 传输中相邻两行首地址之间的间隔（Destination Stride）为 8。上层的调度器配置好 DMA 描述符后，DMA 开始按照描述符的配置信息进行数据搬移，整个数据搬移过程由硬件自动完成，进行完任务的分配后，无须上层调度器的介入。

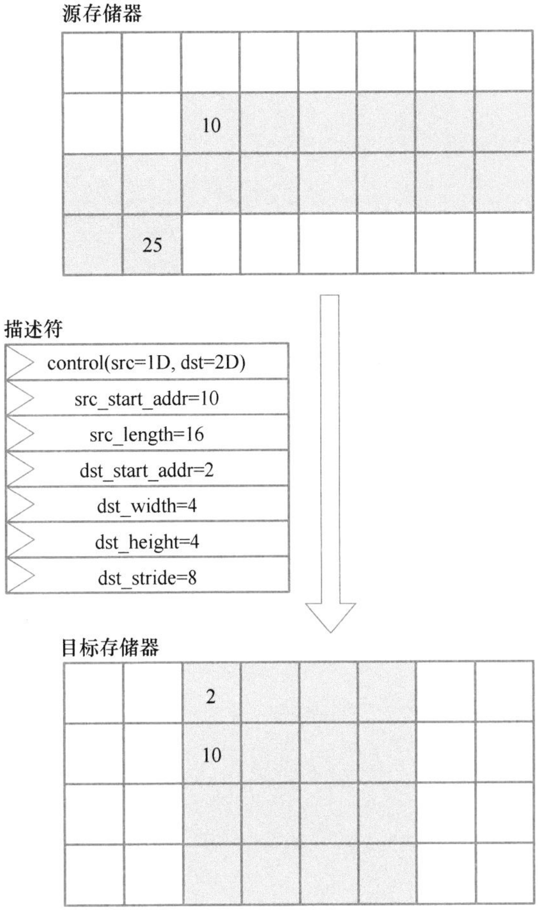

图 2-21　DMA 描述符示例

DMA 描述符的长度是可变的。对于简单的数据传输任务，描述符的长度比较短。在 DMA 进行数据传输的过程中，还可以进行在线数据处理操作，如在数据传输过程中进行矩阵转置操作或数制转换操作等。具体进行哪些操作也是通过描述符进行配置的。后续章节会将对 DMA 描述符进行详细介绍。

CHAPTER 3

第3章

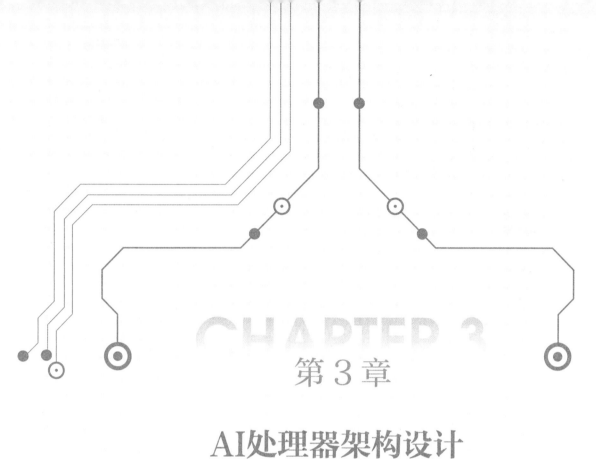

AI处理器架构设计

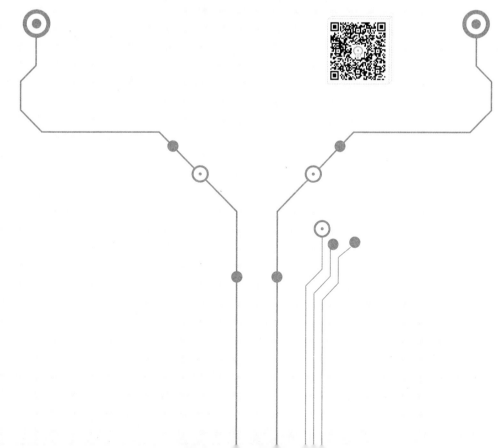

AI 处理器的指令集确定好后，就需要根据指令集定制合适的硬件架构了。对于同一套指令集，AI 处理器的硬件架构有多种实现方式，不同的硬件架构在不同的场景下有各自的优势。本章将从不同的角度出发，介绍几种典型的 AI 处理器硬件架构实现方案。

3.1 AI 处理器架构概述

AI 处理器需要处理大量的并行数据，这对其并行度要求极高。处理器提升并行度的方式有多种，较为常见的策略有提升指令级别的并行度（Instruction Level Parallelism，ILP）、提升数据级别的并行度（Data Level Parallelism，DLP）以及提升线程级别的并行度（Thread Level Parallelism，TLP）。提升指令级别的并行度是指提升每个时钟周期能够执行的指令数量，超长指令字（Very Long Instruction Word，VLIW）技术和超标量（Superscalar）技术是两种典型的提升指令级别的并行度的技术。提升数据级别的并行度是指提升每个时钟周期能够处理的数据数量，单指令多数据流（SIMD）是一种典型的提升数据级别的并行度的技术。单指令多线程（Single Instruction Multiple Thread，SIMT）是一种典型的提升线程级别的并行度的技术。

3.1.1 VLIW+SIMD 架构设计

VLIW 架构是一种典型的利用指令级并行机制的处理器架构，其核心思想是在每个时钟周期，并行发射多条指令到不同的执行单元中并行执行。同一时钟周期发射的这些指令组成了指令包（Instruction Package），指令包中的指令之间不能有依赖关系。VLIW 架构中的并行执行指令不需要硬件动态调度，完全依靠编译器层面的指令调度。

图 3-1 是一个 VLIW 架构处理器示意图，VLIW 指令存于指令缓存（VLIW Instruction Cache），VLIW 指令的提取（Fetch）以指令包为单位，指令包的典型宽度有 64bit、128bit 和 256bit。可以看到，由于指令包宽度较宽，同时编译器进行指令打包过程中，不一定能找到合适的指令填满整个指令包，因此指令包中可能会存在大量的空指令（No Operation，NOP），这使得 VLIW 架构的指令密度较低，于是 VLIW 架构的指令缓存容量一般需要设置得比较大。

指令完成提取后，送入 VLIW 译码单元中进行指令译码。指令译码对指令包中所有指令进行类型判断，将指令送入对应的执行单元中。指令包可以分为多个指令槽位（Slot），每个指令槽位存放一条指令。图 3-1 所示的指令包中包含 5 个指令槽位，其中 Slot0 为标量指令，送往标量流水线（Scalar Pipeline）；Slot1 为 Vector Load 指令，Slot2 为 Vector Store 指令，它们被送往向量访存单元（Vector Load Store Unit，VLSU）中完成向量数据的加载和存储；Slot3 为向量执行指令，送往向量流水线（Vector Pipeline）；Slot4 为矩阵运算指令，送往矩阵流水线（Matrix Pipeline）。需要注意的是，每个 Slot 所对应的指令类型不是完全固定不变的，比如在向量运算密集的代码中，指令包中可能会有两个 Slot 存放 Vector Load 指令，一个 Slot 存放 Vector Store 指令，一个 Slot 存放向量运算类指令，最后一个 Slot 存放其他指令；在标量运算密集的代码中，可以有多个 Slot 存放标量指令。通过这种灵活的指令打包方式，一定程度上可以提升指令打包效率。

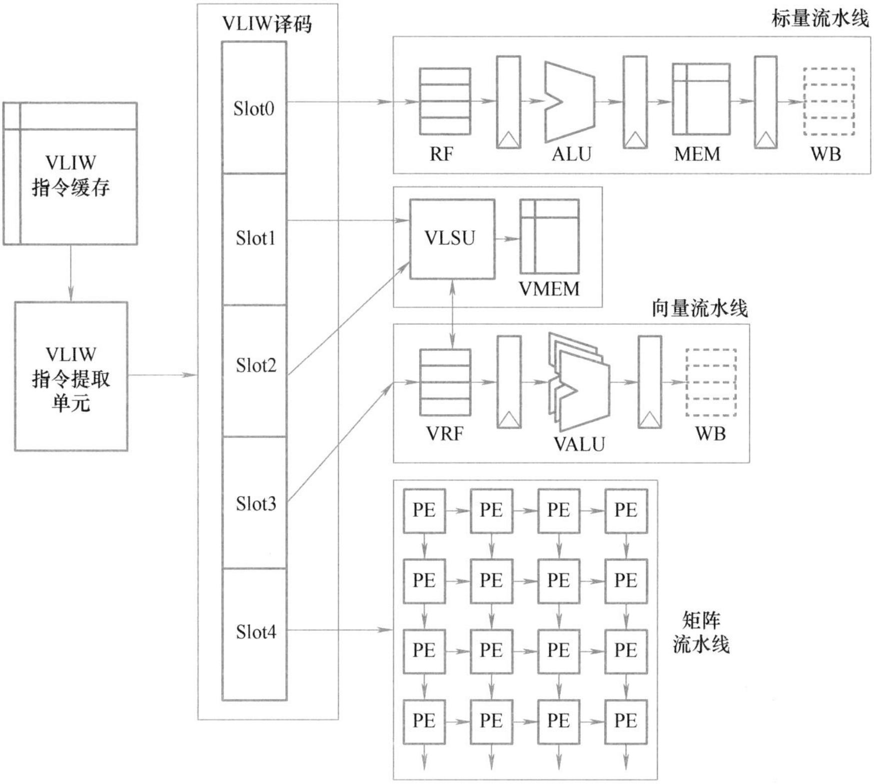

● 图 3-1 VLIW 架构示例

VLIW 架构设计的核心在于指令级并行，随着指令包中槽位的增加，编译器进行指令调度的复杂度也随之增加：当指令包中只有两个槽位时，编译器还是比较容易将指令包填满的，当指令包中有更多槽位时，编译器很难在局部范围内找到多条无关指令，加之这些槽位对可存放的指令有所限制，编译器的调度难度就更高了，这种情况下，指令包中可能会插入多条 NOP 指令。另外随着指令包中槽位的增加，指令缓存的容量需要随之增大，并且也要增加硬件中的执行单元数量，这增加了硬件面积开销。因此指令包中的指令槽位不能过多，通常为 3~6 个。

当指令级别的并行度提升遇到瓶颈时，可以提升数据级别的并行度。SIMD 是一种提升数据级别的并行度的技术，在一条指令的驱动下，多个通道对不同输入数据进行相同的指令操作。SISD（Single Instruction Single Data stream，单指令单数据流）和 SIMD 的对比如图 3-2 所示，在采用 SISD 设计的处理器中，一条指令对应一组数据；在采用 SIMD 设计的处理器中，一条指令对应多组数据。

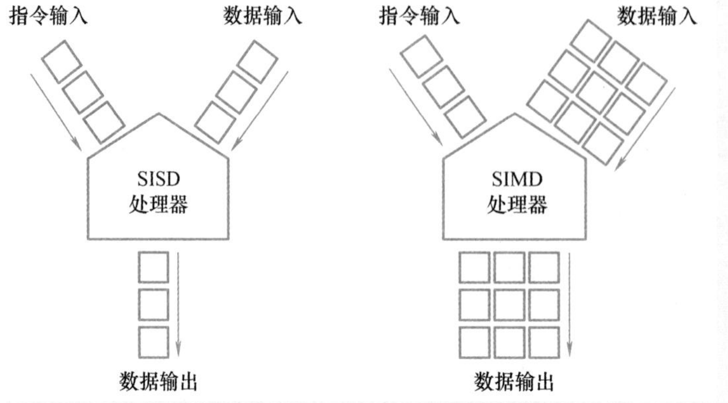

● 图 3-2　SISD 和 SIMD 的对比

SIMD 技术特别适合高效处理大规模、高并行计算的场景，能够极大地减少总线访问周期，提高数据处理的并行性，然而它对算法和数据结构的要求比较高，如果算法存在较多的单点之间的依赖关系，则不适合使用该技术进行加速。另外，在高并行度的 SIMD 架构处理器中，如果需要处理的数据分布较为离散，则可能需要对这些数据进行合并、拆分、压缩等操作，而硬件实现这些操作需要消耗大量的硬件资源，并且增加了后端布局布线的复杂度。这类似于提升指令级别的并行度时遇到的瓶颈，因此 SIMD 架构的数据级别的并行度也不能太高。

3.1.2　超标量+SIMD 架构设计

超标量技术经常被应用到高性能 CPU 中，对于超标量处理器来说，每个时钟周期提取、译码、发射的指令不止一条，通常使用平均时钟周期执行的指令条数（Instruction Per Clock/Cycle，IPC）来衡量超标量处理器的性能。在 VLIW 架构的处理器中，指令是按照完全顺序的方式执行的，这种完全顺序的执行方式要想获得较高的性能，需要编译器提前进行高效的指令打包。在高性能 CPU 中，为获得较高的指令执行性能，大多采用乱序（Out-of-Order）的方式进行指令的发射和执行，某些指令可能由于数据相关性等因素不具备发射条件，可以在后续指令中选择就绪指令进行发射，从而提升执行单元的利用率。

一种（乱序执行）超标量处理器架构设计如图 3-3 所示，指令提取单元完成指令提取操作，该单元在每个时钟周期可以提取多条指令，同时可根据历史信息进行分支预测；指令接下来被送入指令译码单元进行指令译码，译码完成后送入重命名单元进行寄存器重命名操作；指令分发单元根据指令类型将指令分发到不同的发射队列（Issue Queue）中；发射队列选择就绪的指令进行发射；在众多执行组件中，SIMD 单元执行向量运算。需要注意的是，超标量处理器并不一定采用乱序（多发射）执行设计。

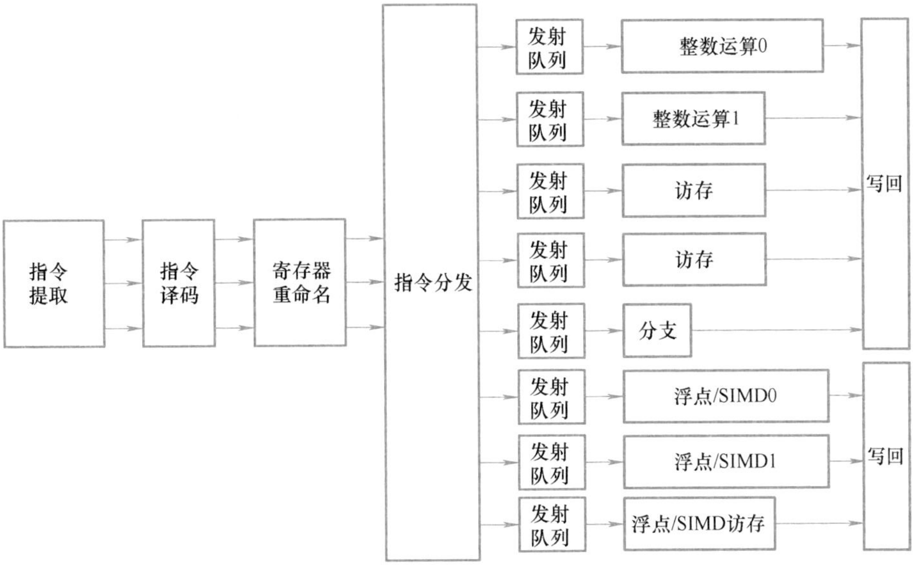

● 图 3-3 超标量处理器架构

在 AI 处理器的应用场景中，大多数场景会对大规模数据进行流式处理，程序流的复杂度不高，使用超标量技术，尤其是乱序执行设计带来的性能收益不会太高。超标量处理器完全由硬件进行指令调度，从而增加了硬件开销，相比基于 VLIW 架构的处理器，基于超标量架构的处理器的面效比（面积效率比）相对较低。

接下来比较 VLIW 架构和超标量架构的优缺点，需要注意的是这里仅在 AI 处理器的应用场景下进行比较。首先是性能方面，假如不考虑面积等代价，由于超标量架构的处理器可以在硬件层面进行指令的调度，而 VLIW 架构的处理器只能顺序执行指令流，因此超标量架构的处理器性能更强。在面积方面，超标量架构的处理器需要实现极为复杂的控制逻辑，而 VLIW 架构的控制较为简单，因此在相同算力下，超标量架构的处理器面积较大。虽然超标量处理器性能相对较高，但受限于其付出的面积代价，它在单位面积下的性能并不会优于 VLIW 处理器；而 VLIW 处理器的控制单元面积很小，可以用更多的面积加强算力，因此 VLIW 处理器的面效比较高。在功耗方面，超标量处理器有大量资源消耗在控制单元上，其功耗较高。在代码密度方面，VLIW 架构依靠编译器进行指令调度，在可并行指令不足的情况下，指令包中会插入大量 NOP，会占用大量的指令缓存空间，因此 VLIW 架构的代码密度较低；而超标量架构完全由硬件进行指令调度，无须安插 NOP 指令，代码密度很高。在对编译器要求方面，超标量架构处理器对编译器要求很低，而 VLIW 架构下编译器需要进行高效的指令调度，涉及相关性检测、循环展开（Loop Unrolling）等技术，VLIW 处理器对编译器要求非常高。表 3-1 列出了各项指标下超标量架构和 VLIW 架构的对比信息。

表 3-1　超标量架构和 VLIW 架构对比

指　标	架　构	
	超　标　量	VLIW
性能	相对较高	相对较低
面积	相对较大	相对较小
面效比	不高	高
功耗	高	相对较低
代码密度	高	低（由于指令打包过程中插入了很多 NOP）
对编译器要求	低（完全由硬件进行指令调度）	高（完全由编译器进行指令调度）

这里需要提醒读者注意，在 AI 处理器硬件架构的选择中，要根据应用场景，权衡性能需求和硬件开销后进行决策（包括软件和生态的支持情况），而不应单纯地给出哪种架构一定更好的简单结论。本书第 6 章主要基于顺序执行超标量架构进行讲解，第 9 章中的 AI 处理器实例使用的是乱序执行超标量架构设计，这些都是当下业界产品中实际存在的设计。读者可以通过后续章节的阅读，了解不同架构设计的优缺点以及思考如何进行取舍。

3.1.3　SIMT 架构设计

GPGPU（General Purpose Graphic Processing Unit，通用图形处理器）是典型的基于 SIMT 架构的处理器，具有支持海量并行多线程的特点，非常适合面向高吞吐量的应用程序。在如今的高性能 AI 计算领域，GPGPU 已经得到极其广泛的应用，并正在日益扩大其应用范围。

图 3-4 是基于 Fermi 架构的 NVIDIA GPU 的架构示例。该 GPU 中包含 480 个 CUDA（Compute Unified Device Architecture，计算统一设备体系结构）Core。这 480 个 CUDA Core 被归入 15 个 SM（Streaming Multiprocessor，流多处理器）中，即每个 SM 中包含 32 个 CUDA Core。此外，每个 SM 中还有 2 个指令处理单元，每个单元控制 16 个 CUDA Core。

每个 SM 可以分为前端部分和后端部分，前端部分以 SIMT 的方式进行多个线程束的调度，后端部分为基于 SIMD 技术的执行组件。接下来对核心模块进行介绍。

指令缓存（Instruction Cache）用于缓存指令，一个 SM 上所有的活动线程束（Warp）共享一个指令缓存。每个活动 Warp 都有自己私有的 Warp 指令队列（Warp Instruction Queue），用于存放解码后的指令。当一个 Warp 的指令队列中无可用指令时，可以发出取指令请求。所有取指令的 Warp 以轮询（Round Robin）的方式访问指令缓存。当一个 Warp 被选中允许提取指令时，就将要从指令缓存中提取的下一条指令的地址发给指令缓存。如果在指令缓存中找到了该条指令（缓存命中），就将它取出并放入该 Warp 的指令队列中。如果指令缓存中未找到该条指令，则缓存将发出访存请求以从主存取得此指令。

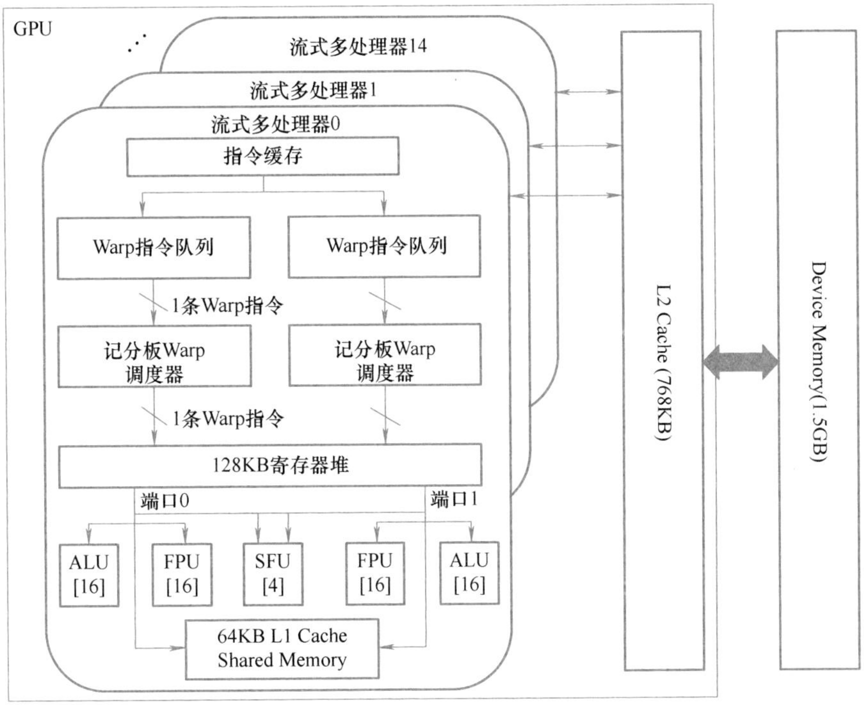

● 图 3-4　GPU 架构示例

记分板（Scoreboard）：用于检查读后写（WAR）、写后写（WAW）和写后读（RAW）等数据相关性。每个活动 Warp 在记分板中都有一个对应的条目，每次指令发射时均需要对整个记分板进行扫描以确定是否有冲突。在指令发射阶段，一条 Warp 指令的目标寄存器被记入该 Warp 的记分板条目中。当一条 Warp 指令完成时，被保留的目标寄存器信息将从 Warp 的记分板条目中移除。在一个寄存器被释放之前，任何需要读写此寄存器的指令将不能发射。

指令调度（Schedule）和指令发射（Issue）单元：所有通过了记分板检查的指令成为备选的待发射指令。在每个时钟周期，SM 中的两个 Warp 调度器最多会选择两条指令发射（即 NVIDIA Fermi 架构的双发射），调度算法控制着发射 Warp 指令的选取。GPU 中常用的调度算法包括最近最少发射（Least-Recently-Issued）、基于年龄的发射（Age-based-Issue）和基于优先级的发射（Priority-based-Issue）等。调度算法对系统性能有显著的影响。

SM 的后端部分为基于 SIMD 的执行单元，在一条指令的控制下，同步执行相同的操作。每个 SM 中都有 32 个算术逻辑单元（Arithmetic Logic Unit，ALU）、32 个浮点运算单元（Floating-point Unit，FPU），以及 4 个特殊功能单元（Special Function Unit，SFU）。ALU 和 FPU 这些执行单元都比较常见，这里重点介绍 SFU。SFU 用于计算超越函数，如倒数、平方根、幂函数、对数、三角函数等。其基本原理是采用查表结合二次插值的方法来计算，做到了性能、误差和面积上的平衡，即性能上做到了每周期输出一个结果，误差上界可控，面积远小于单纯的查表方案。第 1 章介绍的 Sigmoid、Tanh 等激活函数，可以利用 SFU 进行计算，可大大提升激活函数的计算效率。

在基于 SIMD 架构的处理器中，向量的最大并行度是确定的，编程人员需要将数据拼凑成合适的向量长度，这极大地增加了编程复杂度。而在基于 SIMT 架构的处理器中，编程人员无须感知具体的硬件结构，处理器自动完成线程的调度，从而大大降低了编程复杂度。

3.2 向量运算和矩阵运算的融合层级

AI 处理器中标量处理单元主要用于标量运算以及对指令流的控制，向量处理单元主要完成各种复杂的高并行度的向量运算，矩阵处理单元主要完成矩阵乘法运算，向量处理单元和矩阵处理单元共同决定了 AI 处理器的算力。在神经网络的计算场景下，向量运算和矩阵运算的结合比较紧密，如在进行矩阵运算前，需要向量处理单元进行数据预处理工作，或矩阵运算结果需要送入向量处理单元进行后处理操作。因此向量处理单元和矩阵处理单元之间存在着大量的数据交互，数据在哪个存储层级进行交互是 AI 处理器架构设计首先要考虑的问题。

3.2.1 寄存器级融合

向量处理单元和矩阵处理单元可直接访问一片共享的寄存器堆，向量处理单元产生的计算结果暂存于寄存器堆中，后续矩阵处理单元可直接在寄存器堆中读取该数据。

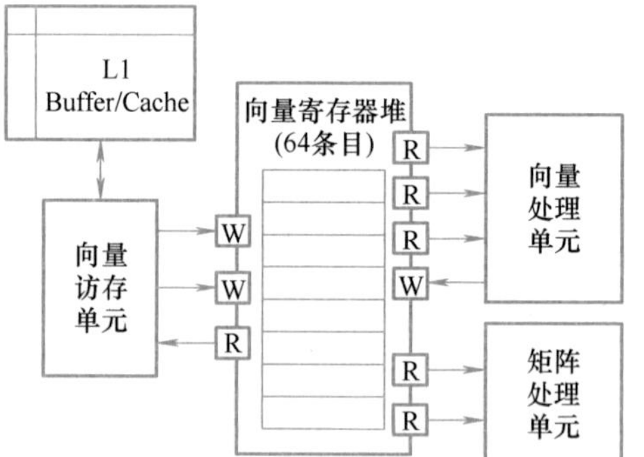

图 3-5 寄存器级融合

一种寄存器级融合方案如图 3-5 所示，L1 Buffer/Cache 为 L1 数据存储器，向量访存单元完成 L1 数据存储器与向量寄存器堆（VRF）之间的数据搬移，对于 Vector Load 指令，向量访存单元读取 L1 数据存储器，将读取结果写入向量寄存器堆中，这里假设向量访存单元支持两路并行的访存操作，因此需要占用向量寄存器堆的两个写口，另外对于 Vector Store 指令，向量访存单元读取向量寄存器堆，将读取结果写入 L1 数据存储器中。在向量处理单元中，向量运算类指令最多有 3 个源操作向量，因此需要占用 3 个向量寄存器堆的读口，另外需要占用一个向量寄存器堆写口，用于计算结果的写回。矩阵处理单元需要占用两个读口，一个用于特征图数据的读取，另一个用于权重数据的读取，矩阵处理单元的计算结果写入累加缓冲区中。

可以看到，在这种方案中，总共需要 6 个读口和 3 个写口，另外由于向量处理单元和矩阵处理单元都需要访问向量寄存器堆，向量寄存器堆的条目数量不能过少，这里给出的向量寄存器堆条目数量为 64 个。在高性能 AI 处理器中，向量寄存器的宽度较宽，加上过多的向量寄存器数量以及向量寄存器堆读写口数量，导致向量寄存器堆在布局布线过程中很难收敛。为降低向量寄存器堆的布局布线复杂度，可以将向量寄存器堆进行分组，如图 3-6 所示。

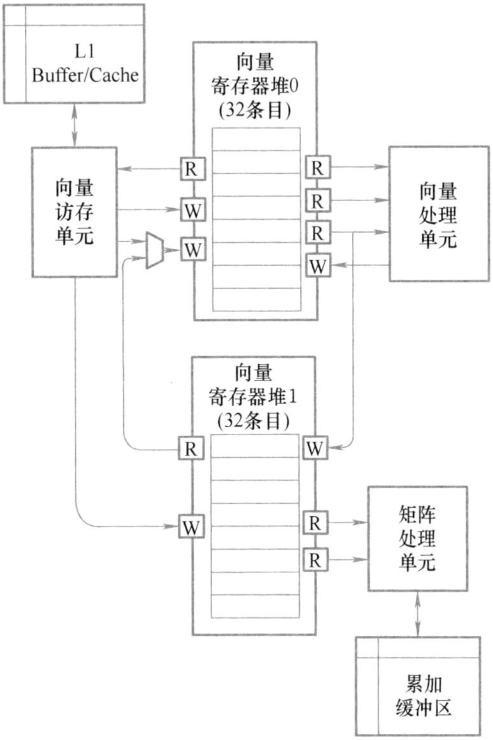

● 图 3-6　向量寄存器堆分组方案

寄存器分组方案的核心思想是将向量处理单元访问的向量寄存器堆和矩阵处理单元访问的向量寄存器堆分开，通过 MOVE 类指令完成这两组寄存器堆之间的数据搬移。由于向量指令中只有极少数指令需要 3 个源操作数，大多数指令只需要两个源操作数，因此 MOVE 类指令可以复用向量处理单元的第三个向量寄存器堆读口。另外 MOVE 类指令可以复用向量访存单元的第二个向量寄存器堆写口，从而无须在向量寄存器堆 0 中额外为 MOVE 类指令增加读写口。分组后向量寄存器堆 0 只需要 4 个读口和 3 个写口，另外向量寄存器堆 0 的条目数量可以减少为 32 个，这大大降低了布局布线复杂度。矩阵处理单元主要访问向量寄存器堆 1，向量寄存器堆 1 的数据可以来自于向量寄存器堆 0，也可来自于 L1 数据存储器。

访问向量寄存器堆的延迟要远小于访问 L1/L2 存储器的延迟，寄存器级融合的架构可以提供较低的数据交互延迟，并且访问寄存器堆的功耗要小于访问 L1/L2 存储器的功耗，这种方案的整体功耗较低。但由于向量寄存器堆读写口数量以及寄存器数量的限制，实际使用过程中，向量处理单元和矩阵处理单元很难并行工作。另外由于矩阵处理单元需要直接访问寄存器，矩阵运算类指令只能用微指令的方式实现，这大大增加了代码量。

3.2.2 存储器级融合

存储器级融合可以分为 L1 存储器级融合以及 L2 存储器级融合。

L1 存储器级融合是指向量处理单元和矩阵处理单元在 L1 存储器进行数据交互，如图 3-7 所示，Unified L1 Memory 为统一的 L1 存储系统，存储向量处理单元和矩阵处理单元所需的数据。向量处理单元和矩阵处理单元可访问整个 L1 存储器空间。这种统一的 L1 存储架构避免了数据在不同存储体之间的来回搬移，向量处理单元产生的计算结果写入 L1 存储器后，矩阵处理单元可直接读取这个数据空间。但通常情况下，向量处理单元对 L1 存储器的寻址复杂度远高于矩阵处理单元，这是由于向量处理单元需要处理地址非对齐或散列的向量访存指令，要高效实现这些指令，需要 L1 存储器实现较为复杂的寻址模式，并且对 L1 存储器的 Bank 划分、Bank 宽度等参数有较高的要求。而矩阵处理单元对 L1 存储器的寻址复杂度就低很多，主要是规律的线性访问，或规律的跳 Stride 访问，不存在非对齐操作，因此矩阵处理单元的 L1 存储器实现可以简化。这种统一的 L1 存储器架构，因为需要照顾到复杂的向量访存需求，整个 L1 存储器的实现会较为复杂，从而带来了较大的面积开销。另外由于向量处理单元和矩阵处理单元都需要访问统一的 L1 存储器，存储器的读写口数量较多，L1 存储器需要划分更多的 Bank，从而实现向量处理单元和矩阵处理单元的并行访问，这同样增加了面积开销。

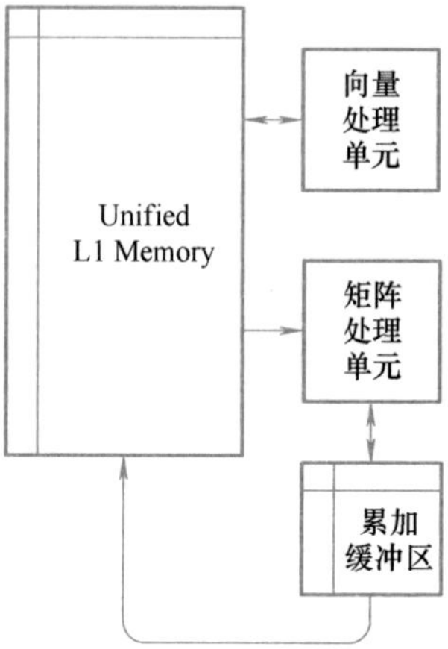

图 3-7　L1 存储器级融合

类似于寄存器级融合中的 VRF 分组策略，也可以将 L1 存储器分为两部分，其中一部分为向量 L1 Memory，该存储器专门供向量处理单元使用；另外一部分是矩阵 L1 Memory，该存储器专门供矩阵处理单元使用，如图 3-8 所示。DMA 为直接存储访问单元，用于不同存储体之间的数据搬移，向量处理单元完成向量处理后，将数据写入向量 L1 Memory，如果后续还需要对数据进行矩阵运算，那么 DMA 将数据从向量 L1 Memory 搬移至矩阵 L1 Memory，最后矩阵处理单元对这批数据进行矩阵运算。

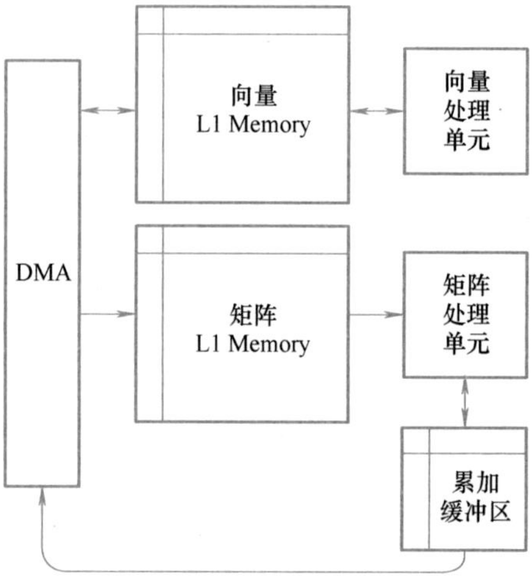

图 3-8　分离的 L1 存储器级融合方案示例

采用这种分离的方案，向量 L1 Memory 和矩阵 L1 Memory 可以根据各自的需求进行差异化实现，向量 L1 Memory 可以实现复杂的寻址，以及进行细粒度的 Bank 划分，从而适配各种类型的向量访存指令；而矩阵存储器中特征图数据和权重数据的存放较为规律，矩阵 L1 Memory 的设计可以简化，并且矩阵 L1 Memory 的读写口数量较少，减少了整体面积开销。这种分离的 L1 存储器级融合方案广泛应用在高性能 AI 处理器中。

L2 存储器级融合是指向量处理单元和矩阵处理单元在 L2 存储器进行数据交互，如图 3-9 所示。向量处理单元和矩阵处理单元有其各自的 L1 Memory/Cache，在 L1 级别，两者无法进行数据交互。要进行数据交互，数据首先要搬移至 L2 Memory/Cache 中，然后将数据搬移至 L1 Memory/Cache 中。由于 L2 存储器的容量较大，访问 L2 存储器的延迟较大，因此这种交互方式的效率不高，并且 L2 存储器需要划分出一片区域用于向量处理单元与矩阵处理单元之间的数据交互，占用了宝贵的 L2 存储器资源。并且数据交互需要穿过两级存储系统，带来了较高的存储器访问功耗。由于其性能和功耗上的劣势，因此这种 L2 存储器级的融合方案很少使用。

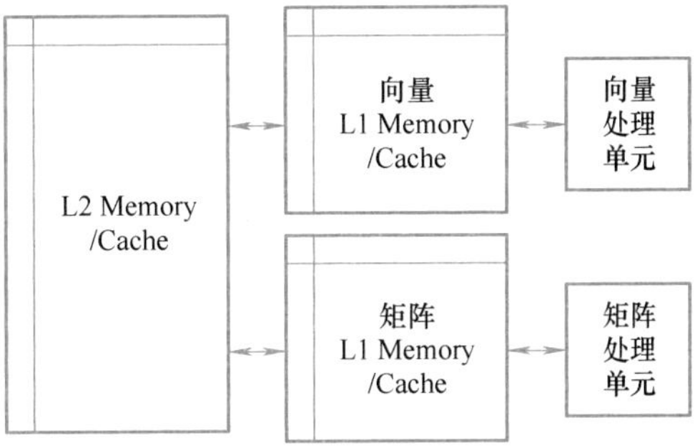

图 3-9　L2 存储器级融合方案示例

3.3 向量处理单元架构选型

向量处理单元的数据获取方式有多种：可以直接从 L1 存储器中加载数据到向量处理单元中，计算完成后直接将数据写到 L1 存储器中；还可以首先将数据从 L1 存储器加载到向量寄存器中，然后从向量寄存器中读取数据进行向量计算。下面根据数据获取方式的不同，介绍两种不同的向量处理单元架构设计。

3.3.1 Memory 直连型向量处理单元设计

Memory 直连型向量处理单元是指向量的执行单元直接和 L1 存储器相连，中间省去了向量寄存器堆这一中转站。由于是和 Memory 进行直连，访问 Memory 的延迟较大，需要进行多笔 Memory 访存请求来掩盖较大的 Memory 延迟，因此 Memory 直连型向量处理单元一般基于宏指令实现。一种 Memory 直连型向量处理单元如图 3-10 所示，指令输入到宏指令译码单元进行宏指令的译码，译码完成后，将宏解码后的信息送入宏指令分割单元进行宏指令的拆分，拆分得到的控制信号送入各个执行组件中。

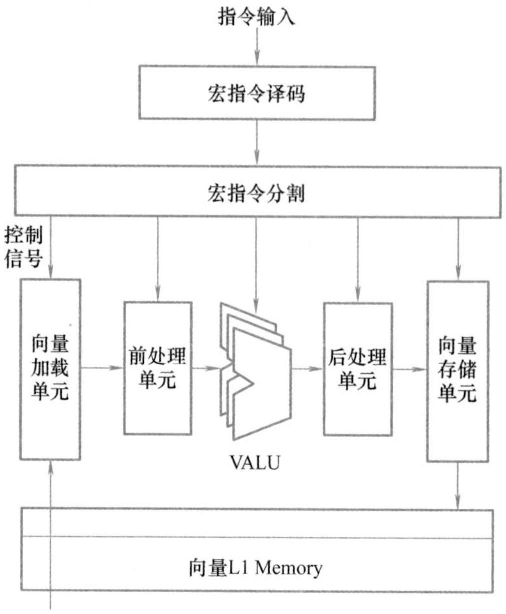

● 图 3-10　Memory 直连型向量处理单元示例

向量加载单元完成向量数据的加载，前处理单元对加载的向量数据进行预处理，预处理包括数据格式转换、数据位置变换等操作，预处理完成的数据送入 VALU（Vector Arithmetic Logic Unit，向量算术逻辑单元）中进行向量算术逻辑运算，运算结果送入后处理单元中完成数据的后处理，最后通过向量存储单元将结果向量写回到向量 L1 Memory 中。

Memory 直连型向量处理单元可以很好地处理大批量流式运算场景，比如对一大批数据进行统一的加法操作，上层控制器配置好向量长度、运算类型等信息后，向量处理单元可自己完成所有的向量加载、向量运算、向量存储等操作，无须上层控制器介入，效率较高。这种基于宏指令的架构，所需的指令数量很少，整体的代码量较小。但是当需要处理的数据量较小时，由于 Memory 直连型向量处理单元有很大的启动结束开销，中间会存在大量的等待时间，因此整体性能较低。一种小批量数据的级联处理场景如图 3-11 所示，假设需要对向量 a 和 b 进行加法操作，然后对加法结果 c 进行乘法操作，这里加法和乘法是级联关系，另外假设向量 a 和 b 的长度都较小。由于所处理数据的向量长度较小，因此访问向量存储器的延迟无法被隐藏在计算中，在第一条 VADD 指令将数据写回到向量存储器后，才能开始下一条相关指令 VMUL 的数据加载，这中间产生了大量的指令空泡。从整个时间窗口来看，VALU 只有在极少的时间段内是工作的，大部分时间处于等待数据的空闲阶段，这导致了向量执行单元的利用率极低。另外由于需要以宏指令的方式进行编程，因此编程人员需要对向量数据进行拼凑，编程灵活性较低。这种 Memory 直连型向量处理单元存在于早期的 AI 处理器中。

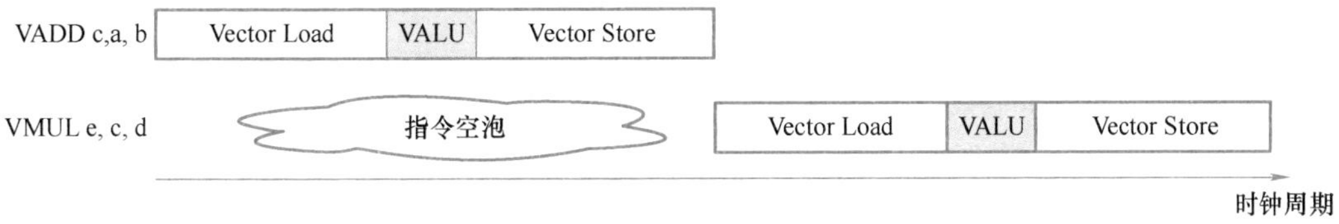

图 3-11　小批量数据的级联处理示例

3.3.2　基于 VRF 的向量处理单元设计

基于 VRF 的向量处理单元是指在向量执行单元和向量存储器之间加入一级存储介质：向量寄存器。向量执行单元在处理数据之前，需要通过 Vector Load 指令将数据从向量存储器加载到 VRF 中，计算完成后，结果向量首先写入 VRF 中，然后通过 Vector Store 指令将数据从 VRF 写到向量存储器中，具体的架构图可以参照 3.3.1 节，这里不再赘述。

基于 VRF 的向量处理单元同样可以很好地处理流式计算场景：通过多条 Vector Load 指令将数据从向量存储器加载到 VRF 中，这里通过多条 Vector Load 指令的加载掩盖访问向量存储器的延迟，然后通过多条向量计算指令完成向量运算，最后通过多条 Vector Store 指令将数据写回到向量存储器中。

该方案可以很好地处理具有依赖关系的串行计算场景：假设需要对一个向量先进行加法运算再进行乘法运算，可以先通过 Vector Load 指令将数据加载到 VRF 中，然后通过 VADD 指令完成加法运算，由于数据存放在寄存器中，可以很快获取加法计算结果，VMUL 指令可以紧跟着 VADD 指令发射，最后将计算结果写入向量存储器中，具体的数据处理流程如图 3-12 所示。可以看到两个 VALU 指令之间无气泡（需要实现前递网络），大大提升了串行数据的处理性能。另外临时数据暂存于向量寄存器中，访问寄存器的功耗远小于访问存储器的功耗，因此这种方案的功耗较低。这种基于向量寄存器的架构，具有较高的编程灵活性、较低的整系统功耗以及较高的性能，广泛应用于高性能 AI 处理器中。

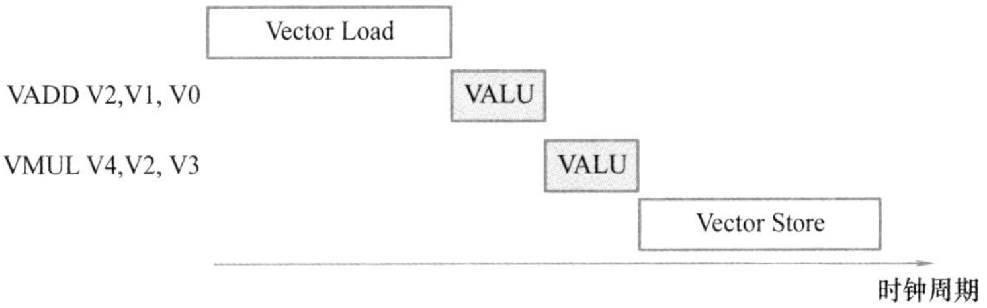

图 3-12　基于 VRF 的处理流程示例

3.4 标量流水线和向量/矩阵流水线的位置关系

指令（块）从指令缓存中取出来后，就需要对指令块中的指令进行译码，判断指令类型，将其送往对应的流水线中执行。标量流水线主要完成标量运算类、标量访存类和指令流控制类指令的执行，向量流水线完成向量运算类和向量访存类指令的执行，矩阵流水线完成矩阵运算类指令的执行。根据标量流水线和向量/矩阵流水线的位置关系，可以将流水线结构分为并行流水线结构和串行流水线结构，接下来对这两种结构进行介绍。

3.4.1 并行流水线结构设计

在并行流水线结构设计中，指令译码后，根据指令类型将指令并行发射到对应流水线中执行，如图 3-13 所示。指令译码（Decode）单元完成各指令类型的判断，通过指令发射单元将指令路由到对应的流水线中。图 3-13 所示示例中包含 3 条流水线：标量流水线（处理标量指令）、向量流水线（处理向量指令）、矩阵流水线（处理矩阵运算指令）。需要注意的是，每条流水线收到的指令可能不止一条，比如向量流水线可能会同时收到向量运算类指令和向量访存类指令，这些指令在向量流水线中会并行执行。

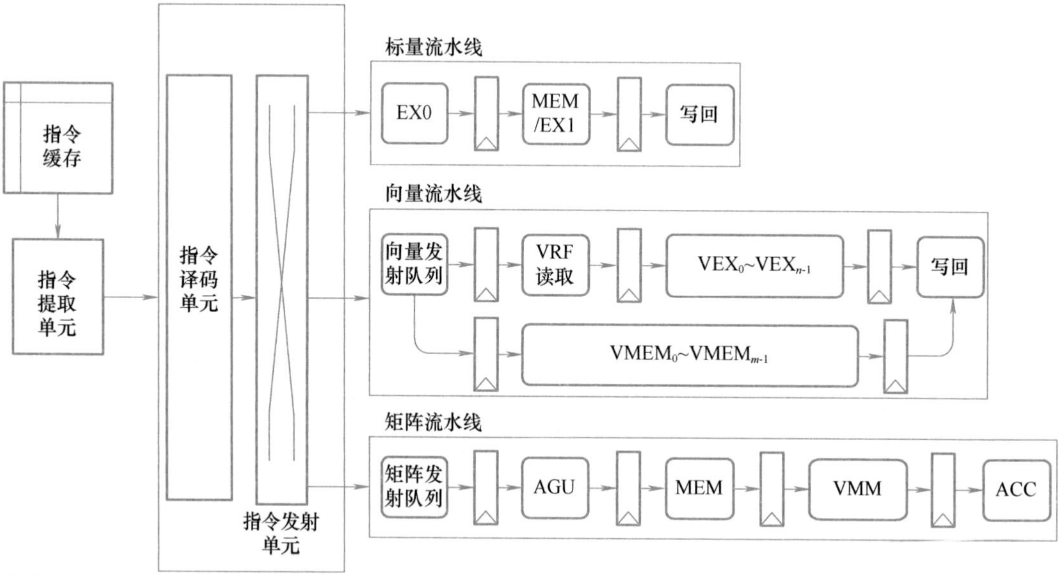

● 图 3-13 并行流水线结构

在标量流水线中，EX0 和 EX1 为指令的两级执行流水线，在 EX1 阶段同时会进行标量存储器的访存操作，最后将结果写回（Write Back，WB）到寄存器中。标量流水线会处理分支跳转类指令，这类指令在 EX1 级得到计算结果，如果分支预测成功，并且没有任何异常发生，那么该指令可以正常提交（Commit），最终将结果写回到寄存器中，但是如果在 EX1 级发现分支预测失败，或指令发生了异常，则需要冲刷（Flush）整个流水线，并向指令提取单元发出重定向信号，将指令流恢复到正确的分支路径上。由于采用了并行的流水线结构，因此，当 EX1 级检测到分支预测失败时，不但要冲刷整个标量流水线，还需要冲刷向量流水线和矩阵流水线。由于从译码到 EX1 级只经过了两级流水线，因此通常在向量流水线和矩阵流水线中指令还未进行写回操作，只需要将流水线中的指令取消（Kill），无须考虑对向量寄存器的恢复。但在这两级流水线中，向量流水线经历了向量寄存器访问和第一级的向量执行操作，将这些流水线中的指令取消造成了功耗的浪费。

在向量流水线中，指令送入向量发射队列（Vector Issue Queue，VIQ）中，之后进行 VRF 读取（VRF read）操作，接下来是最多 n 级的向量执行（Vector Execute，VEX），向量的执行采用乱序写回的策略，即指令一旦完成计算即可直接写回。如果是 VLOAD 类指令，则送入 VMEM（Vector Memory Access）流水线中。VMEM 流水线有 m 级，完成存储器的访问后结果写回 VRF。

在矩阵流水线中，矩阵指令送入矩阵发射队列（Matrix Issue Queue），接下来地址生成单元（Address Generate Unit，AGU）产生访存地址，MEM 级进行存储器的访问，获取数据后进行向量矩阵乘法（Vector Matrix Multiply，VMM）操作，最后将数据送入 ACC 级来完成部分和的累加。

向量处理单元的数据处理流程是：首先通过 Vector Load 指令将数据从 L1 存储器加载到 VRF 中，然后通过向量运算类指令完成计算，最后通过 Vector Store 指令将 VRF 中存储的计算结果写到 L1 存储器中。这个过程中 Vector Load 指令处于指令依赖网络的顶点，后续所有的向量操作都依赖于 Vector Load 指令的加载结果。因此 Vector Load 指令访问 L1 存储器的延迟对处理器的性能影响很大。

以 VLIW 架构设计举例，假设要利用向量处理单元对 L1 存储器中一批数据进行取反操作，所涉及的向量指令有：VLOAD 指令，将数据从 L1 存储器加载到 VRF 中；VNEG 指令，完成取反操作；VSTORE 指令，将数据从 VRF 写入 L1 存储器中。假设 VLOAD 指令访问 L1 存储器的延迟为 6 个时钟周期，经编译器对循环进行展开（Unrolling）处理后，硬件执行的指令流如图 3-14所示。T0 时刻发射 VLOAD V0 指令，由于 VLOAD 指令访问 L1 存储器的延迟为 6 个时钟周期，VALU 指令在 6 个时钟周期后才能获得向量加载结果，因此第一条 VNEG 指令在 T6 才能发射，在 T1 ~ T6 的时间窗口内，需要安插其他无关指令，提升向量处理单元的利用率，于是编译器在循环展开时会生成多条 VLOAD 指令。由于 VNEG 指令只需要一个时钟周期即可完成计算，因此在存在前递网络的情况下，与其有依赖关系的 VSTORE 指令可背靠背发射。

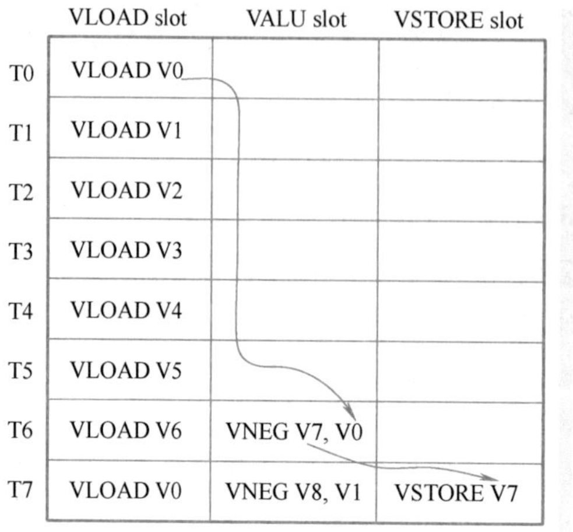

● 图 3-14 VLIW 硬件执行指令流示例

下面从流水线角度说明指令间的依赖关系，如图 3-15 所示。这里假设 VLOAD 指令的写回级到 VRF read 级存在数据前递网络，VNEG 的执行级到 VRF read 级也存在数据前递网络，VLOAD V0 指令将数据加载到 V0 寄存器中，VNEG V7，V0 指令以 V0 为源操作向量，V7 为目标向量，VNEG 指令需要等到 6 个时钟周期后才能发射，如果没有 VLOAD 指令的写回级到 VRF read 级的前递网络，VNEG 指令需要等到 7 个时钟周期后才能发射。VSTORE V7 指令，将 V7 寄存器写到 L1 存储器中，由于存在前递网络，VSTORE 指令可紧接着 VNEG 指令背靠背发射。

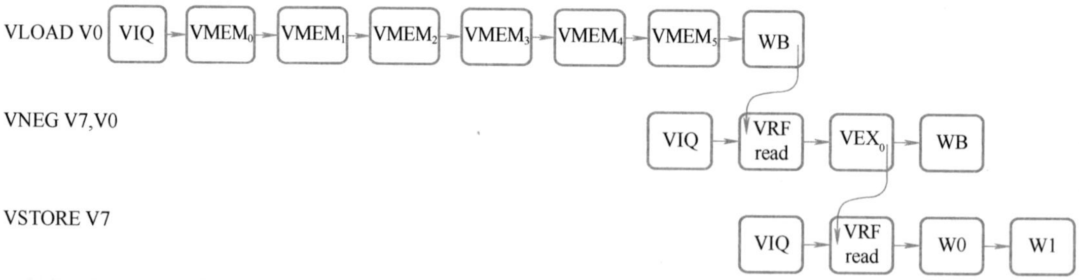

● 图 3-15 指令间依赖关系示例

随着 AI 处理器的性能越来越强，L1 存储器的容量越来越大，容量的增大势必导致较高的访问延迟，通常这个延迟会达到 5 个时钟周期以上。假设 VLOAD 指令访问 L1 存储器的延迟为 m，为保证向量处理单元的满负荷运转，编译器需要对循环进行展开，Unrolling 的循环次数为 $m+1$，对于一个有两个源操作数和一个目标操作数的指令，Unrolling 过程中使用的寄存器数量为 $3\times(m+1)$ 个，可以看到当 $m=10$ 的时候，Unrolling 使用的寄存器数量就达到了 33 个，通常向量寄存器个数为32个，这直接超出了可以使用的向量寄存器个数。

也就是说，在只进行一个简单的双目流式运算，大延迟的L1存储器访问场景下，Loop Unrolling就几乎耗尽了全部向量寄存器资源。另外，如果循环次数较少，编译器无法找到足够的无关指令进行Unrolling操作，则需要插入大量的NOP指令，这严重影响了处理器性能。

造成这种现象的根本原因是向量流水线和标量流水线是并行关系，向量流水线中的访存流水线和计算流水线也只能是并行关系，较大的访存延迟导致在Loop Unrolling过程中需要插入多条无关指令，并延后了后续具有相关性的计算类指令的发射。由于VLOAD指令总是处于程序流依赖网络的顶端，因此该指令的访存延迟对处理器整体性能的影响很大。

3.4.2 串行流水线结构设计

如果能够将VLOAD指令在流水线比较靠前的位置发射，利用流水线延迟隐藏一部分VLOAD指令的访存延迟，则可以一定程度上降低VLOAD指令的访存延迟对处理器整体性能的影响。在并行流水线结构中，VLOAD指令的发射在VDEC级之后，这个位置在整个流水线中已经比较靠前，没有往前移动的裕量了。如果将向量流水线置于标量流水线的后面，VLOAD指令的发射就有了向前调整的空间。可以将VLOAD指令的发射提前到标量流水线的前级，这样该指令的一部分访存延迟可以隐藏在标量流水线中。

串行流水线结构如图3-16所示，指令提取单元将提取的指令块送入标量流水线中，标量流水线执行指令块中的标量指令，其余指令随着流水线的流动传递给后级。在标量流水线的指令译码（DEC）级，需要对向量指令块进行译码，如果发现指令块中包含VLOAD指令，则直接在DEC级进行VLOAD指令的发射。当然，这种发射是一种投机发射，由于当前指令块可能处于错误的分支路径上，如果在EX1级判断出分支预测失败了，则需要发出取消（Kill）信号，将之前投机发射的VLOAD指令取消。

标量流水线执行完毕后，会将指令块中的其余指令发射给向量/矩阵流水线，发送给向量流水线的指令包中只包含向量相关指令。由于是在标量流水线执行完后才将指令包发送给向量/矩阵流水线，因此发送的指令包已经是提交之后的，这消除了分支预测失败或异常对向量/矩阵流水线的影响。

串行结构下流水线的依赖如图3-17所示，VLOAD V0指令在标量流水线的DEC级投机发射，假设没有出现分支预测失败或异常，经过6个时钟周期后VLOAD指令的访存结果写入向量寄存器中。根据标量流水线到向量流水线的延迟和VLOAD指令访存延迟之间的关系，VNEG V3,V0指令需要延迟一个时钟周期发射。可以看到VNEG和VLOAD之间只需要间隔一个时钟周期，这大大降低了编译器指令调度的复杂度，Loop Unrolling次数也减少了很多。

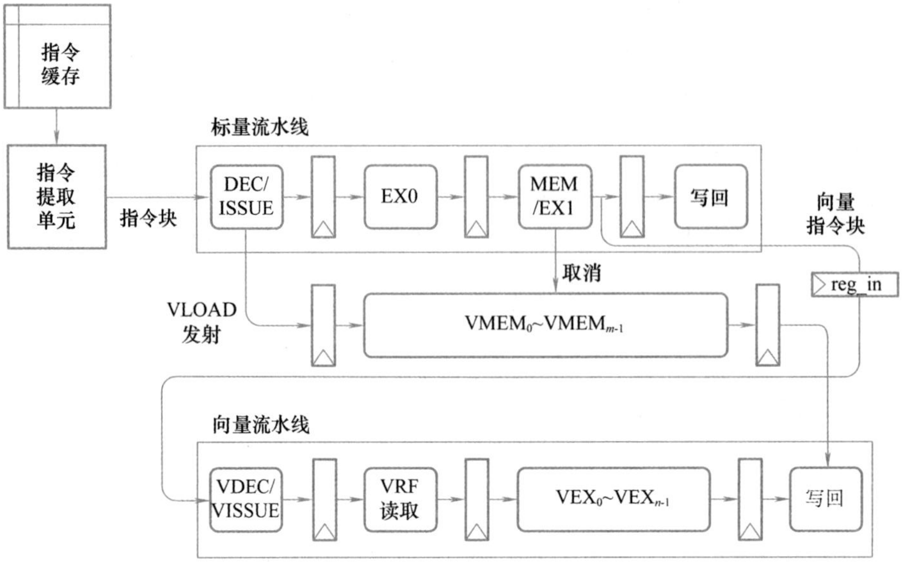

● 图 3-16　串行流水线结构示例

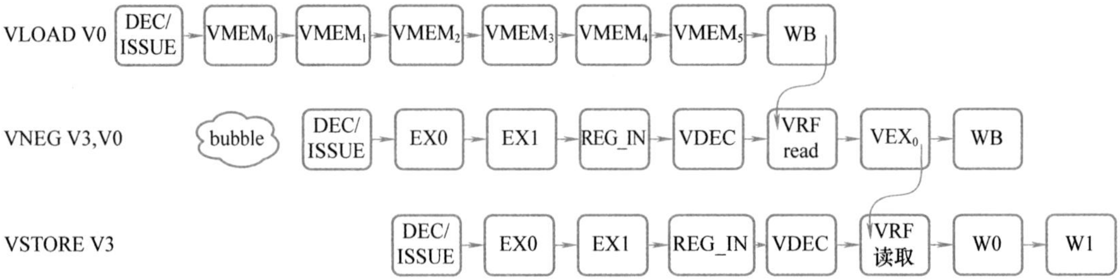

● 图 3-17　串行结构下流水线的依赖

仍以 VLIW 架构设计为例，串行结构的指令流如图 3-18 所示，可以看到指令的排布更加紧密了。虽然 Loop Unrolling 次数减少，但对于循环次数较少的场景，编译器依然能够实现高效的指令调度。

虽然这种串行流水线结构隐藏了 VLOAD 指令的访存延迟，但加长了流水线的整体长度，导致向量指令的执行延迟更长了，在某些场景下会有性能损失。假设在某个计算场景下，需要将向量寄存器中的某个数据移动到标量寄存器中，然后对该数据进行标量运算。具体的指令流是首先通过 VMOVE R0，V0，#5 指令，将向量寄存器 V0 中的第 5 个元素提取出来，移动到标量寄存器 R0 中，然后通过 ADD R2，R0，R1 指令完成标量加法运算。对于串行方案，VMOVE

	VLOAD slot	VALU slot	VSTORE slot
T0	VLOAD V0		
T1	VLOAD V1		
T2	VLOAD V2	VNEG V3, V0	
T3	VLOAD V0	VNEG V4, V1	VSTORE V3
T4	VLOAD V1	VNEG V5, V1	VSTORE V4
T5	VLOAD V2	VNEG V3, V0	VSTORE V5
T6	VLOAD V0	VNEG V4, V1	VSTORE V3
T7	VLOAD V1	VNEG V5, V1	VSTORE V4

● 图 3-18　VLIW 串行结构的指令流示例

指令需要首先经过标量流水线，然后进入向量流水线中完成数据选择操作，最终将结果写回标量寄存器，R0 寄存器写回后，ADD 指令才能执行，从 DEC 级算起，整个计算延迟为 12 个时钟周期，如图 3-19 所示。对于并行方案，VMOVE 指令直接进入向量流水线执行，由于 VDEC 级和 DEC 级处于同一流水级，同样从 DEC 级算起，因此整个计算延迟为 8 个时钟周期。可以看到，并行方案的计算延迟小很多。

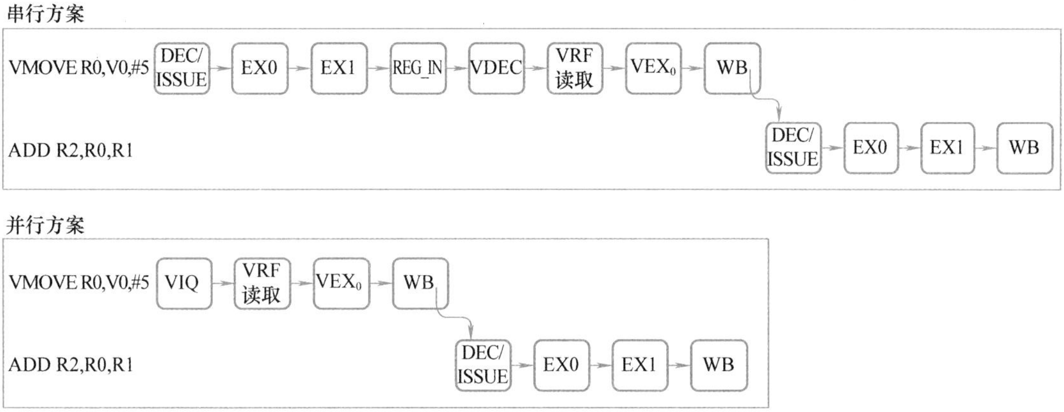

● 图 3-19　标量指令依赖于向量指令的场景示例

综上所述，在标量指令依赖于向量指令的场景下，串行流水线结构的性能较差。这种场景在实际的应用中出现的频率并不高，并且该场景并不处于依赖网络的顶端，对整体性能的影响较小，表 3-2 对两种流水线结构进行了对比。

表 3-2　两种流水线结构的对比

场　　景	流水线结构	
	串行流水线结构	并行流水线结构
分支预测失败或异常	指令提交后发射给向量流水线，分支预测失败或异常对向量流水线无影响	在分支预测失败或异常发生时，需要取消投机执行的指令
向量计算指令依赖于向量访存指令的场景	可以提前发射 VLOAD 指令，利用标量流水线隐藏一部分访存延迟，性能较高	性能较低
标量指令依赖于向量指令的场景	串行流水线整体延迟较大，性能较低	并行流水线整体延迟较小，性能较高

3.5 AI 处理器整体架构设计

本章前 4 节从不同角度分析了不同架构下 AI 处理器的优缺点，在进行架构选型时，需要根据整系统需求选择最适合的处理器架构。例如，虽然 Memory 直连型向量处理单元编程灵活性较差，但如果整系统只需要进行简单的流式计算，那么该单元可提供较强的数据吞吐能力，并且少了向量寄存器这一中间级，降低了处理器的整体面积，更符合该场景下的整系统需求。

本节将从宏观的角度，介绍一个 AI 处理器整体架构设计示例，如图 3-20 所示，该处理器的特点如下。

- 基于 SIMD 架构。
- 向量处理单元中有 32 个向量寄存器。
- 向量/矩阵流水线置于标量流水线后面。
- 矩阵处理单元采用加速器的方式实现。

接下来对架构图中核心组件进行介绍。

1）指令提取单元从指令缓存提取指令块，将提取的指令块送入标量流水线中。

2）标量流水线处理指令块中的标量指令，DEC 级对指令进行译码操作，并解析 Vector Load 类指令，如果有该类指令，在 DEC 级将 Vector Load 类指令提前发射给 VLSU，VLSU 完成向量 L1 Memory 和 VRF 之间的数据搬移。标量流水线的第二级为指令发射级，读取标量寄存器并将指令发射至执行单元，第三级为 ALU0 级，完成部分标量运算，接下来是标量访存级，在这一级将指令包中的其他指令发送到向量流水线/矩阵流水线和 DMA 中。

3）向量流水线接收到指令块后，首先进入 Vector DEC 级进行向量指令的译码，在向量指令发射级（Vector ISSUE）判断当前指令是否具备发射条件，接下来进行 VRF 源操作数的读取，在 VALU 中完成向量运算，最后将结果写回 VRF。对于 Vector Store 指令，将 Vector Store 数据发送给 VLSU，另外 VLSU 将 Vector Load 数据写入 VRF 中。

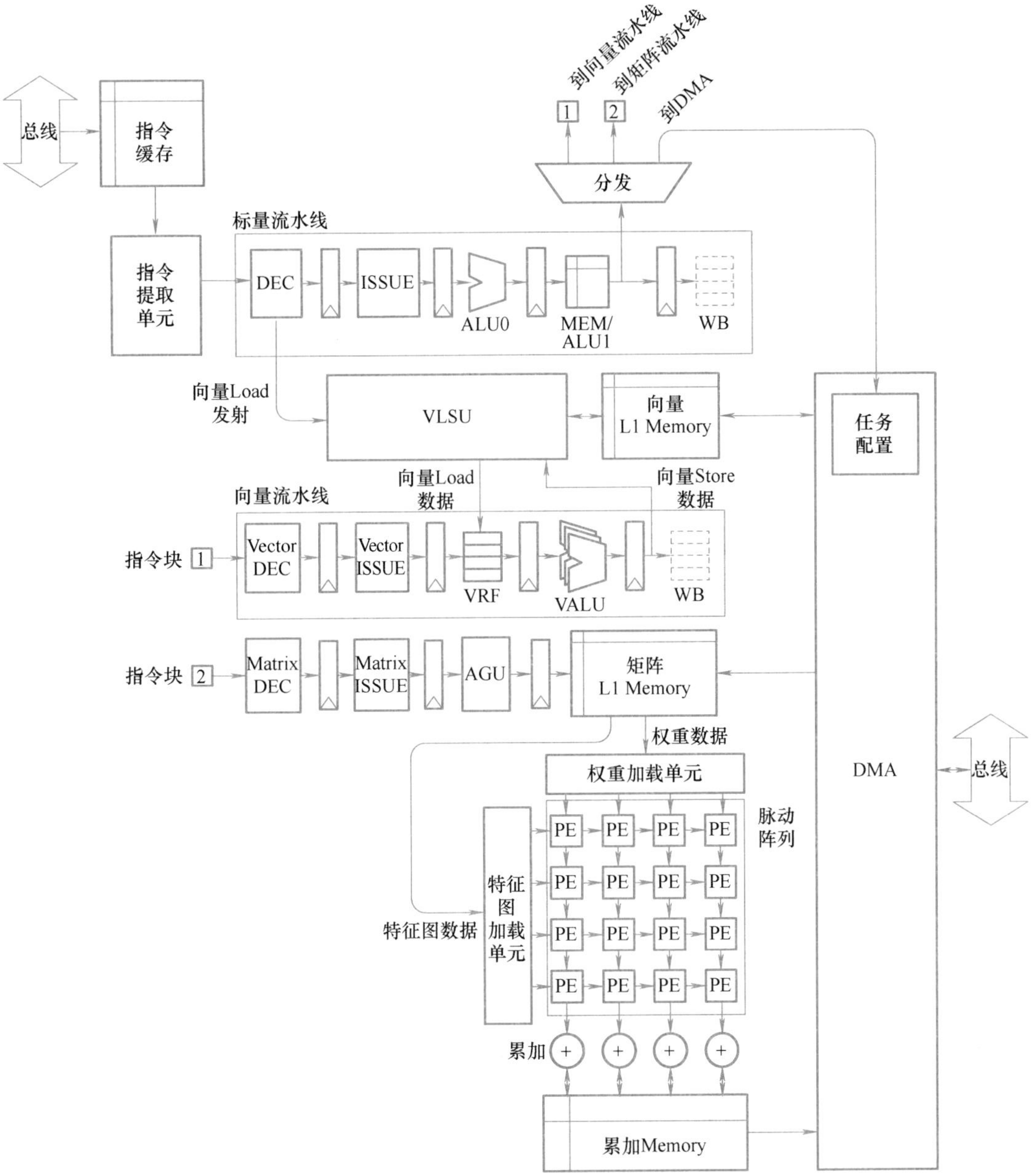

● 图 3-20　AI 处理器整体架构设计示例

4）矩阵流水线接收到指令块后，首先进入 Matrix DEC 级进行矩阵指令的译码，在矩阵指令发射级（Matrix ISSUE）判断当前指令是否具备发射条件，AGU 完成地址的生成，产生 mem_req 信号以访问矩阵 L1 Memory，读取权重数据（weight_data）和特征图数据（fm_data），特征图加载单元将特征图数据加载到脉动阵列（Systolic Array）中，权重加载单元将权重数据按照特定格式加载到脉动阵列中。计算结果从脉动阵列下方流出，在累加（acc）单元中完成部分和累加，最后将结果写入累加 Memory 中。

5）DMA 接收标量流水线的配置信息，完成向量 L1 Memory、矩阵 L1 Memory、累加 Memory 和外部存储器之间的数据搬移。

CHAPTER 4

第4章

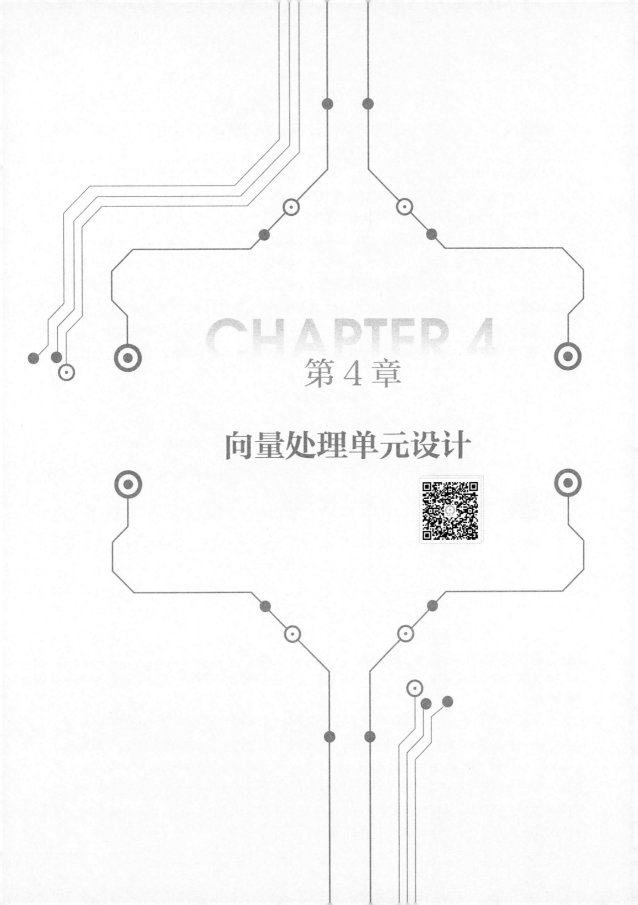

向量处理单元设计

向量处理单元是AI处理器的核心计算单元，决定其性能的主要因素有两个，一是其最大并行度，二是其支持的向量指令的完备程度。

向量处理单元的最大并行度指的是可并行处理的元素个数。不同数据类型的最大并行度是不同的，假设每个向量寄存器的数据位宽为512bit，INT32/FP32这种32bit数据的最大并行度为16，INT16/FP16这种16bit数据的最大并行度为32。理论上，向量处理单元的最大并行度越高越好，但考虑到芯片的物理实现，随着并行度的增加，布局布线复杂度就越高，过高的并行度可能会导致后端布局布线无法收敛。另外随着并行度的增加，向量处理单元的面积也就越大，在物理实现过程中可能需要划分多个固化块（Harden），由于Harden之间一般需要寄存输入输出，这增大了向量流水线的延迟，对整体性能有一定的影响。

向量处理单元支持的向量完备程度决定了程序的执行效率，任何复杂的算法，都可以映射成基本的向量加减乘除类、移位类、逻辑类运算，但如果只实现这些基础向量指令，程序的执行效率会比较低。可以根据实际的业务需求，增加对应的加速类指令，如增加快速傅里叶变换（Fast Fourier Transform，FFT）指令，可以加速FFT算子的计算，原本需要多条基础指令组合起来才能完成的算子可以只由一条FFT指令实现。当然，增加加速类指令会增大芯片面积，具体实现哪些加速类指令，以及如何实现加速类指令，是处理器架构设计的关键所在。

本章主要介绍基于SIMD架构的向量处理器的架构、微架构设计。

4.1 向量处理单元整体架构设计

向量处理单元的整体架构如图4-1所示，以串行流水线结构为例，向量流水线置于标量流水线的后面，标量流水线完成指令的提交后，将包含向量指令的指令块发送到向量处理单元。由于指令块是在标量指令提交后发送给向量处理单元的，因此，指令块中的指令是一定会执行的，排除了分支预测失败以及异常的干扰。这种后置的向量流水线的方案，简化了向量处理单元的设计，并且可在标量流水线中提前发射向量加载类指令（Vector Load），利用标量流水线隐藏了向量加载类指令访问向量L1 Memory的延迟。

向量指令首先进入向量指令译码单元中，进行向量指令的译码操作，产生控制信号并传递给后级流水线。

向量指令发射单元完成向量指令的发射，发射可以采用顺序发射的策略，也可采用乱序发射的策略。在基于VLIW架构的设计中，编译器会获取各向量指令的流水线信息以及数据前递（Forwarding）信息，并根据这些信息进行指令的打包，将无关指令插入有相关性的两条指令之间，尽可能提升向量执行单元的利用率，因此向量指令的发射大多采用完全顺序的发射策略。在有些向量处理器中，为获取极致的性能，采用了寄存器重命名（Register Rename）加乱序发射的策略。后续会对这两种实现方案进行详细介绍。

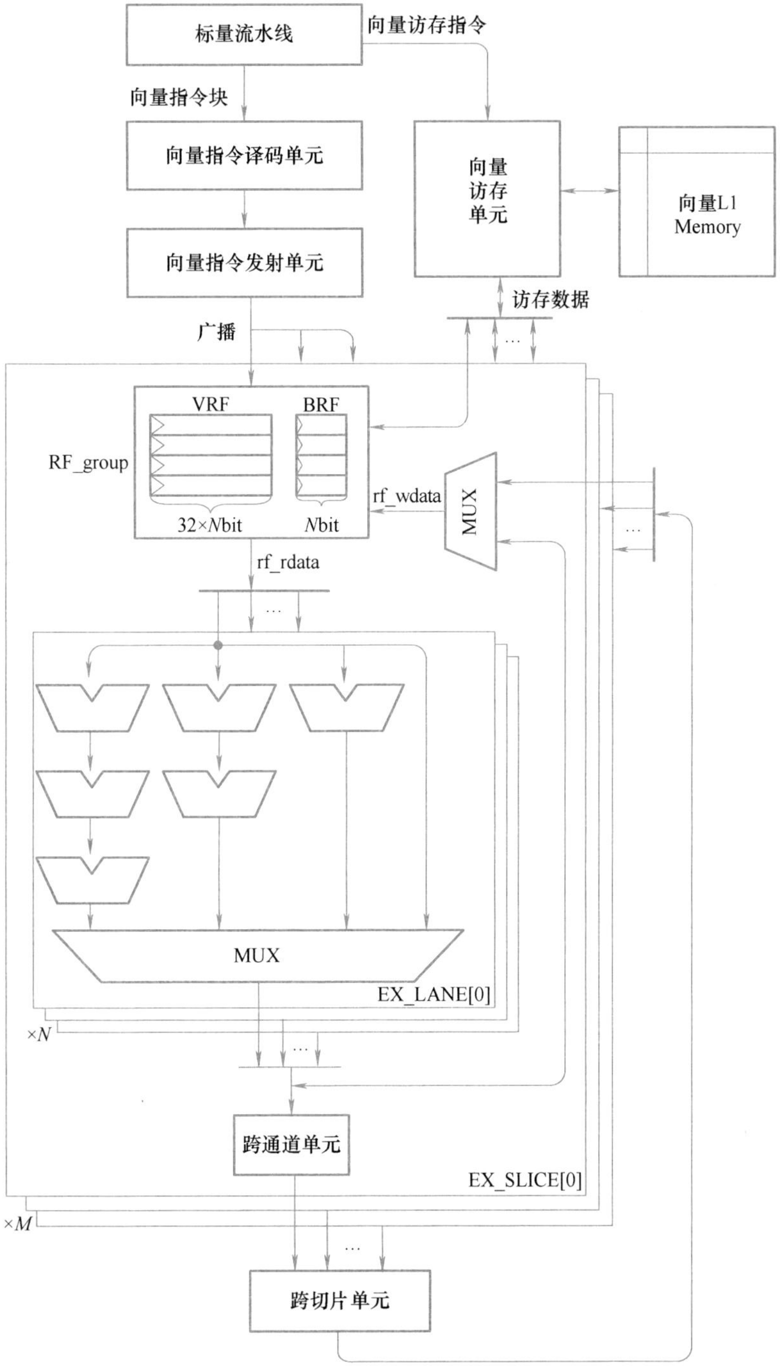

● 图 4-1 向量处理单元整体架构

向量指令满足发射条件后，将控制信号传递给后续流水线。假设 FP32/INT32 数据类型下的最大并行度为 T，则需要部署 T 路执行通道，这些执行通道接受同一条指令，并行处理各自的输入数据。如果最大并行度 T 比较小，则可直接例化 T 路执行单元，对应的向量寄存器也可以全部集中放置在一起。但当最大并行度 T 比较大时，这种集中放置的策略就行不通了，后端布局布线压力会非常大。因此，需要分 Slice 分布式地进行摆放。为配合后端实现，在架构层级将寄存器堆和执行单元分为 M 个 Slice，每个 Slice 中例化 N 路独立的执行单元，$T=M\times N$。

向量处理器的寄存器一般包含向量寄存器堆（VRF）和布尔寄存器堆（Boolean Register File，BRF），在有些处理器中，后者也称为 Predicate Register File（PRF）。VRF 用于存放向量数据，BRF 用于存放布尔数据，布尔数据一般作为条件执行的控制信号，比如 VSELECT vd，vs0，vs1，b0 指令，该指令完成两向量数据的选择，b0 为布尔寄存器，vs0、vs1 和 vd 为向量寄存器，b0 中为 1 的位选择 vs0 的对应位置数据，否则选择 vs1 的对应位置数据，如图 4-2 所示。

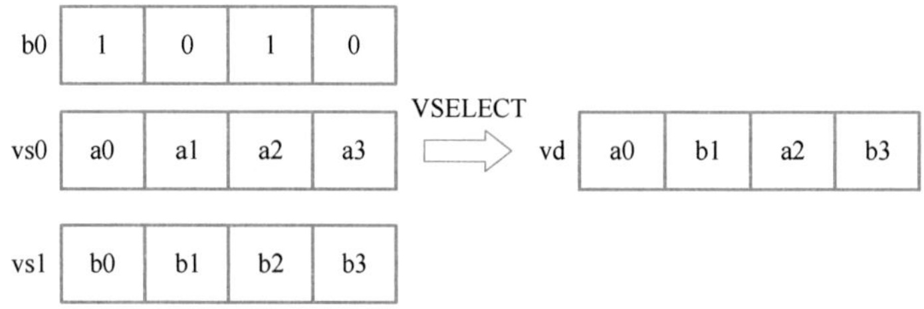

● 图 4-2　VSELECT 指令示例

向量指令发射单元将控制信号广播到各 EX_SLICE（Execute Slice）中。在 EX_SLICE 中，控制信号首先进入 RF_group（Register File Group），根据寄存器编号读取对应的向量寄存器和布尔寄存器。由于每个 Slice 中的并行度为 N（32bit 数据类型），因此每个向量寄存器的位宽为 $32\times N$ 位，每个布尔寄存器的位宽为 Nbit。VRF 中包含的向量寄存器个数通常为 32 或 64，BRF 中包含的布尔寄存器个数可以相对少一些，通常为 8 或 16。另外需要说明的是，并不是所有的向量指令都需要用到布尔寄存器。

在每个 Slice 中，从 VRF 或 BRF 读取的数据，被送入 N 个独立的 EX_LANE（Execute Lane，执行通道）中，这些执行通道同步执行相同的指令。不同向量指令的延迟可能不同，当向量指令得到计算结果后，可立即写回。图 4-3 展示了 3 种指令在向量处理单元中的流水线，vdec 为向量指令译码，issue 为向量指令发射，vrf read 为向量寄存器读取，向量定点加法指令（VADD）只需要一个时钟周期（VEX_0）即可完成计算，而向量乘法指令（VMUL）需要两个时钟周期（VEX_0 和 VEX_1）来完成计算，向量排序指令（VSORT）需要进行多级比较操作，并且数据需要跨通道传输，排序指令的并行度越高，其计算延迟越大，这里假设 VSORT 需要 6 个时钟周期（VEX_0 ~ VEX_5）完成排序。WB 为计算结果写回，不同计算单元的计算结果经过多路选择器（MUX）的选择后，统一写回到寄存器堆中。

VADD	vdec	issue	vrf read	VEX_0	WB					
VMUL	vdec	issue	vrf read	VEX_0	VEX_1	WB				
VSORT	vdec	issue	vrf read	VEX_0	VEX_1	VEX_2	VEX_3	VEX_4	VEX_5	WB

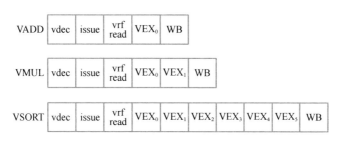

● 图 4-3　不同指令的流水线示例

向量指令按照是否是点对点操作（Element-wise）可以分为 Element-wise 指令和 Cross Lane 类指令。VADD 是一种典型的 Element-wise 类指令，只需要将两个向量对应位置数据相加，这类指令可在计算完成后直接写回到寄存器堆中。规约加指令 VREDUCE_ADD（Vector Reduce Add）为一种典型的 Cross Lane 类指令，各个通道的数据需要跨通道相加在一起，才能得到最终的计算结果。Cross Lane 类指令首先在 Slice 内部的跨通道处理单元（Cross Lane Unit）中完成 Slice 内部的跨通道数据处理，然后各 Slice 需要将内部处理后的数据送入跨切片处理单元（Cross Slice Unit）中完成 Slice 之间的跨切片数据处理。最终将跨切片处理单元的计算结果写回到各 Slice 的寄存器堆中。

VLSU 完成向量 L1 Memory 和寄存器堆之间的数据搬运，可在标量流水线的前级获取 Vector 访存指令，提前进行向量数据的加载操作。VLSU 是集中式的，需要将 Vector 访存数据传递到各 Slice 的寄存器堆中。

由于跨切片处理单元需要和所有 Slice 进行数据交互，因此，在进行后端布局时，需要将跨切片处理单元约束到中间位置，各 Slice 分布在跨切片处理单元的周围，如图 4-4 所示。

图 4-1 介绍的向量处理单元架构是单发射的，即每个时钟周期只发射一条向量计算类指令。如果对向量处理单元有更高的性能要求，则可扩展成双发射或三发射的结构。以双发射的结构为例，每个时钟周期可并行发射两条计算类指令，假设这两条计算类指令都是两个源操作数和一个目标操作数，则寄存器堆需要 4 个读口和 2 个写口，再加上 Vector 访存指令的并行，寄存器堆需要更多的读写口，这增大了芯片后端的布局布线压力。具体选择单发射还是双发射，需要在性能、功耗、面积（Performance Power Area，PPA）之间进行权衡。

接下来对向量处理单元的几个核心组件进行详细介绍。

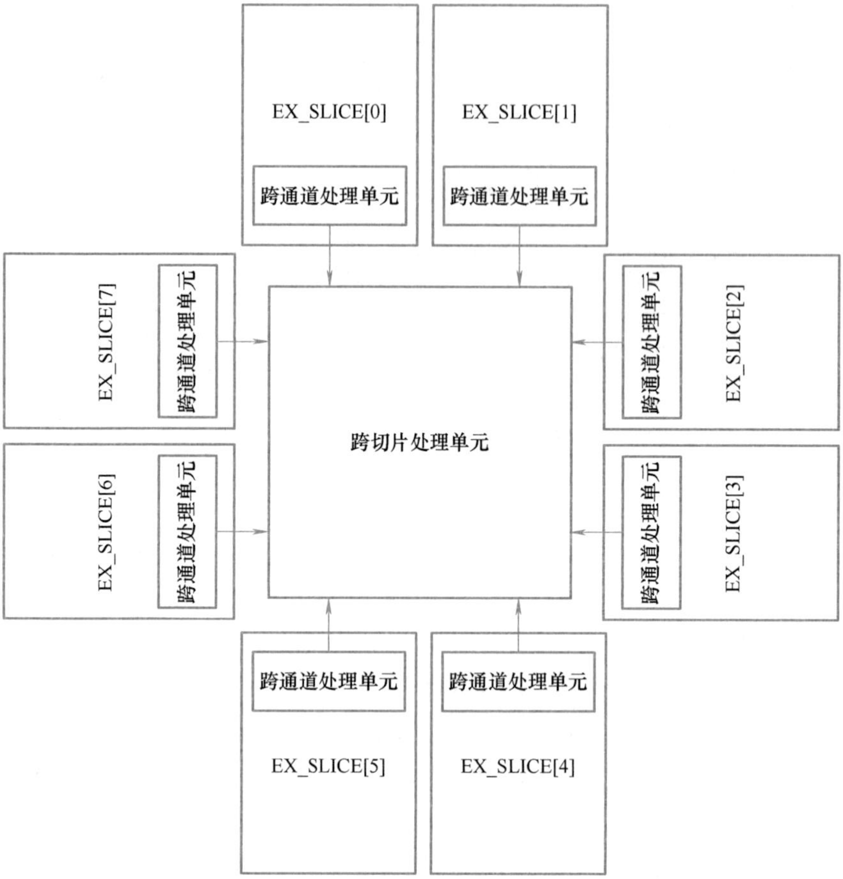

图 4-4　各 Slice 的物理布局示例

4.2 向量指令发射设计

译码单元完成向量指令的译码后，将解析出来的控制信号送入向量指令发射单元中，当向量指令发射单元中的指令的所有依赖关系都解除后，可选择一条就绪的指令发射。指令间的依赖关系也称为指令间的数据相关性（Data Dependence），也就是一条指令能否发射依赖于前序指令的计算结果。指令间数据相关性分为以下 3 种。

1）WAW（Write After Write），即写后写相关性，两条指令的目标寄存器相同。如下面代码所示，VADD 为向量加法指令，其目标寄存器为 V2；VSUB 为向量减法指令，其目标寄存器也为 V2。

```
1.VADD V2, V1, V0
2.VSUB V2, V4, V3
```

2）WAR（Write After Read），即读后写相关性，前一条指令的源寄存器为后续指令的目标寄存器。如下面代码所示，VADD 的源寄存器 V0 为后续指令 VSUB 的目标寄存器。

```
1.VADD V2, V1, V0
2.VSUB V0, V4, V3
```

3）RAW（Read After Write），即写后读相关性，前一条指令的目标寄存器为后续指令的源寄存器。如下面代码所示，VADD 的目标寄存器 V2 为后续指令 VSUB 的源寄存器。

```
1.VADD V2, V1, V0
2.VSUB V4, V2, V3
```

在以上 3 种相关性中，由于 RAW 相关性是指当前指令需要使用前序指令的计算结果，因此只有它是真相关性（True Dependence），而 WAW 和 WAR 是由逻辑寄存器资源不足导致的，可以通过寄存器重命名的方式解决这两种相关性。

这些指令间相关性的处理可以由编译器完成（VLIW 设计），也可由硬件完成（超标量设计），具体的处理策略可以分为以下 3 种。

1）完全由编译器处理指令间的相关性，根据指令在执行单元中的执行延迟，以及执行单元中前递网络信息，在有相关性的两条指令之间插入不相关指令，或直接插入指令空泡。比如下面代码中，向量乘法指令 VMUL 的执行延迟为两个时钟周期，向量加法指令 VADD 的一个源寄存器 V2 为 VMUL 指令的目标寄存器，编译器可以在 VMUL 和 VADD 之间插入一条不相关指令 VSUB。对于完全由编译器处理相关性的方式，编译器需要获取所有指令的流水线延迟信息以及前递网络信息，在编译阶段，在相关指令之间插入不相关指令，硬件无须进行依赖检查。

```
1.VMUL V2, V1, V0
2.VSUB V7, V6, V5
3.VADD V4, V2, V3
```

2）硬件处理指令间依赖，采用顺序的方式进行指令发射。通过记分板（Scoreboard）记录正在执行的指令信息，如果待发射指令和正在执行的指令存在相关性，则暂停发射阶段的流水线，待依赖关系解除后，再进行指令发射。为获得较高的执行效率，编译器同样需要获取所有指令的流水线延迟信息以及前递网络信息，执行单元的利用率主要还是由编译器保证，在编译器没有插入适量不相关指令的情况下，硬件的相关性检测逻辑可以保证指令的正确执行。

3）硬件处理指令间依赖，采用乱序的方式进行指令发射。通过寄存器重命名方式解决 WAW 和 WAR 这两种相关性，将寄存器重命名后的指令送入发射队列中暂存，选择一条就绪的指令进行发射，这里的就绪是指 RAW 相关性已解除。这种策略的硬件实现较为复杂，但对编译器的要求较低。

策略 1 的硬件实现最为简单，向量发射单元可以用一个先入先出队列（First In First Out，FIFO）实现。接下来对策略 2 和策略 3 的实现方案进行详细介绍。

4.2.1 顺序发射设计

发射单元按照指令流的顺序进行顺序发射，硬件方面只需要考虑当前待发射指令和前序已发射但未完成指令之间是否存在相关性。

对于写后写（WAW）这种相关性，当前待发射指令的目标寄存器和前序指令的目标寄存器是一样的。由于不同指令的执行延迟可能是不一样的，需要根据延迟信息判断何时解除依赖关系。以向量乘法指令为例进行说明，假设向量乘法指令 VMUL 的目标寄存器 V2 和其后续指令 VADD 指令的目标寄存器相同，VMUL 指令的计算延迟为 2 个时钟周期，VADD 指令的计算延迟为 1 个时钟周期，则 VMUL 指令和 VADD 指令之间需要插入一个指令空泡。

```
1.VMUL V2, V1, V0
2.VADD V2, V4, V3
```

对于读后写（WAR）这种相关性，当前待发射指令的目标寄存器和前序指令的源寄存器是一样的，由于指令发射后立刻读取寄存器堆，并且采用的是顺序发射的方式，此时前序指令已经读取寄存器堆，因此不会产生 WAR 相关性。

对于写后读（RAW）这种相关性，当前待发射指令的源寄存器和前序指令的目标寄存器是一样的，需要等待前序指令得到计算结果后，才能发射当前指令，具体何时发射也和前递网络相关。

由于向量的计算类指令的执行延迟是固定的，因此可以通过移位寄存器的方式统计指令执行到哪个阶段了，无须执行单元返回完成信号。如图 4-5 所示，共有 8 个条目，每个条目都有两个域段：valid 和 vd，valid 指示当前流水线阶段是否有一条有效指令，vd 为该指令对应的目标寄存器编号。在每个时钟周期，移位寄存器会整体向右移动一个单位，如果有指令发射了，则会将该指令的信息写入对应的条目中。如果条目 i 中有一条指令，则表示该指令在 $i+1$ 个时钟周期后进行写回操作。例如，条目 0 中有一条指令，表示 1 个时钟周期后该指令进行写回操作。

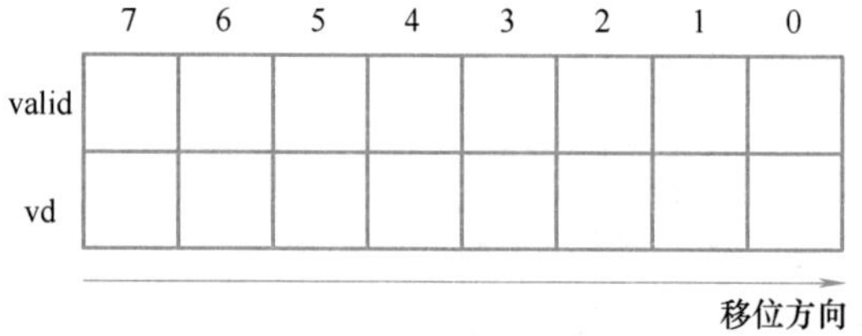

图 4-5 移位寄存器示例

一个移位寄存器移位操作示例如图 4-6 所示。假设 T0 时刻，VADD V2，V1，V0 指令位于发射队列头部，从图 4-3 可知，VADD 指令从发射后，需要先经过 vrf read 和 VEX_0 这两个流水

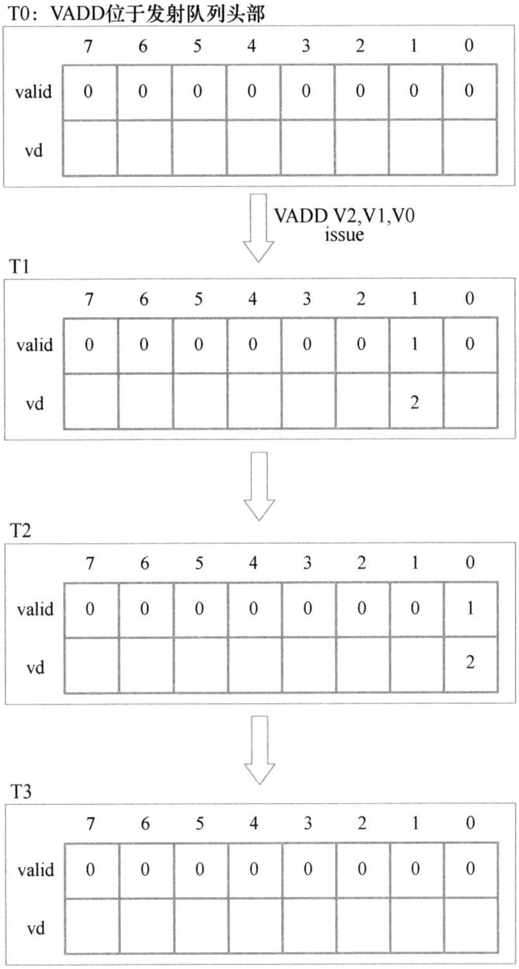

图 4-6 移位寄存器移位操作示例

线阶段，然后进行写回（WB）操作，T0 时刻移位寄存器所有条目都为空，并且 VADD 指令具备发射条件；T1 时刻，VADD 指令位于 vrf read 阶段，两个时钟周期后进行写回操作，因此 VADD 指令信息写入条目 1 中；T2 时刻，VADD 指令位于 VEX_0 阶段，移位寄存器整体向右移动一位；T3 时刻，VADD 指令移出移位寄存器，表示 VADD 指令已经计算完成，正在进行写回操作。

接下来介绍如何通过当前移位寄存器状态，判断当前待发射指令中是否存在相关指令。

前文介绍了 3 种数据相关性（WAW、WAR 和 RAW），向量流水线中除了数据相关性以外，还存在结构相关性（Structure Dependence），也就是如果两条指令需要使用处理器中的同一个硬件资源，这两条指令需要分时使用该硬件资源。不同计算单元是共用同一个写口将计算结果写回寄存器堆的，如果两条指令需要在同一时钟周期进行写回操作，就会出现结构冲突。可通过移位寄存器状态判断当前待发射指令是否和正在执行指令存在结构相关性。

写口冲突检测示例如图 4-7 所示，假设 T0 时刻 VMUL 位于发射队列头部，并且具备发射条件，可进行发射；T1 时刻 VMUL 指令更新到移位寄存器的条目 2 中（由于 VMUL 写回前还需要经过 vrf read、VEX_0 和 VEX_1 这 3 个流水线阶段)，此时刻 VADD 指令位于发射队列头部，如果此时发射 VADD 指令，则 VADD 指令会和 VMUL 指令同一时刻进行写回操作，出现了写口冲突，因此需要停顿（Stall）指令发射阶段的流水线，等待一个时钟周期；T2 时刻 VMUL 移位到条目 1 中，此时 VADD 和 VMUL 不存在写口冲突，可直接发射。

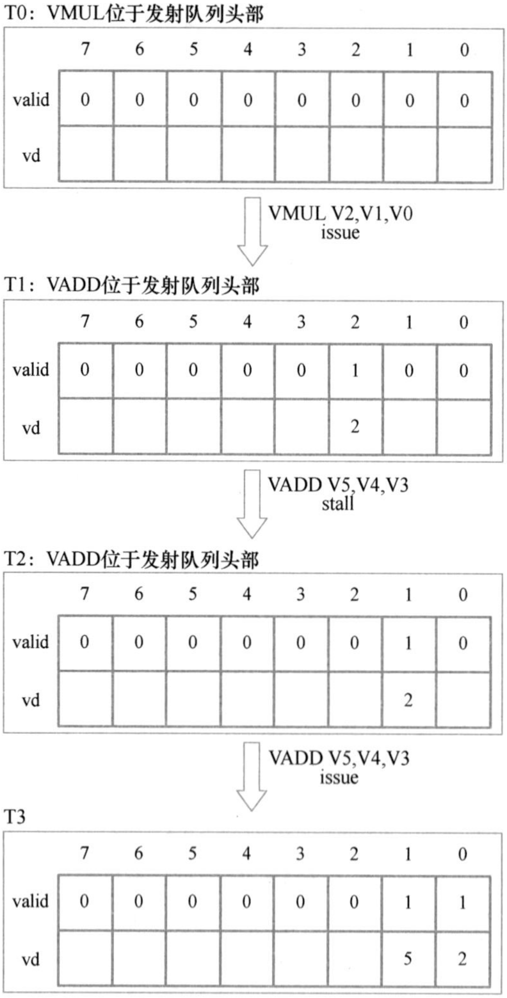

图 4-7　写口冲突检测示例

因此判断是否存在写口冲突的逻辑是：通过查询指令延迟表格，得到当前待发射指令从发射到写回之间需要经过的流水线延迟 $T_{issue\text{-}wb}$（比如 VADD 指令的 $T_{issue\text{-}wb}$ 为 3），则查询当前移位寄存器的第 $T_{issue\text{-}wb}-1$ 个条目的状态，如果该条目的 valid 域段为 1，则表示当前待发射指令和已发射未完成的指令存在结构相关性，需要暂停指令发射阶段的流水线。

除了写口冲突这种结构相关性以外，还存在其他类型的结构相关性，具体的检测逻辑和写口冲突的检测逻辑是类似的，这里不再赘述。

首先介绍 WAW 相关性的检测，一个 WAW 相关性示例如图 4-8 所示，假设 T0 时刻 VSORT 指令位于发射队列头部，具备发射条件，该指令的流水线可参照图 4-3；T1 时刻，VSORT 指令位于 vrf read 阶段，7 个时钟周期后写回，因此 VSORT 指令信息写入条目 6 中，此时 VADD 位于发射队列头部，由于 VADD 和 VSORT 的目标寄存器相同，VADD 的写回需要在 VSORT 的写回后面，因此 VADD 指令需要被暂停 5 个时钟周期，等到 T6 时，VADD 指令发射，在 T7 时，VADD 指令写入条目 1 中，此时 VSORT 指令在条目 0 中，确保了 VSORT 指令的写回在 VADD 之前。

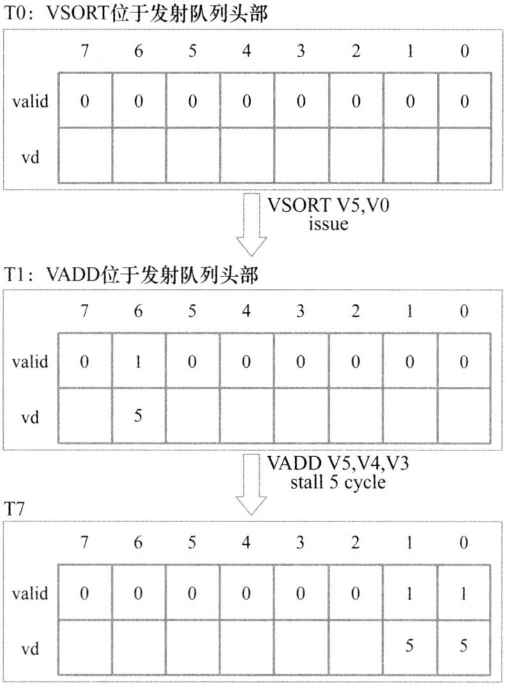

图 4-8 WAW 相关性示例

因此判断是否存在 WAW 相关性的逻辑是：通过查询指令延迟表格，得到当前待发射指令从发射到写回之间需要经过的流水线延迟 $T_{issue\text{-}wb}$（如 VADD 指令的 $T_{issue\text{-}wb}$ 为 3），则查询当前移位寄存器的最后一个条目到第 $T_{issue\text{-}wb}$ 个条目的状态（对于图 4-8 的示例，是检测条目 7 到条目 3 这 5 个条目的状态），如果这些条目有一个条目的目标寄存器和当前待发射指令的目标寄存器相同，则表示当前待发射指令和已发射未完成的指令存在 WAW 相关性，需要暂停指令发射阶段的流水线。

接下来介绍 RAW 相关性的检测，假设向量流水线中没有任何前递网络，如果两条指令之间存在 RAW 相关性，则需要等前序指令的结果写回寄存器堆后，后续指令才能读取寄存器堆。图 4-9 是一个 RAW 相关性检测的示例，假设 T0 时刻 VADD V2，V1，V0 位于发射队列头部，具备发射条件，直接进行发射；T1 时刻，向量取绝对值指令 VABS V3，V2 位于发射队列头部，由于 VABS 指令的源寄存器为 VADD 指令的目标寄存器，存在 RAW 相关性，因此需要暂停指令发射阶段的流水线，暂停 2 个时钟周期后发射 VABS 指令，在 VADD 和 VABS 之间插入两个指令空泡。

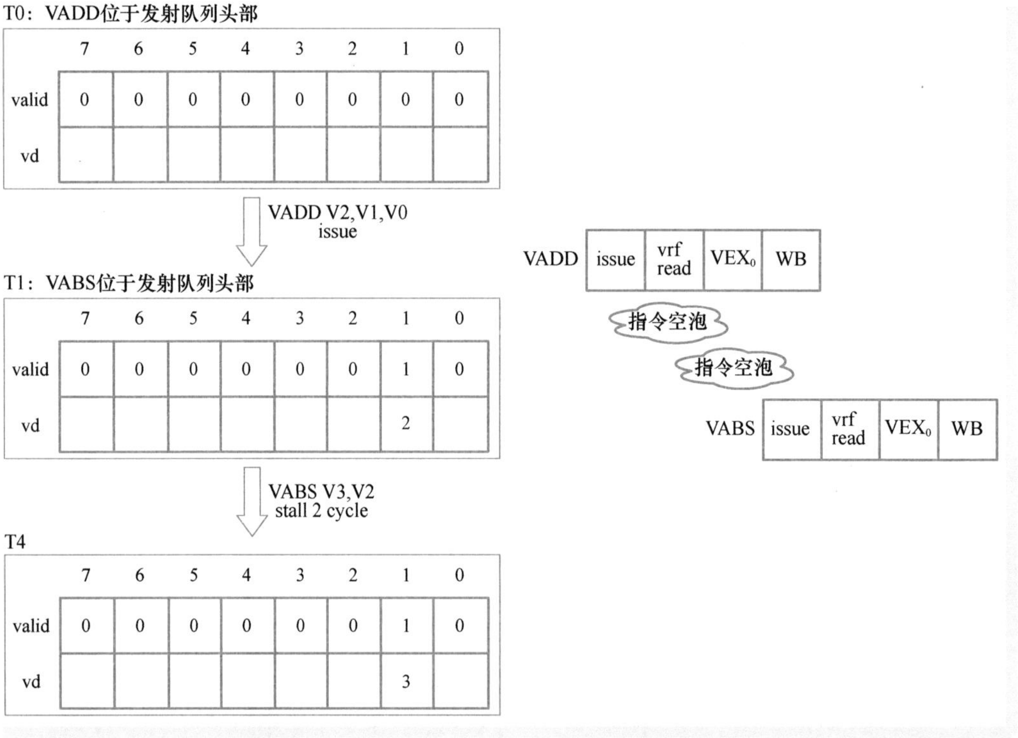

● 图 4-9　无前递网络的 RAW 相关性检测示例

可以看到，如果没有前递网络，则 VADD 这种单周期的计算类指令无法和后续存在 RAW 相关性的指令背靠背执行，这极大地影响了执行单元的利用率。可以在指令的最后一个执行阶段到 VRF 读取阶段之间部署前递网络，也可以在写回阶段到 VRF 读取阶段之间部署前递网络。部署了前递网络的向量流水线如图 4-10 所示。不同指令的最后一个执行阶段可能处于流水线的不同位置，通过多路选择器（MUX）完成这些写回数据的选择，图中 1 是指令的最后一个执行阶段到 VRF 读取阶段之间的前递网络，2 是写回阶段到 VRF 读取阶段之间的前递网络。

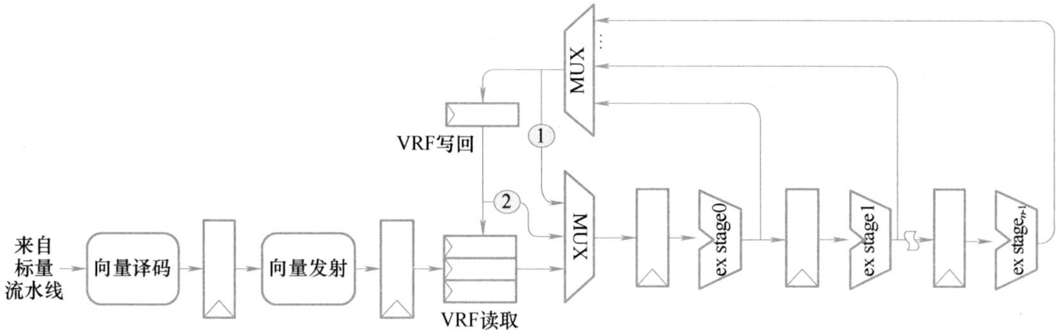

● 图 4-10　引入前递网络的向量流水线示例

有前递网络的 RAW 相关性检测示例如图 4-11 所示，T1 时刻可直接发射 VABS 指令。在存在前递网络的情况下，判断是否存在 RAW 相关性的逻辑是：通过查询指令延迟表格，得到当

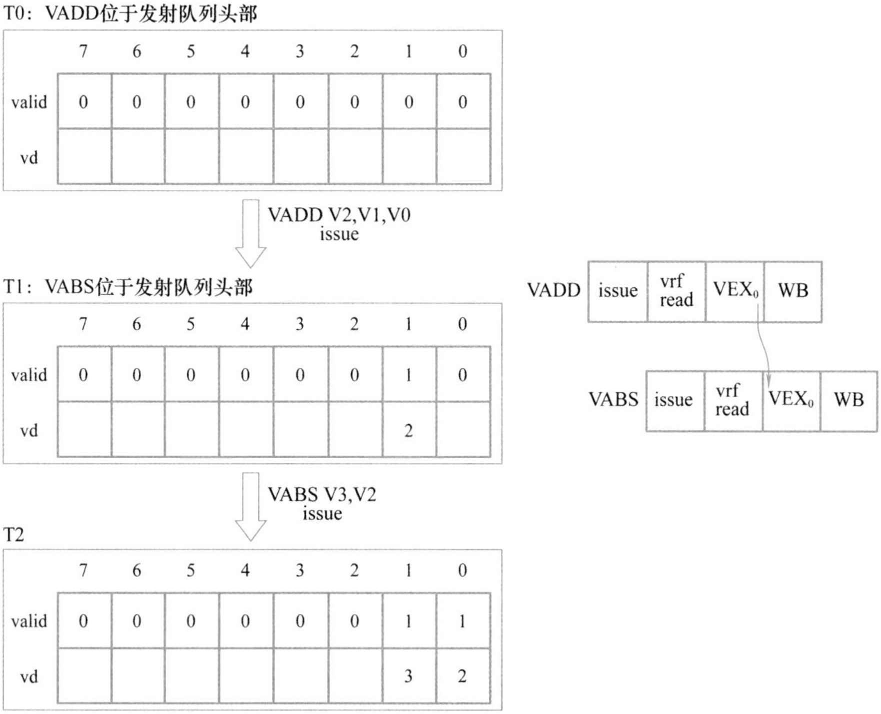

● 图 4-11　有前递网络的 RAW 相关性检测示例

前待发射指令从发射到写回之间需要经过的流水线延迟 $T_{issue-wb}$（比如 VADD 指令的 $T_{issue-wb}$ 为 3），则查询当前移位寄存器的条目 2 到第 $T_{issue-wb}-1$ 个条目的状态，如果这些条目中有一个条目的目标寄存器和当前待发射指令的源寄存器相同，则表示当前待发射指令和已发射未完成的指令存在 RAW 相关性，需要暂停指令发射阶段流水线。对于没有任何前递网络的情况，需要查询当前移位寄存器的条目 0 到第 $T_{issue-wb}-1$ 个条目的状态。

综上所述，通过查询移位寄存器的状态，可判断待发射指令和已发射指令之间是否存在结构相关性以及数据相关性。上面介绍的是单发射架构的相关性检测方案，对于双发射架构，需要两组移位寄存器来模拟两条独立的流水线中的指令执行状态。

4.2.2 乱序发射设计

在基于乱序发射的向量发射单元中，首先通过寄存器重命名的方式解决 WAW 和 WAR 相关性。WAW 和 WAR 相关性也称为假相关性。向量处理器的向量寄存器个数通常为 32，由于逻辑寄存器个数有限，编译器需要重复使用某些寄存器，这导致了 WAW 和 WAR 相关性的出现；还有一种情况是某段代码短时间内被反复执行，比如这段代码中包含 VADD V2，V1，V0 这条指令，V2 在短时间内被多次作为目标寄存器，这导致了 WAW 相关性的出现。

```
1.VADD V2, V1, V0
2.VSUB V2, V4, V3
```

上面的示例是一个 WAW 相关性的例子，VADD 和 VSUB 指令的目标寄存器都为 V2，如果将 VSUB 指令的目标寄存器改为 V5，则可解决 WAW 相关性问题。

```
1.VADD V2, V1, V0
2.VSUB V0, V4, V3
```

上面的示例是一个 WAR 相关性的例子，VADD 指令的源寄存器和 VSUB 指令的目标寄存器都为 V0，如果将 VSUB 指令的目标寄存器改为 V5，则可解决 WAR 相关性问题。

向量处理器中可以部署一定数量的物理向量寄存器，具体的数量可以为 48 或 64 个，由于向量寄存器的位宽较宽，并且读写口数量较多，过多的物理向量寄存器会增大布局布线收敛难度，因此物理向量寄存器的数量不宜过多。

一种寄存器重命名单元微架构如图 4-12 所示，假设物理向量寄存器个数为 64，逻辑向量寄存器个数为 32，则重命名表（Renaming Table）的深度为 32，每个条目中存放逻辑向量寄存器映射的物理向量寄存器编号。Freelist FIFO 为空闲物理寄存器队列，采用先入先出的方式维护。

首先从 Freelist FIFO 头部弹出（pop）k 个空闲物理寄存器编号 new_pvd（New Physical Vector Destination Register），这里 k 为输入的向量指令块中目标寄存器个数。通过重命名表写逻辑将 new_pvd 写入重命名表中。

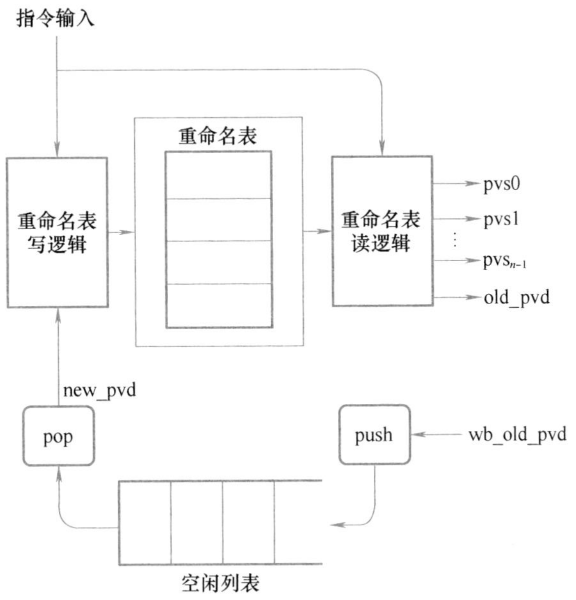

● 图 4-12　寄存器重命名单元示例

根据输入指令块的逻辑源寄存器编号，从重命名表中读取对应的物理源寄存器编号 pvs（Physical Vector Source Register），示例内共读取 n 个 pvs，这里 n 为输入向量指令包中源寄存器个数，另外还需要读取 k 个 old_pvd，这里 old_pvd 是重命名表中被 new_pvd 覆盖的物理寄存器编号。old_pvd 会随着指令流在后续向量流水线中流动。当向量指令写回寄存器堆后，将写回指令附带的 old_pvd 压入空闲列表（Freelist FIFO）中，供后续指令使用。

由于在串行流水线结构设计中，向量流水线处于标量流水线提交之后，向量处理单元收到的指令包是一定会执行的，因此重命名表和空闲列表无须进行任何恢复操作。而在通用超标量乱序执行处理器中，由于在寄存器重命名阶段执行的指令可能位于错误的分支路径上，或由于异常等原因，通用超标量乱序执行处理器中的重命名表和空闲列表都需要设置检查点（Check Point）以在必要条件下进行状态恢复操作。

完成寄存器重命名后，指令进入发射队列，发射队列用于存放待发射的向量指令，当向量指令所有依赖都已经解除后，选择一条就绪的指令发射。一种向量指令发射队列的微架构如图 4-13 所示，发射队列内共有 n 个条目，一个条目存放一条待发射指令。每个条目中主要域段如下。

- pvs0 ~ pvs2，物理向量源寄存器编号。
- ready0 ~ ready2，指示各物理向量源寄存器是否就绪。

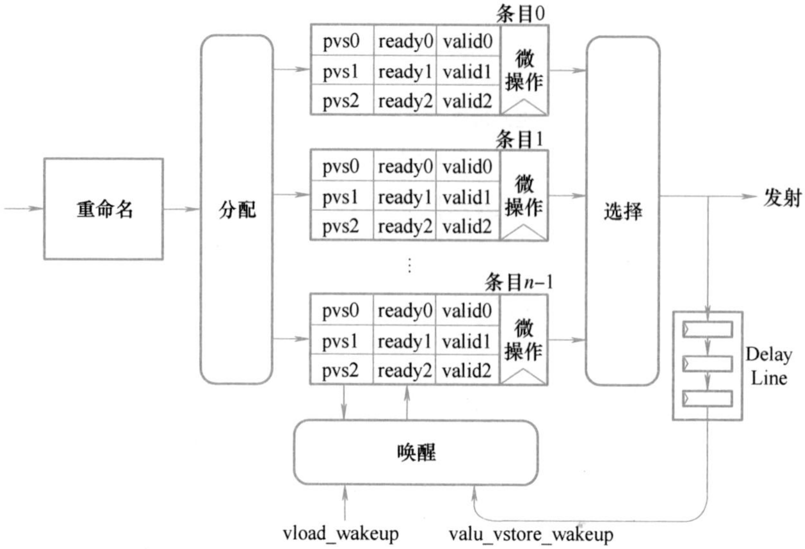

● 图 4-13　向量指令发射队列示例

- valid0～valid2，指示各物理向量源寄存器是否有效。
- uop，其他指令信息。

完成重命名后的指令通过分配（Allocate）模块进行条目的分配，如果没有空闲条目，则反压流水线。需要注意的是，在串行流水线结构设计中，由于 Vector Load 指令在标量流水线中就已经发射了，无须对该指令进行分配，只需要对向量计算类指令 valu 和向量存储类指令 Vector Store 进行分配。分配模块将 pvs、ready 和 valid 信息写入分配中。选择模块（Select）选择一个就绪的指令进行发射。选出来的指令经过 Delay Line 后作为唤醒信号，唤醒依赖于该指令的分配。根据前递网络信息，以及指令延迟信息，确定在 Delay Line 中延迟的拍数。在存在前递网络的情况下，单周期执行的指令在 Delay Line 中的延迟为 0，可直接唤醒发射队列中依赖该指令的条目，这样可以实现 RAW 相关性下的指令背靠背执行。对于多周期执行的指令，比如 VSORT 指令，需要在 Delay Line 中延迟 5 个时钟周期；对于 VMUL 指令，需要在 Delay Line 中延迟 1 个时钟周期。

vload_wakeup 和 valu_vstore_wakeup 包含需要唤醒的寄存器编号 wakeup_idx，Wakeup 单元用 wakeup_idx 和各 entry 的 pvs 进行比较，如果数值相等，则将对应的 ready 置为 1。

不管是顺序发射还是乱序发射，一旦指令被发射，指令在后续的流水线阶段中不会暂停（Stall），向量流水线中只会在指令发射阶段产生反压。

4.3 浮点运算单元设计

浮点运算单元是向量处理单元中的核心计算组件。处理器中的数据类型主要分为定点型数据和浮点型数据，定点型数据没有域段表示小数点的位置，因此在计算过程中，定点型数据的小数点位置是固定的，而浮点型数据由 3 个域段组成：符号位、指数位和尾数位。相比相同位宽的定点型数据，浮点型数据的表示范围更大，精度更高，但浮点指令的实现较为复杂，面积较大。本节主要介绍 IEEE 754 协议，以及基本的浮点加减乘除指令的硬件实现方案。

4.3.1 IEEE 754 协议介绍

在早期的处理器中，不同处理器各自定义了一套浮点数据标准，存在不同的浮点数的表示形式，导致程序的移植性很差。在此背景下，IEEE（电气电子工程师学会）在 1985 年制定了浮点数和浮点算术的标准，称为 IEEE 754-1985 标准。IEEE 754-1985 标准只规定了二进制浮点算术，在 1987 年增加了十进制算术标准，并于 2001 年对其进行了修正。2008 年的 IEEE 754-2008[6] 标准将两个老标准进行了融合，并做了重大改进。结合该标准，本节简要介绍浮点数在计算机中的存储与表示方法。

浮点数通用格式如图 4-14 所示，其中最高位为符号位 S，位宽为 1bit，接下来是加了偏置的指数位 E，位宽为 w，最后是尾数位 T，位宽为 $p-1$。所表示的二进制数值见式 4-1，其中 T_0 为尾数的隐含位，对于非规约类型的浮点数，$T_0=0$，对于规约类型的浮点数，$T_0=1$。偏置 (Bias) 的大小为 $2^{w-1}-1$，对于单精度浮点数，指数位位宽为 8，则偏置为 $2^{8-1}-1=127$。

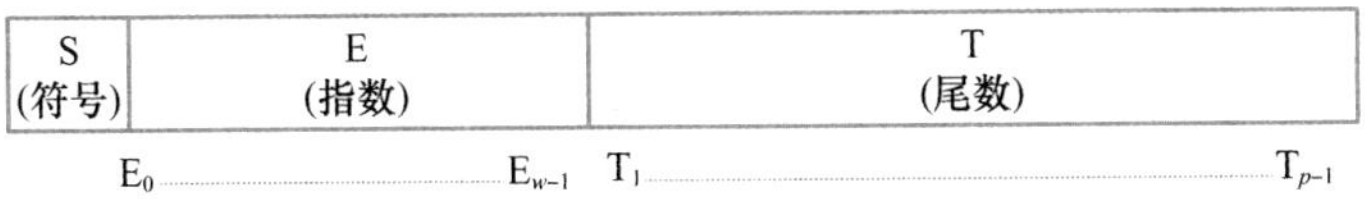

图 4-14 浮点数通用格式

$$d=(-1)^{S}\times T_0.\ T_1T_2\cdots T_{p-1}\times 2^{E\text{-bias}} \tag{4-1}$$

IEEE 754-2008 定义了几种二进制浮点数，见表 4-1。其中应用较多的是 binary16 和 binary32。binary16 称为半精度浮点数，binary32 称为单精度浮点数。随着位宽的增加，所消耗的硬件资源急剧上升。通常处理器中会支持 binary32 格式。在表 4-1 的最后一列定义了一种 $k\geqslant 128$ 时的浮点格式，由该列中的公式可算出指数和尾数的位宽。

表 4-1 二进制浮点格式

	binary16	binary32	binary64	binary128	binary{k}(k≥128)
符号位宽	1	1	1	1	1
指数位宽	5	8	11	15	$round(4\times\log_2(k))-13$
尾数位宽	10	23	52	112	$k-round(4\times\log_2(k))+12$

指数位和尾数位的不同数值组合，可以表示不同类型的浮点数，在 IEEE 754 标准下，浮点数分为零、规约数、非规约数、无穷数和非数 5 类，见表 4-2。

表 4-2 IEEE 754 浮点数分类

	指 数 位	尾 数 位	隐含位 T_0
零	0	0	0
规约数	非 0 且非 MAX	*（任意值）	1
非规约数	0	非 0	0
无穷数（INF）	MAX	0	—
非数（NaN）	MAX	非 0	—

零：指数位与尾数位都全为 0，根据符号位决定正负，有正零和负零之分。

规约数：指数位不全为 1 也不全为 0。此时浮点数的隐含位有效，其值为 1。根据符号位，又分为正规格化数和负规格化数。在单精度（binary32）时，规约数的带偏置的指数 E 的取值范围为 1~254，双精度（binary64）时为 1~2046。

非规约数：指数位全为 0 且尾数位不全为 0。此时隐含位有效，值为 0，根据符号位决定正负。另外需要注意，以单精度为例，真实指数 E 并非 0-127=-127，而是-126，这样一来就与规约数中最小指数 E=1-127=-126 达成统一，形成过渡。

无穷数：指数位全部为 1，同时尾数位全为 0。顾名思义，无穷数代表着无穷大的浮点数值，而根据符号位，无穷数又可分为正无穷大与负无穷大。

非数（Not a Number，NaN）：指数位全部为 1，同时尾数位不全为 0。在此前提下，根据尾数位首位是否为 1，NaN 还可以分为 SNaN 和 QNaN 两类，前者参与运算时将会发生异常。

IEEE 754 还定义了几种舍入模式，这里介绍需要强制实现的 4 种：roundTiesToEven、roundTowardPositive、roundTowardNegative 和 roundTowardZero。在介绍这几种舍入模式之前，首先介绍几个名词，如图 4-15 所示，舍入过程是丢掉舍弃位，根据舍弃位各位数值以及保留位最低位数值，确定是向上边界舍入还是向下边界舍入。

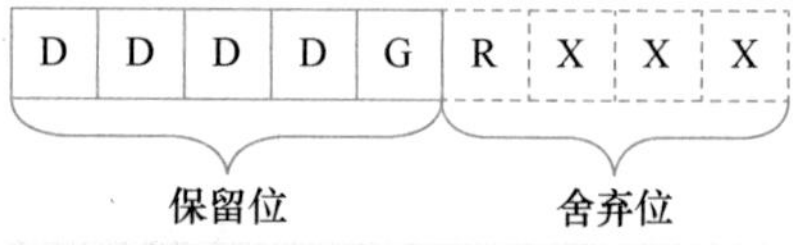

● 图 4-15 舍入示例

Guard bit（G）：保留数据的最低位。

Round bit（R）：舍弃数据的最高位。

Sticky bit（STK）：舍弃数据次高位到最低位的“或”运算结果。

舍入模式的计算方式见表 4-3，其中 F1 和 F2 分别为可表示的浮点数下边界与上边界，F1 < F2，sign 为符号位。

表 4-3　4 种舍入模式

舍入模式	描　述	计算公式
roundTiesToEven	向最近的可表示浮点数舍入，如果到上、下边界的距离相等，则向尾数为偶数的边界舍入（LSB=0）	$R\&(G\|STK)$
roundTowardPositive	总是向 F2 舍入	$\sim sign\&(R\|STK)$
roundTowardNegative	总是向 F1 舍入	$sign\&(R\|STK)$
roundTowardZero	当结果为正数时，向 F1 舍入，否则向 F2 舍入	0

IEEE 754 标准规定，针对 5 种基本的算术运算，当异常（Exception）情况发生时，必须给出相关的异常指示信号。异常分为如下 5 种。

1）Invalid：表示该算术运算是无效的。发生无效运算的情况有：操作数之一是 NaN；相同符号的无穷大相减，包括(−INF)−(−INF)和(+INF)−(+INF)；不同符号的无穷大相加，包括(−INF)+(+INF)和(+INF)+(−INF)；无穷大相除(±INF)/(±INF)；零乘以无穷大(±0)×(±∞)；零除以零(±0)/(±0)；被开方数是负数。在上述这些情况下，具体的运算单元要上报 Invalid 异常，同时将运算结果置为 NaN。

2）DivisionByZero：除法运算中，当除数为 0 时，其结果是一个无穷大数，要上报 DivisionByZero 异常，同时将结果置为无穷大。一般情况下，该异常标识只会出现在除法相关的运算中。

3）Overflow：在运算过程中，如果中间结果比浮点数可以表示的最大的值还要大，此时要给出上溢的标识，最后的结果根据舍入模式置为无穷大或所能表示的最大规约数。具体的分类见表 4-4。

表 4-4　不同舍入模式 Overflow 结果

	roundTiesToEven	roundTowardZero	roundTowardPositive	roundTowardNegative
符号位为 +	正无穷	最大规约数	正无穷	最大规约数
符号位为 −	负无穷	最小规约数	最小规约数	负无穷

4）Underflow：IEEE 754 标准将下溢定义为出现了极小（tininess）且发生了精度损失（loss of accuracy）。如果运算过程中的结果的绝对值小于最小规约数或舍入后其绝对值仍然小于最小规约数，那么将这种情况称为极小，由于出现了精度损失，需要上报 Underflow 异常。

5）Inexact：在做舍入时，当保留位的最低位后不全是0，所得到的运算结果是一个近似值时，需要上报Inexact异常。

4.3.2 浮点加法器设计

在实际的应用场景中，浮点加减法指令的使用占比很高，甚至它们在一些典型的科学计算应用中占了所有浮点运算操作的一半以上。因此，浮点加法器在浮点运算单元中占据非常重要的地位，它的性能优劣直接影响浮点运算单元的整体性能。在浮点运算单元的设计中，需要重点考虑浮点加法的实现，优化其性能，从而提升处理器整体的IPC。

最基本的浮点加法运算需要很多串行运算操作，它需要完成两个浮点操作数的求和运算，而且最终结果数据格式、舍入操作和异常处理必须符合IEEE 754标准。浮点加法算法包括如下基本操作步骤。

1）指数相减：完成两个操作数的指数相减，得到差的绝对值$d=|E_a-E_b|$。

2）对阶操作：将较小的操作数的尾数有效位右移d位，将较大的操作数的指数定义为E_f。

3）尾数相加/减：根据两操作数的符号，以及运算是加法还是减法，进行尾数的加法或减法操作。

4）格式转换：当尾数相加/减的结果为负时，对尾数求补，求补的硬件实现是按位取反加1，同时反转结果符号位。

5）前导零统计：如果步骤4）实施了减法操作，并且两操作数的尾数数值较为接近，则减法操作的高位可能会出现位抵消的情况。根据IEEE 754标准，对结果进行规格化操作，需要确定前导零个数s。

6）规格化：根据前序步骤得到的前导零个数s，以及E_f的数值，对尾数进行移位操作，并根据移位位数修改E_f的数值。

7）舍入：以上步骤进行的所有操作都会保留中间结果精度，得到的尾数有效位位数可能大于最终结果尾数的位宽，需要进行符合IEEE 754标准的舍入操作。完成舍入操作后，可能需要对截取后的尾数进行加1操作，如果加1操作造成了溢出，则需要对尾数进行移位，并相应调整E_f的数值。

根据上述加法数据流，可以比较直观地设计出单路径浮点加法器，如图4-16所示。单路径浮点加法器的大部分操作都是串行处理的，根据处理器目标频率和工艺，需要在某些逻辑级处理之间插入寄存器进行打拍。单路径浮点加法器的输入是两操作数opA和opB，首先求指数位差，得到差的符号位，如果得到了负数，表示opB是大于opA的，需要将opA和opB进行交换，这也是后续的两个多路选择器（MUX）的作用。根据opA、opB的符号位，以及optype（1位,减=1，加=0），将这三者进行异或。如果“异或”结果为1，则需要进行减法操作，否则需要进行加法操作。如果需要进行减法操作，则对其中一个操作数进行取补操作。硬件实现取补是对输入数据进行按位取反加 1，这里涉及了一个加法操作。同时，根据指数差值，需要对指数较小数据的尾数进行对阶移位操作。

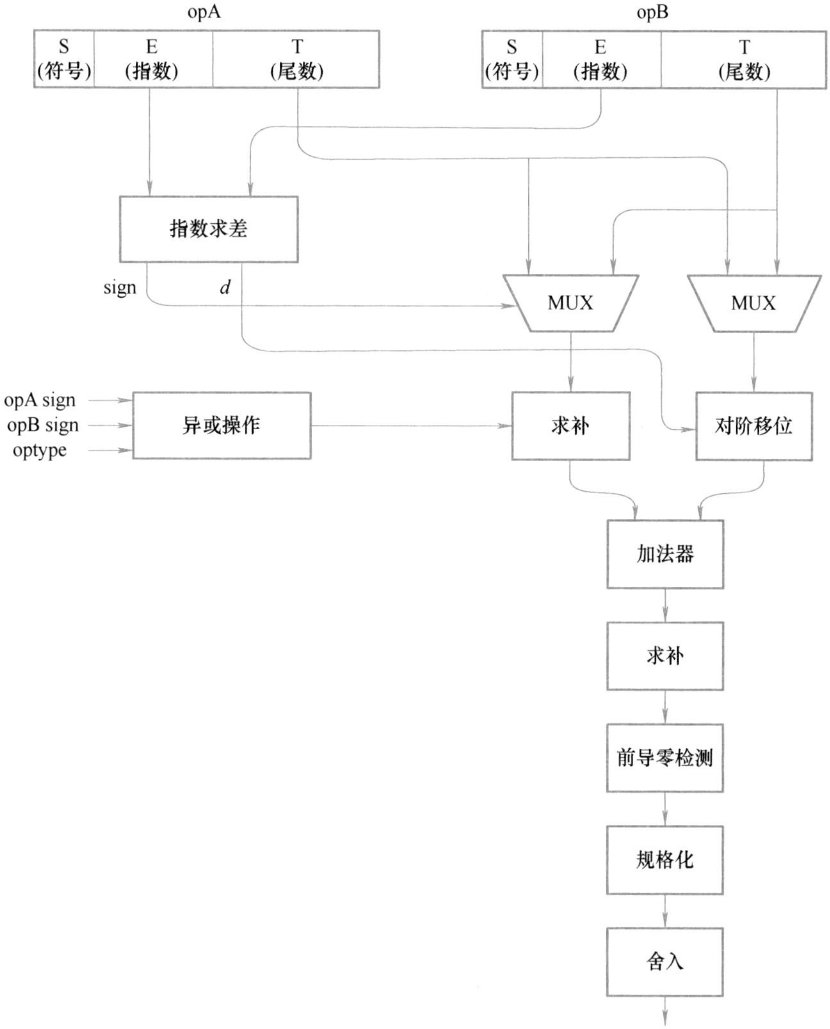

图 4-16　单路径浮点加法器示例

完成对阶移位操作后，将数据输入定点加法器进行加法操作。如果加法的结果为负，则需要进行求补操作，同样也是按位取反加 1。然后进行前导零检测，统计前导零的个数，这是后面规格化的输入。最后是规格化和舍入操作，这两步均需要符合 IEEE 754 标准。

从图 4-16 所示的数据流中可以看出，浮点加法操作的串行性很高。前一个步骤的输出是下一个步骤的输入，并且在尾数相加/减、格式转换和舍入的处理步骤中，都包含有全位宽的定点加法操作；对阶操作和规格化操作中都包含尾数的移位操作，这使得加法整体数据流非常长。采用串行单路径的方法严重制约了浮点运算单元的性能。

浮点加法器的设计经过多年的发展，在算法的改进上取得了大量的成果，其中最重要的就是双路径算法，具体的微架构如图 4-17 所示。双路径算法主要解决了单路径加法串行性较高的问题，根据两操作数指数差的绝对值，将浮点加法数据流分为 Close 路径和 Far 路径，两条路径相互独立，一些操作可以得到简化，减少了浮点加法的整体延迟。大部分商用处理器的浮点加法都是基于双路径算法实现的。

双路径算法的数据流是：首先完成两个操作数的指数相减，得到差的绝对值 $d=|E_a-E_b|$，如果 opB 的指数大于 opA 的指数，则交换两操作数，确保 opA 的指数位不小于 opB 的指数位，方便后续数据流处理。如果 d 小于等于 1，则选择 Close 路径进行处理，否则选择 Far 路径。

Close 路径介绍如下。

1）对阶操作：将 opB 的尾数有效位右移 d 位，将 opA 的指数定义为E_f，由于处于 Close 路径上，右移的位数只可能是 0 或 1。该步骤延迟较小。

2）格式转换：根据 opA 和 opB 的符号位，以及运算类型 optype（加法 optype＝0，减法 optype＝1），得出两尾数是进行加法还是减法，如果进行减法，则需要对 opB 的尾数求补，即进行按位取反加 1。

3a）尾数相加：opA 的尾数与对阶、格式转换后的 opB 的尾数相加；当尾数相加/减的结果为负时，对尾数求补，求补的硬件实现是按位取反加 1，同时反转结果符号位。

3b）前导零预测：与步骤 3a）并行进行，对 opA 和 opB 的尾数进行编码，并统计编码中前导零的个数；前导零预测可能有 1bit 的误差，如果预测错误，需要进行纠错。

4）规格化：根据 3b）中得到的前导零预测结果，对 3a）的加法结果进行移位操作，并根据移位位数修改E_f的数值。

5）舍入：类似于单路径算法中的舍入操作。由于 $d=0$ 时加法结果是一个精确值，因此无须舍入操作。

Far 路径介绍如下。

1）对阶操作：将较小的操作数的尾数有效位右移 d 位，将较大的操作数的指数定义为E_f。

2）格式转换：根据 opA 和 opB 的符号位，以及运算类型 optype（加法 optype＝0，减法 optype＝1），得出两尾数是进行加法还是减法，如果进行减法，则需要对 opB 的尾数求补，即进行按位取反加 1。

3）尾数相加：opA 的尾数与对阶、格式转换后的 opB 的尾数相加。

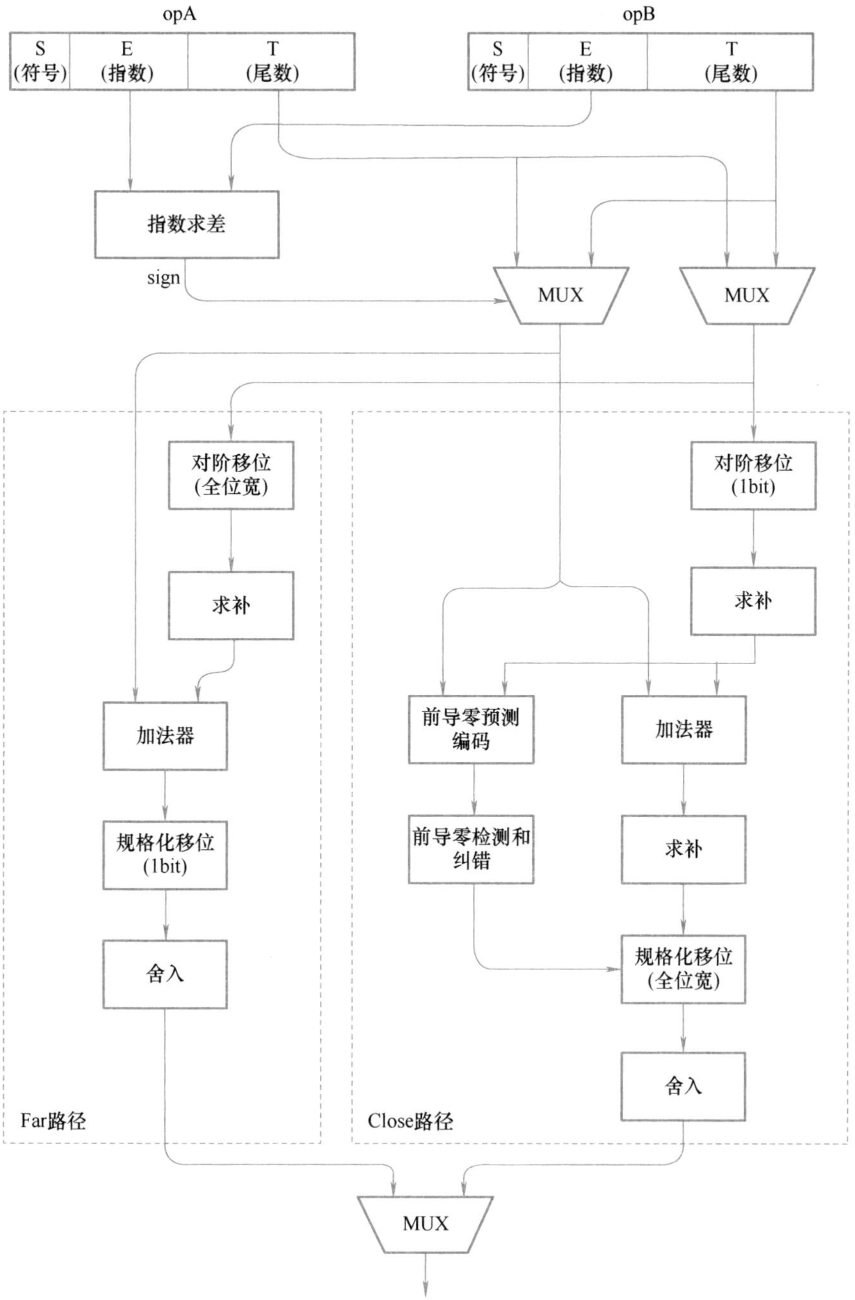

图 4-17　双路径浮点加法器示例

4）规格化：对步骤3）得到的结果进行规格化移位，并根据移位位数修改E_f的数值。由于处于Far路径，因此，如果尾数进行的是减法操作，则最多会产生1bit的前导零。这里的规格化移位范围很小。

5）舍入：类似于单路径算法中的舍入操作。完成舍入操作后，可能需要对截取后的尾数进行加1操作，如果加1操作造成了溢出，则需要对尾数进行移位，并相应地调整E_f的数值。

从以上数据流程中可以看出，双路径算法主要利用以下3个特性对性能进行提升。

1）通过交换操作数使得总是较大的操作数减去较小的操作数，这样，除了指数相等的情况以外，其他所有情况下都可以消除单路径算法中的格式转换操作。当指数相等时，尾数减法的结果有可能为负，只有在该情况下才需要格式转换这一步。由于不需要初始的对阶移位，因而减法的结果是一个精确值，也就不需要舍入操作。这样，通过适当的交换操作数，使得格式转换操作的加法和舍入操作的加法彼此互斥。这样就消除了3个全字长加法操作延迟中的一个。

2）在尾数实施加法的情况下，结果中不会再出现任何位抵消的现象，因而不需要规格化移位操作。对于尾数减法来说，需要区分下列两种情况：第一种，当指数差的绝对值d大于1时，需要一个全字长的对阶移位器，但是结果不会再需要超过1bit的左移。如果d小于等于1，不再需要全字长的对阶移位操作，但是此时则需要一个全字长的规格化移位器。因此，全字长的对阶移位操作和全字长的规格化移位操作是互斥的，在实际的时序路径中只需要出现一个全字长的移位器。以上这两种情况可以表示为：当d大于1时，为Far路径；当d小于等于1时，为Close路径。每一条通路中仅包含一个全字长移位器。

3）更进一步采用前导零的预测算法，可通过对两操作数的尾数进行前导零预测编码，与尾数加法运算并行进行前导零预测，而不是在完成尾数加法之后串行进入前导零检测电路进行处理。

4.3.3 浮点乘法器设计

浮点乘法运算在数据流上比浮点加法简单很多。浮点乘法包括如下基本操作步骤。

1）指数相加：两操作数的指数部分相加。注意，IEEE 754标准中浮点数的指数部分包含bias，指数相加时需要对bias进行处理。

2）尾数相乘：两操作数的尾数相乘，乘法结果保留精度。

3）规格化：对尾数相乘的结果进行规格化操作，并根据移位位数修改指数的数值。

4）舍入：乘法操作保留了中间结果精度，得到的尾数有效位位数可能大于最终结果尾数的位宽，需要进行符合IEEE 754标准的舍入操作。完成舍入操作后，可能需要对截取后的尾数进行加1操作，如果加1操作造成了溢出，则需要对尾数进行移位，并相应地调整指数的数值。

浮点乘法的电路实现如图4-18所示。尾数乘法和指数加法并行计算，同时，统计两操作数尾数的前导零个数，用以应对操作数为非规格化数的情况。然后将统计出的两尾数前导零进行“或”操作，这一步实际应该将两前导零个数相加，但考虑到两个非规格化数相乘时，结果一定也为非规格化数，后续会对这种情况特殊处理，这里只需要考虑其中一个操作数为非规格化的情况，所以只需要进行“或”操作，这样大大降低了电路延迟。根据指数相加和前导零检测的结果，得出尾数相乘的结果规格化移位的方向和位数，具体需要分两种情况分别讨论，假设指数相加的结果为 exp_raw，规格化指数最小数值为 EXP_MIN，两操作数尾数前导零按位或的结果为 lz。

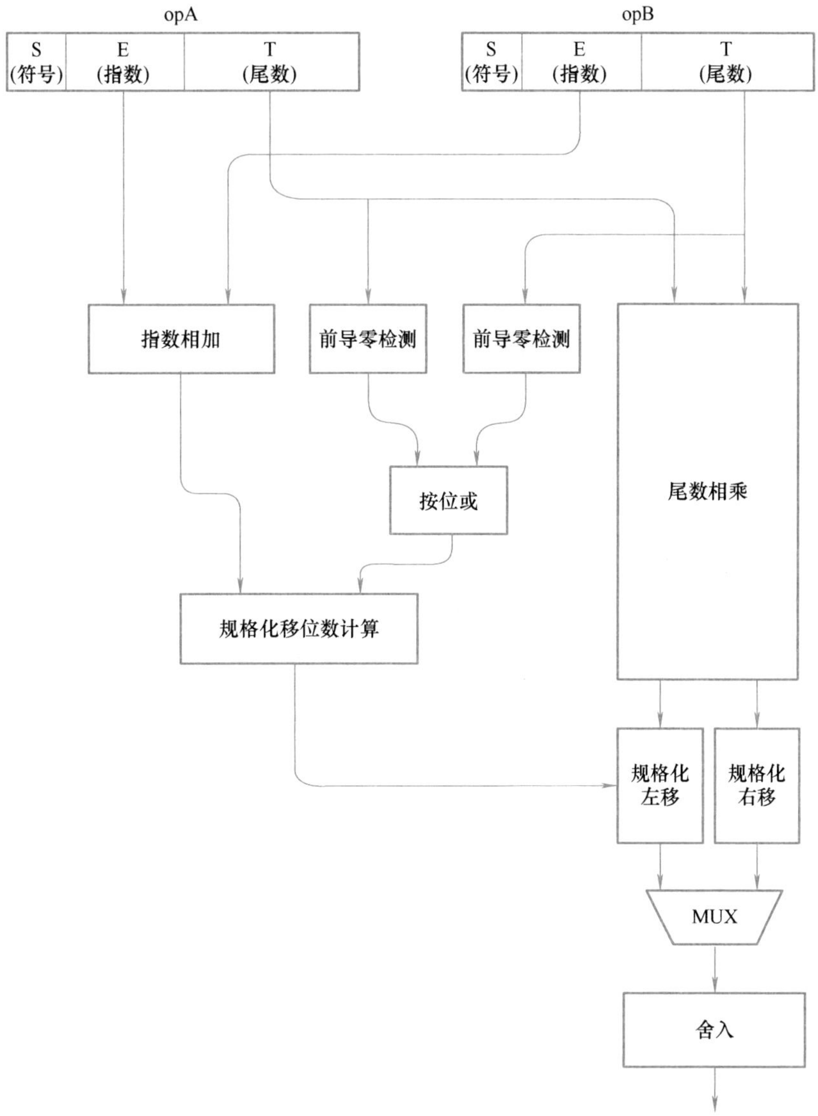

图 4-18　浮点乘法电路实现示例

1）exp_raw 小于 EXP_MIN：这种情况下，需要将尾数乘法结果右移，将指数与 EXP_MIN 完成对阶。

2）exp_raw 不小于 EXP_MIN，这种情况下，根据 exp_raw 的规格化余量和 lz 的值，确定是否需要对尾数乘法结果进行左移，以及左移的位数。

规格化左移和右移并行进行，经过 MUX 后输入到舍入模块进行舍入操作。在规格化移位和舍入的过程中，根据是否出现溢出等情况，决定是否需要对指数结果进行调整。

4.3.4 浮点除法器设计

基于减法操作的数字递归算法将除法运算分解成一系列的加法、减法和移位操作，每次迭代产生的结果，其位数是固定的，迭代次数与被除数的位数成线性关系，即其收敛速度是线性的。数字递归算法主要包括余数恢复算法和余数不恢复算法，余数不恢复算法中应用最广泛的是 SRT 算法。

下面以浮点除法为例说明余数恢复算法的计算流程。

1）非规格化数前导零统计：对非规格化的数据，统计其前导零的数量。

2）非规格化数尾数移位：根据步骤 1）中统计得到的前导零数量，对尾数进行左移，并根据移位位数调整指数数值。

3）指数相减：对两操作数的指数实施减法操作。

4）尾数除法迭代：假设被除数的尾数为 A，除数的尾数为 B，进行 $A-B$ 运算，如果得到的结果为负数，当前位商的结果为 0，如果减法的结果为正或零，当前位商的结果为 1。如果商的结果为负数，A 的值保持不变，否则将 $A-B$ 的结果赋给 A。将 A 左移一位后，重复本步骤，直到得到 n 位商的结果为止。

5）规格化：根据结果的尾数和指数，对得到的商进行规格化。

6）舍入：若得到的结果尾数有效位宽大于输出位宽，则需要进行舍入操作，舍入操作需要符合 IEEE 754 标准。

余数恢复算法的核心迭代电路如图 4-19 所示，根据一个全位宽的减法器，在控制逻辑的控制下，迭代 n 个时钟周期，可得到尾数除法的商。余数恢复算法对应的电路实现较为简单，面积较小，比较适合应用在对面积和功耗比较敏感的嵌入式处理器中。

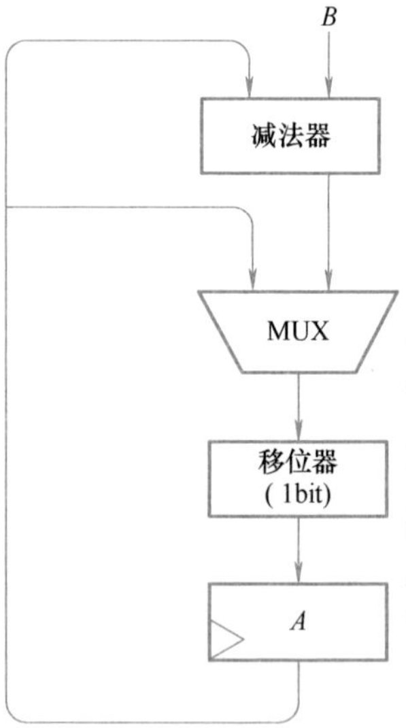

图 4-19　余数恢复算法核心迭代电路示例

SRT算法每个时钟周期生成商或平方根的 r 位，除法运算的算法迭代公式见式（4-2）。

$$w[j+1]=r\times w[j]-d\times q_{j+1} \tag{4-2}$$

式（4-2）中，$w[j]$ 为第 j 次迭代时的部分余数，q_{j+1} 为第 $j+1$ 次计算得到的商的第 $j+1$ 位，r 为SRT算法的基数，d 为除数，部分余数的初始值 $w[0]$ 为被除数。例如基数8（$r=8$）的SRT算法在每次迭代中都能计算出商或平方根的3位，而基数64（$r=64$）的SRT算法在每次迭代中都能计算出商的6位，从而使计算所需的时钟周期数减半。随着基数的增大，所需的余数位数也急剧增加，使得选择函数的计算变得非常复杂。在硬件电路实现上，选择函数位于关键路径上，当基数增大时，关键路径的延时增大，使得完成一个相同精度的计算所需的总时间并不能按照理想情况的比例减少。当基数增大时，SRT算法实现的浮点除法所需的面积也急剧增加。

可以看到，式（4-2）中，q_{j+1}的值由 d 和 $w[j]$ 组成的函数决定，这个函数称为商选择函数（quotient-digit selection function）。根据除法的基本原理，SRT除法算法实现的基本步骤如下。

1）先把上次循环得到的部分余数 $w[j]$ 左移 $\log_2 r$ 位，生成 $r\times w[j]$。

2）通过商的选择函数，得出本次循环的商；

3）得到除数和本次循环商的乘积，即 $d\times q_{j+1}$。

4）用 $r\times w[j]$ 减去 $d\times q_{j+1}$，得出下一次循环的部分余数 $w[j+1]$。

给定SRT算法的基数后，可以选择商的数字集范围。最简单的情况，对于基数 r 来说，只有 r 个可能的商数字。为了提高SRT算法的性能，可以使用一个冗余的数字集。这个数字集由一个对称的连续整数组成，不妨假设数字集中最大的整数为 a。数字集的元素个数为 $2a+1$，即 $q\in\{-a,-a+1,\cdots,-1,0,1,\cdots,a-1,a\}$。这样，为了形成冗余的数字集，其集合必须是包含大于 r 个元素的连续整数集（包括0），并且上述的 a 值大小必须满足：$a\geqslant\lceil r/2\rceil$。数字集的冗余度可以由冗余系数 ρ 决定，冗余系数可以定义为：$\rho=a/(r-1)$，$\rho>1/2$。

一般来说，带符号商数字集中最大值 a 必须满足 $a<r-1$。当 $a=r/2$ 时，商数字集的冗余度称为最小冗余；当 $a=r-1$ 时，可得 $\rho=1$，称为最大冗余。而如果 $a=(r-1)/2$，则商数字集的表示称为非冗余；如果 $a>r-1$，则商数字集的表示称为过冗余。

在设计SRT算法时，商数字集冗余度的选择需要综合考虑。对于相同的基数，商数字集的最大值 a 越大，商数字集的冗余度就越大，商选择函数实现越简单，同时商选择函数电路的延迟时间就越短；但是得出除数和每次循环所有可能商值（即商数字集所有元素的值）的乘积电路（即得到 $d\times q_{j+1}$ 的电路）就越复杂，时间延迟越大。假如每次循环时所有可能的商位数值是2的指数倍，则使用简单的移位操作就可以得到乘积。而假如所有可能的商位数值不是2的指数倍（如3倍），则还需要一些另外的操作，如加法操作。这就需要增加得到乘积电路的硬件复杂度。所以，当选择商数字集时，需要折中考虑商选择函数电路和得到乘积的电路。

因为选择函数部分在算法设计的关键路径上，所以该部分实现会影响整个设计的延迟时间。假如选择使用冗余方法表示部分余数，那么在查找函数表时不能确定部分余数的值，所以不能直接根据部分余数值来确定本次循环的结果；而需要把冗余方法表示的部分余数相加，然后查找函数表得到本次循环的结果。此外，如果采用冗余的商数字集，那么只需要知道部分余数所在的范围就可以决定本次结果。所以只需要部分余数的前几位就可以得到本次循环的结果。并且，根据部分余数的前几位来决定本次循环的结果可以在减少延迟时间的同时，降低硬件实现的复杂度。选择函数的实现可以采用 ROM 表的方法，也可以采用组合逻辑电路表示方式。

一般来说，小基数 SRT 除法（包括 SRT-4）算法的基数比较小，相应的商数字集也比较小，所以可以直接采用 SRT 算法实现。

对于传统的小基数 SRT 除法算法结构来说，为了减小关键路径的延迟时间，部分余数一般都采用冗余表示方法，即部分余数的表示带有进位。这样，在使用传统方法的小基数 SRT 除法算法中，商选择函数部分的实现是：先把部分余数（包括部分余数生成位和部分余数进位）中的前几位用超前进位加法器（Carry Lookahead Adder，CLA）相加，得到选择函数表的输入值，然后选择函数表根据该值确定本次循环对应的结果。

以基数 4，商的数字集 {-2,-1,0,1,2} 为例，小基数 SRT 除法算法传统的实现结构如图 4-20 所示。图 4-20 中 on the fly CVT 模块为飞速转换模块，可以将本次迭代得到的结果在线转换为最终的商，省去了在全部计算完商选择函数后再转换的步骤，这样做更省面积。在 SRT-4 的结构图中，使用了一个 3-2 CSA（Carry Save Adder，保留进位加法器）进行求和，相比 CLA，相同位宽下 CSA 具有更好的时序特性，无须传递进位信息。

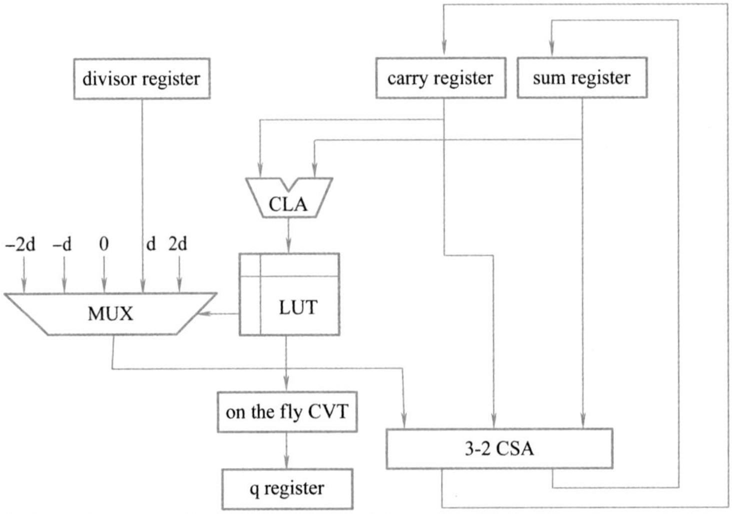

● 图 4-20　SRT-4 结构

SRT-4 算法中通过查表得到本次迭代的商，本次迭代的商作为 5 选 1 MUX 的选择信号，对于该算法而言，需要处理的乘法为 2d 和−2d，在硬件实现中，通过移位操作即可实现。

4.3.5 浮点运算的融合

上面分别对浮点加减乘除法运算进行了介绍，还有其他浮点相关类指令，如浮点数/定点数转换类指令（CVT）、浮点开方指令（SQRT）、浮点比较类指令（CMP）等。其中浮点开方指令实现方式和浮点除法指令比较类似，也是通常使用 SRT 算法实现，转换类指令、比较类指令的实现都比较简单，这里不再做详细介绍。

浮点运算单元的面积一般比较大，对于向量处理器而言，需要例化多路浮点运算单元，因此优化浮点运算单元的面积是向量处理器设计的重要课题。分析前面讲过的浮点加减乘除单元的微架构，可以将不同运算的流程进行归一化，归一化后的处理流程如下。

1）对输入操作数进行格式转换，转换为方便后续流水线处理的格式，并对输入操作数进行分类，判断输入操作数是规约数、非规约数、零、INF 和 NaN 中的哪一种。

2）根据不同类型的运算，进行差异化处理，比如浮点加法运算需要进行对阶移位加法操作，浮点乘法运算需要进行尾数相乘操作，浮点除法/开方运算需要进行多轮的 SRT 迭代操作。

3）对运算得到的中间结果进行规格化操作。

4）对规格化结果进行舍入操作，需要支持 IEEE 754 所定义的舍入模式。

5）最终进行异常数据的处理，将计算结果转换成符合 IEEE 754 标准的浮点格式。

可以看到，对于不同浮点运算，除了步骤 2）以外，其余步骤是非常类似的，可以将这些公共步骤提取出来，优化浮点运算单元的整体面积。融合后的浮点运算单元整体架构如图 4-21 所示。

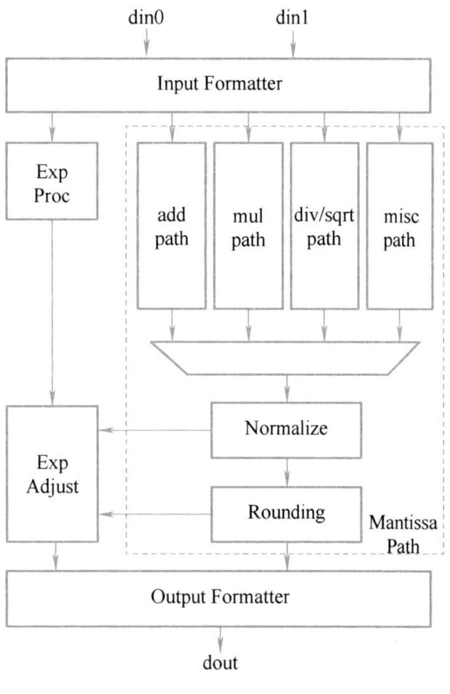

图 4-21　浮点运算单元融合设计示例

Input Formatter 完成输入操作数的预处理，提取符号位、指数位和尾数位，并对输入操作数进行分类。

指数部分进入 Exp Proc（Exponent Process）单元进行指数处理，对于加法运算，进行指数比较运算，对于乘法运算，进行指数相加，对于除法运算，进行指数相减，对于开方运算，进行指数除 2 操作。指数处理过程涉及的操作比较简单，因此指数处理级延迟较低。

虚线框中为 Mantissa Path，即尾数处理通道。对不同的运算类型进行差异化处理，处理得到中间计算结果后，通过 MUX 进行选择。图 4-21 中 misc path 完成除了加、减、乘、除和开方之外的浮点运算。MUX 选择的结果送入 Normalize 单元进行规格化操作，然后送入 Rounding 单元进行舍入操作。需要注意的是，规格化操作和舍入操作可能会对指数位产生影响，Exp Adjust（Exponent Adjust）单元根据具体的规格化和舍入过程，进行相应的指数位调整。

最终指数位和尾数位结果送入 Output Formatter，进行异常数据处理，最终输出符合 IEEE 754 标准的浮点数。

4.4 跨通道/跨切片处理单元设计

向量处理器的向量并行度越来越高，导致跨通道处理单元的布线复杂度越来越高，设计难度也就越来越高。在向量处理器的向量并行度不高时，跨通道处理单元的设计可以简化，比如压缩类指令，可以直接使用多个 MUX 将输入向量和输出向量进行连接，由于向量并行度不高，MUX 的输入数量较少，走线也比较少，后端布局布线工具通过常规的 Spread 手段即可完成布局布线的收敛。但当向量处理器的向量并行度较高时，通过 MUX 直连的方式会引入大量的交叉线，并且中间节点的扇出非常大，布线过程中极容易出现拥塞现象（Congestion），这对跨通道处理单元的设计提出了更高的要求。接下来介绍几种典型的跨通道类指令的实现方案。

4.4.1 规约类指令的硬件实现

规约类（Reduce）指令完成输入向量的缩减运算，常见的规约类指令有 reduce_sum、reduce_max 和 reduce_min。reduce_sum 指令用于求输入向量所有元素的和，reduce_max 指令用于求出输入向量所有元素中的最大值，reduce_min 指令用于求出输入向量所有元素中的最小值。一种规约类指令的实现是采用树形结构，如图 4-22 所示。假设向量并行度是 32，reduce_add 指令完成这 32 个数的缩减加操作。假设向量处理单元分为 4 个 Slice，在每个 Slice 中，第一级加法器复用执行单元中的加法器，从第二级开始进入跨通道处理单元中处理，4 个 EX_SLICE 输出 4 个中间累加结果，4 个中间结果送入跨切片处理单元中处理。这种逐级合并的操作，比较有利于后端布局布线。

需要注意的是，对于浮点类型，如果中间的累加结果为符合 IEEE 754 标准的浮点数，那么 reduce_add 采用树形加法结构得到的结果和采用顺序串行累加得到的结果有可能是不一样

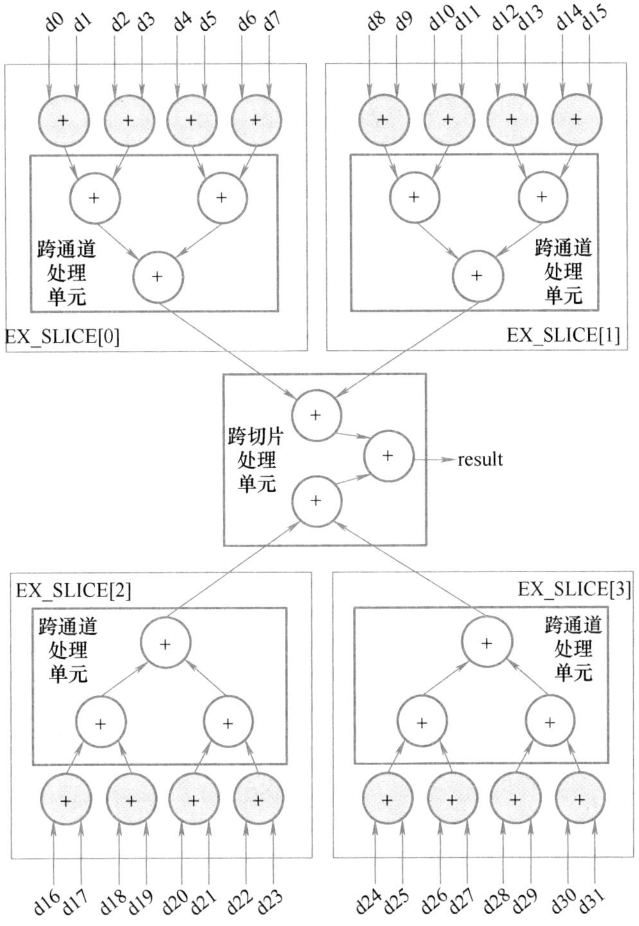

● 图 4-22　reduce_add 树形加法结构示例

的。这是由于中间计算结果在转换为符合 IEEE 754 标准的浮点数时，会进行舍入操作和饱和操作（饱和操作是指当中间结果超出规约数表示范围时，将结果转换成 INF 或规约数最大值），不同的加法顺序会导致最终的结果不同。

4.4.2 压缩类指令的硬件实现

压缩类指令 VSQUEEZE 的输入有两个，一个是布尔寄存器 Bool Vector，另一个是输入向量寄存器 Input Vector。Bool Vector 中为 1 的位指示对应的 Input Vector 数据是有效的，VSQUEEZE 将有效的数据集中在输出向量的头部，并保持原来 Input Vector 中数据间的相对顺序，如图 4-23所示。

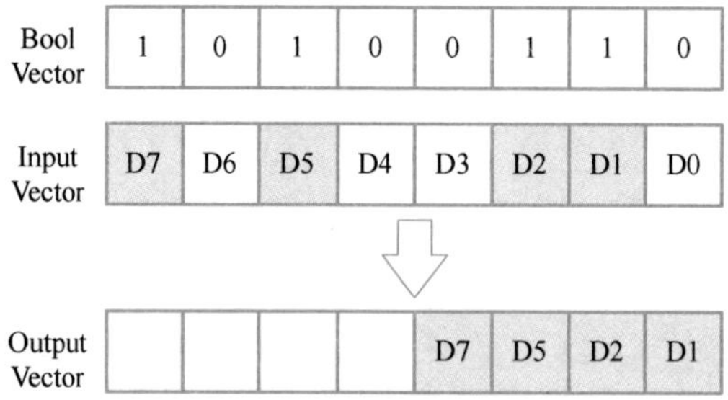

图 4-23　VSQUEEZE 压缩示例

一种直观实现 VSQUEEZE 指令的方式是每个输出使用一个 MUX 对输入数据进行选择，如图 4-24 所示，假设向量包含 8 个数据，对于 Output Vector 的第 0 个数据，它有可能来自所有 8 个输入数据，因此需要一个 8-1 的 MUX；对于 Output Vector 的第 1 个数据，它有可能来自 1~7 这 7 个输入数据，因此需要一个 7-1 的 MUX；以此类推，对于 Output Vector 的最后一个数据，它只可能来自 Input Vector 的最后一个数据，因此直连即可，无须使用 MUX 单元。

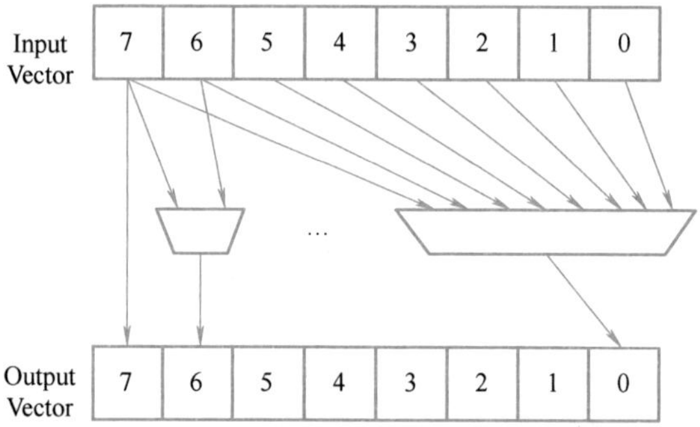

图 4-24　使用 MUX 实现 VSQUEEZE

这种使用一级 MUX 进行输入输出互联的方式，Input Vector 的扇出较大，Output Vector 的扇入较大，并且中间存在很多的交叉线，在向量处理器的最大向量并行度较低时，可以采用这种简单的实现方式，但当向量处理器的最大向量并行度较高时，采用这种方式会极大地增加后端布局布线难度，甚至导致无法收敛。

可以通过逆蝶形网络（Inverse Butterfly Network）实现 VSQUEEZE 指令。一个 8 输入的逆蝶形网络如图 4-25 所示，共有 3 级，每级有 4 个交换节点。如果输入数据有 N 个，则逆蝶形网络的级数为 $\log_2 N$，每级交换节点数量为 $N/2$。每个交换节点有两个状态，sel = 1 表示不交换，sel = 0 表示交换。

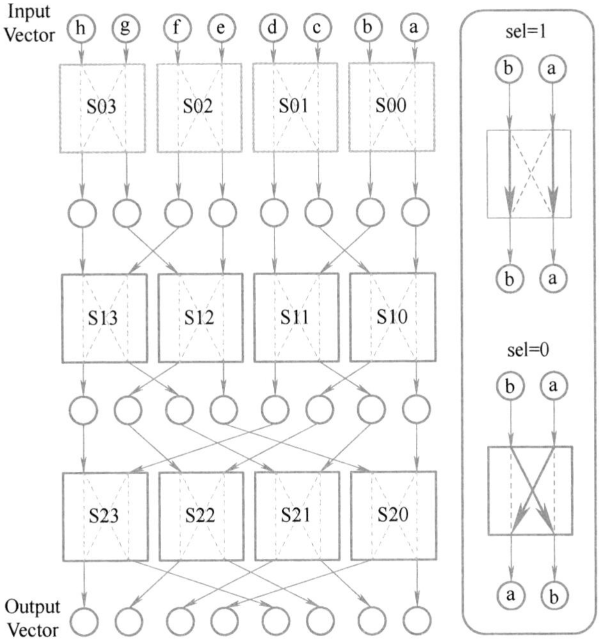

图 4-25 逆蝶形网络示例

计算每个交换节点的开关状态时，开关是否交互和当前位置前面布尔寄存器中数值有关，以 S00 这个交换节点为例，如果 bool_vector[0]=1，则表示输入 a 是有效的，其位置应该保持不变，因此 S00 不能进行交换。通过推导可以得到下列关于交换节点的计算流程。

1）计算 acc 向量，acc[i]表示 bool_vector[i:0]中 1 的个数，$acc[n]=\sum_{i=0}^{n}bool\_vector[i]$。

2）对于第 i 级交换节点（i 从 0 开始），其交互节点开关记为 sel[i]，sel[i]的宽度为 N/2bit（N 为输入数据个数）。sel[i]的计算伪代码为：

```
k = 2^i;
for(j=0; j<N/(2*k); j++) {
    sel[i][j*k+:k] = LROTC(k, acc[j*k*2+k-1]);
}
```

LROTC（Left Rotate and Complement on Wrap）为循环取反左移，从最左侧移出的数据取反后放在最低位。LROTC 有两个输入，第一个输入为移位器的宽度（代码中的 k），第二个输入为移位量 sa（代码中的 acc[j*k*2+k-1]）；LROTC 的输出是经过移位后的移位寄存器中的数值。LROTC(4,2)示例如图 4-26 所示，初始状态下移位寄存器为全 0，经过两次循环取反移位后，移位寄存器数值变为 0011。

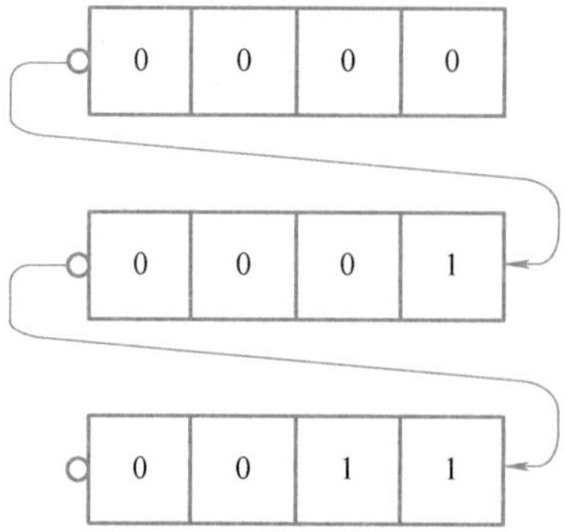

● 图 4-26 LROTC 示例

交换节点生成示意图如图 4-27 所示，在输入的 8 个数据中，h、e、c 和 b 这 4 个数据是有效的，可以通过累加的方式计算出 acc 向量。第一级包含 4 个 LROTC，其位宽为 1bit，可以计算得到每个 LROTC 的输出，分别对应 S03～S00 这 4 个交换节点的开关状态；第二级包含 2 个 LROTC，其位宽为 2bit；第三级包含 1 个 LROTC，其位宽为 4bit。可以看到，最终 h、e、c 和 b 这 4 个数据被压缩到 Output Vector 的低 4 位上。

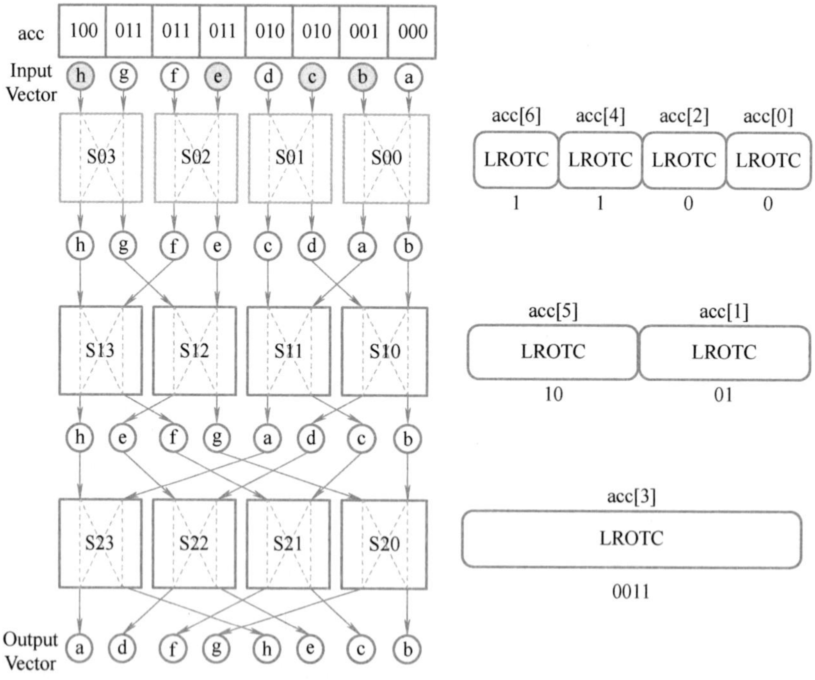

● 图 4-27 交换节点生成示意图

通过逆蝶形网络实现压缩类指令，可以极大地降低布线复杂度。可以看到，每级的开关节点只有两个输入和两个输出，输入和上一级交互节点相连，输出和下一级交换节点相连，整体布线较为规整。并且对于输入向量中的每个数据，只会扇出到一个交换节点中，相比只用一级 MUX 实现的方案，扇出大幅降低。另外，这种分级的网络实现，比较容易集成到向量处理器中。假设输入数据共有 16 个，需要经过 4 级交换网络，并假设向量处理器分为 4 个 Slice，如图 4-28 所示，则上半区域的 4 个交换节点分别位于 4 个 Slice 的跨通道处理单元中，下半区域的交换节点位于跨切片处理单元中。

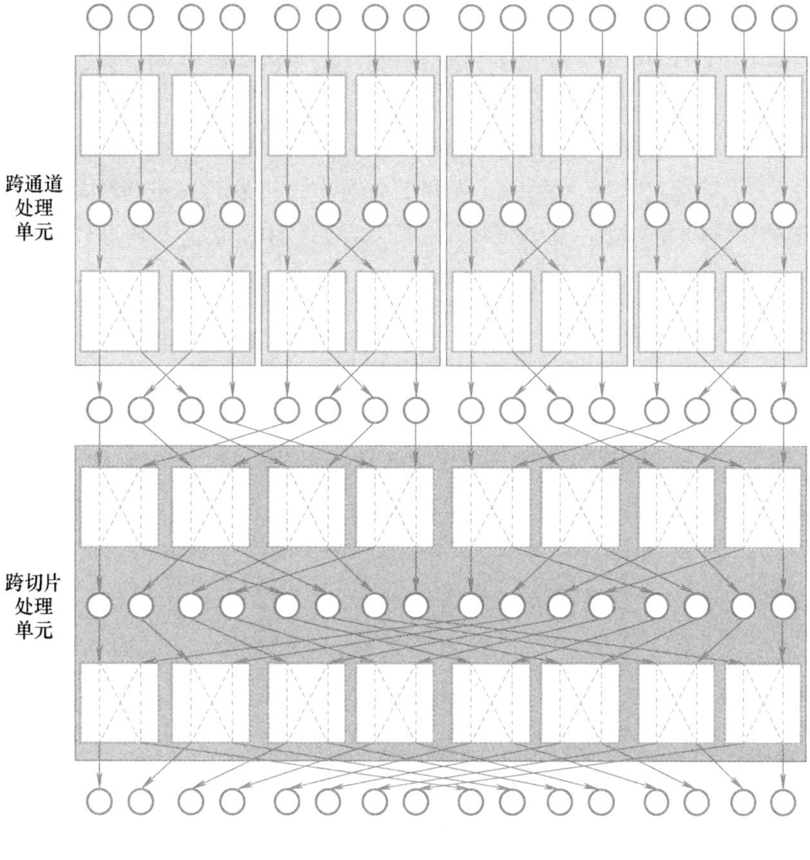

• 图 4-28　每级交互节点所在位置示例

4.4.3　排序类指令的硬件实现

排序（Sort）是将原本无序的序列转换成有序的序列，有多种比较成熟的排序算法，如时间复杂度较高的选择排序、冒泡排序，这两种排序的时间复杂度为 $O(n^2)$；还有一些时间复杂度较低的排序算法，如快速排序、堆排序等，这些排序的时间复杂度为 $O(n\log_2 n)$。虽然快速排序、堆排序的时间复杂度较低，但由于其排序过程很难并行化，因此很难使用硬件进行加速。是否存在时间复杂度低，并且容易并行化加速的排序算法呢？答案是肯定的。双调排序（Bitonic Sort）和奇偶归并排序（Odd Even Merge Sort）[7] 的时间复杂度都很低，并且它们的每一级排序都是数据独立（Data-independent）的，即每级参与排序的数据之间不存在依赖关系，非常适合用硬件进行并行化加速。接下来对这两种排序算法进行介绍。

首先介绍一个概念：双调序列（Bitonic Sequence），双调序列是指由一个递增序列 $\boldsymbol{X}$ 和一个递减序列 $\boldsymbol{Y}$ 构成的序列，如序列 $\boldsymbol{X}=\{3, 5, 8, 10\}$，序列 $\boldsymbol{Y}=\{17, 12, 7, 3\}$，序列 $\boldsymbol{X}$ 和序列 $\boldsymbol{Y}$ 组成的主序列 $\{3, 5, 8, 10, 17, 12, 7, 3\}$ 即双调序列。需要注意的是，双调序列可以先递增再递减，也可以先递减再递增。

Batcher 定理是双调排序算法的基础。Batcher 定理是：将一个长为 $2N$ 的双调序列 $\boldsymbol{A}$ 等分为两个等长的子序列 $\boldsymbol{X}$ 和 $\boldsymbol{Y}$，将 $\boldsymbol{X}$ 中的元素和 $\boldsymbol{Y}$ 中对应位置的元素进行比较，即将 $a[i]$ 与 $a[i+N]$ 进行比较，将较大者放入 MAX 序列，较小者放入 MIN 序列，则得到的 MAX 序列和 MIN 序列仍然都是双调序列，并且 MAX 序列中的任意一个元素不小于 MIN 序列中的任意一个元素。

例如序列 $\boldsymbol{A}=\{3, 5, 8, 10, 17, 12, 7, 3\}$，该序列为长度为 8 的双调序列，将其分为两个等长的子序列 $\boldsymbol{X}$ 和 $\boldsymbol{Y}$，$\boldsymbol{X}=\{3, 5, 8, 10\}$，$\boldsymbol{Y}=\{17, 12, 7, 3\}$。其中，序列 $\boldsymbol{X}$ 是递增序列，序列 $\boldsymbol{Y}$ 是递减序列，按照顺序将序列 $\boldsymbol{X}$ 和序列 $\boldsymbol{Y}$ 进行逐个元素的比较，得到 MIN 序列和 MAX 序列，其中，MIN 序列 $=\{3, 5, 7, 3\}$；MAX 序列 $=\{17, 12, 8, 10\}$。可以看到 MIN 序列与 MAX 序列均为双调序列，且 MAX 序列中的任意一个元素均大于 MIN 序列中的任意一个元素。

根据上文提到的 Batcher 定理可以知道：将一个长度为 N 的双调序列进行双调排序可以得到两个长度为 $N/2$ 的双调序列 MAX 序列和 MIN 序列，且 MAX 序列中的值一定不小于 MIN 序列中的值。由于 MAX 序列和 MIN 序列均为双调序列，因此可以对这两个序列再进行双调排序，得到 4 个子序列，子序列的长度均为 $N/4$，假设这 4 个子序列分别为 $\boldsymbol{M}$、$\boldsymbol{T}$、$\boldsymbol{O}$ 和 $\boldsymbol{P}$，可以得到：子序列 $\boldsymbol{M}\geqslant$ 子序列 $\boldsymbol{T}\geqslant$ 子序列 $\boldsymbol{O}\geqslant$ 子序列 $\boldsymbol{P}$。不断进行迭代，当序列的子序列长度为 1 时停止，最终这些子序列组成的主序列为有序序列。

为了得到一个长度为 N 的双调序列，可以先得到一个长度为 $N/2$ 的递增序列，以及一个长度为 $N/2$ 的递减序列。而长度为 $N/2$ 的递增序列可以由一个长度为 $N/4$ 的递增序列和一个长度为 $N/4$ 的递减序列得到。不断进行分解，长度为 2 的递增序列可以直接由一个 2 输入比较器得到。接下来介绍下文中会用到的比较器符号，如图 4-29 所示，图 4-29a 为升序 2 输入比较器，对应的具体电路如图 4-29c 所示，图 4-29b 为降序 2 输入比较器，对应的具体电路如图 4-29d 所示。

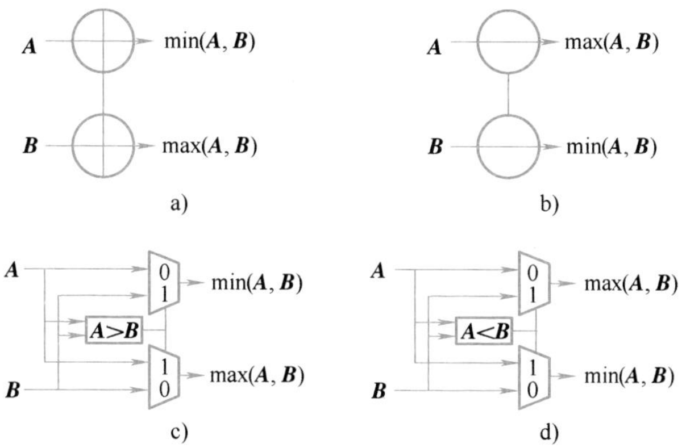

● 图 4-29 比较器符号示例

8 输入双调排序网络如图 4-30 所示，s1 ~ s8 为输入数据，s1′ ~ s8′为递增的输出数据。整个排序网络可以分为 3 大级，第一级为 4 个并行的 BM-2（Bitonic Merge-2），每个 BM-2 完成 2 输入的双调排序；第二级为 2 个并行的 BM-4（Bitonic Merge-4），每个 BM-4 完成 4 输入的双调排序；第三级为 1 个 BM-8（Bitonic Merge-8），每个 BM-8 完成 8 输入的双调排序。

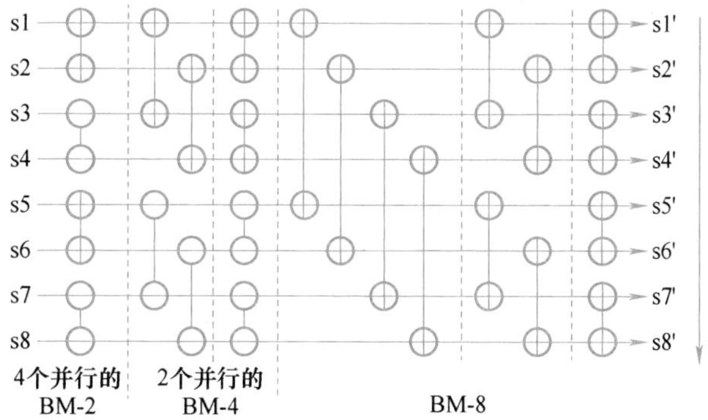

● 图 4-30 8 输入双调排序网络示例

奇偶归并排序也是一种常用的硬件排序算法，其基本思想是对两个有序子序列进行排序，将这两个有序子序列的奇数位提取出来以得到奇数序列，将这两个有序子序列的偶数位提取出来以得到偶数序列，对奇数序列和偶数序列再分别进行奇偶归并排序，最后将两组排序结果合并成一个有序序列。

其算法原理是：假设 $a_1 \sim a_n$为有序向量 $\boldsymbol{A}$，$b_1 \sim b_n$为有序向量 $\boldsymbol{B}$，现在需要对这两个向量进行合并排序，假设合并后的有序向量为 $\boldsymbol{C}$：$c_1 \sim c_{2n}$。首先将向量 $\boldsymbol{A}$ 中奇数位数据（a_1、a_3、a_5

等）组成的向量 A_odd 和向量 $\boldsymbol{B}$ 中奇数位数据（b_1、b_3、b_5 等）组成的向量 B_odd 进行奇偶归并排序，其排序后的向量为 $\boldsymbol{D}$：$d_1 \sim d_n$；将向量 $\boldsymbol{A}$ 中偶数位数据（a_2、a_4、a_6 等）组成的向量 A_even 和向量 $\boldsymbol{B}$ 中偶数位数据（b_2、b_4、b_6 等）组成的向量 B_even 进行奇偶归并排序，其排序后的向量为 $\boldsymbol{E}$：$e_1 \sim e_n$。

对于一个给定的 i，假设 $d_1 \sim d_{i+1}$ 中有 k 个元素来自于 A_odd，也就是有 $i+1-k$ 个元素来自于 B_odd，d_{i+1} 大于等于 A_odd 序列中的前 k 个元素，可以得到 d_{i+1} 大于等于 $\boldsymbol{A}$ 序列中的前 $2k-1$ 个元素。同理，d_{i+1} 大于等于 B_odd 序列中的前 $i+1-k$ 个元素，可以得到 d_{i+1} 大于等于 $\boldsymbol{B}$ 序列中的前 $2i-2k+1$ 个元素。由于序列 $\boldsymbol{A}$ 和序列 $\boldsymbol{B}$ 中的元素一定会出现在序列 $\boldsymbol{C}$ 中，因此得到式（4-3）：

$$d_{i+1} \geqslant c_{2i} \tag{4-3}$$

对于序列 $\boldsymbol{E}$，同理可以推导出式（4-4）：

$$e_i \geqslant c_{2i} \tag{4-4}$$

假设序列 $\boldsymbol{C}$ 中的前 $2i+1$ 个元素中，有 k 个元素来自于序列 $\boldsymbol{A}$，有 $2i+1-k$ 个元素来自于序列 $\boldsymbol{B}$，如果 k 是偶数，可以得到 c_{2i+1} 大于等于序列 $\boldsymbol{A}$ 中的 k 个元素，c_{2i+1} 大于等于序列 A_odd 中的 $k/2$ 个元素；另外可以得到 c_{2i+1} 大于等于序列 $\boldsymbol{B}$ 中的 $2i+1-k$ 个元素，c_{2i+1} 大于等于序列 B_odd 中的 $i+1-k/2$ 个元素；由于 A_odd 和 B_odd 中的元素都会出现在序列 $\boldsymbol{D}$ 中，因此可以得到 c_{2i+1} 大于等于序列 $\boldsymbol{D}$ 中的 $i+1$ 个元素，即式（4-5）：

$$c_{2i+1} \geqslant d_{i+1} \tag{4-5}$$

对于序列 $\boldsymbol{E}$，同理可以推导出式（4-6）：

$$c_{2i+1} \geqslant e_i \tag{4-6}$$

假设序列 $\boldsymbol{C}$ 中的前 $2i+1$ 个元素中，有 k 个元素来自于序列 $\boldsymbol{A}$，有 $2i+1-k$ 个元素来自于序列 $\boldsymbol{B}$，如果 k 是奇数，同样可以推导出式（4-5）和式（4-6）。

综合上述 4 式，可以得出式（4-7）和式（4-8）：

$$c_{2i+1} \geqslant e_i \geqslant c_{2i} \tag{4-7}$$

$$c_{2i+1} \geqslant d_{i+1} \geqslant c_{2i} \tag{4-8}$$

这里只需要比较出 d_{i+1} 和 e_i 的大小，即可得到最终的有序序列，其中 $c_{2i} = \min(d_{i+1}, e_i)$，$c_{2i+1} = \max(d_{i+1}, e_i)$。

8 输入奇偶归并排序网络如图 4-31 所示，s1 ~ s8 为输入数据，s1′ ~ s8′ 为递增的输出数据。整个排序网络可以分为 3 大级，第一级为 4 个并行的 OE-2（Odd Even merge-2），每个 OE-2 完成 2 输入的奇偶归并排序；第二级为 2 个并行的 OE-4（Odd Even merge-4），每个 OE-4 完成 4

输入的奇偶归并排序；第三级为 1 个 OE-8（Odd Even merge-8），每个 OE-8 完成 8 输入的奇偶归并排序。

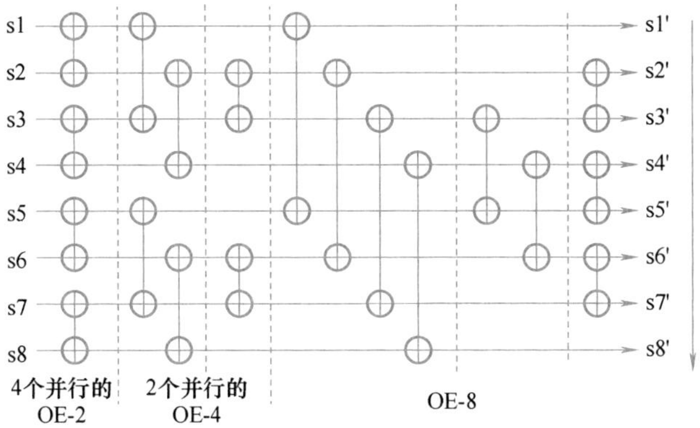

图 4-31　8 输入奇偶归并排序网络示例

最终奇偶归并排序比较器的数量见式（4-9），其中 n 为需要排序的元素数量。

$$N=\sum_{i=1}^{\log_2 n}\frac{64}{2^i}\times((2^{i-1}\times(i-1))+1) \tag{4-9}$$

在相同输入规格下，奇偶归并排序和双调排序需要的比较器级数相同，但奇偶归并排序需要的比较器数量要小于双调排序，见表 4-5。

表 4-5　两种排序算法比较

输入元素数量	比较器级数	双调排序比较器数量	奇偶归并排序比较器数量
8	6	24	19
16	10	80	63
32	15	240	191
64	21	672	543
128	28	1792	1471

排序网络采用分级的方式实现，比较容易集成到向量处理器中，假设输入数据共有 32 个，并假设向量处理器分为 4 个 Slice，如图 4-32 所示，则左侧区域的 4 个排序网络分别位于 4 个 Slice 的跨通道处理单元中，右侧区域的排序网络位于跨切片处理单元中。

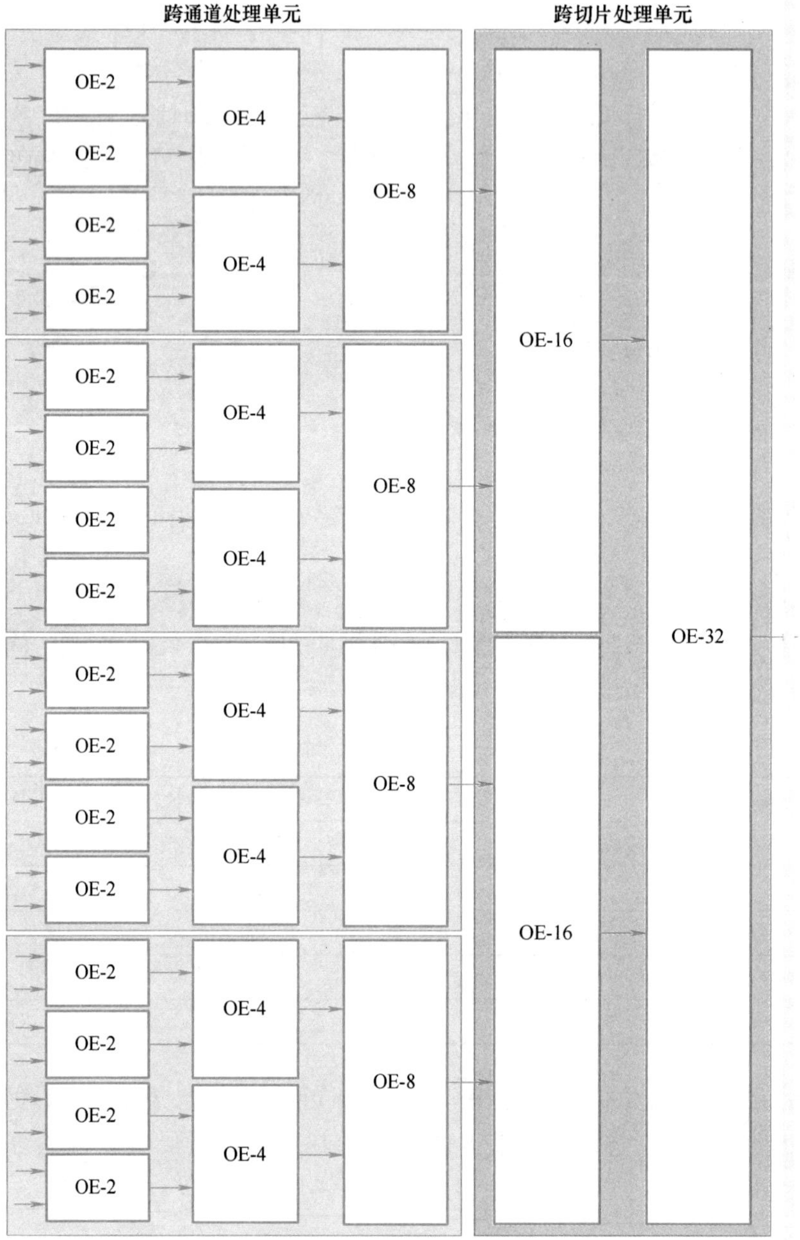

图 4-32　排序网络位置示例

4.5 超越函数类指令的硬件实现

超越函数指的是与自变量之间的关系不能用有限次的加、减、乘、除、乘方、开方运算表示的函数，如指数函数、对数函数、三角函数和反三角函数等。超越函数是数学计算的基础组成部分，被广泛应用于各种领域的算法中。对于早期的处理器而言，为了节省面积和成本，只实现了基本的加减乘除运算，因此不会为了不常用的超越函数单独设计硬件单元，执行超越函数只能采用调用数学库的方式间接执行，将超越函数分解为各种四则运算和条件判断进行函数运算。但是随着浮点应用的发展，越来越多的算法需要大量应用浮点超越函数，如神经网络中的各种激活函数。

超越函数硬件加速器为处理器带来的性能上的正面影响正在变大，同时根据摩尔定律，超越函数硬件加速器给处理器带来的面积上的负面影响正在慢慢变小。因此在现有处理器的基础上设计一款高性能、高精度的超越函数硬件加速器具有极大的意义。

超越函数的实现可以分为迭代法和非迭代法。迭代法的典型代表是坐标旋转数字计算方法（Coordinate Rotation Digital Computer，CORDIC）[8]，非迭代法的典型代表有分段查表结合多项式运算法和分段线性逼近法。接下来分别介绍这几种算法。

4.5.1 CORDIC 算法介绍

CORDIC 已经发展成为一种集成电路中用于快速计算三角函数等超越函数的经典算法。CORDIC 算法的核心是角度旋转。对于在笛卡儿坐标系的圆周上的两个点，如图 4-33 所示，存在以下关系式（见式（4-10））：

$$
\begin{aligned}
x_2 &= x_1\cos\theta - y_1\sin\theta = \cos\theta(x_1 - y_1\tan\theta)\\
y_2 &= x_1\sin\theta + y_1\cos\theta = \cos\theta(y_1 + x_1\tan\theta)
\end{aligned}
\tag{4-10}
$$

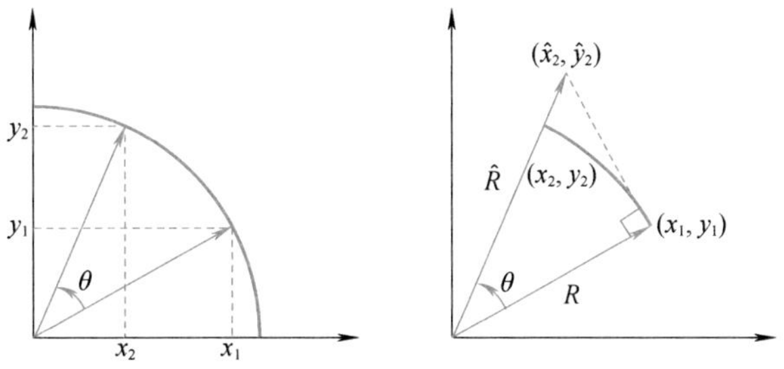

图 4-33　坐标旋转

若先不考虑式（4-10）中的伸缩因子 $\cos\theta$，进行伪旋转，最后考虑伸缩因子 $\cos\theta$ 对结果的影响，则可以得到式（4-11）：

$$\hat{x}_2 = x_1 - y_1\tan\theta$$
$$\hat{y}_2 = y_1 + x_1\tan\theta \tag{4-11}$$

CORDIC 算法的核心是伪旋转角度的确定，可以限制旋转角度，使其满足 $\tan\theta^i = \pm 2^{-i}$，这是由于$\pm 2^{-i}$和任意数的乘积在硬件中可以用移位器实现，从而简化每次迭代所需的操作。而对应的 θ 可以通过查表得到，见表 4-6。

表 4-6　不同角度的余弦和正切值

i	$\tan\theta^i$	θ^i	$\cos\theta^i$
0	1	45°	0. 7071
1	1/2	26. 565°	0. 8944
2	1/4	14. 036°	0. 9701
3	1/8	7. 125°	0. 9923
4	1/16	3. 576°	0. 9995
5	1/32	1. 790°	0. 9999

每次旋转的角度可正可负，最终是让该角度逼近所要表示的角度，假设z_i为旋转 i 次后的角度，可以得到式（4-12）：

$$x_{i+1} = x_i - d_i y_i 2^{-i}$$
$$y_{i+1} = y_i + d_i x_i 2^{-i}$$
$$z_{i+1} = z_i - d_i \theta^i \tag{4-12}$$

最后考虑伸缩因子 $\cos\theta$ 的计算，通过表 4-6 可得，随着迭代次数的增加，$\cos\theta$ 越来越接近于 1，也就是随着迭代的深入，伸缩因子的影响可忽略不计，为了获得较高的精度，CORDIC 算法一般需要迭代很多次，伸缩因子的乘积趋近于一个固定值，见式（4-13）。

$$\lim_{n\to+\infty} K_n = \lim_{n\to+\infty} \prod_{i=1}^{n} \frac{1}{\cos\theta^i} = 1.64676 \tag{4-13}$$

在圆形坐标系上，如果设置$x_0 = 1/K_n$，$y_0 = 0$，$z_0 = \theta$，经过 n 次迭代后，能够计算得到 θ 的正弦值与余弦值。按照类似的旋转策略，在双曲坐标系上，CORDIC 用于计算双曲正弦、双曲余弦和反双曲正切函数；在直线坐标系上，CORDIC 用于计算乘法和除法。

只要迭代次数足够，CORDIC 算法就能实现非常高的精度，但每产生一位精度需要进行一次迭代，造成计算延迟较高，如果采用流水线的方式实现该算法，整体硬件开销会很大。基于 CORDIC 算法的硬件加速器主要应用在一些高性能数字信号处理器中。

4.5.2 分段线性逼近实现

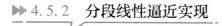

分段线性逼近算法通过将目标函数曲线分为若干段，并对每个小段的曲线段近似地用直线段进行替代，最终实现对整条函数曲线的逼近。分段线性逼近算法原理如图4-34所示。

分段线性逼近算法的实现流程如下。

首先将目标函数$f(x)$在自变量的取值空间内划分为若干段，然后通过线性函数对每个小段的曲线进行近似逼近，线性函数设为$F(x)=ax+b$，这里a为直线的斜率，b为直线的线性偏移量。根据精度评估分段的密度，如果对精度要求较高，则需要较高的分段密度。分好段后，计算得到每段的斜率a和线性偏移量b，将参数存入查找表中。

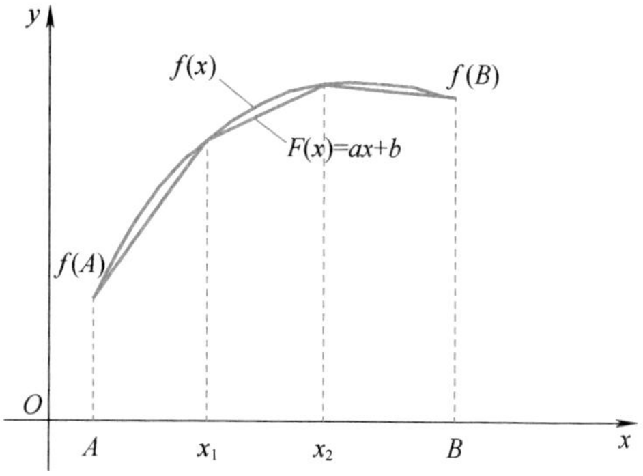

图4-34 分段线性逼近

在硬件中，根据输入自变量值进行查表，得到a和b，然后通过乘加运算，计算得到函数的近似值。

该算法的优势在于实现较为简单，实现查找表和乘加器即可，但由于无法保证目标函数曲线的线性斜率在定义域内均匀分布，一旦某一分区间内曲线斜率过大，继续采用该算法进行逼近就会造成结果不够精确。在实际操作中，为了避免误差较大的情况出现，往往造成分段过多的情况，导致查找表的面积比较大。

4.5.3 分段查表结合多项式运算实现

前文介绍的分段线性逼近采用一次函数的方式拟合分段内的曲线，在曲线曲率过高时拟合的效果不好。分段查表结合多项式运算的方法在分段的基础上，使用更高阶的多项式进行拟合，并对拟合曲线进行精度测试，若不满足精度要求，则选择满足精度要求的参数反复迭代。

多项式近似是指使用泰勒（Taylor）级数的展开形式，通过多项式展开的方法，将非线性函数转化为线性函数。对于指数函数，泰勒级数展开见式（4-14）：

$$y=e^{x}=\sum_{i=0}^{+\infty}\frac{x^{i}}{i!} \tag{4-14}$$

当x远小于1时，多项式收敛速度很快，但是当x接近于1时，收敛速度迅速减慢，如果只使用泰勒级数展开拟合整个函数曲线，则需要大量乘法和加法操作，因此该方法的硬件开销较大，且硬件实现方面也较为复杂。如果将函数在取值空间内进行分段，在每个分段区间内用多项式拟合函数曲线，则可用来实现高精度的超越函数。该算法在达到较高的运算精度的同时，硬件面积能有效减小。

任意一个基本函数都可以在一定的输入区间内采用 Chebyshev 算法近似为如下多项式形式（见式（4-15））：

$$f(x) \approx a_0+a_1x+a_2x^2+\cdots+a_{n-1}x^{n-1} \tag{4-15}$$

式中$f(x)$是逼近的目标函数，n为多项式逼近的项数，a_i为多项式第i项的系数。目标函数的近似精度与多项式项数、进行逼近的定义区间长度以及选取系数的方式有关。虽然项数越多，精度越高，但会导致运算量成倍增加，硬件开销和功耗也会增大，因此需要尽量减少多项式项数。要在降低项数的同时保证近似精度，就需要将输入数据区间分为若干个等分区间，在每一个等分区间上进行多项式近似。一个较为直观的区间划分方式是均匀划分，对于位宽为$p$bit 的输入数据x，将其划分为两部分，高位为$k$bit 的x_m，低位为（$p-k$）bit的x_l，如图 4-35 所示。

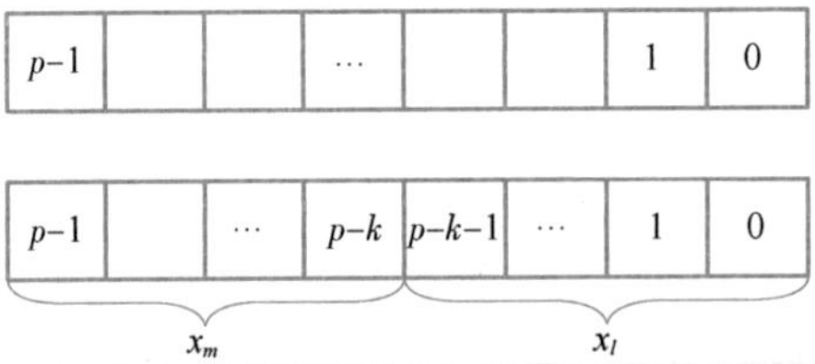

图 4-35　输入数据的拆分示例

其中高k位x_m为检索位，决定在哪一段等分子区间进行多项式逼近，后$p-k$位决定在等分子区间的哪一点进行逼近。单个子区间内的多项式逼近如图 4-36 所示，其中$f(x)$为目标函数，$P_m(x)$为多项式拟合函数。将每一段的多项式系数存入查找表（LUT）中，硬件中对于不同输

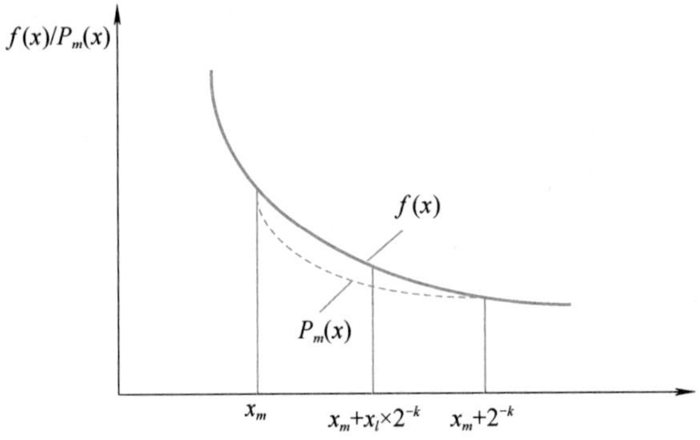

图 4-36　单个子区间内的多项式逼近

入，从查找表中获取对应多项式系数，再通过乘加运算，得到最终拟合后的近似值。

查找表的生成流程如图 4-37 所示，具体介绍如下。

1）对输入和输出做定点化，得到理论上的输入输出对。

2）将输入平均分为 n 段，每一段内有 m 个输入输出对，这些输入输出对都是理论值经过定点化后的数据。

3）对每一段进行多项式拟合，得到多项式系数，对多项式系数进行定点化，存入查找表中。其中输入的高位为查找表的地址，输入的低位和输出用于段的多项式拟合，生成查找表。

4）进行精度测试，统计拟合值和理论值之间的最大绝对误差。测试过程中需要确定硬件中运算单元的数据位宽。

5）若精度不满足需求，则重新设置上述参数，进行分段多项式拟合、测试。若精度满足需求，则输出查找表。

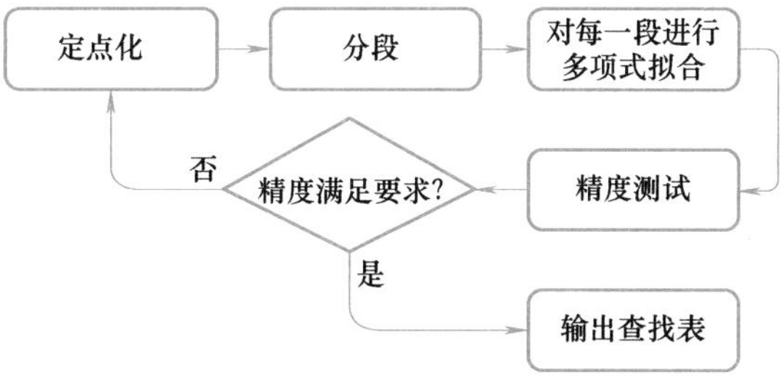

图 4-37　查找表生成流程

接下来以指数函数（Exp）为例，对其硬件实现进行介绍，具体的微架构如图 4-38 所示。将输入浮点数的尾数部分分为 x_m 和 x_l，x_m 用于查表，x_l 用于后续的乘加运算。由于指数函数的输入可正可负，因此需要对输入为负数的情况进行单独考虑。LUT0 为输入为负数时的查找表，LUT1 为输入为正数时的查找表，通过符号位 s 进行选择。首先将 x_l 输入 Square 单元进行平方运算（这里平方运算可以通过折叠部分积的方式优化面积），得到的结果与查表得到的系数 a_2 进行乘法运算，需要注意的是，为了降低整体延迟，乘法器的输出保留 Carry 和 Sum。另外一个乘法器完成系数 a_1 和 x_l 的乘法运算，乘法器的输出同样保留 Carry 和 Sum。最终将两个乘法器输出的 Carry 和 Sum 以及查表得到的系数 a_0 进行 5-2 CSA 树的压缩，得到两个新的输出 Carry 和 Sum，将它们送入加法器 Adder 以完成最后的加法操作。Exp Proc 单元完成指数的处理，最终送入 Output Formatter 来完成输出格式的转换和异常处理。

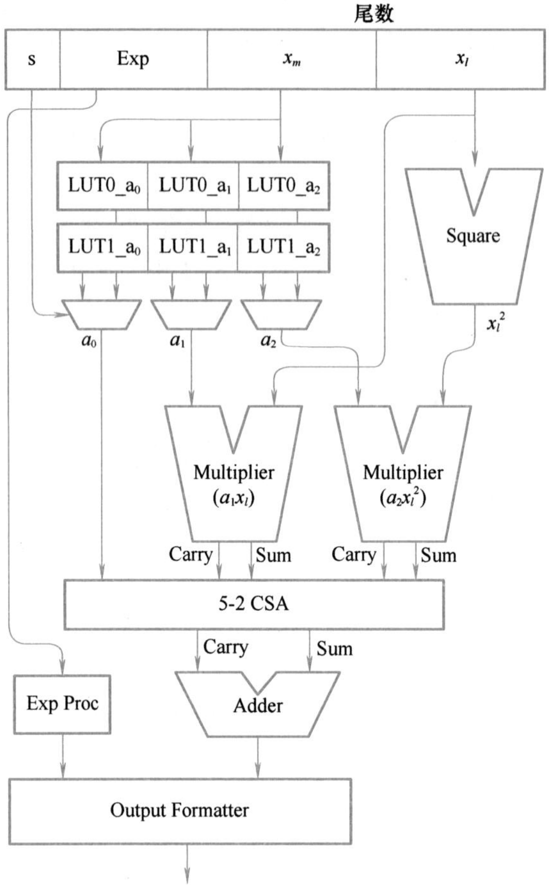

● 图 4-38　指数函数微架构

CHAPTER 5

第5章

矩阵处理单元设计

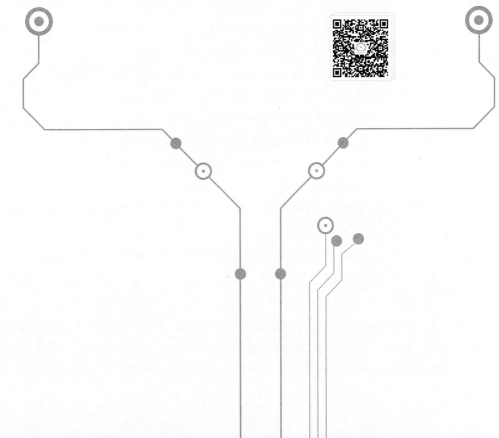

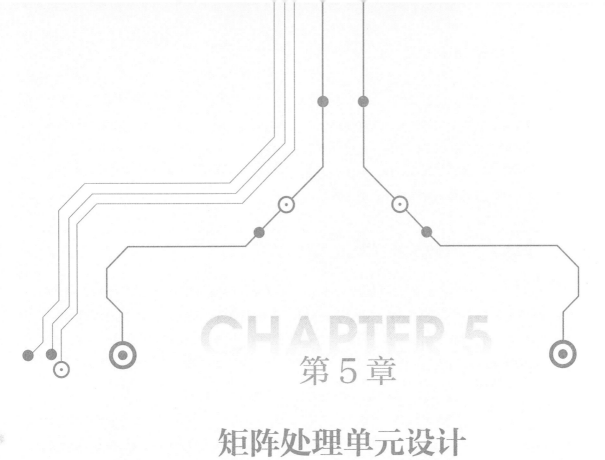

深度神经网络发展至今已经有了许多变体，它们在网络结构、网络类型和网络形状上都有着很大的差异。这些差异有的是为了适应更多应用场景，有的是为了追求更高的精度表现。在各种神经网络中，都需要用到大量的乘累加运算，并且都可以转换为标准的矩阵乘法运算，本章将重点介绍矩阵乘法运算的硬件实现方案。

5.1 矩阵乘法的硬件映射

假设参与矩阵乘法运算的两矩阵为 I（Input Feature Map，输入特征图矩阵）和 W（Weight，权重矩阵），I 为左矩阵，其规格为 M×K，W 为右矩阵，其规格为 K×N，则输出矩阵 O（Output Feature Map，输出特征图矩阵）的规格为 M×N，矩阵乘法的伪代码如下所示：

```
for(int n=0; n<N; n++)
    for(int m=0; m<M; m+)
        for(int k=0; k<K; k++)
            O[m,n] += I[m, k] * W[k, n];
```

通过矩阵乘法的伪代码可以看出，参与运算的输入数据都被使用了多次，比如权重矩阵中 W[0,0]这个数据被重复使用了 M 次，也就是 W[0,0]和 M 个 I 矩阵中的元素进行了乘法操作。同时可以看到，输出矩阵中不同元素的计算是完全独立的，之间没有相关性，也就是不同元素的计算可以并行进行。这两个特性称为矩阵运算的重用性和并行性。

矩阵处理单元的设计目的在于利用神经网络运算过程中的数据重用性和并行性来提升计算效率。在具体的加速过程中，神经网络的数据和计算任务通常都会被分配到 PE 进行相应的操作与计算，PE 也是矩阵处理单元结构中的最小运算单元。

根据 PE 的组织形式可以对矩阵处理单元进行一个简单的分类。如果一个设计中包含多个 PE，则矩阵处理单元在运行过程中需要对每一个 PE 进行独立控制，同时，PE 的数据传输只通过片上存储完成，PE 相互之间没有通信，在整个计算过程中的数据同步都依靠存储完成，此类加速器设计称为单指令多数据（SIMD）加速器设计。这种设计是仿照传统的 CPU 和 GPU 体系结构进行设计的。这些设计在当时取得了巨大的成功，然而由于庞大的布线需求、复杂的内存管理以及巨大的带宽需求，SIMD 类型的矩阵处理单元所需的硬件开销及复杂的设计限制了此类设计的可扩展性。也存在 SIMD 类型的加速器通过创建多个独立的内核（Core）来实现扩展自身结构，提高峰值吞吐量的目的。这些内核自身具有专用的内存和控制逻辑设计，但设计还必须考虑任务负载平衡、复杂的跨核数据通信等问题，还是未能弥补 SIMD 类型设计中可扩展性的缺陷。

另一种设计为空间阵列体系结构（Spatial Architecture），即由 PE 构成计算阵列进行计算，这种阵列结构可以是一维结构、二维结构，甚至三维结构。数据除了在 PE 与存储之间传输以外，还可以通过互联，实现 PE 之间的数据互传。相比 SIMD 风格设计，这种设计风格可以最大程度地挖掘矩阵乘法任务中的数据重用性，避免 PE 频繁访问片上存储，从而提高计算效率。由于实现了数据在阵列空间维度上的重用，空间阵列体系结构也因此得名。这种设计有许多成功的案例，影响力最大的还是 Google 推出的 TPU 系列，其采用的脉动阵列也成为空间阵列体系结构研究的热点。虽然脉动阵列提出的时间很早，但是由于脉动阵列在设计之初就是为卷积/矩阵操作等专用计算场景而服务的，并且计算数据可以在计算单元阵列中自发地以脉动形式传输，使得以脉动阵列为基础架构的深度学习加速器拥有了可扩展性好、易于实现和数据重用能力强等优势。并且有越来越多的研究提出了基于脉动阵列架构的设计，也有越来越多的平台选择使用脉动阵列来加速矩阵乘法运算，甚至在传统的 GPU 平台中，设计人员也开始使用脉动阵列架构来提高矩阵乘法的性能和效率。

脉动阵列这一概念最早可以追溯到 1978 年，与其加速器架构相比，脉动阵列只允许数据从阵列外围的 PE 传入，每个 PE 在接收到数据后会再将数据转发给邻近的 PE。这也意味着片上存储不再需要与每个 PE 相连，整个加速器设计可以只依靠阵列内的 PE 互相转发来实现计算/数据遍历整个阵列的过程。目前存在多种脉动阵列设计方案，为了简单说明脉动阵列的结构与特性，先以一维脉动阵列为例进行介绍。

图 5-1 展示了一个简单的一维脉动阵列设计，其中正方形代表 PE，在卷积计算过程中，PE 在每个时钟周期可以完成一次乘累加（MAC）运算。计算一维卷积时，一维脉动阵列将权重数据固定在 PE 中，权重在计算前预加载到每个 PE 中，输入数据从上方广播传入。因为卷积计算过程中需要对中间计算结果（也称为部分和）进行累加，所以每经过一个周期，当前 PE 的计算结果都会传入到下一个 PE 中，再与新的权重和输入数据进行乘累加计算。由于部分和每隔一个时钟周期传入一个新的 PE 中，这种传输方式很像生物学中的心血管系统驱动血液传遍身体器官，因此称为脉动传输。但在一维脉动阵列中只有一半的数据采用脉动传输方式，所以也称为半脉动阵列。

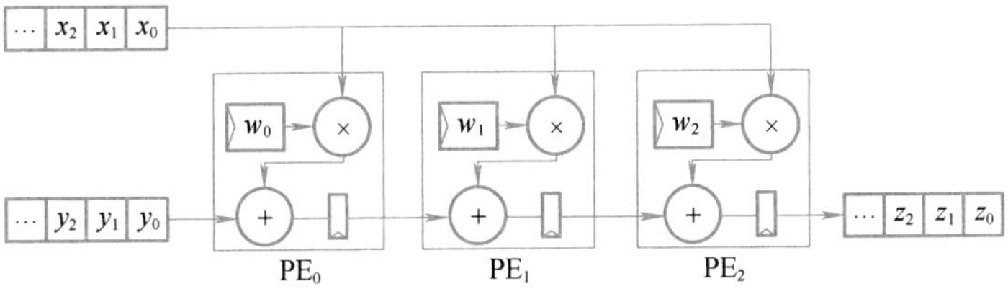

图 5-1　一维脉动阵列示例

接下来举例说明图 5-1 中的脉动阵列的计算流程，假设要进行一维卷积运算，卷积核为 $\{w_0, w_1, w_2\}$，输入向量为 $\{x_0, x_1, x_2, \cdots\}$，偏置向量为 $\{y_0, y_1, y_2, \cdots\}$，输出向量为 $\{z_0, z_1,$

z_2，…}，每个输出元素 z_i 的计算公式见式（5-1）。

$$z_i = y_i + w_0 \times x_i + w_1 \times x_{i+1} + w_2 \times x_{i+2} \tag{5-1}$$

T_0 时刻，x_0 广播至所有 PE 中，y_0 输入 PE_0，PE_0 计算得到 $PE_{0\_out} = y_0 + w_0 \times x_0$。

T_1 时刻，x_1 广播至所有 PE 中，y_1 输入 PE_0，PE_0 计算得到 $PE_{0\_out} = y_1 + w_0 \times x_1$；$PE_1$ 计算得到 $PE_{1\_out} = PE_{1\_in} + w_1 \times x_1 = y_0 + w_0 \times x_0 + w_1 \times x_1$。

T_2 时刻，x_2 广播至所有 PE 中，y_2 输入 PE_0，PE_0 计算得到 $PE_{0\_out} = y_2 + w_0 \times x_2$；$PE_1$ 计算得到 $PE_{1\_out} = PE_{1\_in} + w_1 \times x_2 = y_1 + w_0 \times x_1 + w_1 \times x_2$；$PE_2$ 计算得到 $PE_{2\_out} = PE_{2\_in} + w_2 \times x_2 = y_0 + w_0 \times x_0 + w_1 \times x_1 + w_2 \times x_2$。

以此类推，T_n 时刻，x_n 广播至所有 PE 中，y_n 输入 PE_0，PE_0 计算得到 $PE_{0\_out} = y_n + w_0 \times x_n$；$PE_1$ 计算得到 $PE_{1\_out} = PE_{1\_in} + w_1 \times x_n = y_{n-1} + w_0 \times x_{n-1} + w_1 \times x_n$；$PE_2$ 计算得到 $PE_{2\_out} = PE_{2\_in} + w_2 \times x_n = y_{n-2} + w_0 \times x_{n-2} + w_1 \times x_{n-1} + w_2 \times x_n$。每个时钟周期，$PE_2$ 会输出一个最终的卷积结果。

从数据控制和硬件实现上来看，脉动传输相比 SIMD 设计结构更为简单，数据只需要从一端 PE 传入，剩下的传输步骤就交给脉动阵列自动完成，无须其他硬件控制逻辑参与。然而一维脉动阵列也存在缺陷，设计过程中需要考虑输入数据广播传输的问题，并且设计可扩展性较差，无法实现较大规模的阵列。

二维脉动阵列的提出彻底解决了上述这些问题。图 5-2 显示的是一个典型的二维脉动阵列结构，其中 PE 完成乘累加的计算任务，并组成了二维阵列结构。相比一维脉动阵列，二维脉动阵列中的所有数据都是脉动传输的，输入特征图数据（fm_in）在 PE 阵列的水平方向上自左向右地进行脉动传输；权重数据（weight_in）以及输出“部分和”数据（psum_out）在竖直方向上自上而下地进行脉动传输，因此二维脉动阵列也称为全脉动阵列。这种设计结构相比其他矩阵乘法架构有如下优势。

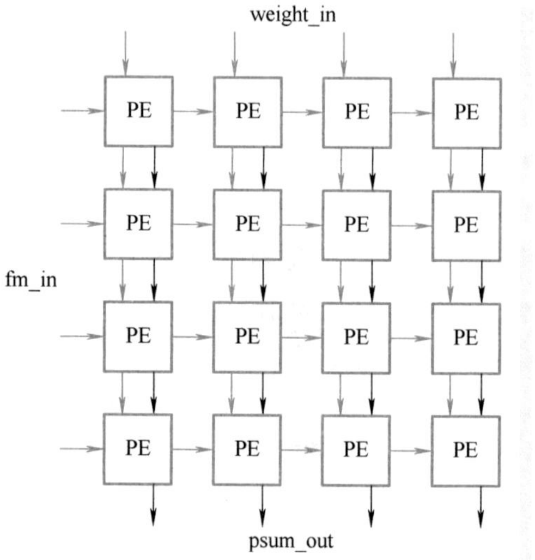

图 5-2 二维脉动阵列示例

1）可扩展性好。要实现更强的算力，只需要扩大脉动阵列的规模。全脉动阵列在扩展过程中，对带宽增加的需求是极少的。在有些矩阵乘法架构设计中，每个 PE 都必须与存储直接相连，因此数据带宽需求会随 PE 增多而线性增加，这限制了可扩展的规模。而脉动阵列与外部数据通信只发生在阵列边缘的 PE 上，当阵列中 PE 数量扩大 N 倍时，相应的带宽只增加 $\sqrt{N}$ 倍。

2）易于实现。构成脉动阵列的 PE 从设计结构来看都是同质同构的，其自身硬件结构也相当简单（仅由寄存器和乘累加器构成），因此在设计阶段可以通过重用 PE 结构完成整个 PE 阵列的设计，从而节省大量的设计时间和成本。此外，由于阵列所采用的脉动传输技术本质上是寄存器流水传输技术，PE 之间线长均匀，PE 阵列的布局布线也相对简单，加速器整体带宽需求也较低，因此有利于硬件实现。

3）运算过程中数据重用能力强。脉动阵列设计的目的就是利用 PE 之间的数据重用来提升加速器的效率。神经网络计算任务存在着大量的数据重用机会，在使用脉动阵列进行加速时，二维 PE 阵列的互连传输也就自然地实现了神经网络运算过程中的数据重用。同时通过 PE 之间的数据重用，避免了 PE 阵列与存储器之间频繁地进行数据读、写操作，这些都可以极大地减少神经网络计算的延迟，节省大量的存储带宽和读写能耗，实现高效计算。

综上所述，二维/全脉动阵列是由完全同构的 PE 相连构成的，数据在 PE 阵列中自发地以脉动形式传输，具有可扩展性好、易于实现、数据重用能力强等优势，接下来将重点介绍二维脉动阵列的硬件实现。

5.2 数据流设计

矩阵乘法运算涉及多层的循环，映射到脉动阵列的方式有多种，为了更好地描述计算映射过程，这里引入数据流这一概念。数据流可以直观地理解为脉动阵列中数据流动的方式，可以描述循环在时间和空间展开的方式。由于不同的循环展开和映射过程对应着不同的数据流，因此可以使用数据流来定义映射策略。

脉动阵列设计中有 3 种典型的数据流：输出固定（Output Stationary，OS）数据流、权重固定（Weight Stationary，WS）数据流和输入固定（Input Stationary，IS）数据流[9]。数据流的“固定”并不意味着数据不移动，而是指该类型数据相比其他数据要在整个计算过程中保持更长时间的静止。为了更清楚地展示脉动阵列的工作过程和工作原理，本节以典型的矩阵乘法为例，对这 3 种数据流进行简单介绍。

5.2.1 输出固定数据流设计

脉动阵列使用输出固定数据流进行计算的过程如图 5-3 所示，其中乘法运算的两个矩阵分别为 I（输入特征图矩阵）和 W（权重矩阵），I 为左矩阵，其规格为 M×K，W 为右矩阵，其规格为 K×N，则输出矩阵 O（输出特征图矩阵）的规格为 M×N。

该数据流首先将矩阵乘法的输出矩阵 O 映射到 PE 中，并在对应的 PE 上将其固定，这代表该 PE 要负责当前输出数据对应的所有计算。之后，输入数据 I 和权重数据 W 由输入缓存与权重缓存分别从阵列的左侧和顶部传入阵列，传输方向分别为从左向右的水平传输和自上而下的竖直传输，数据在进入阵列后由 PE 进行互传，直至遍历整个阵列为止，完成对应的计算。利用二维全脉动的传输方式，就可以保证每个 PE 在计算对应的输出元素时都可以获得所需的数据。一旦 PE 完成分配给自身的输出元素的计算，也可以以同样的传输方式，经 PE 互传将数据写回片上缓存中。

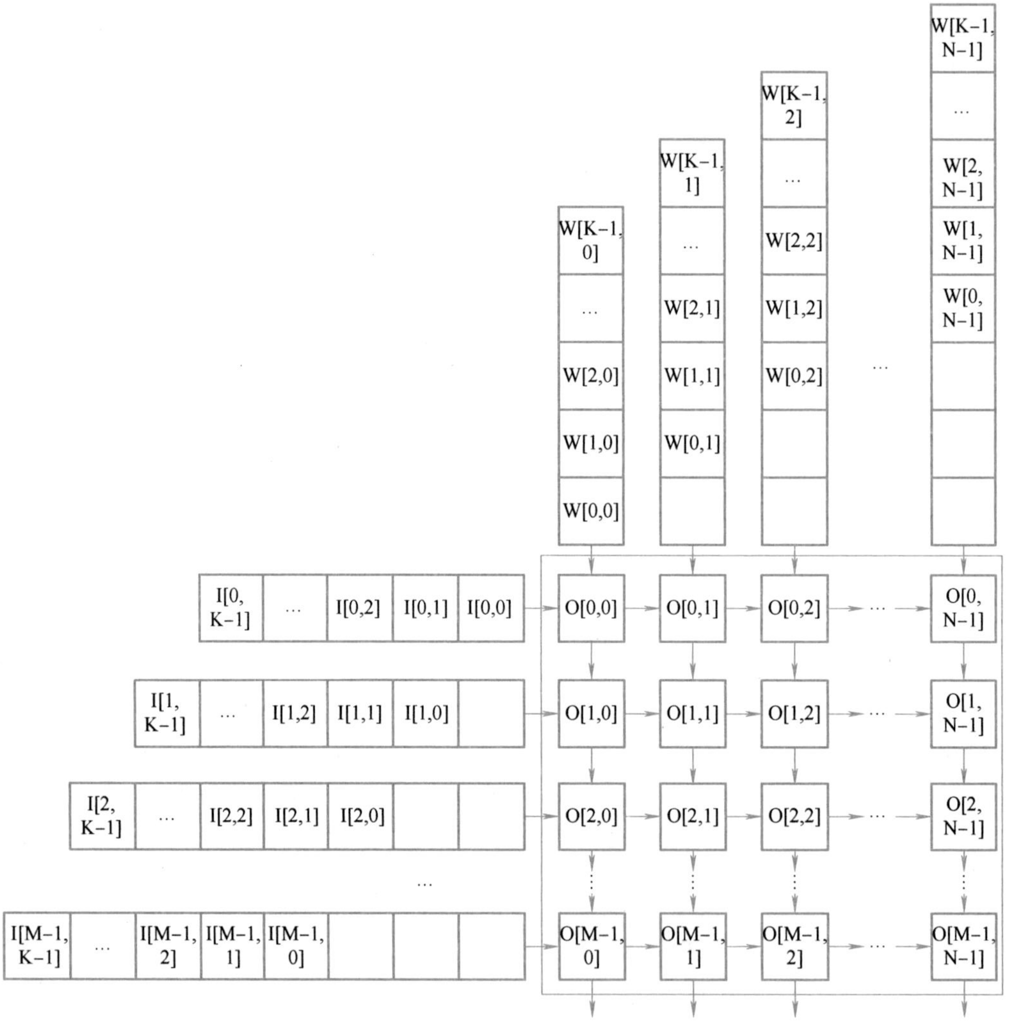

● 图 5-3　输出固定数据流示例

输出固定数据流对片上缓存的数据分布也有要求，缓存中的输入数据和权重数据需要脉动地传入脉动阵列中，即在传输过程中下一行的数据总比上一行的数据多一个气泡，这样整个脉动阵列的计算流水才能够正常进行。通常使用三角形的延迟阵列实现这种脉动数据输入。

数据流也反映了循环展开的方式。如图 5-3 所示，输出固定数据流是将输出元素映射到 PE 中，相当于将矩阵乘法循环中的 **for**(**int** m=0; m<M; m++)循环沿着脉动阵列的纵向进行空间展开，**for**(**int** n=0; n<N; n++)循环沿着阵列的横向进行空间循环展开；而在计算过程中，与输入和权重数据相关的循环 **for**(**int** k=0; k<K; k++)沿着时间维度展开，即输入数据和权重数据按照 **for**(**int** k=0; k<K; k++)的顺序依次进入阵列。可见，数据流可以精准描述脉动阵列的循环展开和计算映射过程。

输出固定数据流的 PE 微架构如图 5-4 所示，WR 为权重寄存器，FMR（Feature Map Register）为特征图寄存器，两者加载完毕后进行乘法操作。psum 为部分和寄存器，累加器完成 psum 寄存器和乘法结果的累加操作，累加结果更新到 psum 寄存器中。每个 PE 中都有一个 regout 寄存器，同一列 PE 中的 regout 寄存器堆成扫描链，当完成所有输入数据的乘累加后，psum 寄存器通过扫描链从脉动阵列中移出。

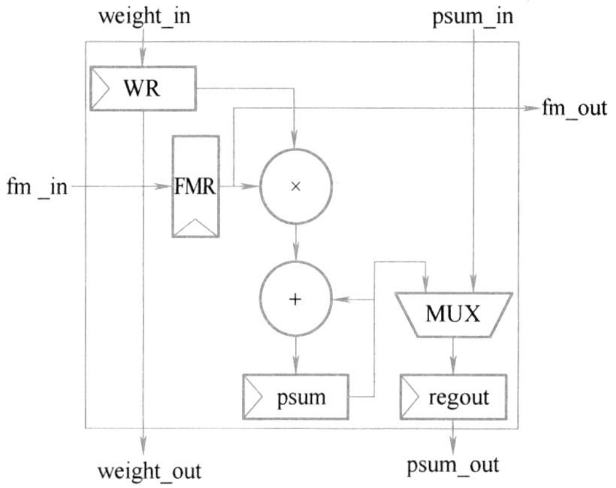

图 5-4　输出固定数据流的 PE 微架构

5.2.2　权重固定数据流设计

权重固定数据流使用了不同的循环展开和映射策略。图 5-5 展示的是脉动阵列使用权重固定数据流进行计算的过程。该数据流选择将矩阵乘法中的右矩阵 W 映射到 PE 中并固定，这意味着 PE 在计算过程中要保存对应的权重数据，直到与之相关的所有计算完成为止。由于权重数据已经映射到脉动阵列中，因此在计算时，只需要将输入数据 I 从 PE 阵列左侧输入并在阵列中从左向右进行水平传输。另外，PE 要完成乘累加运算，除了需要接收输入数据以外，还需要接收上方 PE 的计算结果（部分和）用于累加，因此，部分和数据会在阵列中自上而下进行竖直传输。当这些部分和到达阵列底部 PE，完成与权重的乘累加运算后，就可以得到最终的输出结果并从阵列底部写回片上缓存。

与输出固定数据流相同，权重固定数据流的输入数据也需要脉动地传入脉动阵列。此外，权重固定数据流需要在计算之前就将权重数据映射到阵列中，相比输出固定数据流，计算流程中还需要一个预加载（Preloading）过程。预加载属于数据准备过程，会增加脉动阵列加速器的延时，因此在真实的设计中会考虑为 PE 增加额外的权重寄存器，堆成双缓存（Double-buffer）结构，以隐藏预加载的时间开销。

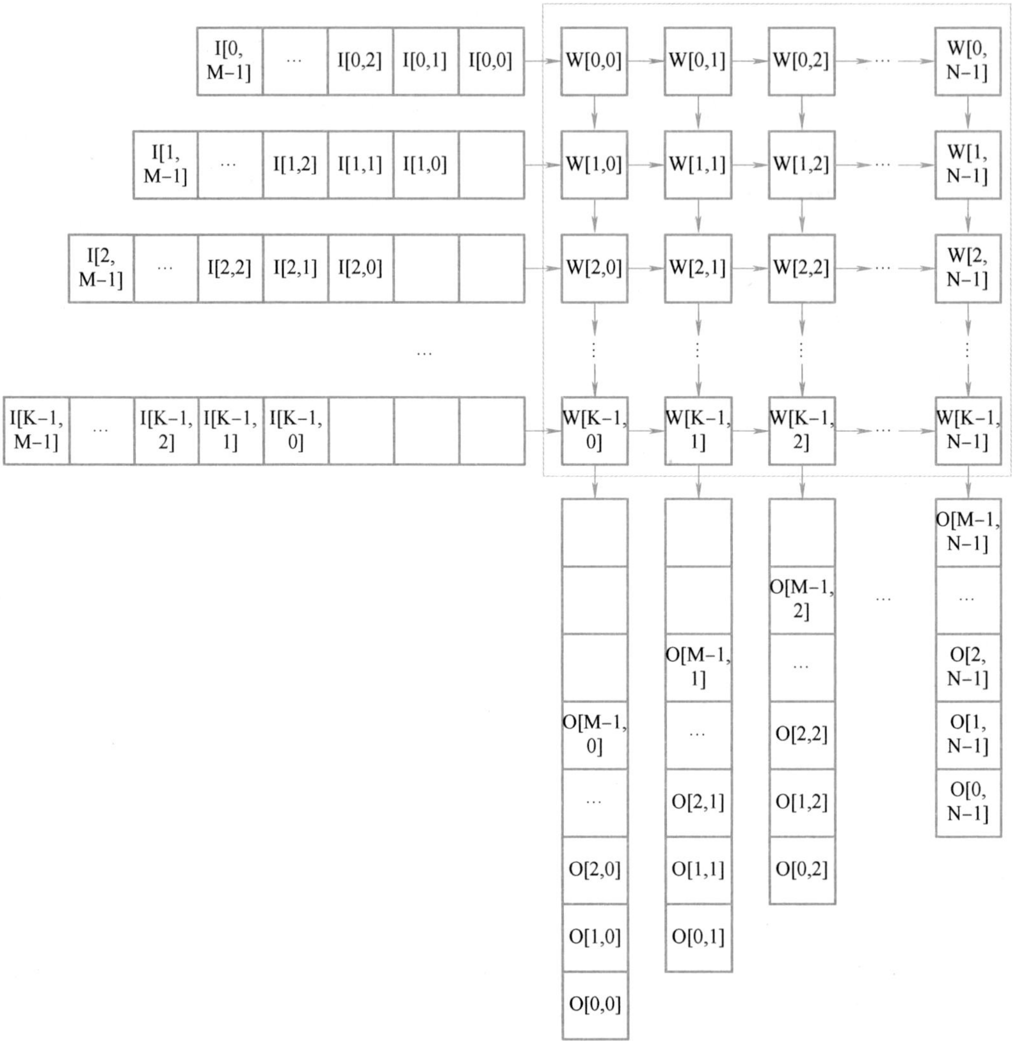

图 5-5　权重固定数据流示例

从循环展开的角度来看，权重固定数据流是将权重数据固定在 PE 阵列中，因此循环展开过程是将矩阵乘法循环中的 `for(int k=0; k<K; k++)` 循环沿着脉动阵列的纵向进行空间展开，`for(int n=0; n<N; n++)` 循环沿着阵列的横向进行空间循环展开；输入数据和输出数据按照 `for(int m=0; m<M; m++)` 的顺序进行时间循环展开。

5.2.3 输入固定数据流设计

输入固定数据流与权重固定数据流极为类似，图 5-6 展示的是脉动阵列使用输入固定数据流进行计算的过程。该数据流选择将矩阵乘法中的左矩阵 I 映射并固定到 PE 中，计算时权重数据从 PE 阵列左侧输入，从左向右进行水平传播，因此输入固定数据流的整个计算过程相当于权重固定数据流中的权重数据与输入数据交换了位置，并且权重数据也需要脉动地输入阵列。此外，与权重固定数据流一样，输入固定数据流也需要一个预加载过程来将输入数据提前

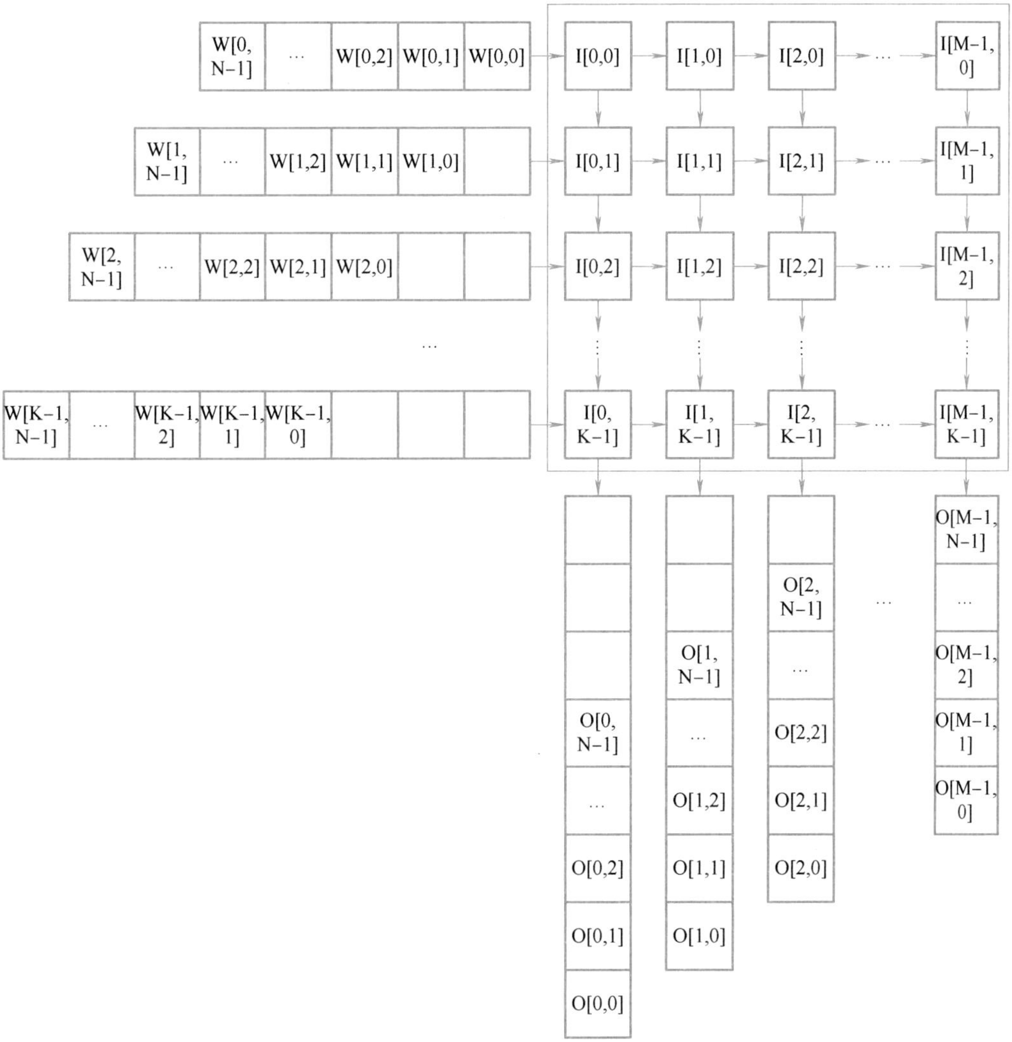

图 5-6 输入固定数据流示例

映射到阵列中，额外的时间开销也可以通过双缓存结构来隐藏。

输入固定数据流也代表了一种循环展开和数据映射方式。如图 **5-6** 所示，该数据流会将输入数据映射到阵列中，相当于将矩阵乘法循环中的 `for(int k=0; k<K; k++)` 循环沿着脉动阵列的纵向进行空间展开，`for(int m=0; m<M; m++)` 循环沿着阵列的横向进行空间循环展开；而将 `for(int n=0; n<N; n++)` 循环沿着时间维度进行展开。

与其他数据流相比，脉动阵列设计一般不会采用输入固定数据流。由于在推理过程中，每一个网络层的权重数据都是提前训练好且确定的，因此运行中的权重固定数据流脉动阵列可以将需要预加载的权重数据在缓存中提前准备好。而输入固定数据流需要预加载的是输入数据，在神经网络中当前网络层的输入数据是上一层的输出数据，这代表必须等待上一层计算全部完成，才可以开始在缓存中准备输入数据，这会产生额外的时间开销并影响脉动阵列加速器的性能。下文将以权重固定数据流的脉动阵列为基础，详细介绍其微架构实现方案。

5.3 脉动阵列的结构及计算流程

在基于权重固定数据流的二维脉动阵列中，权重数据需要提前预加载到阵列中，在加载下一批权重数据的同时，上一批权重数据可能还在进行乘累加运算，因此需要在 PE 中增加额外的权重寄存器，堆成双缓存结构，以隐藏预加载的时间开销。一种基于权重固定数据流的双缓存结构脉动阵列微架构如图 5-7 所示。

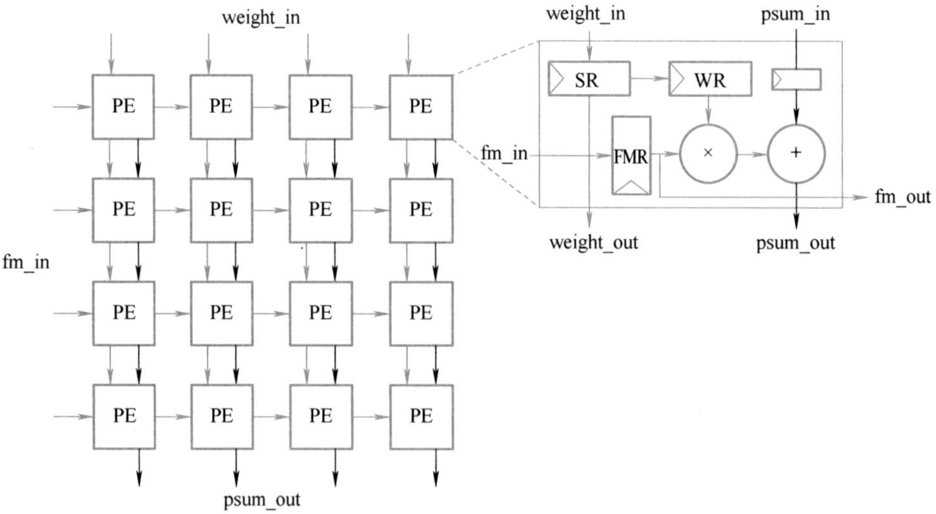

图 5-7　基于权重固定数据流的双缓存结构脉动阵列微架构

脉动阵列中每个 PE 都会完成一个乘累加（Multiply Accumulate，MAC）运算，左矩阵输入特征图 fm_in 从脉动阵列的左侧输入，沿着水平方向从左到右进行传播，右矩阵权重 weight_in 从脉动阵列的上方输入，沿着竖直方向从上到下进行传播，每个 PE 输出“部分和”数据 psum 到下方的 PE，“部分和”沿着竖直方向从上到下进行传播，如图 5-7 中的彩色箭头所示，最终的“部分和” psum_out 从底部的 PE 流出脉动阵列。

在每个 PE 中，包含一个乘法器和一个加法器，另外包含几个重要的寄存器，其中 FMR 为输入特征图寄存器，用于寄存从左侧输入的特征图数据。FMR 中数据一方面会输入到 PE 内部的乘法器中，另一方面会直接传递到输出端口 fm_out，传递给右侧的 PE。PE 中的 SR 和 WR 组成双缓存结构，用于缓存权重数据，其中 SR（Shift Register）为权重移位寄存器，用于权重数据的预加载，SR 直连到 weight_out 输出端口，传递给下方的 PE，位于同一列 PE 中的 SR 组成一条扫描链，权重数据从上方进入扫描链，当一整列的权重数据全部加载完毕后，在合适的时机，SR 会将数据加载到 WR 中；WR 内数据直接输入到乘法器中，与 FMR 进行乘法运算。这种双缓存结构，可以在 WR 进行上一批权重数据计算的同时，利用 SR 进行下一批权重数据的预加载，从而实现两批权重数据的零开销切换。

接下来以两个 4×4 规格的矩阵的乘法为例，介绍基于权重固定数据流的双缓存结构脉动阵列的计算流程。两个输入矩阵分别为 A 和 B，输出矩阵为 C，如图 5-8 所示，它们都是 4×4 的方阵。简化起见，脉动阵列也为 4 行 4 列的方阵。

a00	a01	a02	a03
a10	a11	a12	a13
a20	a21	a22	a23
a30	a31	a32	a33

×

b00	b01	b02	b03
b10	b11	b12	b13
b20	b21	b22	b23
b30	b31	b32	b33

=

c00	c01	c02	c03
c10	c11	c12	c13
c20	c21	c22	c23
c30	c31	c32	c33

图 5-8 矩阵乘法示例

T0 时刻，整个脉动阵列为空闲状态，B 矩阵准备从脉动阵列的上方流入，如图 5-9 所示。

T4 时刻，B 矩阵的第 0 列数据已经完全移入脉动阵列的 SR 中，B 矩阵的第 1 列前 3 笔数据移入脉动阵列的 SR 中，第 2 列前 2 笔数据移入脉动阵列的 SR 中，第 3 列第 1 笔数据移入脉动阵列的 SR 中，如图 5-10 所示。

T5 时刻，左上角的 PE 中的 SR 数据加载到 WR 中，左矩阵 A 开始从脉动阵列左侧流入，a03 流入左上角的 PE 中，该 PE 开始进行乘加运算；此时右矩阵 B 继续脉动地加载到脉动阵列中，如图 5-11 所示。

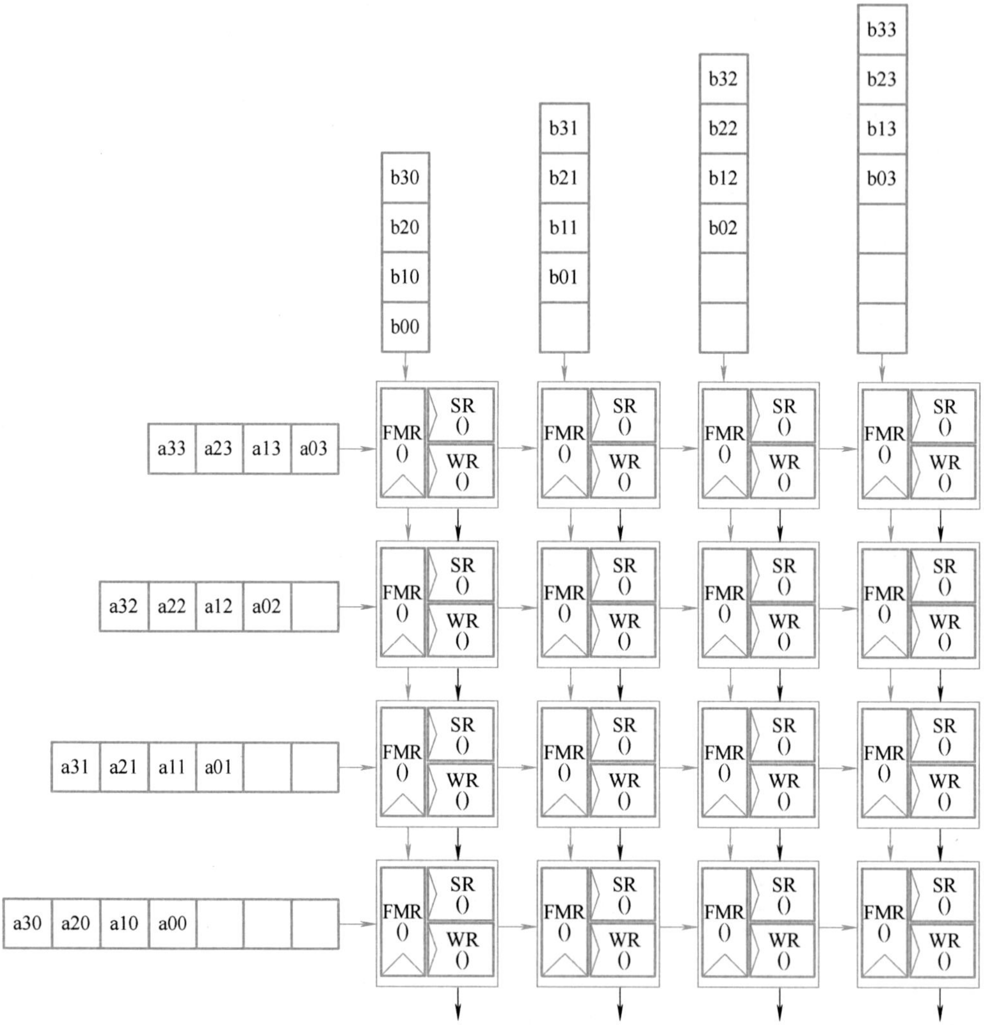

图 5-9 计算流程——T0 时刻

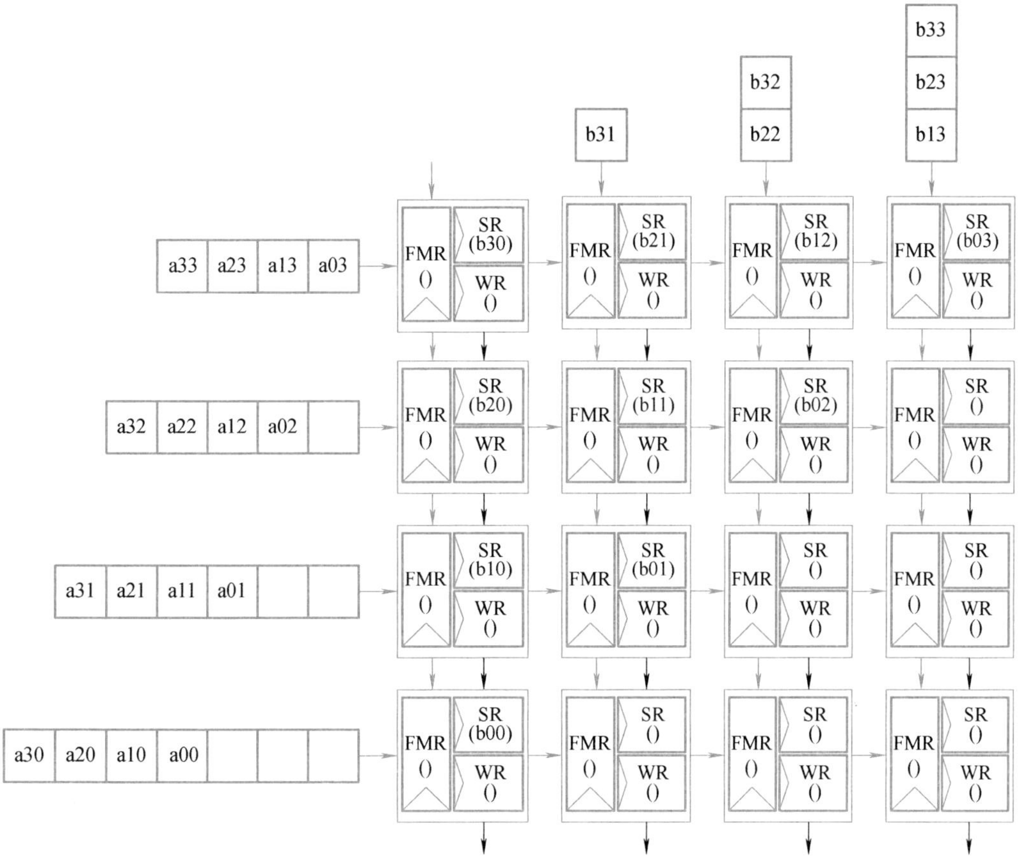

● 图 5-10　计算流程——T4 时刻

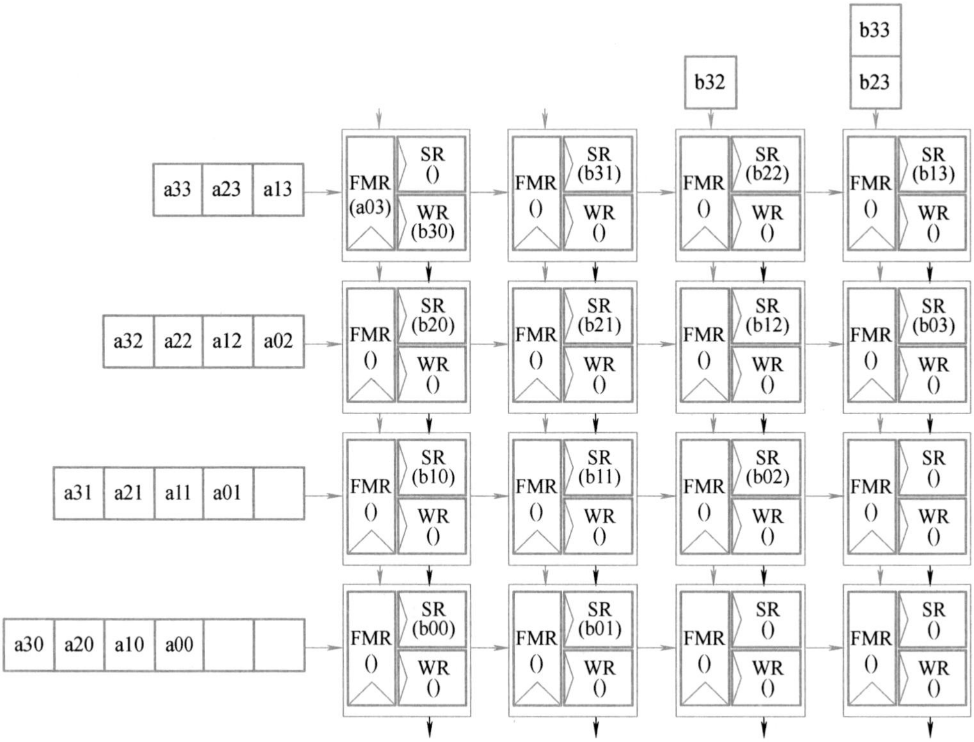

● 图 5-11　计算流程——T5 时刻

T6 时刻，PE00 的 a03 数据横向传递到 PE01 中，左矩阵 A 继续从脉动阵列左侧流入，此时 PE01 中 SR 数据加载到 WR 中，PE01 开始进行乘加运算，假设 PE 中乘加运算的延迟为一个时钟周期，此时 PE00 输出乘加运算结果 a03×b30；此时右矩阵 B 继续脉动地加载到脉动阵列中，如图 5-12 所示。

T7～T9 时刻脉动阵列的计算时序分别如图 5-13～图 5-15 所示，彩色框标注的 PE 表示正在进行乘加运算，部分和数据从上到下传递，从底部的 PE 输出最终计算结果 c00 = a03×b30+a02×b20+a01×b10+a00×b00。右矩阵 B 已经完全加载到脉动阵列的 SR 中，脉动阵列中的 SR 的数据逐步更新到 WR 中。

T15 时刻，最后一笔“部分和”从脉动阵列流出，如图 5-16 所示，整个矩阵乘法计算完毕，可以看到矩阵乘法结果矩阵 C 也会按照脉动的方式倾斜地流出脉动阵列。

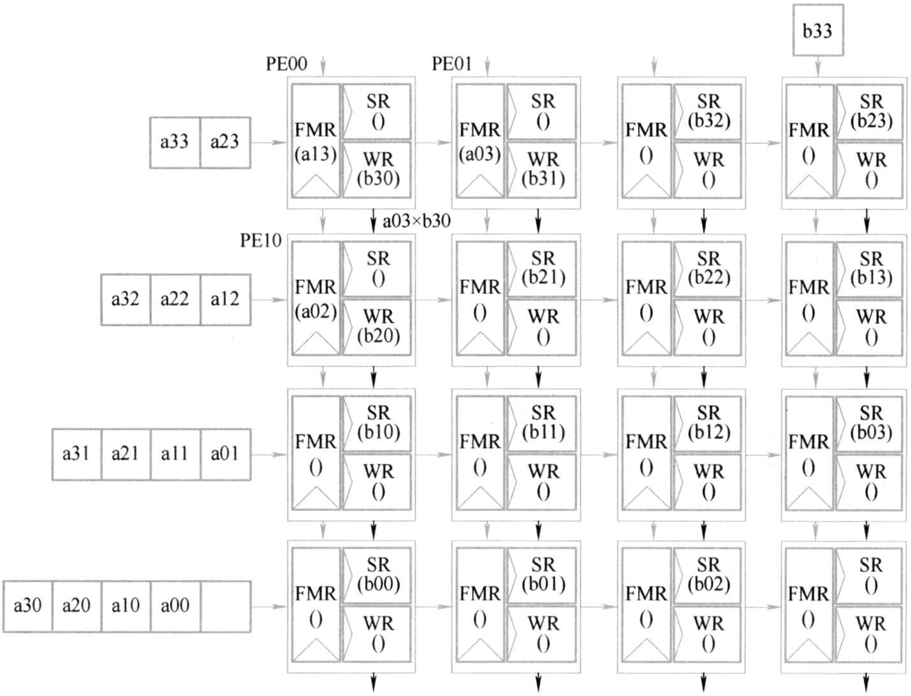

图 5-12 计算流程——T6 时刻

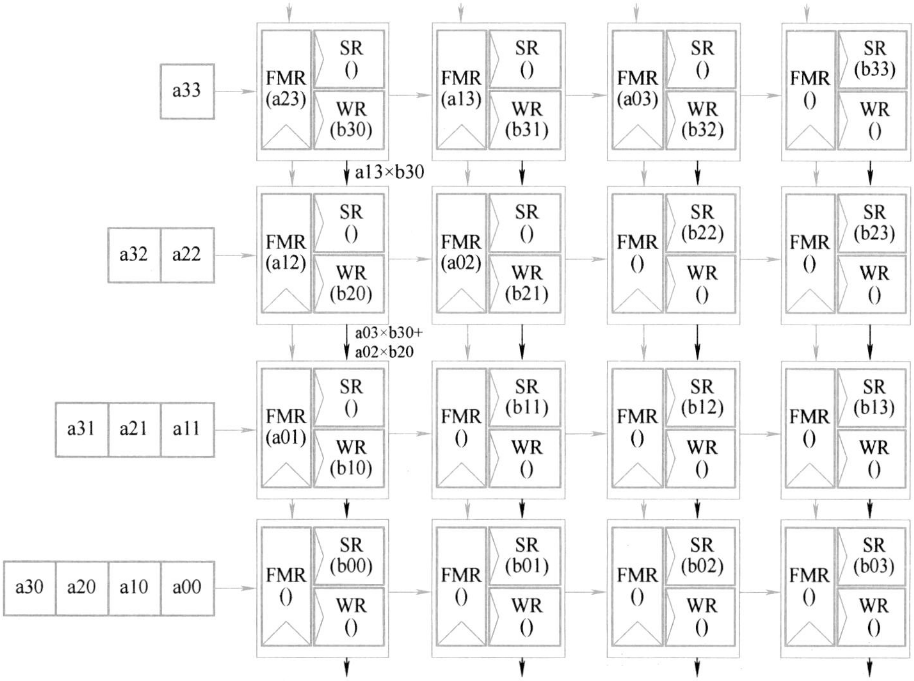

图 5-13 计算流程——T7 时刻

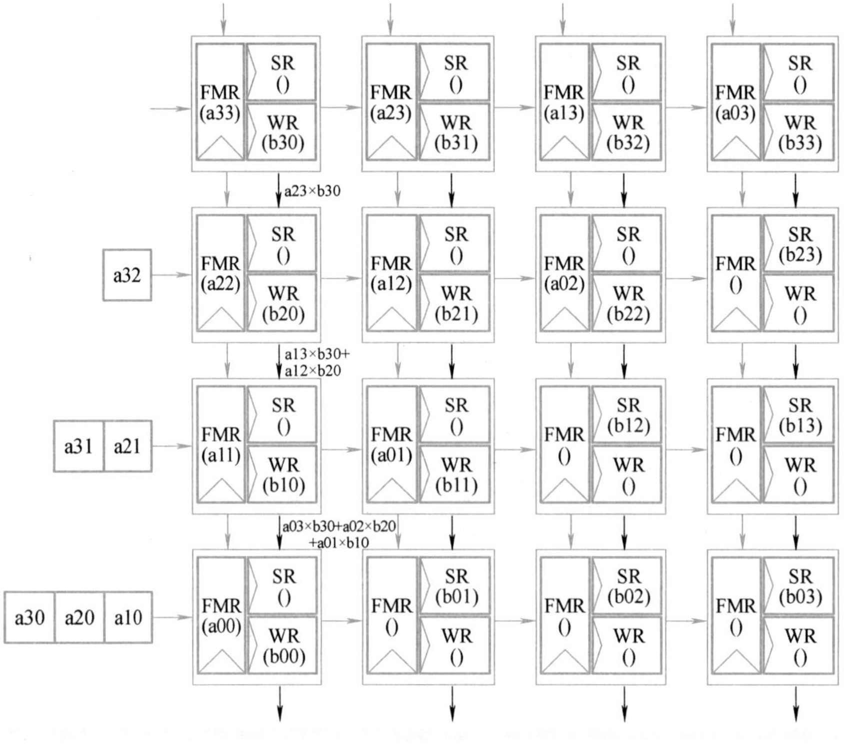

图 5-14　计算流程——T8 时刻

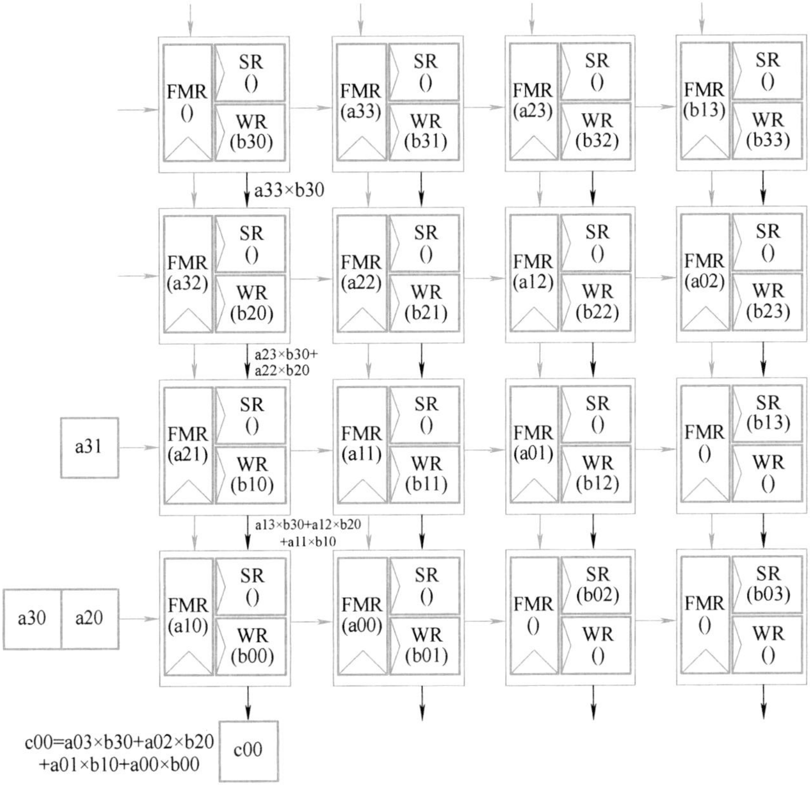

图 5-15 计算流程——T9 时刻

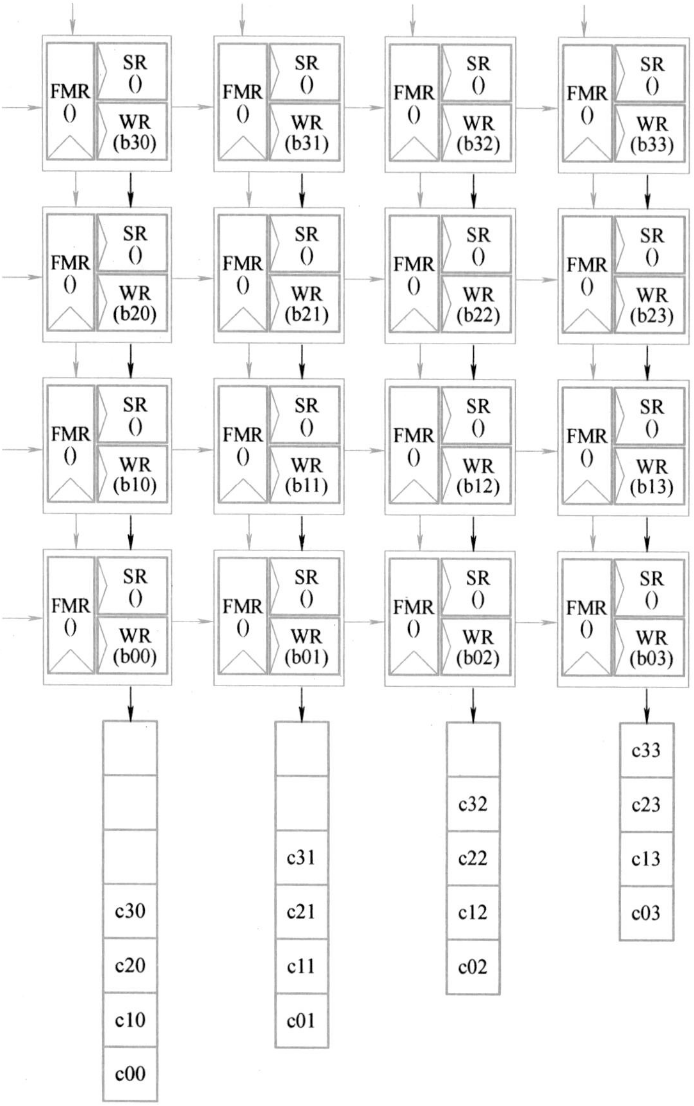

● 图 5-16 计算流程——T15 时刻

上文的示例中，参与运算的右矩阵和脉动阵列的大小一致，整个右矩阵可直接映射到脉动阵列中，但在实际的工作场景中，参与运算的矩阵可能比较大，其规格超出了脉动阵列的大小，需要将输入矩阵进行切分（Tiling），每次只计算一个切片的矩阵乘法，然后将计算结果累加起来，因此除了脉动阵列本身以外，还需要累加单元对部分和进行累加操作。通过上面的脉动阵列计算流程可以发现，权重数据的输入和特征图的输入都会倾斜地进入脉动阵列，另外从脉动阵列底部输出的部分和数据也是倾斜输出的，而从 Memory 中读取的原始数据是规整的，因此需要一个延迟阵列对从 Memory 中读取的原始数据进行延迟操作，得到脉动形式的数据流。

加入延迟阵列和累加单元的脉动阵列整体架构如图 5-17 所示。矩阵 Memory 用于存放输入特征图和权重，从矩阵 Memory 中读取输入特征图，送入输入延迟阵列（Input Delay Array）中，输入延迟阵列为三角形，从第一行开始，延迟的级数依次递增，每级递增的延迟级数和 PE 中累加操作的延迟一致，累加延迟为从 psum_in 输入 PE 到 psum_out 流出 PE 的延迟。从矩阵 Memory 中读取权重数据，送入权重延迟阵列（Weight Delay Array）中，从第一列开始，延迟的级数依次递增。从脉动阵列底部流出的“部分和”送入输出延迟阵列中，由于第一列的部分和最先输出，从第一列开始，延迟级数依次递减。经过输出延迟阵列的延迟后，输出的部分和向量完成对齐操作，将部分和与累加 Memory 中的部分和进行累加操作。

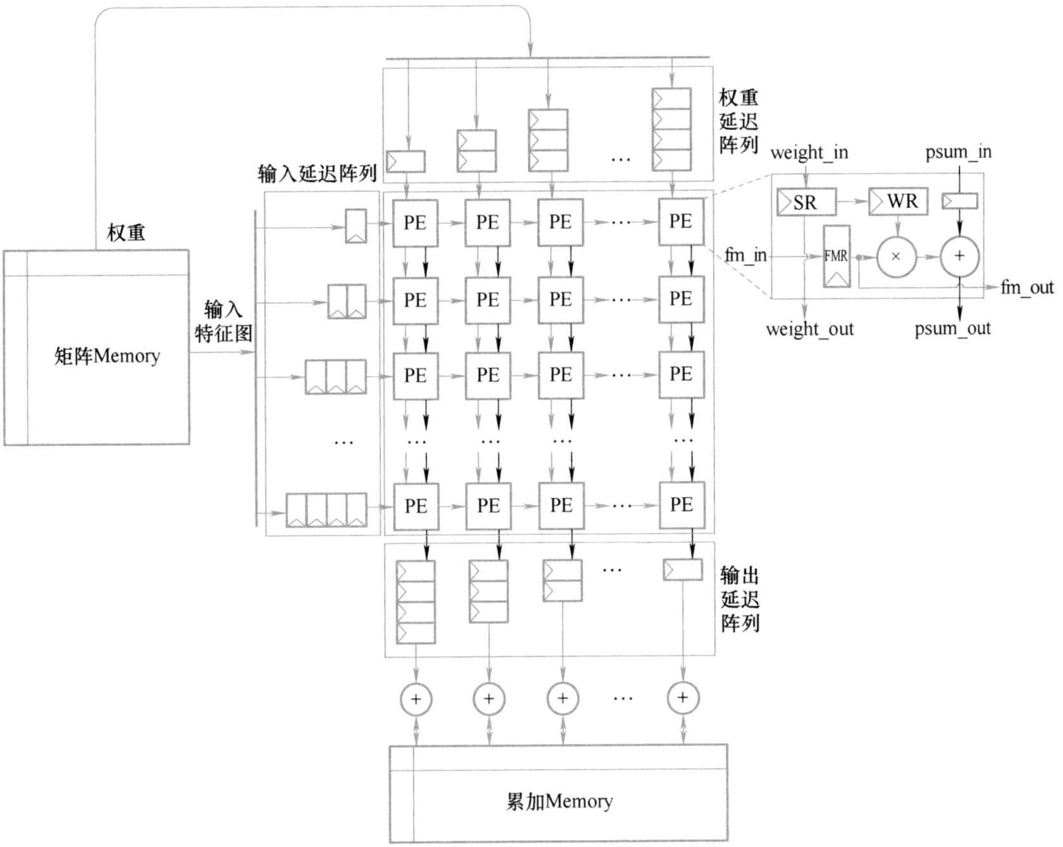

● 图 5-17　加入延迟阵列和累加单元的脉动阵列整体架构

5.4 脉动阵列的优化

上节介绍的二维脉动阵列采用全脉动的方式，数据在横向和纵向都进行脉动传递，这种全脉动的方式利于布局布线，并且可扩展性强，但由于数据在每个 PE 之间的脉动传递都需要经过若干级寄存器，这导致了数据的计算延迟较大，其中延迟最长的路径如图 5-18 中贯穿阵列最上和最右侧的箭头所示。假设权重数据都已经预先加载到 PE 中，特征图数据从左上角输入到对应的部分和并从右下角流出的整个过程中，经历的延迟为 K+N×d，其中 K 为横向脉动延迟，这里 K 为脉动阵列的宽度，每横向经过一个 PE，延迟加 1，N×d 为纵向脉动累加延迟，这里 N 为脉动阵列的高度，d 为 PE 的累加延迟。在高算力的 AI 处理器中，随着脉动阵列的规模不断变大，脉动阵列的计算延迟会随之线性增加。

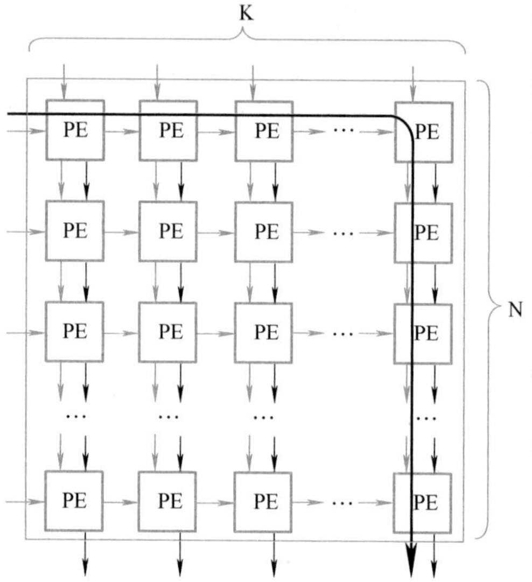

● 图 5-18　二维脉动阵列延迟

除了计算延迟大以外，这种全脉动的二维脉动阵列的面积也会比较大，PE 的横向脉动和总线脉动都需要使用大量的寄存器进行打拍操作，并且外围还需要配置对应规格的延迟阵列以得到脉动的输入数据，这消耗了大量的寄存器资源。

为降低全脉动二维脉动阵列的延迟和面积，下面介绍两种脉动阵列的优化方案。

5.4.1　列间广播设计

在全脉动的二维脉动阵列中，从左侧输入的特征图数据在横向传播过程中，每传播一级 PE 都需要经过一级寄存器，在每级 PE 中，IFMR 的扇出其实是比较小的，一个 IFMR 只驱动了一个乘法器以及下一级 PE 的 IFMR，可以考虑抽减一部分 PE 中的 IFMR，将特征图数据在列间进行局部广播，这样以增大 IFMR 的扇出为代价，降低了横向的传播延迟，并减少了整体的寄存器资源消耗。

列间广播的脉动阵列的微架构如图 5-19 所示，每个 PE 包含两组乘加单元，两组乘加单元复用同一个 FMR，此时 FMR 的扇出有 3 个组件，即两个乘法器和下一级 PE 的 FMR。通过这种行间的广播，FMR 的数量减少一半，横向的脉动延迟降低一半。

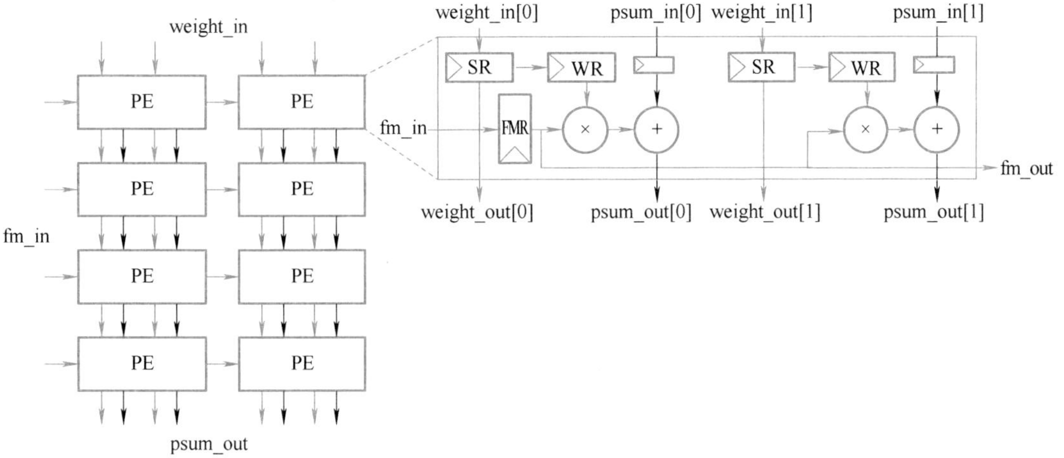

● 图 5-19　列间广播的脉动阵列的微架构

图 5-19 中 FMR 广播粒度为 2，即每个 FMR 广播到相邻的两个乘法器，广播粒度可以进一步提升，假设 FMR 的广播粒度为 b，则横向的脉动延迟为 K/b，所需的 FMR 寄存器数量也会降低为全脉动时的 1/b。但随着广播粒度的提升，FMR 的扇出越大，布局布线的复杂度越高，时序收敛的难度也就越大，因此广播粒度的设定需要综合考虑多方面因素。

除了可以降低脉动阵列的横向延迟和面积以外，列间广播还可以降低权重延迟阵列和输出延迟阵列的面积，如图 5-20 所示，图 5-20a 是全脉动下两个延迟阵列的组织形式，图 5-20b 是广播粒度为 2 的脉动阵列下两个延迟阵列的组织形式，由于相邻两列的 IFMR 共用，其计算时序相同，因此在延迟阵列中它们的延迟拍数也相同，每经过一级 PE，延迟加 1。在脉动阵列宽度为 4 的前提下，全脉动结构的延迟阵列所需的寄存器数量为 10 组，而广播粒度为 2 的延迟阵列所需的寄存器数量为 6 组，极大降低了延迟阵列所需的寄存器数量。

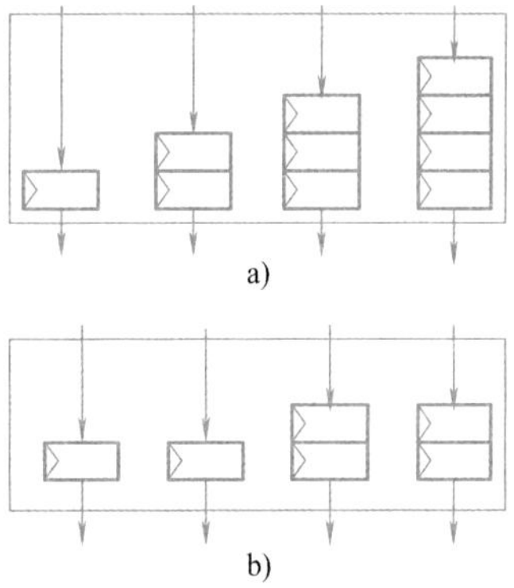

● 图 5-20　延迟阵列的资源消耗

5.4.2　行间累加融合设计

在全脉动的二维脉动阵列中，部分和在纵向通过脉动的方式进行传播，可以认为部分和的累加过程是链式的，整个纵向的累加延迟与脉动阵列的高度线性相关。如果将行间的累加进行融合，部分和的累加改为树形结构，则整个纵向的累加延迟会大幅降低。

一种行间累加融合的脉动阵列如图 5-21 所示，示例中将原来列间相邻的 4 个 PE 融合为一个 PE，每个乘法器的输出和相邻的乘法器的输出进行加法操作，然后对加法结果进行两两相加，经过 $\log_2 N$ 级的加法器后，得到最终的累加结果。对于多输入的加法树，可以使用保留进位加法器（CSA）阵列的结构进行优化，CSA 阵列的延迟较小，消耗的面积也比较小。

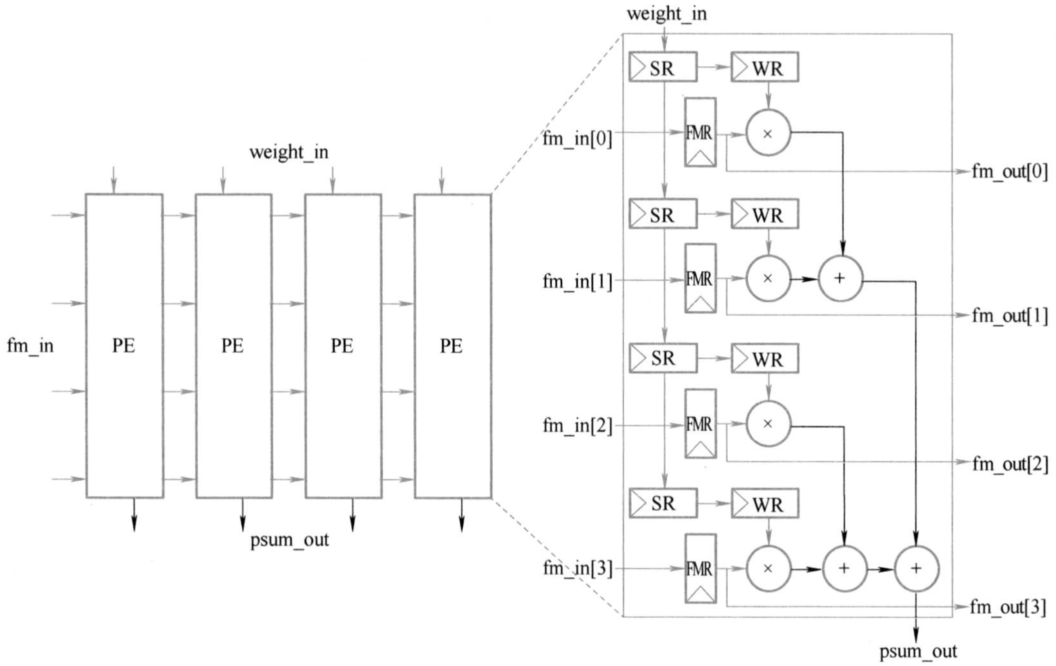

● 图 5-21 行间累加融合的脉动阵列示例

如果将原本的一列 PE 融合为一个大的 PE，则直接消除了部分和在纵向的脉动过程，数据只在横向进行脉动传播，原本的二维全脉动阵列转变为了一维脉动阵列。由于部分和无须在纵向脉动传播，从左侧输入的特征图数据也无须转换为脉动的形式，因此可以取消输入延迟阵列，极大降低了寄存器资源的消耗。

列间广播和行间累加融合这两种优化方案可以同时使用，从而可以进一步地优化整个脉动阵列的延迟和面积。介绍完脉动阵列整体的实现方案，接下来对 PE 内部的硬件实现进行详细介绍。

5.5 定点 MAC 单元设计

PE 的核心功能是完成乘累加（MAC）运算，高性能 AI 处理器通常需要支持多种数据类型和精度，本节首先介绍定点 MAC 单元的设计。

5.5.1 定点乘法器设计

定点乘法器占据了定点 MAC 单元的大部分面积，其延迟也很大，于是人们对乘法器进行了大量的研究工作。本节从原理出发，介绍一种乘法器的底层实现方案。

乘法器的基本工作原理与手写乘法类似，大致分为 3 个步骤。以无符号 4×4 乘法为例（见图 5-22）：第一步，将二进制的被乘数与乘数的每一位分别相乘，得到与乘数的位数相同个数的数值，这里就是 4 个数值，这些数值在乘法器里称为部分积，它们将作为后续数据流的基础；第二步，将得到的部分积按权重错位相加，得到最终的 8 位结果，这个过程在乘法器中称为部分积压缩；在实际的乘法器设计中，除了部分积生成模块和部分积压缩模块以外，由于部分积压缩器产生的是两个需要相加的数据，因此还需要增加一个步骤，即一级加法运算。以上 3 步就是一个乘法器的基本组成部分。

乘法器由部分积生成器、部分积压缩器和加法器构成，如图 5-23 所示。加法器比较简单，本节不再做介绍，后面主要介绍部分积生成器和部分积压缩器。

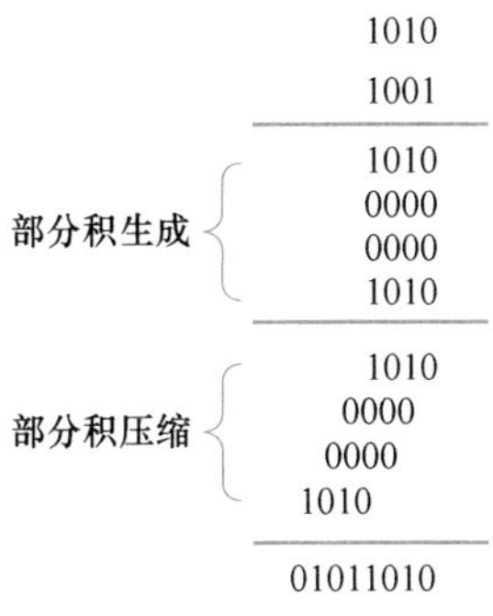

图 5-22　乘法运算示例

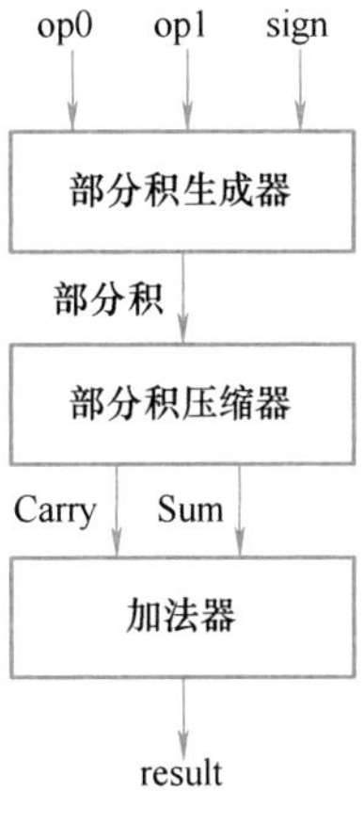

图 5-23　乘法器数据流

对于乘法运算，最基本的想法是将乘数的每一位分别与被乘数相乘，再逐一错位相加，得到最终的乘积。但是英国计算机科学家 Andrew Donald Booth 发现了另一种解决问题的办法，他注意到，使用简单的加法和减法的混合运算，就可以得到同样的结果。例如 6 可以表示成-2+8，即 4′b0110 = -4′b0010+4′b1000，因此当乘数中连续若干位都为 1（这里有两个）时，可以在其中从左数第一个 1 的前一位做一次加法，然后在最后一个 1 的所在位做一次减法即可。他提出这种想法的目的在于提高乘法运算的速度，因为在当时，移位运算速度比加法运算要快一些。他的这种算法给人们带来的最大好处则是它可以应用于有符号的乘法运算。Booth 算法的要点是将乘数中连续出现的一组 1 分成第一位、中间各位和最后一位来进行分别处理。对于数值为 0 的位，由于与被乘数的乘积是 0，因此可以不进行任何操作。只需要根据相邻两位的值，就可以决定应该采取何种措施进行计算，相邻两位的所有 4 种可能情况见表 5-1。表 5-1 中a_i表示当前处理位，a_{i-1}表示当前处理位的低一位数据，P_i表示第 i 个部分积的系数。

表 5-1　Booth 算法部分积系数

a_i	a_{i-1}	P_i
0	0	0
0	1	1
1	0	-1
1	1	0

当相邻两位为 00 时，部分积为 0；当相邻两位为 01 时，表示一组连续 1 的开始，部分积为被乘数本身；当相邻两位为 10 时，表示一组连续 1 的结束，部分积为被乘数取负的结果；当相邻两位为 11 时，表示处于一组连续 1 的内部，部分积为 0。

原始的 Booth 算法的研究对象是乘数中相邻的两位，并没有减少部分积的数量，后来人们对 Booth 算法进行了改进，发现可以乘数中的更多相邻位为判据，对被乘数进行一次性操作。改进后的二阶 Booth 算法就是这样的，可以根据乘数中的相邻 3 位来决定与被乘数相乘的系数。假设要进行 $C=A\times B$ 的 16bit 有符号数乘法运算，其中 $A=a_{15}a_{14}\cdots a_1a_0$，则 A 可表示为式（5-2）：

$$A=-a_{15}\times 2^{15}+a_{14}\times 2^{14}+\cdots+a_1\times 2^1+(-a_0)\times 2^0 \tag{5-2}$$

将奇数位的a_1、a_3……a_{13}分别替换成$a_i\times 2^i=a_i\times 2^{i+1}-2\,a_i\times 2^{i-1}$，代入上式可得式（5-3）：

$$\begin{aligned}A&=(-2a_{15}+a_{14}+a_{13})\times 2^{14}+(-2a_{13}+a_{12}+a_{11})\times 2^{12}+\\&\quad\cdots+(-2a_3+a_2+a_1)\times 2^2+(-2a_1+a_0+a_{-1})\times 2^0\\&=P_7\times 2^{14}+P_6\times 2^{12}+\cdots+P_1\times 2^2+P_0\times 2^0\end{aligned} \tag{5-3}$$

式中$a_{-1}=0$，$P_0\sim P_7$为 8 个部分积系数，如果基于原始的部分积产生策略，则总共需要产生 16 个部分积，而使用二阶 Booth 算法，16bit 有符号数乘法运算的部分积降低到了 8 个。部分积系数 P 和相邻 3 位数据的对应关系见表 5-2。

表 5-2　二阶 Booth 算法部分积系数

a_{2i+1}	a_{2i}	a_{2i-1}	P_i
0	0	0	0

（续）

a_{2i+1}	a_{2i}	a_{2i-1}	P_i
0	0	1	1
0	1	0	1
0	1	1	2
1	0	0	-2
1	0	1	-1
1	1	0	-1
1	1	1	0

可以看到二阶 Booth 算法的部分积系数有 0、1、2、-1 和-2 这几种，其中乘 2 和乘-2 可以通过简单的左移操作实现，而对于P_i为负数的情况，可以通过按位取反加 1 的方式实现取负操作。这些操作都比较简单，并且可以和部分积压缩电路一起进行优化。二阶 Booth 算法在乘法器的实现中应用较为广泛。

继续增加编码位宽，可以得到更高阶的 Booth 编码算法，表 5-3 列出了三阶 Booth 编码算法，该算法以 4 位为单位进行交叠编码，可以看到部分积系数 P 的取值中有 3 这种非 2 的幂次的系数，乘 3 运算不是通过简单的取负和移位就可以完成的，需要引入加法器，硬件开销很大，因此三阶、四阶等高阶的 Booth 算法的应用较少。

表 5-3　三阶 Booth 算法部分积系数

$a_{i+2}a_{i+1}a_ia_{i-1}$	P	$a_{i+2}a_{i+1}a_ia_{i-1}$	P
0000	0	1000	-4
0001	1	1001	-3
0010	1	1010	-3
0011	2	1011	-2
0100	2	1100	-2
0101	3	1101	-1
0110	3	1110	-1
0111	4	1111	0

作为乘法器的核心部件，部分积压缩器的设计一直是研究的重点。由澳大利亚计算机科学家 Christopher Wallace 提出的 Wallace 树结构将 3∶2 压缩器组成树状的阵列，使多个加法并行执行，有效地减少了各级加法之间的等待延迟，成为当今大多数研究者的原始参考结构，通过改进设计，产生了各种各样的树状结构，并逐渐演化出 4∶2 压缩器等高阶压缩器。

3∶2 压缩器本质上是一个保留进位加法器，如图 5-24 所示，它的基本思想即将 3 个加数的和减少为 2 个加数的和，将进位 c 以及和 s 分别输出，并且每比特都可以独立计算 c 和 s，不存在低位到高位的进位传递，所以计算速度极快。

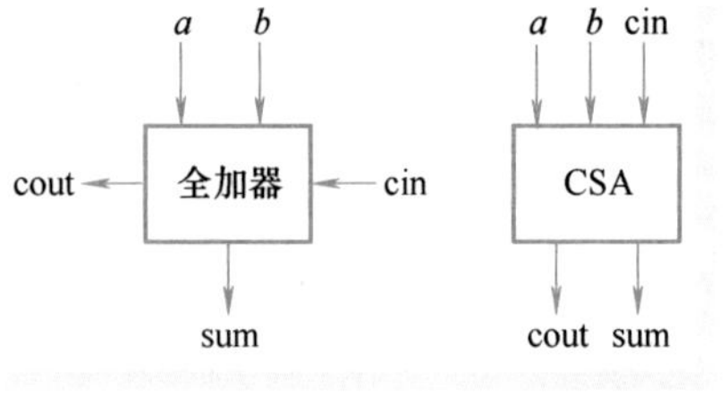

图 5-24　全加器与 3∶2 压缩器示例

对于 3 个 16bit 操作数的压缩，可以例化 16 个 3∶2 压缩器，如图 5-25 所示，这 16 个 3∶2 压缩器并行进行运算。

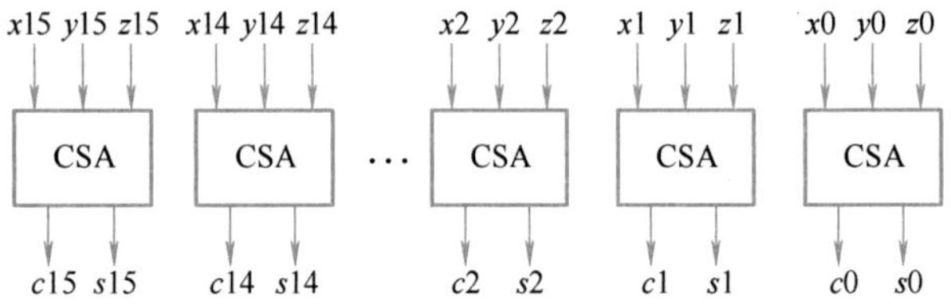

图 5-25　3 个 16bit 操作数的压缩示例

实现部分积压缩最直观的结构是线性结构，如图 5-26 所示。线性结构较为简单，其延迟与部分积个数成线性关系，第一级 3∶2 压缩器的输入是 3 组部分积，得到两个加数，然后与第 4 组部分积一起输入到第二级 3∶2压缩器中，可以看到，要实现 N 组部分积的压缩，需要 $N-2$ 级 3∶2 压缩器，延迟较大。

而 Wallace 提出的树状结构的部分积压缩器，使部分积的相加能够并行执行，有效地利用了硬件资源，减少了延迟，其时间延迟与部分积的个数成对数关系。当乘法位数增加时，这种优势就得到了体现。其结构如图 5-27 所示。

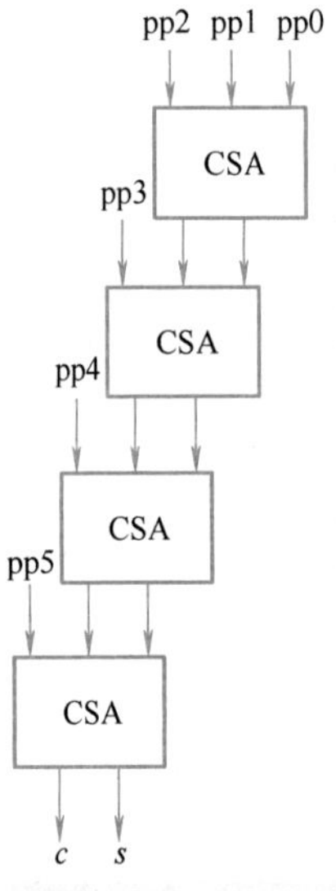

图 5-26　线性结构实现部分积压缩示例

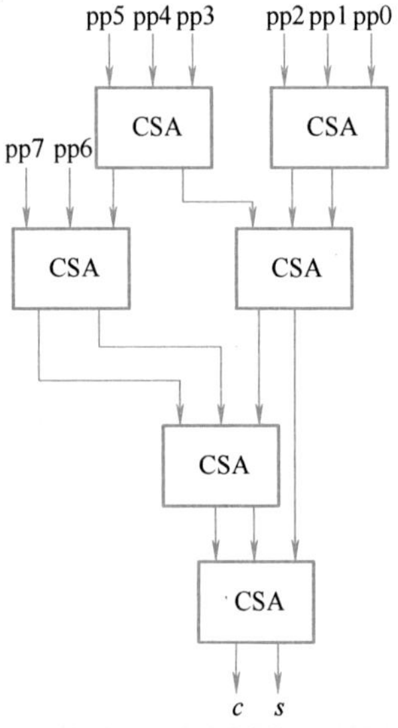

图 5-27　Wallace 树实现部分积压缩示例

在 Wallace 树结构发展变化的基础上，Dadda 提出了(n,m)并行计数器的概念。此后人们在此概念的基础上发展出了 $n:m$ 压缩器的概念，最为典型的是由两个保留进位加法器连接而成的 4：2 压缩器。这种结构以其相对规整的结构，在一定程度上降低了连线的复杂度，而且在整体结构上又保持了树结构的并行计算优势。以 4：2 压缩器为设计单元的 Dadda 树结构如图 5-28 所示。从某种意义上来讲，Dadda 树结构与 Wallace 树结构没有本质上的区别，它可以视为一种线性结构与 Wallace 树结构的折中方案，在运算周期和面积开销上都没有体现出明显的劣势，所以较多地应用于运算速度和面积开销需求折中的设计之中。

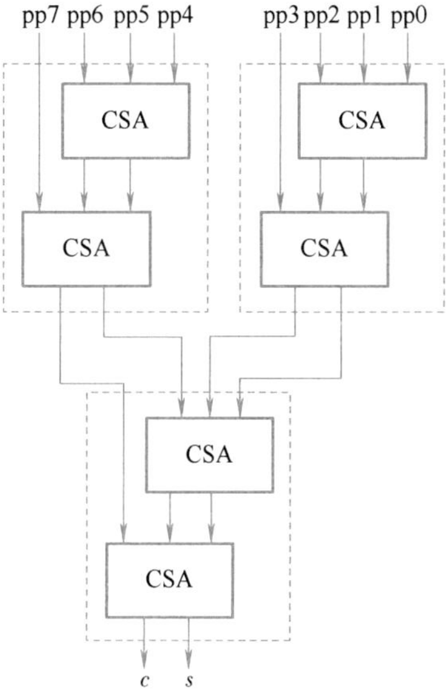

图 5-28　Dadda 树实现部分积压缩示例

对部分积求和时，必须对它们的高位进行符号位的扩展，保证每个部分积的最高位对齐，才能得到正确结果。如果部分积生成过程中需要进行取负操作，则需要进行按位取反加 1 的操作，其中按位取反比较简单，消耗的逻辑资源较少，但加 1 操作需要引入加法器，消耗的逻辑资源较多。一种优化方案是在部分积生成过程中只进行按位取反操作，加 1 操作合并到部分积压缩过程中，如图 5-29 所示（其中 S 指符号位，E 指扩展符号位），每一行部分积的加 1 操作合并到下一行部分积的低位，通过增加少量的压缩器就可以实现加 1 操作，相比对部分积直接加 1，节省了很多逻辑资源。

通过部分积压缩逻辑，将 N 个部分积压缩成两个加数，最后将两个加数进行加法操作，至此整个定点乘法运算完成。

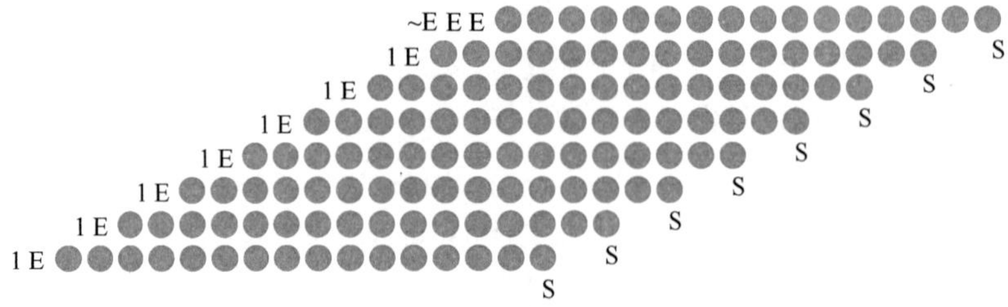

图 5-29　加 1 操作合并到部分积阵列中

5.5.2　定点 MAC 单元微架构设计

在乘法器中，包含了部分积生成、部分积压缩（Partial Product Compress）以及最终的加法这 3 部分操作，对于乘累加操作，需要将乘法结果和输入的 psum_in 进行加法操作，如果直接计算得到乘法的最终结果，再和 psum_in 进行加法操作，那么整体的延迟会比较大，因为这里涉及两级完整的加法器延迟。在进行定点 MAC 单元设计中，可以将乘法器部分积压缩的结果 Carry、Sum 以及 psum_in 输入 CSA 中，首先进行一级压缩，然后对 CSA 的输出进行加法操作，这里将原来的两级加法器转换为一级 CSA 和一级加法器，由于 CSA 的每 bit 的计算是并行的，因此 CSA 的延迟较普通加法器低很多。这种单输入定点 MAC 单元微架构如图 5-30 所示。

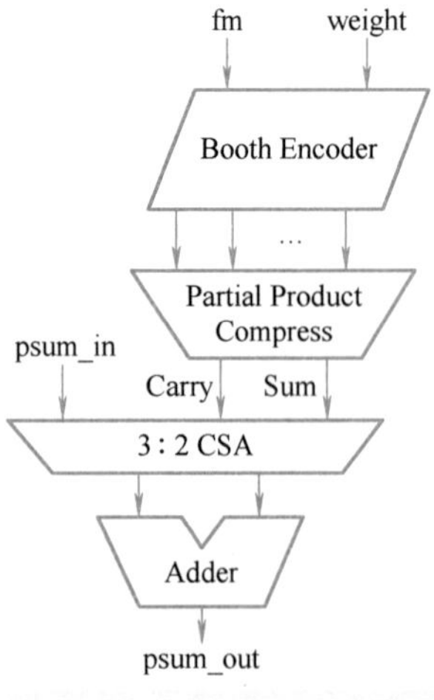

图 5-30　单输入定点 MAC 单元微架构

通过 5.4.2 节可知，行间的累加融合可以降低纵向延迟，是一种有效的脉动阵列优化手段。行间的累加融合需要对多个乘法结果进行累加，一种多输入定点 MAC 单元的微架构如图 5-31 所示，每个乘法器的部分积生成单元生成的 Carry 和 Sum 直接输入到 CSA 树中进行压缩，CSA 树的输出结果和 psum_in 进行压缩，最后得到的结果送入加法器中进行加法操作。

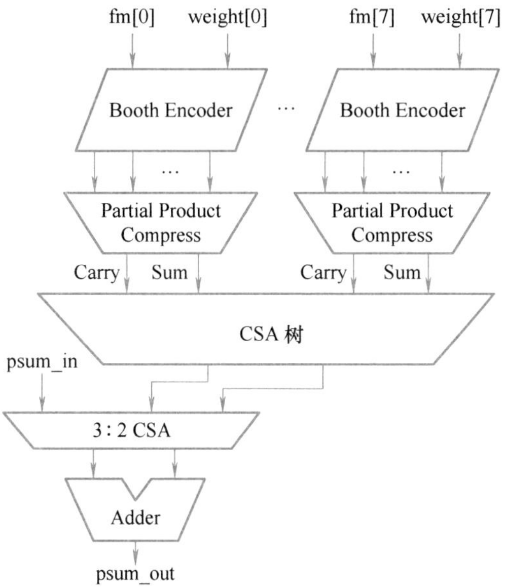

图 5-31 多输入定点 MAC 单元微架构

5.6 浮点 MAC 单元设计

相比定点 MAC 单元，浮点 MAC 单元的设计会复杂很多。浮点型数据相关的内容在 4.3 节中有详细介绍，这里不再赘述，本节主要介绍单输入浮点 MAC 单元和多输入浮点 MAC 单元的设计。

与定点 MAC 单元一样，浮点乘法和浮点加法操作可以融合在一起，从而降低整体的延迟，并提升中间计算精度。融合浮点乘加（Fused Multiply-Add，FMA）的微架构如图 5-32 所示，这里只展示了尾数数据通路部分，a_mant、b_mant 和 c_mant 分别为操作数 a、b 与 c 的尾数，a_mant和 b_mant 首先送入 Booth Encoder 模块进行部分积生成，接下来部分积送入 Partial Product Compress 模块进行部分积的压缩，得到 Carry 和 Sum。在 a 和 b 进行尾数相乘的同时，

根据 a 和 b 乘法结果的指数以及 c 的指数，计算两者之间的阶差，对 c 的尾数进行对阶移位操作，将对阶移位的结果和乘法结果进行压缩，经 3∶2 CSA 压缩后，得到 Carry 和 Sum 输出，一方面将这两个数送入 Adder 中进行加法操作，另一方面将这两个数送入 LZA（Leading-Zero Anticipator）单元进行前导零预测，前导零预测结果作为 Normalization Shifter（规格化移位器）的移位量，Normalization Shifter 对加法器的输出进行规格化移位操作，最后根据舍入（Rounding）模式进行舍入操作。

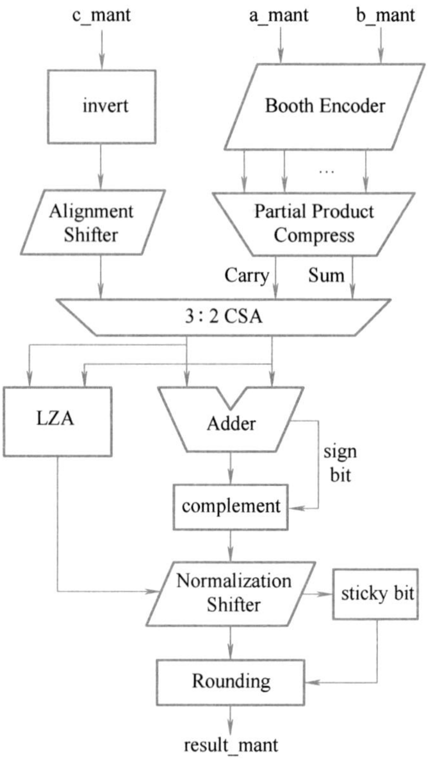

● 图 5-32　FMA 微架构

FMA 只能应用于全脉动的脉动阵列中，因为其纵向延迟较高，为适配行间累加融合优化，需要引入多输入浮点 MAC 单元。一种多输入浮点 MAC 单元的微架构如图 5-33 所示，假设共有 N 对输入，则例化 N 个 Sub_PE，Sub_PE 完成一对数据的乘法和移位操作，每对输入数据送入 Sub_PE 的乘法器中完成乘法操作，同时对每对输入浮点数的指数进行加法操作，将加法结果送入 Exp_Compare 模块进行指数比较操作，Exp_Compare 模块计算所有输入中指数的最大值 Exp_Max。将 Exp_Max 广播到各 Sub_PE 中，在 Sub_PE 中求 Exp_Max 和 Exp_Add 的差值，该差值作为 Alignment Shifter（对阶移位器）的移位量 Shift_Amt。这个过程是找到所有乘法结果的指数最大值，然后以此为基准进行对阶移位操作，完成对阶移位后的尾数才能进行后续的加法操作。

每个 Sub_PE 都会输出对阶移位后的 Carry 和 Sum，N 个 Sub_PE 共输出 $2N$ 个数据，将这些数据送入 CSA 树中，完成多输入操作数的压缩，后续的加法、规格化移位和舍入等操作和 FMA 中的类似，这里不再赘述。

通常 AI 处理器需要支持多种精度的浮点型数据，典型的有 FP32、FP16、BF16 和 TF32，为获得较高的算力，有些 AI 处理器还支持 8bit 的 FP8 型浮点数。这些不同精度的浮点数的指数和尾数位宽各不相同，如果在进行 PE 单元设计时，单独为每种数据类型部署一套 MAC 单元，将会消耗大量的逻辑资源，通常在进行 PE 设计时，需要考虑不同精度的浮点型数据之间的资源复用，在同时支持浮点和定点型数据的处理器中，还需要考虑浮点数据通路和定点数据通路的资源复用。接下来以 FP32 和 FP16 的资源复用为例进行说明。

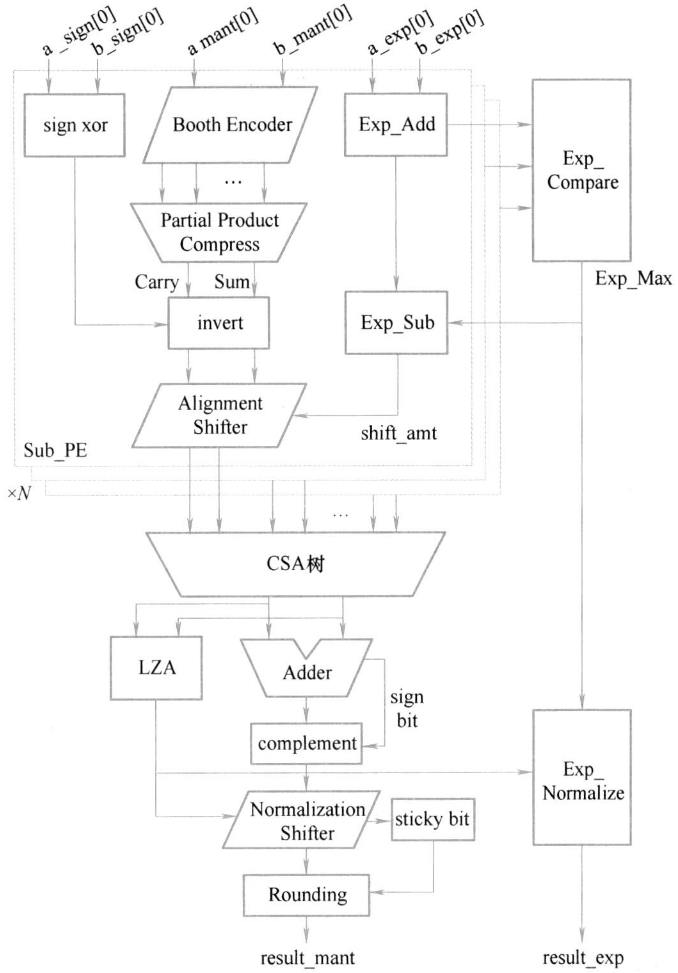

图 5-33　多输入浮点 MAC 单元微架构

在加上隐含位后，FP32 的尾数位宽为 24bit，FP16 的尾数位宽为 11bit，可以将 FP32 的尾数拆分成高低两个部分，这两个部分分别参与乘法运算，拆分后的 24bit 乘法计算过程如图 5-34 所示。将操作数 a 的尾数拆分成 12bit 的 a_l 和 a_h，将操作数 b 的尾数拆分成 12bit 的 b_l 和 b_h，将这 4 个数交叉相乘，将乘法结果移位后，再累加到一起，这个过程涉及了移位操作和累加操作。在多输入浮点 MAC 单元中，存在着对阶移位器和 CSA 累加树，FP32 的乘法可以直接复用这部分逻辑。

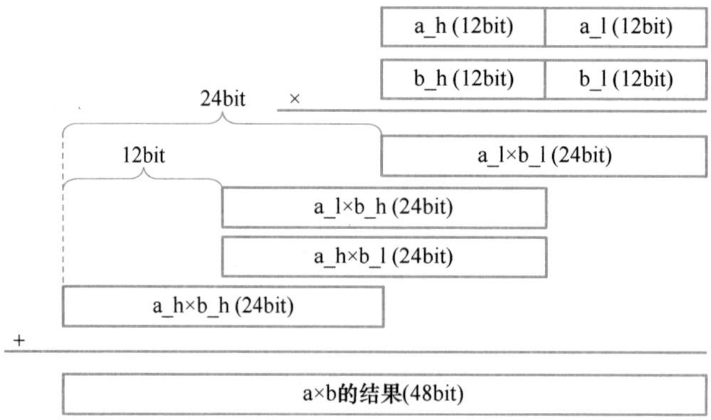

● 图 5-34　24bit 乘法器的拆分示例

因此在多输入浮点 MAC 单元中，乘法器的规格可以设置为 12bit×12bit，对于 FP16 型浮点数，可以将其尾数扩展 1bit 后送入 MAC 单元中，对于 FP32 型浮点数，可以将其尾数拆分成高、低两个部分，分别送入 4 个乘法器中，然后利用现有的对阶移位器进行固定长度的移位操作，对于 a_h×b_h 的乘法结果，不进行额外的移位操作，对于 a_l×b_h 的乘法结果，在对阶移位器中右移 12bit，对于 a_h×b_l 的乘法结果，在对阶移位器中同样右移 12bit，对于 a_l×b_l 的乘法结果，在对阶移位器中右移 24bit。移位后的数据一起送往 CSA 树中进行累加，累加后的结果即最终 24bit 尾数的乘法结果，如图 5-35 所示。

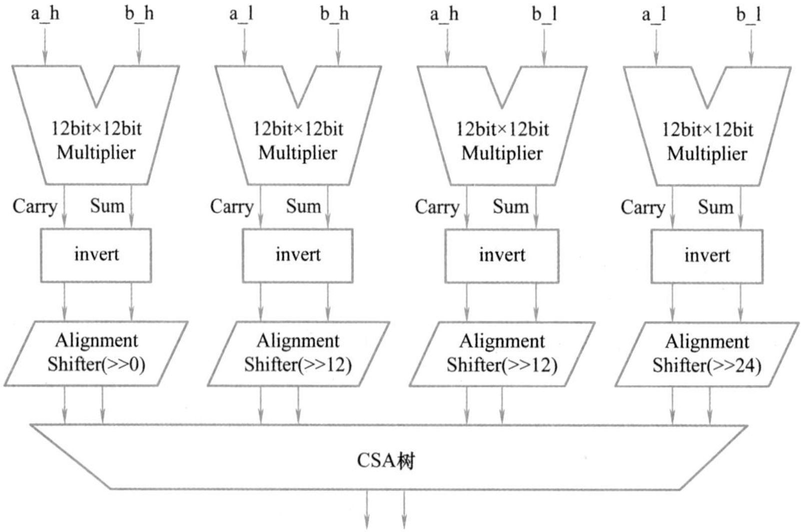

● 图 5-35　FP32 和 FP16 的复用示 S 例

CHAPTER 6

第6章

标量处理单元设计

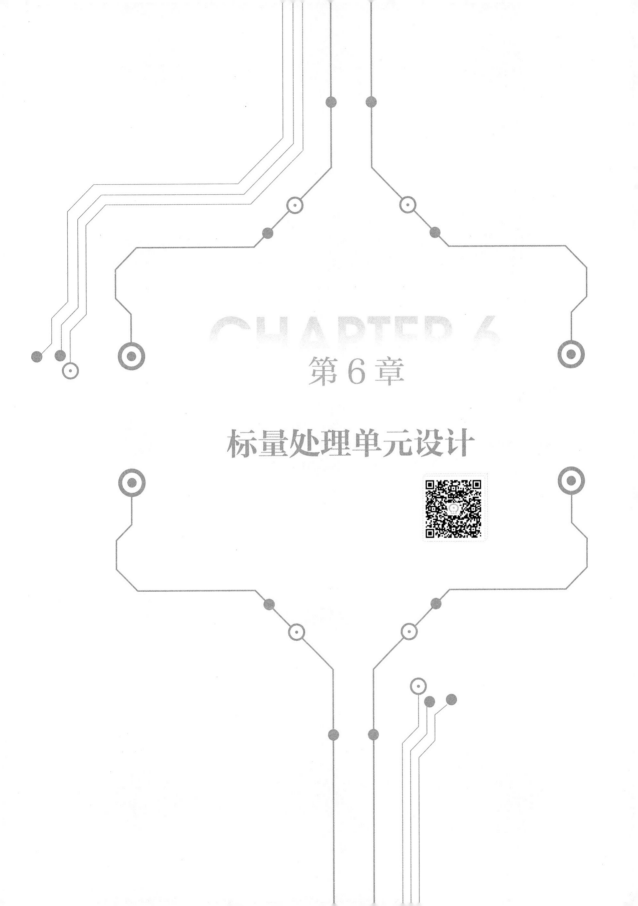

在 AI 处理器的应用场景中，向量处理单元和矩阵处理单元承担了绝大部分的计算任务。由于核心功能从计算转变为控制调度，考虑到资源的利用率，标量处理单元中不会加入过多的计算（执行）单元；同时，考虑到指令运行的效率，也基本不会考虑在投机执行（Speculative Execution）的特性上进行专门的优化。因此，对于标量处理单元的微架构设计，特别是在 SIMD 框架下，可以看作对传统 RISC 架构 CPU 进行了不同程度的简化。

由于技术背景和设计思路的差异，业界商用 AI 处理器在标量处理单元的微架构设计上存在着多种形态，因此无法像描述 CPU 那样给出一个通用的设计方案。然而，在当下的产品中，存在一个相对共性的做法：沿用成熟的 CPU 小核或 DSP 核的微架构设计，也就是超标量 1～3 路顺序（指令）执行（In-Order Execution）或基于超长指令字设计的标量+向量处理单元配合张量/矩阵处理单元，如当前工业界比较典型的产品：SiFive 的 Intelligence 系列和高通（Qualcomm）的 Hexagon NPU 等。图 6-1 所示为业界普遍应用的标量处理单元微架构设计，可以作为

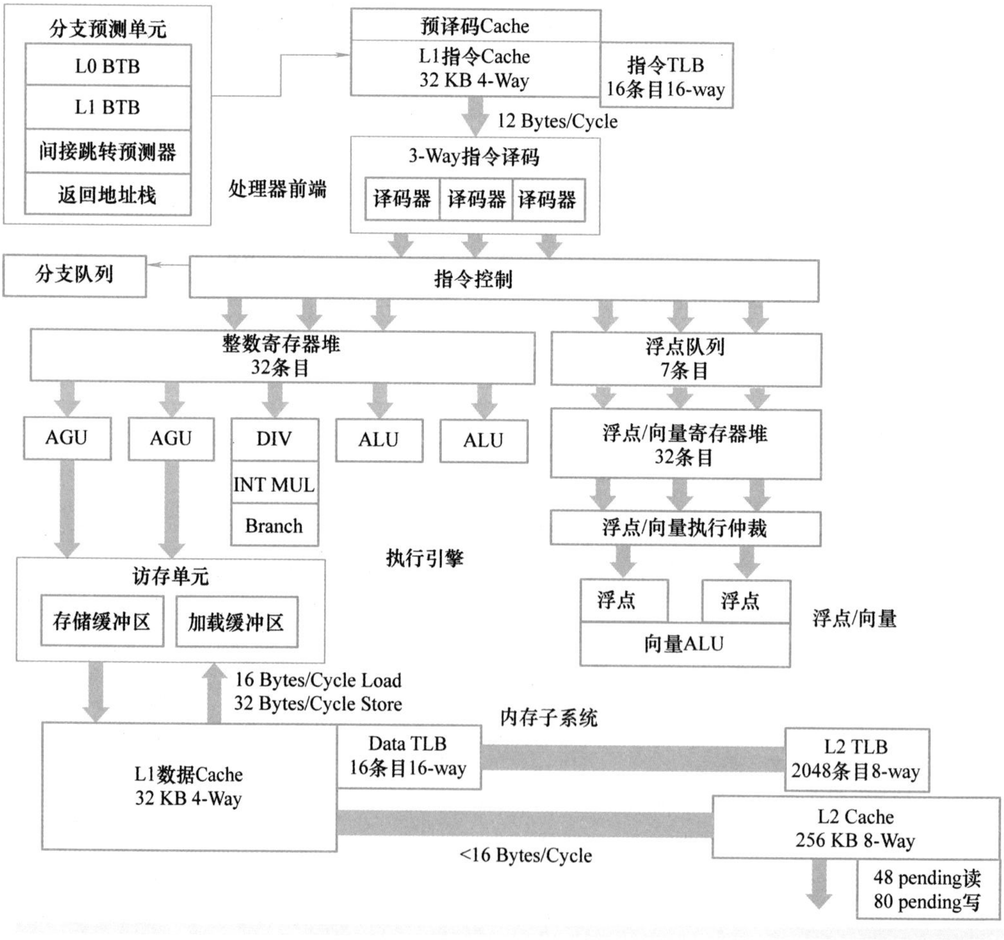

● 图 6-1　标量处理单元微架构示例

AI 处理器中标量处理单元设计的参考。

在业界商用产品设计中，标量处理单元的流水线一般设计为 8~13 级。一个典型的 8 级流水线设计示例如图 6-2 所示。

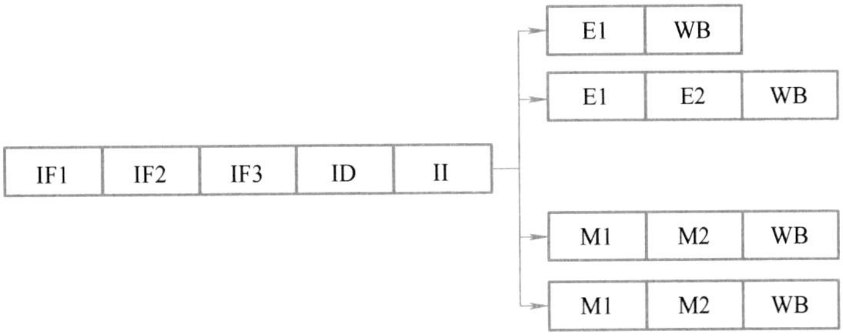

图 6-2 标量处理单元流水线设计示例

其中，每级流水线的功能说明如下。

1）IF1：快速分支预测；指令提取地址生成。

2）IF2：从指令缓存、RAM 或总线获取指令块；主分支预测器生成预测结果，或者指令提取地址重定向。

3）IF3：指令对齐/指令队列写入。

4）ID：指令译码。

5）II：指令发射，包括寄存器堆访问和处理数据相关性问题。

6）E1 和 E2：执行定点指令流水线，包括单周期和多周期指令执行。

7）M1 和 M2：执行内存访问流水线，包括访存地址生成。

8）WB：指令退出和执行结果写回（寄存器堆），包括中断和异常解析。

6.1 前端设计

处理器设计概念上分为前端（Frontend）与后端（Backend）。前端主要有指令提取（Instruction Fetch）、分支预测（Branch Prediction）、译码、（指令）分发和发射（Dispatch & Issue）等单元。与之相对应的，后端主要由执行（Execute）、访存（Load Store）和写回/退出（Write-Back/Retirement）等单元构成。在 AI 处理器的标量处理单元微架构设计中也会沿用这些概念。

前端的作用是将指令转换成宏操作（Macro-operation，MOP），然后将宏操作翻译成微操作（Micro-operation，μop）进行分发，并将微操作发射到后端功能单元以执行。具体来说，指令提取单元会根据设计的提取窗口（也就是一个时钟周期提取的指令块中的指令数）提取一个指令块，它可以识别提取窗口内（以及跨窗口）的指令。然后译码单元会将指令转换为一个或多个宏操作，也有可能将多个指令融合到单个宏操作中。之后将宏操作转换为微操作，并将微操作分发到对应功能单元的发射队列，一般一个发射队列对应两个或者多个执行流水线。当一条指令成功执行完成时，就会退出并将其结果提交给相应的寄存器。

考虑到资源的利用率和指令运行的效率，需要考虑在投机执行的特性上的优化程度。同时，在不同的应用场景下，对处理器的控制调度功能和计算功能的需求也有较为明显的差异，还有对性能、功耗、面积三者之间的平衡与取舍。因此，对于 AI 处理器前端微架构设计，需要在特性上进行取舍。一个典型的处理器前端顶层视图如图 6-3 所示。

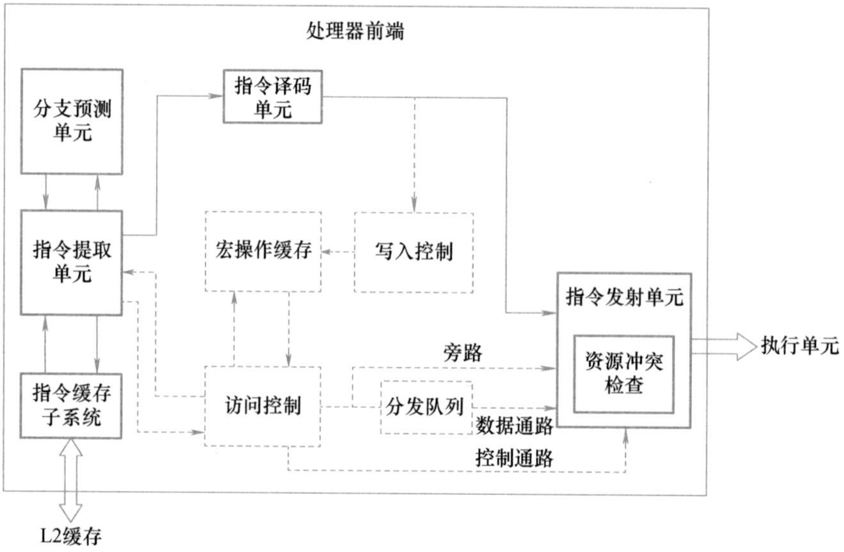

● 图 6-3　处理器前端微架构示例

6.1.1　指令提取单元设计

指令提取单元（Instruction Fetch Unit）负责提供要执行的指令，它是标量处理单元前端的主体，也是运行标量处理单元前端的第一个阶段。大体上讲，指令提取单元主要由指令缓存或者指令本地内存（Instruction Local Memory）以及计算指令提取地址所需的逻辑单元组成。

在 AI 处理器的标量处理单元微架构设计中，通常来说，每周期执行的指令提取操作所提取的指令数量取决于指令发射宽度（但并非所有商用产品都如此设计）。N 条指令的集合，称为指令块（Fetch Bundle 或 Fetch Block），每个周期都必须计算一个新的指令提取地址。这样一来，下一个提取地址计算必须与指令缓存或本地内存访问并行发生。然而，分支指令引入了额外复杂度，因为在执行分支之前无法计算正确的指令提取地址，而为了保证标量执行单元的性能，不可能等到分支指令完全解析后再执行下一步操作。

需要注意的是，由于 AI 处理器设计的侧重点在于计算资源和数据搬运，标量处理单元在相应的应用场景下并不像传统意义上的高性能 CPU 一样需要处理大量的分支指令，对指令投机执行的需求也并不强烈，因此，在预测下一个指令提取地址从而进行预先投机执行时，分支预测单元的设计相较于高性能乱序执行 CPU 会进行较大程度的简化。分支预测单元的设计将在 6. 1. 2 节详细阐述，本节暂不展开。

对于 AI 处理器的标量处理单元，一个典型的指令提取单元微架构设计如图 6-4 所示。

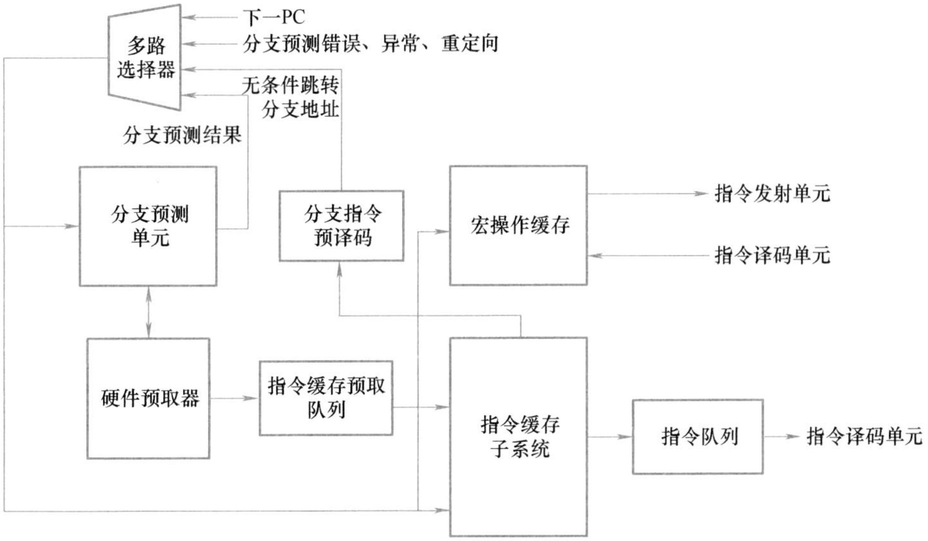

● 图 6-4　指令提取单元微架构示例

指令提取单元的流水线第一级生成将用于查找指令缓存或指令 RAM 的物理地址，在包括分支预测单元在内的多个数据路径中选择最终结果，以供访问指令缓存子系统使用。然后查找指令缓存或 RAM，在一个周期内从指令缓存或 RAM 中提取一组指令。顺序取出的指令将会发送到指令队列。如果指令队列为空，则流水线可以直接绕过指令队列而来到指令译码阶段。在指令提取单元流水线的最后一级，可以设计一个简单的预译码模块，这个模块仅检测是否有分支预测单元未识别的无条件跳转分支指令，如果有，尽早处理该跳转。从分支预测单元的角度来看，这个模块等价于一个静态预测器。

指令缓存子系统是指令提取单元的核心部分，但是在实际的单元划分中，指令缓存子系统也可以独立于处理器前端存在。本书中将其作为处理器前端的一部分进行讨论。

图6-5给出了指令缓存子系统微架构的示例。其中，指令提取队列存放了一系列虚拟地址（VA）或程序计数器（PC）值，通过这些虚拟地址或程序计数器值来索引指令缓存。指令缓存子系统中可以考虑设计宏操作缓存，在RISC架构处理器设计中非必需，属于设计优先级较低的特性（相比之下更有效的性能优化策略是提升指令译码和发射宽度）。为了减少（指令）译码单元的开销而设计配备MOP缓存以存储由译码单元给出的译码（后的）指令（宏操作），当提取的一个或多个指令的译码信息存储在MOP缓存中时，指令分发模块可以从MOP缓存而不是通过译码单元接收解码指令。这样，译码单元节省了相应的译码操作开销，并且可以提高向指令分发模块提供译码指令的总带宽。同时，无须译码指向同一地址的宏指令，也就没有代码执行流程中的分支指令可能造成的控制风险。如果设计了MOP缓存，则指令提取队列输出的虚拟地址需要分别去访问两种不同的缓存。在指令缓存的通路上，使用虚拟地址查找指令TLB（Instruction Translation Lookaside Buffer，ITLB）以及指令缓存标签RAM（I-Tag）。ITLB通过内存管理单元（Memory Management Unit，MMU）获取相应信息，将虚拟地址转换为物理地址（Pa）。指令标签和物理地址传输到后级进行比较，以匹配相应的缓存行数据。此外，基于不同的架构规范，此处也会加入安全特性，如在ARM架构中会使用虚拟地址以及包括地址空间标识符（Address Space Identifier，ASID）、虚拟机标识符（Virtual Machine Identifier，VMID）

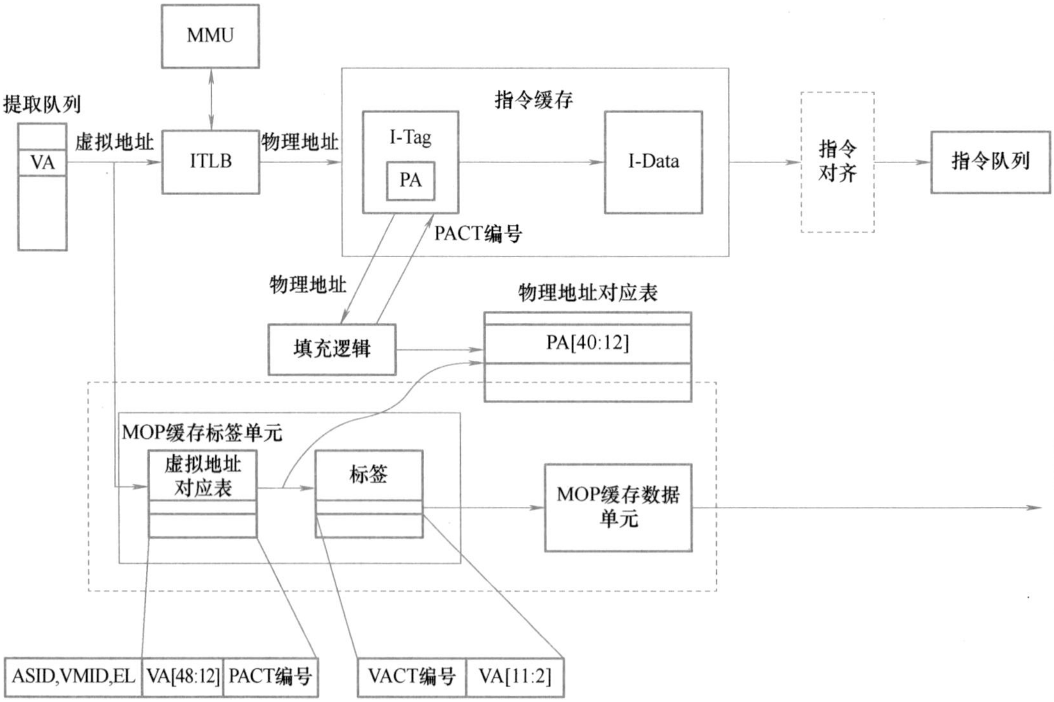

● 图6-5　指令缓存子系统微架构示例

和异常等级（Exception Level，EL）/特权等级（Privilege Level）的执行上下文来标记 ITLB 级别。假设 ITLB 命中和缓存命中，则将标签与 ITLB 的物理地址进行比较以生成指令缓存路（Way）选择向量对指令缓存数据 RAM（I-Data）进行选择。指令/指令块以对齐的 4*N* 字节（一般取决于指令发射宽度）每时钟周期为单位从缓存中读取，并根据 PC 对提取包进行对齐，然后通过指令队列提供给指令译码单元。指令译码单元产生一个或多个宏操作。然后可以将这些宏操作存放在 MOP 缓存中，当在 MOP 缓存中索引到相应的宏操作时，不需要重复执行译码操作。

MOP 缓存标签单元由两个独立的组件构成：虚拟地址对应表（Virtual Address Correspondence Table，VACT）和常规的标签存储块。VACT 的条目包括与 TLB 中使用的标签相对应的数据，还是以 ARM 架构为例，其内容有包括 ASID、VMID、EL 的执行上下文与虚拟地址的高位。标签存储块存放虚拟地址的低位，并且 VACT 的条目由标签存储块引用。由于虚拟地址的高位发生变化的频率远低于低位，并且很有可能在短时间内访问的多个地址之间保持一致，因此，VACT 中仅提供少量条目来存储虚拟地址的高位，而标签存储块中提供更多的条目来存储虚拟地址的低位。

对于 MOP 缓存的数据通路，与指令缓存的 I-Tag 和 I-Data 应用方法类似，虚拟地址用于索引 MOP 缓存标签单元，如果命中，则将对存储相应宏操作的 MOP 缓存数据单元进行索引并读取相应数据。然后，通过宏操作队列将宏操作提供给宏操作译码器。由此可见，MOP 缓存数据通路的存在使得处理器前端可以更快地检索与指令相关的宏操作。

物理地址对应表（Physical Address Correspondence Table，PACT）提供最近访问过的物理地址，用于响应无效请求而使相应的操作无效。填充模块获取来自 I-Tag 的物理地址，然后将物理地址的位插入到 PACT 中，并且提供条目所在的索引。该索引与 PC 值（虚拟地址）一起提供给译码单元。当译码单元将宏操作提供给 MOP 缓存以创建新条目时，宏操作与 PC 值（虚拟地址）和 PACT 的索引一起使用。PC 值用于填充 VACT 和标签存储块。同时，PACT 的索引与 VACT 中的程序计数器或虚拟地址的高位一起提供给 MOP 缓存数据通路。当接收到与指令/宏操作相关的物理地址时，可以搜索 PACT，如果找到与物理地址匹配的条目，则可以在 VACT 中搜索该条目的索引，从而可以定位 MOP 缓存的相关条目并在必要时使其无效。

硬件预取（Hardware Prefetch）是一种尝试在程序访问数据之前将数据写入缓存的技术，其减少了程序等待获取数据的时间，因此可以加快程序执行速度。当处理器前端对指令的供应变慢时，流水线的发射宽度和执行资源无论多么丰富都会被浪费。指令的执行不一定能够隐藏指令提取延迟，而指令提取阶段产生的停顿通常占处理器流水线整体停顿的较大一部分。因此，指令的硬件预取（Instruction Hardware Prefetch）设计是可以考虑加入的，但与 MOP 缓存类似，该特性设计的优先级较低，本节只给出一种简单的设计思路。

当分支预测单元给出预测结果时，向指令硬件预取器提供分支跳转地址，指令预取控制器使用此地址来索引指令预取表以检索预取候选的地址并发送到指令预取队列。如果指令预取队列已满，则地址将被丢弃。指令预取队列使用每个条目探测指令缓存，并且仅在探测到指令缓存未命中时才将预取请求发送到下一级缓存，并且必须有足够的未命中状态保持寄存器（Miss Status Holding Register，MSHR）可用，否则预取请求也会被丢弃。

指令预取表将预取地址与分支指令相关联。当指令提取单元单周期提取多条指令时，一个指令块可能包含多条分支指令，因此，指令预取表中的每个条目都会包含多个预取目标地址，如图6-6所示。当它们共享相同的触发条件（同一分支地址）时，每个目标地址还可以通过缓存块标志指示地址空间中若干个缓存块中的任意一个或多个进行预取，这样设计的优点是能够很好地处理跨越多个缓存行的基本块。

标签	预取行1	缓存块信息1	预取行2	缓存块信息2	…

● 图6-6 指令预取表条目示例

6.1.2 分支预测单元设计

处理器在流水线执行情况下达到其最大吞吐量（理想状况下持续执行，没有停顿或冲刷）。在指令提取阶段，需要从指令缓存中连续提取指令，每当遇到分支指令，程序的控制流偏离顺序路径时（也就是说，程序计数器不再顺序累加），流水线的潜在停顿就可能发生。对于无条件跳转分支指令，在分支的目标地址确定之前，无法确保完全正确地提取到后续指令。对于条件跳转分支指令，处理器必须等待在执行阶段对分支条件进行解析。如果要进行分支指令跳转，则必须进一步等待，直到跳转目标地址正确解析为止。在当下的设计中，指令流水线都是动态调度的，不会选择在分支指令解析完成前进行停顿流水线的处理。分支预测驱动投机指令执行（Speculative Instruction Execution）是在处理器设计中隐藏流水线（冲刷）延迟的关键技术，可以说，分支预测单元的微架构优化能够带来巨大的潜在IPC（每周期指令数）提升收益。当然，投机指令执行可能是无用的（指令运行在错误的路径上），微架构必须设计出一套完备的预测和恢复（指令在错误路径执行时带来的影响）的机制（包含资源）来应对投机指令执行带来的控制上的风险，但这样也带来了硬件开销（面积、功耗）的增加以及微架构设计复杂度的提高。

前文提到，AI处理器中的分支预测单元的设计相较于高性能乱序执行CPU会进行较大程度的简化。从性能优化的角度来讲，无论处理器中的分支预测单元如何设计，其核心点都是如何尽量保证指令能够持续在正确的通路上（投机）执行。为了达到这样的目的，应该尽量避免分支指令的存在，即使无法避免，也应该在减少（简化）分支指令的同时将分支预测器的预测准确度尽量提高到完全正确。这才是 AI 处理器设计人员应该认真考虑的问题，而不是总要直接照搬 CPU 设计中相应的解决方案或者一味地提升分支预测器的各种特性。

从当前业界产品的主流规格来说，分支预测单元的设计空间基本上就限制在两级流水线之内。因此，可选的组件也就相对固定了。本节将分别对分支跳转方向预测设计和分支跳转地址预测设计进行阐述。

对于分支指令来说，“跳转方向”只有两个：跳转（Taken）或者不跳转（Not Taken）。对于跳转的分支指令，一定会伴随着一个非顺序累加的跳转地址；同理，对于一个不跳转的分支指令，（在非异常的情况下）它之后的指令提取地址是顺序累加的。针对分支跳转方向预测，目前业界主流的选择是基于饱和计数器设计的分支历史表（Branch History Table，BHT）或标记几何历史长度（TAgged GEometric history length，TAGE）预测器。

无论是 BHT 还是 TAGE 预测器，本质上都是基于历史信息，即基于先前观察到的分支指令执行情况对分支跳转方向进行预测，无论是跳转还是不跳转。这种类型的分支跳转方向预测的设计决策包括应该跟踪之前多长的历史以及对每个观察到的历史跳转模式应该做出什么预测。

基于饱和计数器设计的分支跳转方向预测的具体算法可以用有限状态机（Finite State Machine，FSM）来表征，如图 6-7 所示。N 个状态变量编码该分支的最后 N 次执行所跳转的方向。因此，每个状态都代表了一个特定的历史跳转模式。输出逻辑根据 FSM 的当前状态进行跳转方向预测。本质上，预测是基于该分支前 N 次执行的结果进行的。当最终执行预测分支时，实际结果将用作 FSM 的输入以触发状态转换。

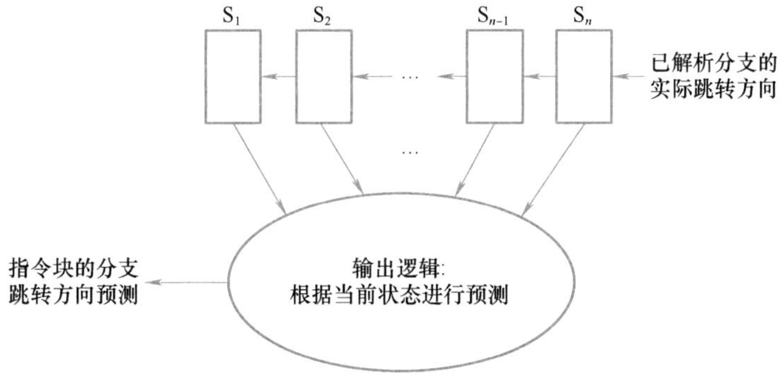

图 6-7 分支跳转方向预测器的有限状态机模型

图 6-8 展示了典型的基于 2bit 饱和计数器的分支跳转方向预测器的 FSM 图，该预测器使用两个历史位来跟踪分支跳转最近执行的结果，这两个历史位构成了 FSM 的状态变量。预测器状态可以为以下 4 种（NT）之一：Strong Not Taken（图 6-8 中 NN）、Weak Not Taken（TN）、

Strong Taken（TT）和 Weak Taken（NT），它们表示在分支最近的执行中倾向的跳转方向。一般来说，Weak Taken 或者 Weak Not Taken 状态可以指定为初始状态。T（Taken，跳转）或 N（Not Taken，不跳转）的输出值与 4 种状态中的每一个都相关联，表示当预测器处于该状态时将进行的预测。当执行分支时，实际跳转的方向将用作 FSM 的输入，产生状态转换以更新分支历史，该历史信息将用于下一次预测。

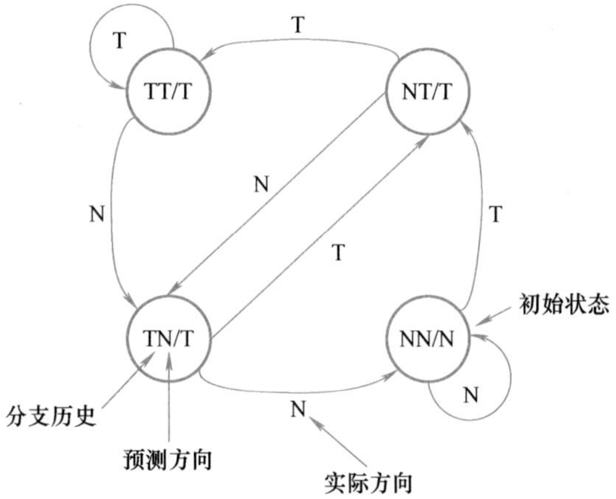

● 图 6-8　基于 2bit 饱和计数器的分支跳转方向预测器的 FSM 图

在基于 2bit 饱和计数器的分支跳转方向预测器设计中，只要前两次执行中至少一次是跳转分支，它就会预测下一次执行为跳转。当连续遇到两个连续的不跳转时，方向预测才会切换为不跳转。这代表了一种特定的分支方向预测算法。

如图 6-9 所示，BHT 包括多个条目，每个条目都可以包括特定分支的分支历史，特定分支的分支历史可以称为该分支的本地历史（Local History）。每个 BHT 条目都为一个 n 位饱和计数器，其中 n 可以是 1～N 的任意整数，一般会设计为两位（2bit）饱和计数器。配合 BHT 使用的是全局（分支）历史寄存器（Global History Register，GHR）[10]。GHR 包括配置为 n 位移位寄存器的多个位，其中 n 可以是 2～N 的任意整数。它可以配置为在移位寄存器位中存储全局的 n 个最近分支指令的实际跳转方向（如 111001001101…，其中 1 表示对应分支跳转，0 表示对应分支未跳转）。分支历史经过哈希生成用于选择 BHT 条目的索引，哈希函数可以是一部分地址（PC）位和全局分支历史记录的函数。BHT 基于其条目的索引，从 BHT 条目中提供分支跳转方向预测，或者用实际分支指令解析结果更新其条目的状态。

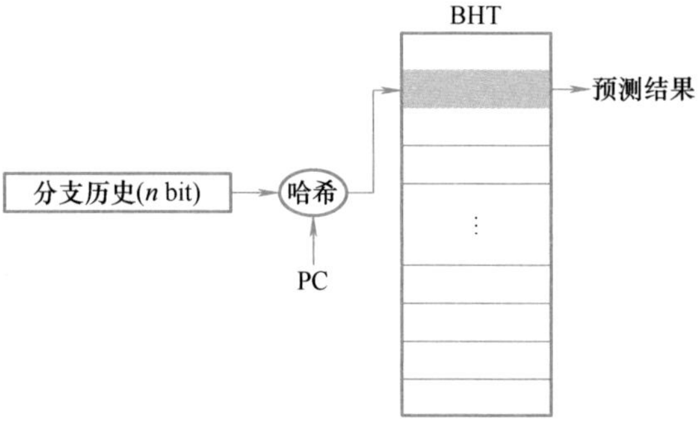

● 图 6-9　BHT 示例

在程序的初始执行期间，预测器不进行任何预测。在指令执行阶段解析分支指令后，相关分支执行信息（分支指令地址 PC、分支跳转目标地址 PC、分支跳转方向、是否错误预测）反馈给分支预测单元，对 GHR 进行更新。当索引新的 PC 值时，新的 PC 值与 GHR 进行哈希（异或）以索引 BHT 条目。如果 BHT 方向预测为跳转，并且相应的分支跳转目标预测器命中，则进行预测并且从分支跳转目标预测器提供跳转地址以更新到 PC 中。如果 BHT 预测当前指令不跳转，或者分支跳转目标预测器未命中，则不进行任何预测并且默认顺序指令提取。

TAGE 预测器及其衍生的优化设计由法国国家信息与自动化研究所（INRIA）的高级研究主任 André Seznec 博士提出[11]。TAGE 预测器源自 Michaud 提出的 PPM 类基于标签的（Tag-Based）预测器。它依赖于默认的无标签预测器（基础预测器）以及由多个带有［部分（Partial）］标签（Tag）的预测器组件组成的全局预测器。这些组件使用不同的分支历史信息长度进行索引计算，这些历史信息长度形成几何级数。预测由预测器组件上的标签匹配或默认预测器提供。在多命中的情况下，预测由使用历史信息最长的标签匹配表提供。

图 6-10 展示了一个 TAGE 预测器结构。TAGE 预测器设有一个负责提供基础预测的基础预测器 T0，以及 4 组包含（部分）标签的预测器 T1～T4。这些包含（部分）标签的预测器组件使用形成几何序列的不同分支历史信息长度与 PC 哈希之后进行索引。在实际设计中，使用的几何序列往往需要根据使用的分支历史信息的长度和关注的应用场景做相应的调整，以避免不同的分支指令信息哈希出索引或标签之后出现别名（Alias）现象而导致预测出错。

基础预测器（Base Predictor）可以设计为一个简单的程序计数器直接索引的基于 n 位饱和计数器的预测器。带标签的预测器组件中的条目包含有符号的预测计数器 ctr（3bit）、（部分）标签 tag 和无符号的替换计数器 u（2bit）。

在预测时，同时访问基础预测器和使用历史信息索引标签组件的全局预测器。基础预测器提供默认预测，全局预测器仅在标签匹配时提供预测。预测结果由使用最长分支历史信息的命中的全局预测器组件提供。如果没有匹配的全局预测器组件，则使用基础预测器的预测结果。

当预测错误时，需要对预测器相关组件进行更新。如果预测器之前进行了预测，则对提供预测的组件进行更新。此时需要注意，如果提供预测的组件不是使用最长分支历史信息的组件，而前文提到预测结果由使用最长分支历史信息的命中标签的预测器组件提供，那么在这种情况下，需要去分配比当前预测组件使用更长分支历史信息的组件。当尝试分配使用更长分支历史信息的组件时，如果发现距离最近的组件中替换计数器的值为 0，则分配该组件，否则不会新分配组件，但需要将所有比当前预测组件使用更长分支历史信息的组件中的替换计数器的值递减。当分配一个新的组件时，预测计数器初始化为弱跳转（Weak Taken），替换计数器初始化为 0（Strong Not Useful）。

当预测正确时，对应组件的替换计数器的值递增，预测计数器根据分支跳转方向做对应方向上的加强。

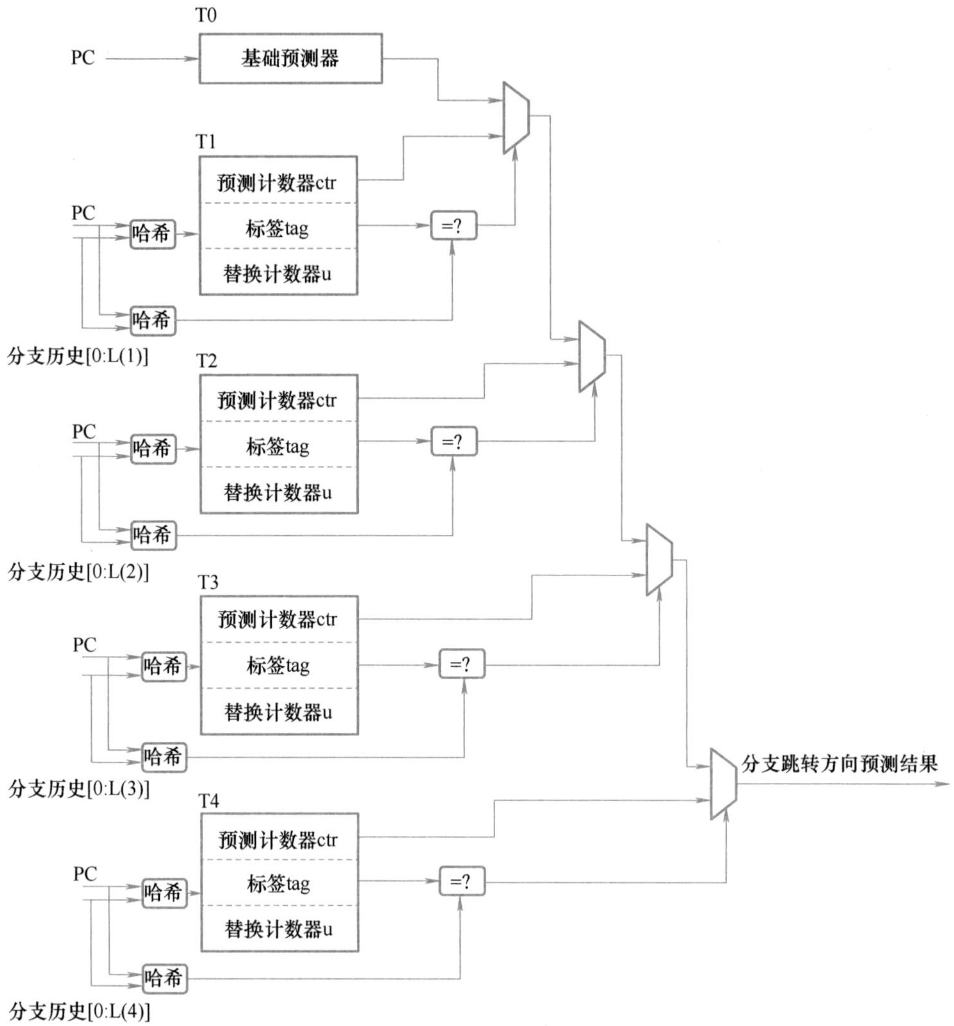

• 图 6-10　TAGE 预测器结构

分支预测中的跳转地址预测涉及使用分支目标缓冲区（Branch Target Buffer，BTB）来存储之前的分支目标跳转地址以及相关信息。一般来说，BTB 可以用来预测所有类型的分支指令的跳转地址。BTB 是在取指令阶段使用指令提取地址（一般为程序计数器的值）访问的小型存储器。BTB 的条目中包含分支指令地址、分支指令类型，以及对应的分支目标跳转地址。当分支单元（Branch Unit）第一次执行（解析）分支指令后，会为其分配 BTB 中的一个条目，并将对应的信息写入条目的不同内容片段中。BTB 一般设计为全相联存储结构，标签字段用于 BTB 的关联访问。BTB 的访问与指令缓存子系统的访问同时进行。当前的 PC 相应字段与 BTB 中条目的标签匹配时，BTB 中的条目命中。这意味着从指令缓存中提取的当前指令之前执行过并且是一条分支指令。当 BTB 索引命中发生时，命中条目中关于该分支指令信息的字段将被访问，如果预测将采用该特定分支指令，则可以将其用作下一条指令的提取地址。BTB 示例如图 6-11 所示。

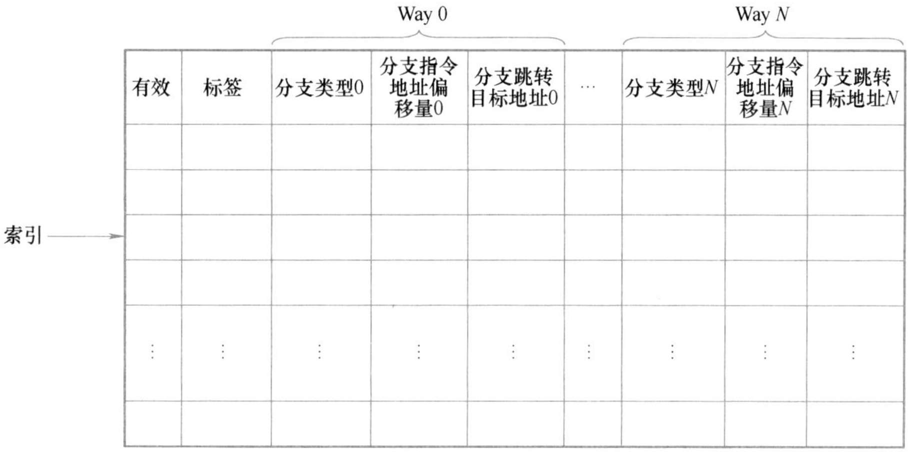

图 6-11　BTB 示例

BTB 可以在存储结构中包含多个条目，以类似于全相联或组相联缓存的方式实现，可以实现为按路（Way）组织的存储结构，由指令提取（块）地址索引。BTB 中的条目可以包括有效（Valid）字段（该字段指定条目是否包含有效预测条目），以及用于存储相应指令块的地址的（部分）标签字段。在访问 BTB 时，可以将标签与指令提取（块）地址的一部分进行比较以确定是否命中。对于每个分支指令，BTB 条目包括一组分支信息字段。分支信息字段包括分支类型字段、分支指令地址偏移量（相对于指令提取地址）字段，以及相应的分支跳转目标地址字段。

BTB 可以在每次指令提取时被访问以进行预测，预测可以针对指令缓存地址空间内的一个或多个顺序指令。预测的指令块可以由预测（块）内的第一条指令的起始地址来识别。对于 AI 处理器中的设计，一般是每周期提取 1~4 条指令。

如果预测的指令块中包含一个或多个分支指令，则选取被预测为跳转的第一条指令的跳转地址来改变指令提取地址，使用该目标地址作为下一个指令块的起始地址。如果在预测的指令块中没有识别出分支跳转指令，则下一个指令块的起始地址为当前预测指令块之后的顺序地址。

如果 BTB 预测的分支跳转地址结果是正确的，则分支指令在取指令阶段能够准确执行（投机执行），不会产生因流水线冲刷而带来的“气泡”。在指令执行阶段经过分支单元解析指令之后，将得到的分支指令类型和跳转目标地址与预测的信息进行比较，如果一致，那么分支预测单元就做出了正确的预测，否则，就是发生了错误预测，必须启动流水线恢复，解析后的结果也用于更新 BTB 相应的内容。

在当下的处理器分支预测单元微架构设计中，出于性能、功耗和面积之间平衡的考虑，通常都会设计多级不同容量和结构的 BTB 来组成 BTB 子系统。一般来说，前级的预测对处理器性能的损伤更小。分支跳转地址对指令提取重定向产生的流水线停顿取决于预测器所处的流水线阶段。例如，对于一个分布于处理器前端三级流水线中的多级 BTB 子系统，如果第一级 BTB 的预测结果出在与指令提取单元的流水线第一级相对应的时钟周期，则不会使指令提取流水线停顿；如果第三级 BTB 的预测结果出在与指令提取单元的流水线第三级相对应的时钟周期，则当第三级 BTB 对流水线进行重定向时，指令提取单元流水线前两级投机执行的部分将被冲刷掉，相应地，指令提取单元流水线要停顿两个时钟周期。对于 AI 处理器而言，设计的出发点应该是如何降低分支指令的比例，而非提高分支预测单元的特性从而试图通过提升预测准确率来达到提升性能的目的。这当然需要指令集和编译器设计的帮助，但微架构设计本身也不宜制定复杂方案。

除了主 BTB（Main BTB）以外，还可以设计一个当前周期可以立刻给出预测结果的微 BTB（Micro BTB，μBTB）。

μBTB 用于预测全部类型的分支指令。如图 6-12 所示，每个有效 μBTB 条目的标签将与新的指令提取起始地址并行比较。由于最多只能命中一个条目，因此，如果命中，就将读取该条目的跳转地址和属性字段（属性字段记录该分支指令的类型，用来区分 pop、unconditional 和 indirect 等分支指令）；否则，当前周期不会给出预测结果，即流水线继续顺序指令提取。当 μBTB 满时，新写入条目的替换策略为最近最少使用（Least Recently Used）。

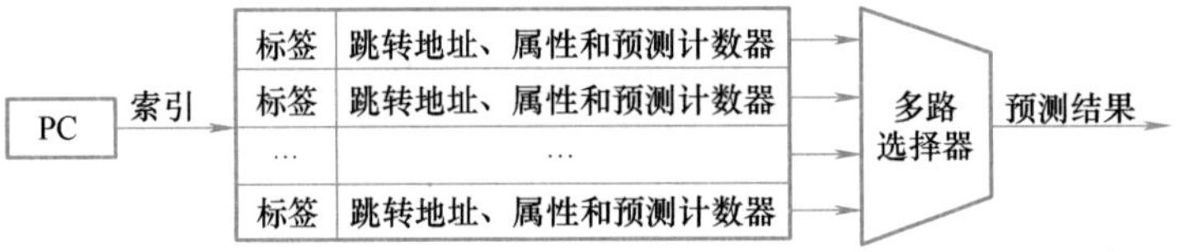

● 图 6-12　μBTB 示例

μBTB 对分支指令跳转方向的预测采用基于 2bit 饱和计数器的有限状态机设计。2bit 预测计数器的 4 种状态的含义分别为强不跳（00）、弱不跳（01）、弱跳转（10）、强跳转（11）。在每个条目首次写入时，预测计数器都会置为弱跳转（10）。后续根据分支指令执行的情况进行选择，当预测正确时，根据跳转方向选择递增（跳转）或递减（不跳转）预测计数器，反之递减，当到达两级（00 或 11）时，不再继续增强。

如果分支预测单元中设计有返回地址栈（Return Address Stack，RAS），并且在 μBTB 中预测到属性为 pop（函数返回）的分支指令且 RAS 不为空，则返回地址栈入口的栈顶目标字段将作为分支预测结果。此外，如果分支预测单元中设计有循环预测器（Loop Predictor），并且循环预测器给出预测结果，则使用循环预测器的预测结果；否则，将使用 μBTB 中给出的预测结果。

作为一种特殊的分支指令，返回（Return）指令是一个常见的错误预测源头，因为一个程序可能会从多个位置调用，而特定返回的目标却不相同。

返回地址栈是一个专门针对返回指令的预测器，可预测程序的返回地址。理论上，返回地址栈可以将程序的返回与相应的调用完全匹配，并获得 100% 的返回目标预测准确率。但是在实际的设计中，程序中的函数嵌套深度可能是无限的，如递归调用，但返回地址栈的大小是有限的，可能会导致上溢和下溢。同时，返回地址栈进行分支指令预测也是投机性执行和更新，而对预测结果的确认要晚多个周期。因此，错误路径上的调用和返回会破坏返回地址栈。以上两个问题对返回地址栈预测的准确率影响很大。返回地址栈的容量是固定的，在设计中只能根据关注的应用场景做相应的调整。所以想要获得更高的预测精度，增加返回地址栈大小的实际作用不大，重点应该是尽量避免错误预测路径上发生的栈损坏。

当前设计的返回地址栈通常基于循环 LIFO（后进先出）缓冲区，存储返回地址和访问当前栈顶部的指针。它的基本操作是程序调用指令将返回目标压入栈，相应的返回指令将其预测目标从返回地址栈中弹出。在每次分支预测时，保存当前的栈顶（TOS）指针，当检测到分支预测错误时，当前的栈顶指针立即由与错误预测分支关联的备份栈顶指针值恢复。

一个简单的返回地址栈结构如图 6-13 所示。作为一个 LIFO 结构，其可以作为循环缓冲区来维护，使用指针指示对应于栈顶部的条目。栈顶存放最近分配的条目，即下次指令提取遇到返回类型分支指令时将从栈中弹出的条目。

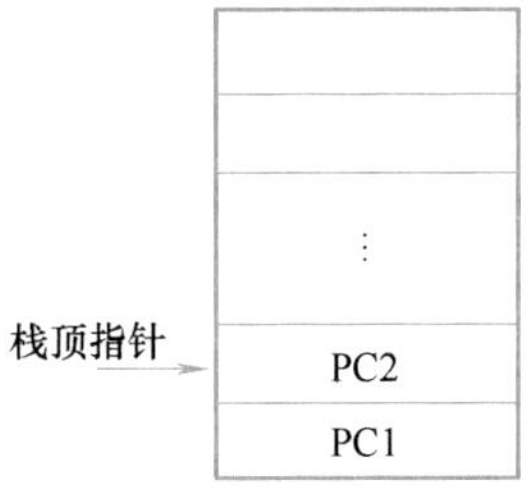

图 6-13　返回地址栈结构示例

图 6-14 是维护返回地址栈的流程。识别指令提取阶段提取的下一指令（块）是否为调用（Call）指令（如 ARM 的 BL 指令），如果是，则将调用指令之后的下一顺序指令的地址作为返回地址推送到返回地址栈中，并且更新指针以指示用于存储该返回地址的条目现在位于栈的顶部。完成后，返回到识别调用指令的步骤以考虑下一指令（块）。

如果要识别的指令不是调用指令，则需要进一步确定该指令是否是预测要执行的返回指令，如果不是，则该流程回到识别调用指令的步骤以考虑下一指令（块），如果下一个提取的指令（块）是分支预测器（如 μBTB）预测将要执行的返回指令，则该返回指令的返回地址将会是当前存储在返回地址栈顶部条目中的地址，然后，处理器前端从具有预测返回地址的指令处启动指令提取，从返回地址栈中弹出返回地址，并更新栈顶指针，使得当前返回地址栈的顶部条目变为包含下一个最近存入的返回地址的条目。

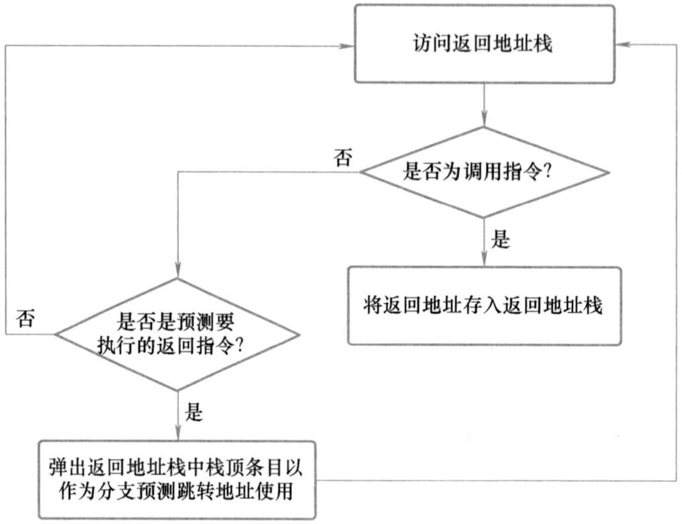

图 6-14　返回地址栈维护流程

在当前的业界设计中，出于性能、功耗和面积之间平衡的考虑，返回地址栈具有有限数量的条目（即使是高性能 CPU，也会控制在 64 个条目之内）。当返回地址栈满时，无法将进一步的返回地址存入。在这种情况下，某些返回指令的返回地址预测可能不正确。此类错误预测可以采用与从其他类型的分支错误预测中恢复相同的方式处理，而非对返回地址栈进行升级优化（并非不可以，而是价值不高）。对于 AI 处理器的应用场景，通常条目会定为 8 或 16 个。

在分支预测单元的微架构特性设计中，AI 处理器相较于通用 CPU 的一个较为明显的设计思路差异体现在循环预测器的设计上。

在计算机程序中，循环是很常见的操作类型。在通用处理器的指令集设计中，编译器一般会将循环体最后一条指令编译为分支指令。例如，可以使用条件分支（Conditional Branch）指令来实现双向分支（if... else...），在循环中指代是要跳出循环还是再次执行循环。

处理器硬件循环组件的设计与指令集设计强相关。对于循环操作，在指令集设计中一般有以下 3 种实现方式。

1）循环体最后加入条件分支指令，达到计数条件后跳出，未达到则继续循环。

2）设计专门的循环（LOOP）指令，给出循环次数及循环体入口/出口信息。

3）使用普通指令替换分支指令，达到同样的效果。

目前主流的通用处理器使用上面列出的第 1 种方式进行循环的实现，一般不会在指令集中设计专门的循环指令，如 ARM 指令集的设计：

```
loop
    LDR R1, [R2]
    CMP R1, #1
    BNE loop
    ISB

    MRS R1, CNTVCT
```

通过比较寄存器 R1 中的数值是否与立即数#1 相等来决定是继续循环还是跳出。这种指令设计一般需要搭配相应的预测器设计，但无法保证预测完全准确。支持自定义指令集的通用处理器或专用的 AI 处理器、数字信号处理器（DSP）可能会选择使用上面列出的第 2 种方式。这种方式一般为软硬件配合定制设计，对于该指令的预测有可能达到完全准确。图 6-15 所示为高通 Hexagon V5x 指令集中的循环指令设计，但这种指令设计一般会加入限制（因为在设计中，软硬件双方为了配合对方均需要做出一定的让步），如实际只支持最多两层循环嵌套、循环体中不能包含分支指令等，这样对软件设计人员编程不算友好。由于上面列出的第 3 种方式存在编译效率问题，因此一般不作为实际设计的选项。

语法	描述
loopN(start, Rs)	具有寄存器循环计数的硬件循环。 为硬件循环 N 设置寄存器 SAn 和 LCn: ■ SAn 被分配了循环的指定起始地址。 ■ LCn被赋值为通用寄存器Rs的值。 注意：循环起始操作数被编码为相对于 PC 的立即数
loopN(start,#count)	具有立即数循环计数的硬件循环。 为硬件循环 N 设置寄存器 SAn 和 LCn: ■ SAn 被分配了循环的指定起始地址。 ■ LCn 被赋值为指定的立即数 (0~1023)。 注意：循环起始操作数被编码为相对于PC的立即数
:endloopN	硬件循环结束指令。 执行以下操作: if(LCn >1) {PC = SAn; LCn = LCn-1} 注意：此指令在汇编中作为后缀出现，附加在循环的最后一个数据包中，它在最后一个数据包中被编码
SAn=Rs	设置循环起始地址到通用寄存器Rs
LCn = Rs	设置循环计数到通用寄存器 Rs

● 图 6-15　Hexagon V5x 循环指令设计

从专用的 AI 处理器设计方面来说，对循环指令的设计可以分为两部分：指令（集）设计与硬件微架构设计。

循环指令需要直接或间接传递 3 个参数给硬件：循环体入口地址、循环体出口地址和循环次数。该指令的第 1 种设计形式：

```
1.形式 1:
2.LOOP begin, iteration
3.LOOPEND
```

循环体入口地址 begin 与循环次数 iteration 在 LOOP 指令中可以使用寄存器 Rs 存储，也可以使用立即数表示。循环体出口地址对应于 LOOPEND 指令对应的地址。

该指令的第 2 种设计形式：

```
1.形式 2:
2.LOOP begin,end,iteration
```

相比形式 1，形式 2 中不需要专门的 LOOPEND 指令，但是需要在 LOOP 这一条指令内给出 3 个参数，对指令编码长度就有了一定的要求，可以根据实际情况灵活选择。与形式 1 相同，循环体入口地址 begin 与循环次数 iteration 在 LOOP 指令中可以使用寄存器 Rs1 存储，也可以使用立即数表示。循环体出口地址可以在寄存器 Rs2 中直接存储，也可以在寄存器 Rs2 中存储出口地址相对于入口地址的偏移量，这样能够减少寄存器开销，但需要额外的运算资源。

图 6-16 是一种通过栈实现循环指令预测器的场景。硬件循环指令 loop2 可以嵌套在硬件循环指令 loop1 中，硬件循环指令 loop1 可以嵌套在硬件循环指令 loop0 中。在执行到 loop0 时，可以将 loop0 的相关循环信息压入栈中；接着，在执行到 loop1 时，可以将 loop1 的相关循环信息压入栈中；进而，在执行到 loop2 时，可以将 loop2 的相关循环信息压入栈中。其中，loop0_cnt 表示 loop0 的剩余循环次数，一开始栈中的 loop0_cnt 为 loop0 总的循环次数，后续每循环执行一次 loop0（如每命中一次栈中的 loop0_end_pc），就可以对 loop0_cnt 减 1，得到更新后的 loop0_cnt，若 loop0_cnt 减为 0，就表明 loop0 执行完成。loop1_cnt 和 loop2_cnt 同理。

若 loop2 执行完成，就可以从栈中弹出 loop2 的循环信息；接着，若 loop1 执行完成，就可以从栈中弹出 loop1 的循环信息；进而，若 loop0 执行完成，就可以从栈中弹出 loop0 的循环信息。若 loop0 执行完成，就表明对各个嵌套的硬件循环指令执行完成。

图 6-17 是循环预测器维护示例。预测器中包括 loop0 ~ loop7 共 8 个硬件循环指令，通过栈还可以维护各硬件循环指令的关联信息，如条目 loop_entry0，其中包含 loop0 的当前有效状态（即 valid）、loop0 的 start_pc（即 loop0 的循环体中起始指令的指针）、loop0 的 end_pc（即 loop0 的循环体中结束指令的指针）、iters_num（表示 loop0 中循环体的剩余循环次数，每对循环体循环执行一次，就可以将 iters_num 减 1）以及 end_not_commit（结束指令的提交标志）。任一循

环体的 iters_num 的初始数值可以是该循环体总的循环次数。循环体每次循环执行时都可以具有一个 end_not_commit。若对一个循环体循环执行了总的循环次数，则可以将该循环体对应的 valid 设置为无效状态（如可以用 0 表示）；若一个循环体的循环还未执行，或者循环的执行次数还未达到总的循环次数，则该循环体对应的 valid 可以是有效状态。

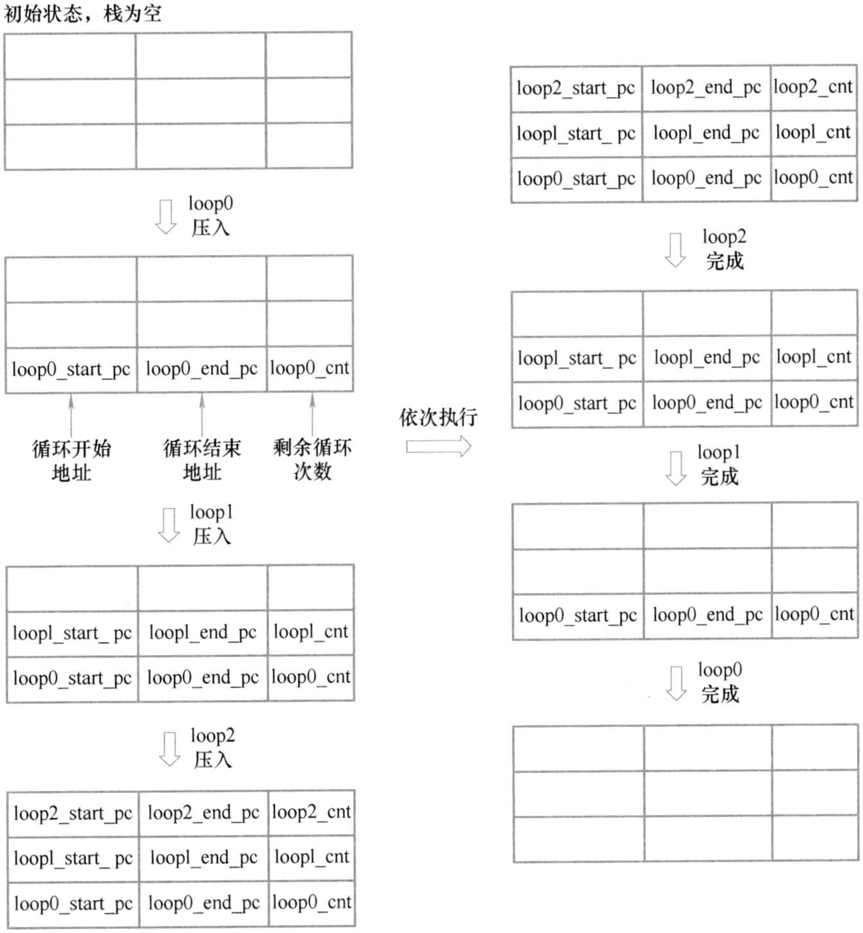

● 图 6-16　循环指令预测执行示例

通过对循环体在当前的剩余循环次数和 end_not_commit（即提交标志）的恢复，可以解决当出现分支预测失败时发生的栈“污染”问题（如预测失败时可以校正栈中循环体的剩余循环次数以及 end_not_commit，即校正栈中循环体的当前循环参数）。循环体内可以有任意多条分支指令，且多个硬件循环指令间可以多层嵌套，可以提升硬件循环指令的编译灵活性和使用灵活性。由于硬件循环指令明确给出了对循环体进行循环的次数，因此，通过使用硬件循环指令，也可以准确实现对循环体本身的循环执行。

条目	当前有效状态	循环开始地址	循环结束地址	循环体的剩余循环次数	结束指令的提交标志	
loop_entry7	valid	start_pc	end_pc	iters_num	end_not_commit	→ loop7的域段
loop_entry6	valid	start_pc	end_pc	iters_num	end_not_commit	→ loop6的域段
loop_entry5	valid	start_pc	end_pc	iters_num	end_not_commit	→ loop5的域段
loop_entry4	valid	start_pc	end_pc	iters_num	end_not_commit	→ loop4的域段
loop_entry3	valid	start_pc	end_pc	iters_num	end_not_commit	→ loop3的域段
loop_entry2	valid	start_pc	end_pc	iters_num	end_not_commit	→ loop2的域段
loop_entry1	valid	start_pc	end_pc	iters_num	end_not_commit	→ loop1的域段
loop_entry0	valid	start_pc	end_pc	iters_num	end_not_commit	→ loop0的域段

● 图 6-17 循环预测器维护示例

对于多层嵌套循环指令中存在分支指令的情况，当执行到分支指令时，可以获取到预测信息，进而执行分支指令以及预测信息所指示的预测的下一指令，若预测的下一指令与确定的下一指令不匹配，且循环体在当前的剩余循环次数与在进行第 N 次循环执行（即当次循环执行）前的剩余循环次数不同，就可以对循环体在当前的剩余循环次数进行恢复（即校正）；若预测的下一指令与确定的下一指令不匹配，但循环体在当前的剩余循环次数与在进行第 N 次循环执行（即当次循环执行）前的剩余循环次数相同，则无须对循环体在当前的剩余循环次数进行恢复。

如图 6-18 所示，在进行当次循环执行前，loop0 的循环体的剩余循环次数为 3，loop1 的循环体的剩余循环次数为 1，loop2 的循环体的剩余循环次数为 1；而 loop0 的循环体在当前的剩余循环次数为 2，loop1 的循环体在当前的剩余循环次数为 0，loop2 的循环体在当前的剩余循环次数为 0，即各硬件循环指令的循环体在当前的剩余循环次数与它们在进行第 N 次循环执行（即当次循环执行）前的剩余循环次数不同，因此，需要对各硬件循环指令的循环体在当前的剩余循环次数分别加 1，以实现对各硬件循环指令的循环体在当前的剩余循环次数的校正。

如图 6-19 所示，在进行当次循环执行前，loop0 的循环体的剩余循环次数为 3，loop1 的循环体的剩余循环次数为 1，loop2 的循环体的剩余循环次数为 1；loop0 的循环体在当前的剩余循环次数也为 3，loop1 的循环体在当前的剩余循环次数也为 1，loop2 的循环体在当前的剩余循环次数也为 1，即各硬件循环指令的循环体在当前的剩余循环次数与它们在进行第 N 次循环执行

（即当次循环执行）前的剩余循环次数相同，因此，无须对各硬件循环指令的循环体在当前的剩余循环次数进行恢复（即校正）。

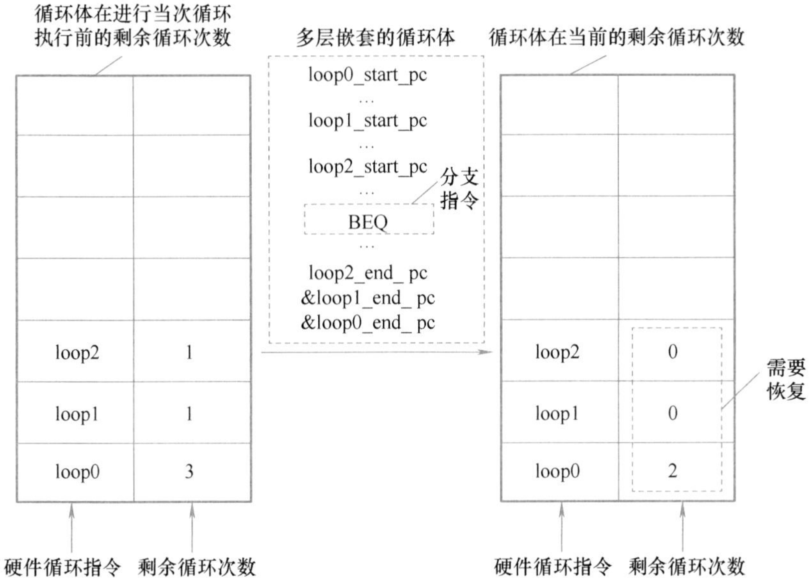

● 图 6-18　多层嵌套循环体示例 1

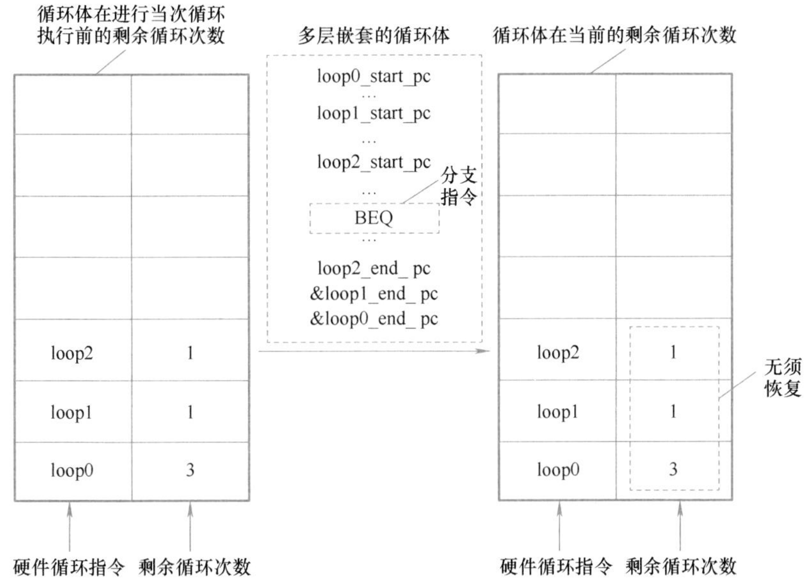

● 图 6-19　多层嵌套循环体示例 2

上述 N 个硬件循环指令具体处理的数据任务（即执行该 N 个硬件循环指令时具体需要得到的执行结果，也就是该 N 个硬件循环指令的类型）可以根据实际应用场景确定，且每个硬件循环指令都可以如上面所描述的那样可以存在分支指令，当分支指令预测错误（如预测的下一指令与确定的下一指令不同）时，各硬件循环指令的循环体的当前执行参数都可以同步且相互独立地如上面所描述的过程那样进行校正。

除了专用的循环预测器以外，考虑到对通用指令集的适配，这里也对通用的循环预测器设计进行介绍。

循环终止预测器（Loop Termination Predictor，LTP）[12]，用于维护一个或多个循环控制分支指令的分支结果预测信息。每个循环控制分支指令都是用于控制包含多个指令的循环的重复执行的分支指令。当使用通用的分支预测器对之前已被高度准确预测的分支指令进行错误预测时，可以在循环终止预测器内进行输入，因为这种情况下的分支指令很可能是循环控制分支指令。然后，循环终止预测器检测该循环控制分支指令的行为，以便确定是否观察到循环的稳定迭代次数。一旦迭代计数的稳定性具有一定的置信度，就可以使用循环终止预测器在每次遇到循环控制分支指令时进行预测。

如图 6-20 所示，LTP 有 5 个字段：标签，用于存储分支的索引；投机迭代计数和非投机迭代计数，用于存储分支预测连续跳转的次数；循环计数，用于跟踪在最后一次未跳转之前循环分支预测跳转的连续次数；置信位，指示至少连续两次看到相同的循环计数。

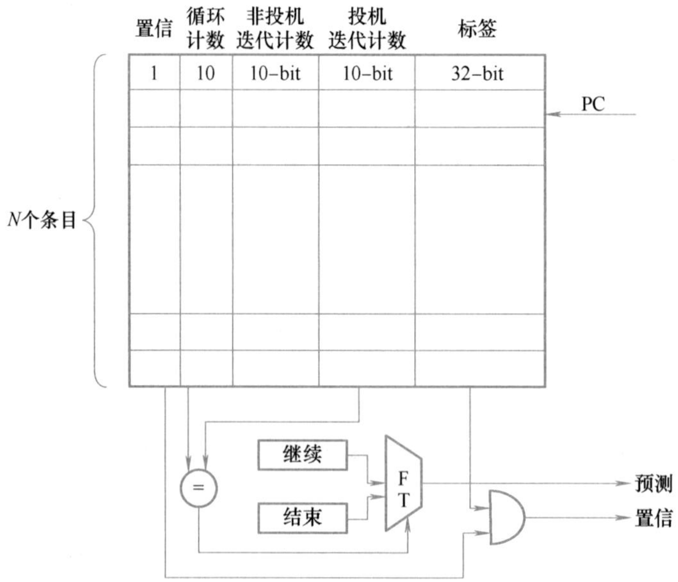

● 图 6-20　LTP 示例

为了访问 LTP，用于执行正常分支预测的指令提取 PC 也用于并行索引到 LTP。如果存在标签匹配，则根据循环计数检查投机迭代计数器。如果投机迭代计数与循环计数相等，则分支被预测为终止。然后检查置信位，如果它被设置，则循环分支被预测为不跳转（退出循环）。相反，如果投机迭代计数和循环计数不相等，则投机迭代计数器加 1。当分支指令完成并解析其分支跳转方向时，若确定其为循环分支并且不在 LTP 中，而且默认预测器对其进行了错误预测，则将其插入 LTP。在解析过程中，对 LTP 中的一个跳转的分支的非投机迭代计数器加 1。在分支指令解析后，对于在 LTP 中发现的预测不跳转循环分支，更新其循环计数和置信位。如果非投机迭代计数等于 LTP 中存储的循环计数，则置信位置 1，否则清零。然后，非投机迭代计数器加 1 并复制到循环计数中，将投机迭代计数设置为当前投机迭代计数减非投机迭代计数后的差，因为在未跳转的分支解析之前可能已经再次获取了相同的循环分支。最后，非投机迭代计数器被重置为零。

LTP 中设计两个迭代计数器的原因之一是在分支预测错误时恢复迭代计数器。当发生分支错误预测时，所有非投机迭代计数器将它们的值复制到投机迭代计数器中。因此，这同步了投机性和非投机性计数器。当循环分支被预测为终止时，即该分支被预测为不跳转，否则分支被预测为跳转。

除了 LTP 以外，循环预测器还包括循环最小迭代预测器（Loop Minimum Iteration Predictor，LMIP）。在循环没有稳定的总迭代次数的情况下，可以使用 LMIP 确定每次执行循环时出现的稳定最小迭代次数。在这种情况下，当确定对稳定的最小迭代计数具有合理的置信度时，可以在循环的后续执行期间使用 LMIP 对相关循环控制分支指令进行分支结果预测。

图 6-21 是 LMIP 示例。标签用于识别与条目相关联的循环控制分支指令，通常通过存储该指令的存储器地址的某一部分来识别。结果模式用于识别相关联的循环控制分支指令在除最后一次迭代以外的所有迭代中的跳转情况。最小迭代计数用于识别在启动循环和终止循环之间发生的循环的最小迭代次数，并且在预测器训练阶段，LMIP 的作用为循环多次出现时确定该循环最小迭代计数是否稳定。架构计数用于跟踪已执行和提交的循环的总迭代次数。因此，在预

条目0	标签	结果模式	最小迭代计数	架构计数	推测计数	置信度
条目1	标签	结果模式	最小迭代计数	架构计数	推测计数	置信度
⋮	⋮	⋮	⋮	⋮	⋮	⋮
条目N	标签	结果模式	最小迭代计数	架构计数	推测计数	置信度

图 6-21　LMIP 示例

测器训练阶段第一次出现循环期间，架构计数将用于跟踪已执行的总迭代次数，当循环终止时，该值写入最小迭代计数字段。在下次遇到循环时，架构计数再次用于跟踪已执行的总迭代次数。当循环终止时，判断架构计数是否大于或等于最小迭代计数，如果是，则可以增加置信度；否则，重置置信度，然后将架构计数写入最小迭代计数中。如果置信度达到某个阈值，则表明最小迭代计数的稳定性达到了一定的置信度水平，LMIP 可以开始使用对应条目进行未来预测。

每次重置置信度时都可以增加阈值，从而增加在置信度被认为足够高以开始进行预测之前需要观察稳定的最小迭代计数的次数。一旦达到阈值，在循环的后续执行中，LMIP 就可以对每个最小迭代次数的循环控制分支指令的结果进行预测。每次做出这样的预测时，投机计数就会递增，以便跟踪使用 LMIP 做出的预测总数。在分支预测单元在某处做出分支错误预测的情况下，可以使用此信息确定如何重置状态。

若索引到 LMIP 条目标签命中，则推测计数用于识别当前迭代计数。每次在循环的执行期间对循环控制分支指令进行预测时，推测计数递增，然后判断当前迭代计数是否小于最小迭代计数，如果不是，则结束预测，也就是说，LMIP 仅用于对达到最小迭代计数时的第一个迭代序列进行预测，此后分支预测单元中的其他预测器用于在循环继续执行的同时对循环控制分支指令进行后续预测。如果识别的当前迭代计数小于最小迭代次数，则使用 LMIP 命中条目中的结果模式进行跳转方向预测。如果结果模式表明循环控制分支指令将在除最后一次迭代以外的所有迭代中跳转，则预测分支跳转。如果结果模式表明，除了最后一次迭代以外，控制分支指令的循环将不会在所有迭代中执行，那么方向预测将是分支指令不会跳转。

综上所述，AI 处理器前端中的分支预测单元微架构如图 6-22 所示。

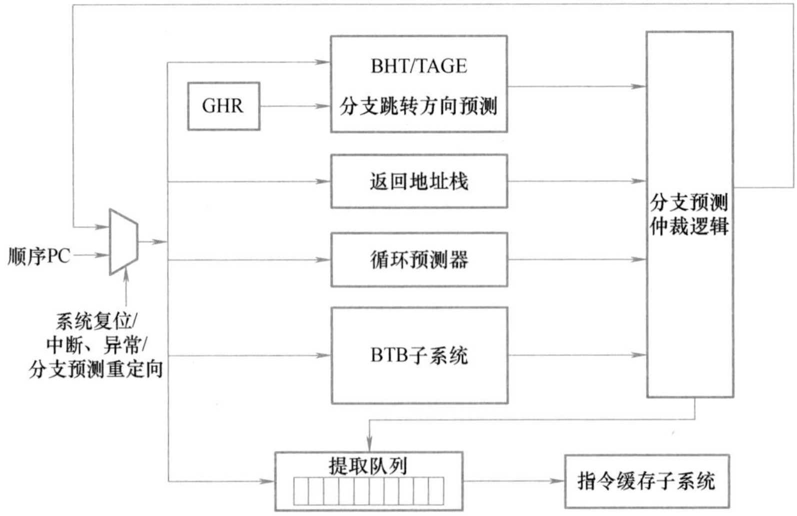

图 6-22 AI 处理器前端中的分支预测单元微架构

分支预测单元可以在零周期延迟内给出快速预测结果（包括跳转目标地址和跳转方向），也可以在 1~3 个周期延迟内给出预测结果（跨越整个指令提取阶段，直到指令译码阶段），可以覆盖快速预测的结果并对流水线进行重定向。

指令提取地址（PC）访问 μBTB、主 BTB、GHR，以及循环预测器和 RAS。如果 RAS 不为空，则它将提供栈顶部的条目。μBTB 提供快速分支预测。如果 μBTB 检测到的预测分支具有返回属性，则将改用 RAS 预测分支跳转目标。如果没有检测到预测分支，则在当前周期将使用顺序指令提取地址进行下一次 PC 计算。访问 BHT/TAGE 内存，执行 TAGE 标签匹配。在下一周期，主 BTB 的分支跳转目标地址和来自 BHT /TAGE 的方向预测为当前周期提供的分支预测结果。

6.1.3 指令译码单元与指令发射单元设计

为提升性能和指令执行效率，当前顺序执行处理器设计中普遍采用增加指令发射宽度的方案，相应的基于硬件的动态指令调度的设计也需要同步进行，以实现流水线高效率执行。

指令译码单元完成对指令的解析，得到后续指令执行阶段需要用到的信息，介绍如下。

- 指令类型的解析：该指令是计算类指令、访存类指令还是跳转类指令等。
- 指令操作解析：如果当前指令是计算类指令，具体是哪种运算类型；如果当前指令是访存类指令，具体是 Load 指令还是 Store 指令，以及访存的数据位宽是 Byte、Half Word 还是 Word；如果当前指令是跳转类指令，具体的跳转判断条件是哪一种。
- 操作数源和目标寄存器解析：该指令需要读取的寄存器索引（Index）是什么，以及需要写回的寄存器索引是什么。

通常情况下，指令译码单元的输入是一个指令流。指令译码单元需要对指令流进行拆分，识别指令间边界，拆分出多条独立的指令。然后对各条指令进行独立的译码操作，得到后续流水线需要的控制信号。指令译码单元的复杂程度依赖于指令集架构的复杂度。如果指令集架构中定义了多种指令格式，每种指令格式又包含多种指令子集，那么指令译码单元就要对所有这些格式进行处理。

指令译码单元可以包括多个子译码单元，其中一个或多个子译码单元可以负责译码不同类型的指令，并且可以并行操作，从而提高吞吐量。指令提取队列将每个指令（块）传输到译码单元中相应的子单元。

通常情况下，RISC 指令比较容易解析。其有固定的指令长度，这有利于指令译码单元快速解析出指令边界。此外 RISC 指令集通常包含较少的指令格式，对于 RISC-V 指令集，共 6 种类型指令：R、I、S、B、U 和 J，这些指令的格式较为固定，寄存器源操作数和目标操作数编码位置也较为固定，比较方便指令译码单元解析出控制信号。

RISC 编码格式较为简单，通常仅需要一个时钟周期即可完成指令译码操作（有些指令则需要两个时钟周期来完成，如 SIMD 的 Load/Store，主要原因是受限于每个时钟周期能处理的资源量，如目标寄存器的数量等），所消耗的面积也较小。

指令译码单元译码指令以生成微操作，这些微操作可以提供用于指令执行阶段分别执行相应的处理操作的信息。一些指令可以经过译码映射到单个微操作，而其他指令可以分成多个微操作。译码后的微操作会被提供给指令分发阶段，在那里它们被输入发射队列中，同时等待操作数可用。如果标量处理单元设计为乱序执行，则当一个微操作因为等待操作数可用而停滞时，程序顺序中较靠后的指令可以首先执行；如果标量处理单元设计为顺（定）序执行，则当一个微指令被停滞时，程序顺序中较靠后的微指令也会被停滞，即使它们的操作数可用。

可以从图 6-23 所示的处理器数据流的宏观架构中看到，指令被传递到指令译码单元进行译码，然后传递到指令发射单元。指令发射单元向执行单元发射指令以供执行。通过执行流水线阶段的指令被传递到写回端口，该端口将修改后的值写入寄存器堆中。然后，这些修改后的值可以依次通过访存单元存储到存储器中。

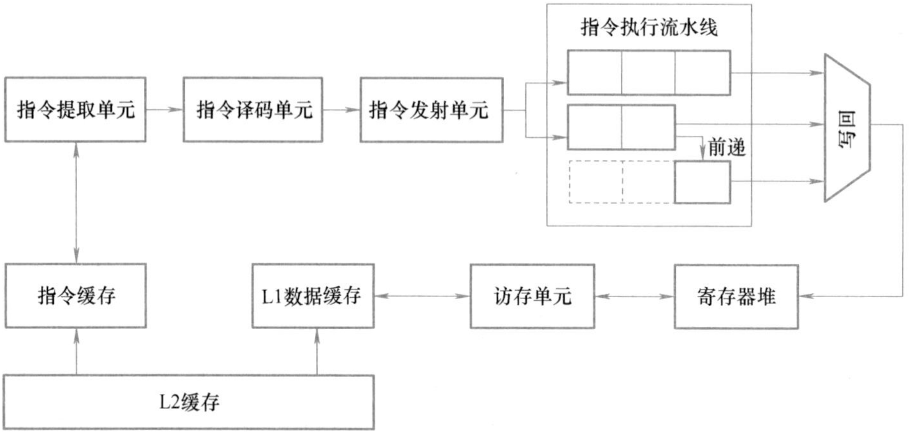

● 图 6-23　处理器数据流的宏观架构

指令分发与发射过程中的核心事务是为不同功能的指令执行单元分配相应的指令并负责处理数据依赖关系以及数据前递。这个过程中将每条未提交的执行指令的目标操作数与后续发出指令的源操作数进行比较，如果存在硬件执行资源冲突，或者数据冒险（Data Hazard）或依赖性（Dependency）问题，则后续指令停顿，只要当前指令不依赖于先前的指令并且不存在结构性冒险或硬件执行资源冲突，就可以执行指令。执行整体过程如下：在指令提取单元中提取指令并经过预译码处理特殊的不能同时向后发送的情况后，把指令发送到指令译码和分发单元，根据译码后的信息，按照不同类型对应不同的执行流水线进行分发，并检测前后指令需要访问的寄存器中数据的可用性，直到其输入操作数可用为止。一旦可用，指令进入对应的功能单元执行，结果写入寄存器堆中的目标寄存器。

寄存器堆包括多个寄存器，存储用于执行指令的操作数，以及指令因执行写回操作而写回到寄存器堆的结果数据。寄存器堆包括多个写端口及读端口，以供指令执行单元存取。寄存器的大小及数目取决于处理器架构。

当具有数据依赖性的指令在流水线的不同阶段修改数据时，就会发生数据冒险，必须防止它的发生，否则会导致意外输出。在 4. 2 节中阐述向量处理单元指令发射时已经对其基本原理进行了一定的讲解，本节再次进行说明以便加深读者印象。

在以下 3 种情况下可能会发生数据冒险，指令发射时必须处理这些情况。

- 写后读：如果后续指令想在其前序指令写之前去读数据，读出来的将是旧值。这是最常发生的一种相关，这种冲突又名真数据相关，想要保证执行结果正确，就必须保证后续指令在其前序指令之后读取数据。
- 写后写：当后续指令在其前序指令写入数据之前写同一个单元（寄存器或内存地址）时就会发生写写相关。如果写操作以错误的顺序执行，就会导致指令结束后的操作数是错误的，本来应该是后续指令写入的值，如果后续指令先写，则最终结果为其前序指令写入的值，这种冲突对应于输出相关。
- 读后写：当后续指令先于其前序指令改写了前序指令的操作数，则其前序指令读到的将是一个错误的值，这种冲突是反相关。

记分板作为动态指令调度技术应用在顺序执行处理器中，以实现流水线效率执行。指令分发与发射过程的调节由记分板逻辑的一部分进行，将每条未提交的执行指令的目标操作数与后续发出指令的源操作数进行比较，比较结果处理见上文，不再重复给出。记分板可以认为是与指令提取阶段和指令执行阶段交换信息的中介单元，负责处理数据依赖关系以及数据前递。

图 6-24 是进一步细化的指令译码与发射相关单元的宏观架构。其中，记分板与寄存器堆

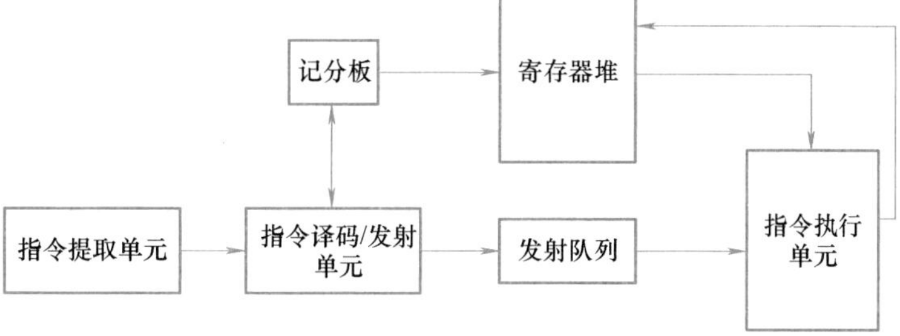

图 6-24　进一步细化的指令译码与发射相关单元的宏观架构

相联。指令译码/发射单元访问记分板，以检查当前指令的源操作数和/或目标操作数的数据依赖性并分配数据。根据从记分板接收的与指令操作数相对应的信息，指令被调度到发射队列；发射队列连接到指令执行单元；指令执行单元与寄存器堆相联，以从寄存器堆读取数据以及将结果数据写回到寄存器堆。

记分板可以包括 N（如 32）个条目，条目指示寄存器堆中寄存器的状态。例如，可以使用一个位来跟踪之前发射的指令是否已写回结果数据。当读取记分板检查操作数的数据依赖性时，记分板指示可以从寄存器堆访问数据或者该指令的至少一个操作数具有数据依赖性。也就是说，对应于操作数的数据尚未从之前发出的指令写回，并且处理器在执行当前指令之前必须等待数据写回。

图 6-25 是记分板的设计示例，每个记分板条目都会映射到寄存器堆。记分板条目包括（指令执行）不定周期字段、（固定周期）执行计数字段、（执行）功能单元字段，以及写回字段。

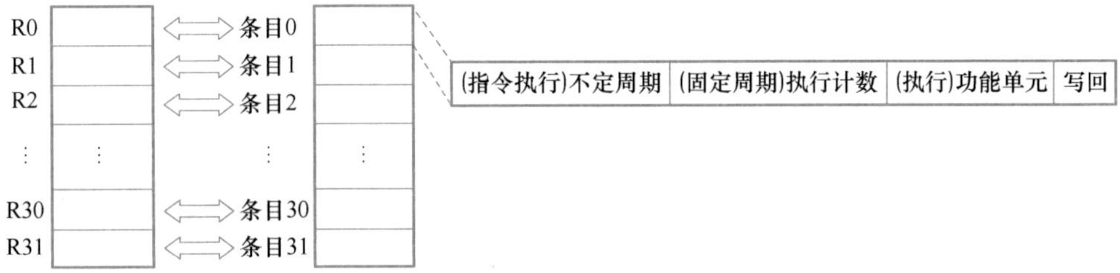

● 图 6-25　记分板设计示例

不定周期字段指示发射指令的执行等待时间是未知的。例如，如果发出的指令是加载（Load）指令或者除法指令，则置位加载指令的记分板条目对应寄存器的不定周期字段，因为上述指令对应完成的时钟周期并不总是确定的。当不定周期字段重置后，执行计数字段将设置为可知的固定执行周期。

执行计数字段用于记录指令对应寄存器的计数器值，即所发射指令的执行延迟时间。执行延迟时间表示功能单元将结果数据写回相应寄存器的时钟周期数。只要计数器值不为零，执行计数字段中的计数器值在每个时钟周期都会递减。例如，如果第一条指令具有 m 个时钟周期的执行延迟时间以将结果数据写回寄存器 R2，则映射到寄存器 R2 的记分板条目 2 的执行计数字段设置为 m。

如果第一条指令之后的第二条指令被译码为读取寄存器 R2 的指令，则这种类型的数据依赖性为写后读。第二条指令读取映射到寄存器 R2 的记分板条目 2 并确定存在数据依赖性。基于执行计数字段中的计数器值，第二条指令等待发射，直到没有数据依赖性为止。执行计数字段的大小一般为适应任何指令的最坏情况延迟时间。

如果第一条指令之后的第二条指令被译码为写入寄存器 R2 的指令，则这种类型的数据依赖性为写后写。第二条指令读取映射到寄存器 R2 的记分板条目 2 并确定存在数据依赖性，即第一条指令是写回寄存器 R2，并且第二条指令需要等待第一条指令的结果数据。因此，在存在写后写依赖性的情况下，执行计数字段中的计数器值设置为第一条指令的执行延迟时间 m。基于执行计数字段中的计数器值，直到第二条指令的写入时间大于执行计数字段，第二条指令才可以发射。

执行计数字段的数值也可以在指令发射时设置为指令的源操作数读取时间，即功能单元读取相应寄存器的源操作数以供执行所需的时钟周期数。假如第一条指令设置为在 m 个时钟周期内从寄存器 R2（源寄存器）读取数据，则映射到寄存器 R2 的记分板条目 2 的执行计数字段设置为 m。接下来，第一条指令之后的第二条指令被译码为写入寄存器 R2 的指令，这种类型的数据依赖性为读后写。第二条指令在第一条指令从寄存器 R2 读取数据之前不能写入寄存器 R2。第二条指令读取映射到寄存器 R2 的记分板条目 2 并确定存在数据依赖性。基于执行计数字段中的计数器值，第二条指令等待，直到第二条指令的写入时间大于等于执行计数字段的数值为止。

功能单元字段用于记录产生写回结果数据的功能单元，也可用于将结果数据前递到后续指令。例如，如果一条 ADD 指令要访问寄存器 R3，而该寄存器与前一条 MUL 指令的目标操作数具有数据依赖性，则在这种情况下，记分板条目的功能单元字段可以记录 MUL，并且可以通过配置指令执行单元内的逻辑将 MUL 指令的结果数据直接前递到 ADD 功能单元。功能单元字段的大小取决于可以独立写回到寄存器堆的功能单元的数量。

写回字段记录写回寄存器的数据的大小。这样，发射的指令能够知道寄存器数据中的哪些部分来自数据前递，哪些部分来自寄存器堆。例如，从功能单元输出的结果数据可以是完整数据、结果数据的一部分等。

综上所述，记分板的指令发射有效性仲裁流程如图 6-26 所示。

图 6-27 为发射队列的设计示例，用于跟踪即将发射以供执行的微操作。发射队列包括多个条目，每个条目都对应于将要执行的微操作。条目包括一个操作码（opcode）字段，以及处理相应微操作所需的一个或多个操作字段。操作码标识指令执行阶段响应微操作要执行的处理操作的类型。操作字段可以由要使用的操作数的立即数表示，或者由存储相应操作数的寄存器的说明符表示（例如，指令的目标寄存器的指示、条件代码信息等）。操作数可以与有效字段相关联，有效标志指示相应的操作数是否可用。例如，当生成操作数的较早指令完成时，可以设置使用该操作数的后续指令的有效标志。当指示给定微操作所需的所有操作数可用时，指令发射阶段可以发射该微操作相应指令。

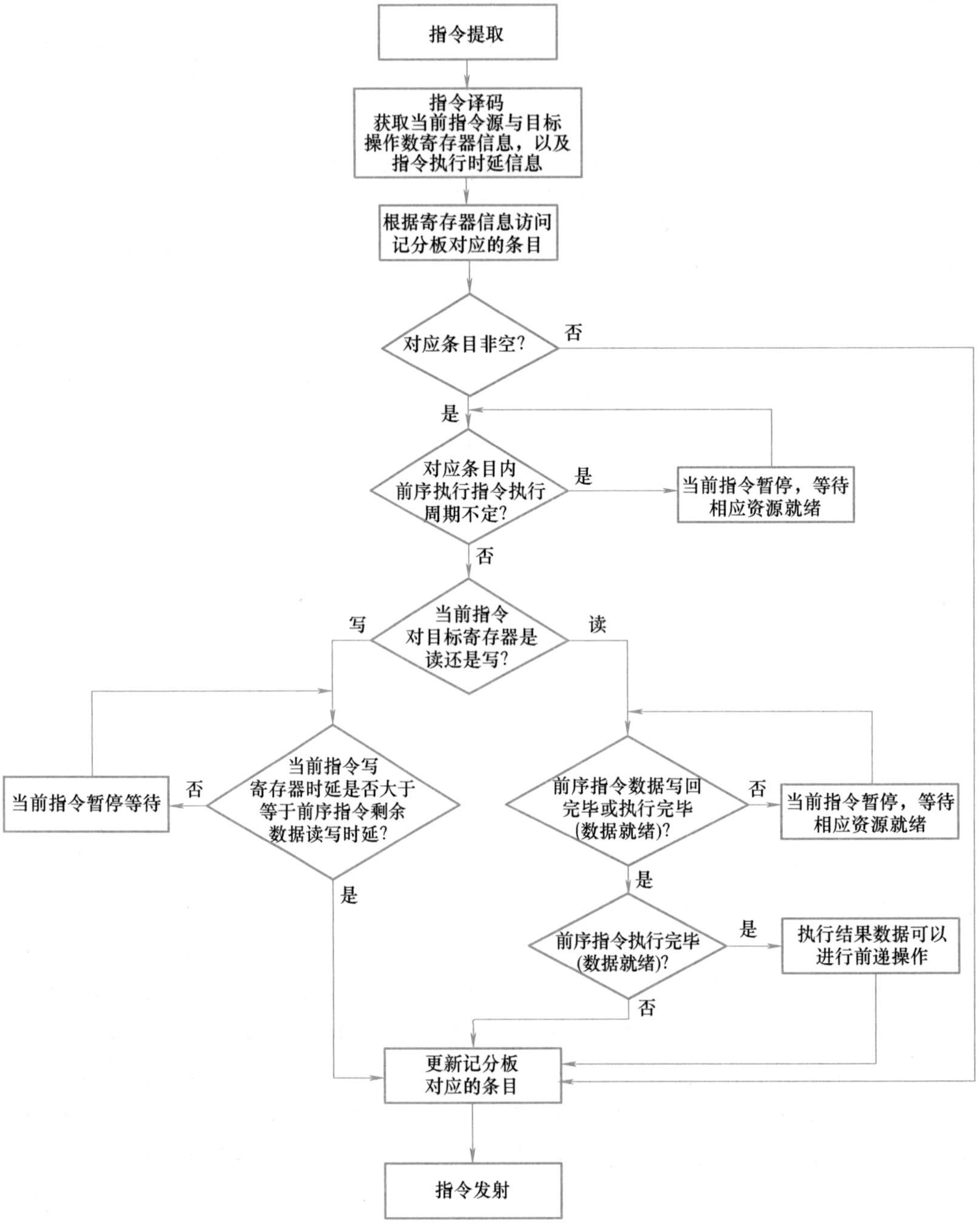

图 6-26　记分板的指令发射有效性仲裁流程

条目0	操作码	有效0	操作0	有效1	操作1	有效2	操作2
条目1	操作码	有效0	操作0	有效1	操作1	有效2	操作2
⋮	⋮	⋮	⋮	⋮	⋮	⋮	⋮
条目N	操作码	有效0	操作0	有效1	操作1	有效2	操作2

● 图 6-27　发射队列设计示例

将指令划分为微操作的方式可以是静态的也可以是动态的。静态划分可以简单地响应给定的指令并生成一个或多个微操作。动态划分能够根据指令执行单元流水线内的资源可用性灵活地确定要为指令生成多少个微操作。

图 6-28 展示了两条连续加法指令的例子，指令“ADD x2, x3, x4”将寄存器 x3 和 x4 中的值相加并将结果放入寄存器 x2 中，指令“ADD x5, x2, x1”将寄存器 x2 和 x1 中的值相加并将结果写入寄存器 x5。第二条加法指令的执行取决于第一条加法指令的结果。如图 6-28 左侧部分所示，这些加法指令可以作为单独的微操作执行，每条加法指令执行一条。另外，还支持执行产生相同结果的复合微指令，将 x3+x4 的和放在寄存器 x2 中，并将 x3+x4+x1 的和放在寄存器 x5 中。是否执行多个微操作的决定可以在指令发射单元中做出，具体取决于操作数的可用性。

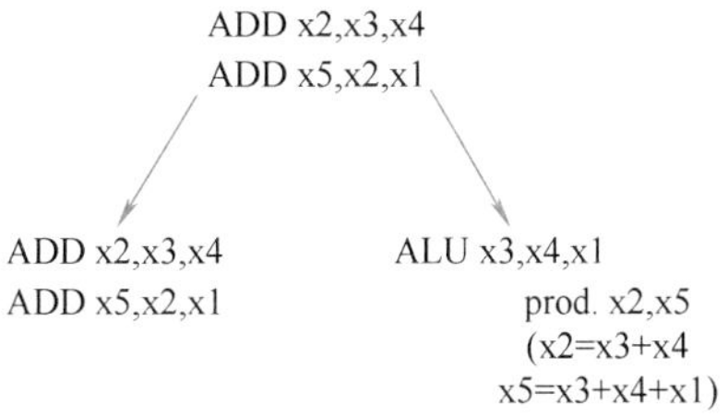

● 图 6-28　指令划分示例

当指令发射单元接收到上述两条指令后，如果第一条加法指令所需的操作数 x3 和 x4 可用，但第二条加法指令所需的操作数 x1 尚不可用，则发射第一个微操作，而第二个微操作在发射队列中保持有效，并等待其操作数 x2 和 x1 变为可用（操作数 x2 作为第一个微操作的结果生成），如图 6-29 所示。

如果第一条加法指令的操作数 x3 和 x4 可用，第二条加法指令的操作数 x1 也可用，则可以发射复合加法微操作，并使发射队列对应的两个条目均无效，如图 6-30 所示。需要注意的是，第二条加法指令的 x2 操作数不必变为可用，因为它是第一条加法指令的结果，将在复合加法微操作期间生成。

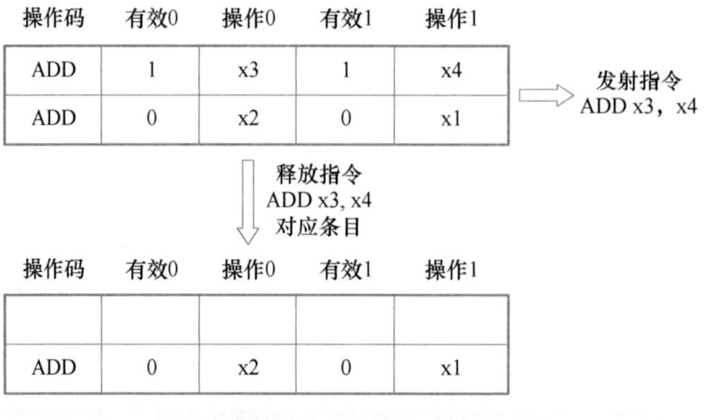

● 图 6-29　发射队列工作示例 1

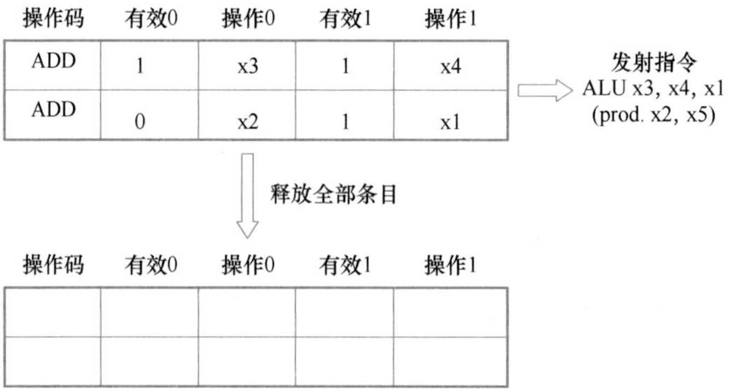

● 图 6-30　发射队列工作示例 2

因此，指令发射单元通过微操作混合的方法，并根据资源可用性推迟到指令发射阶段才决定是将两条指令作为单个微操作还是多个微操作执行，这样可以在尽可能的情况下节省发射带宽。但是如果执行操作所需的资源尚不可用，则可以将指令拆分为多个微操作执行，避免任何使用可执行微操作目标寄存器的后续指令存在不必要的停滞。

图 6-31 所示为根据操作数可用性确定发射相应微操作的流程。例如，存在一定数量的处理步骤，包括使用第一组操作数｛操作 0｝执行的步骤 0 和使用第二组操作数｛操作 1｝执行的步骤 1。第一组操作数｛操作 0｝和第二组操作数｛操作 1｝均包含一个或多个操作数，并且可能重叠，使得步骤 1 所需的一些操作数也可能用于步骤 0。首先，指令发射单元确定第一组操作数｛操作 0｝是否可用。如果不可用，则等待第一组操作数｛操作 0｝可用。当第一组操作数｛操作 0｝可用时，则进一步确定第二组操作数｛操作 1｝是否可用。如果第二组操作数｛操作 1｝不可用，则在指令发射单元向指令执行单元发射对应步骤 0 的单个微操作，而将

对应步骤 1 的微操作留在发射队列中等待。当第二组操作数 {操作 1} 可用时，指令发射单元发射对应步骤 1 的单个微操作。如果第一组操作数 {操作 0} 和第二组操作数 {操作 1} 同时可用，则指令发射单元发射复合微操作以执行步骤 0 和步骤 1。这样，当所有微操作都可发射时，可以组合微操作以减少所需的操作数，从而节省硬件带宽。如果只有部分操作数可用，则步骤 0 不会再等待步骤 1 所需的操作数可用。同样，任何依赖于步骤 0 的后续操作也不会因相互等待而延迟。这样提升了硬件执行效率。

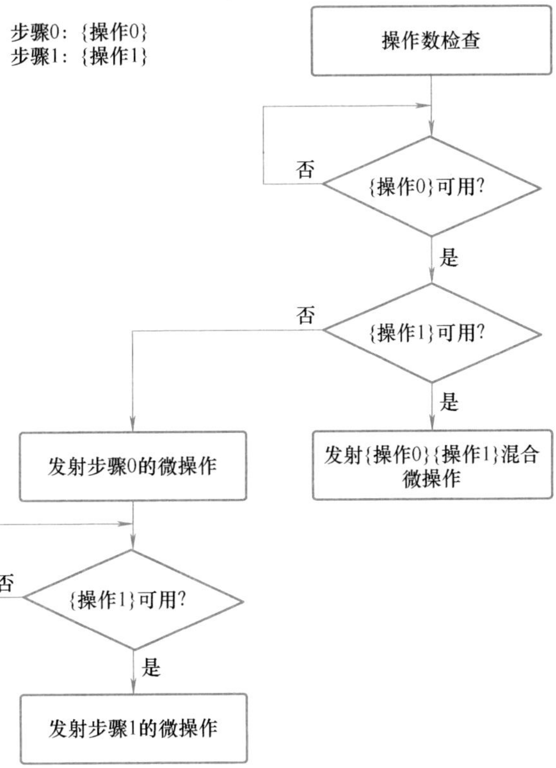

● 图 6-31 根据操作数可用性确定发射相应微操作的流程

6.2 执行单元设计

（指令）执行单元由多个功能单元（模块）组成，包括算术逻辑单元（ALU）、整数乘法、整数除法、移位器、地址生成单元（AGU）、浮点运算单元（FPU）等。当执行单元接收指令发射单元送来的指令（微操作）时，对应的功能单元通过寄存器堆的可用的读口访问寄存器堆，以获得用于执行指令的一组操作数，并执行根据发射队列调度的微操作，输出的结果数据通过寄存器堆的可用的写口写回到寄存器堆中的目标操作数（一个或多个寄存器条目）。同时，功能单元的执行结果数据可以被前递以用于执行流水线中的后续指令。

本章开篇提到了 AI 处理器的标量处理单元与通用 CPU 在微架构设计思路上的差异。对应到执行单元的微架构设计则可以概括为：AI 处理器的标量处理单元的首要任务是指令的调度而非数据的运算，那么，其中的指令执行单元内的功能模块也会优先服务于指令的调度以及数据的预处理。因此，在设计指令执行单元微架构时，特性的取舍是需要认真考虑的。

6.2.1 执行单元流水线设计

执行单元标量部分的流水线设计可以参考目前业界大部分解决方案使用的顺序单发射和双发射处理器的微架构设计。例如 SiFive X280 中使用的标量核 S7 的执行流水线，如图 6-32 所示。

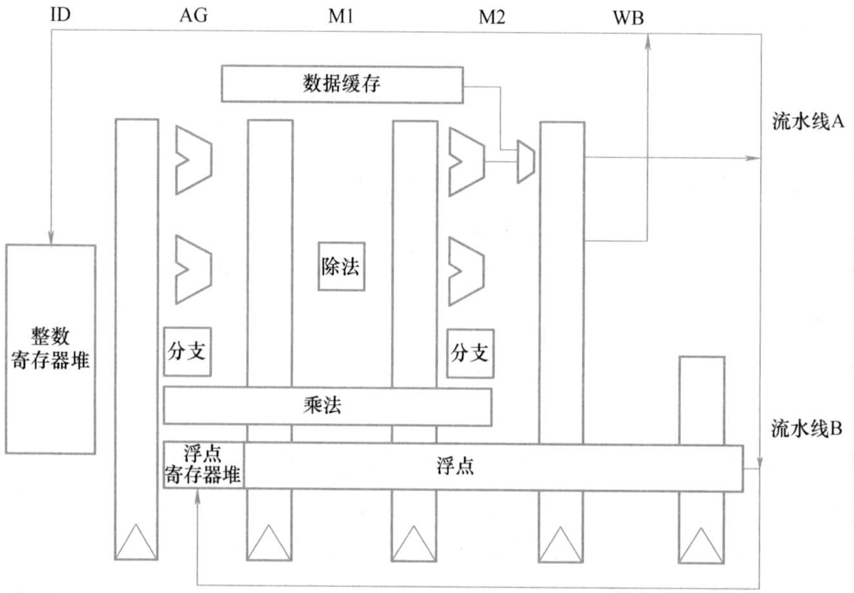

图 6-32 SiFive X280 中 S7 的执行流水线

流水线的峰值执行率为每时钟周期两个指令，并且完全旁路，因此大多数指令都有一个周期的结果延迟。

整数算术和分支指令可以在 AG（Address Generation）或 M2（Data Memory Access 2）阶段执行。如果此类指令的操作数在指令进入 AG 阶段时可用，则它在 AG 中执行；否则，它在 M2 中执行。

数据加载在 M2 阶段产生结果。大多数整数指令没有加载使用延迟。但是，内存访问的有效地址始终在 AG 阶段计算。因此，加载、存储和间接跳转要求其地址操作数在指令进入 AG 时就绪。如果地址生成操作依赖于从内存加载，则加载使用延迟为两个周期。

整数乘法指令在 AG 阶段使用其操作数，并在 M2 阶段产生其结果。整数乘法器完全流水线化。整数除法指令在 AG 阶段使用其操作数。这些指令的结果延迟介于 6~68 周期之间，具体取决于操作数。

CSR（Control and Status Register，控制与状态寄存器）访问在 M2 阶段执行。CSR 读取数据可以旁路大多数整数指令，没有延迟。大多数 CSR 写入会刷新流水线，这是一个 7 周期的惩罚。

S7 的流水线实现了灵活的双指令发射方案。只要一对指令之间没有数据风险，这两个指令就可以在同一周期内发出，前提是满足以下约束。

- 最多一条指令访问数据存储器。
- 最多一条指令是分支或跳转指令。
- 最多一条指令是整数乘法或除法运算。
- 两条指令均未明确访问 CSR。

在业界的一些产品设计中，顺序执行的标量处理单元的指令并不是严格有序的，可以在不阻塞流水线的情况下处理缓存未命中。也就是说，发射队列能够跟踪在缓存（加载）未命中后提取的一些指令，这样能够最大限度地利用缓存未命中处理时间窗口。然而，无论是 AI 处理器还是 CPU 小核的微架构设计，在标量部分追求能效和面效（面积效率）的优化这个原则是始终不变的。所以，无论是指令发射还是分支预测，对于高性能乱序多发射处理器微架构特性的移植和借鉴，都会保持在一个极其有限的程度内。执行单元该停顿的时候就让它停顿，在微架构设计上不会再进行有针对性的优化。

图 6-33 为 AI 处理器标量部分执行单元的结构设计示例。

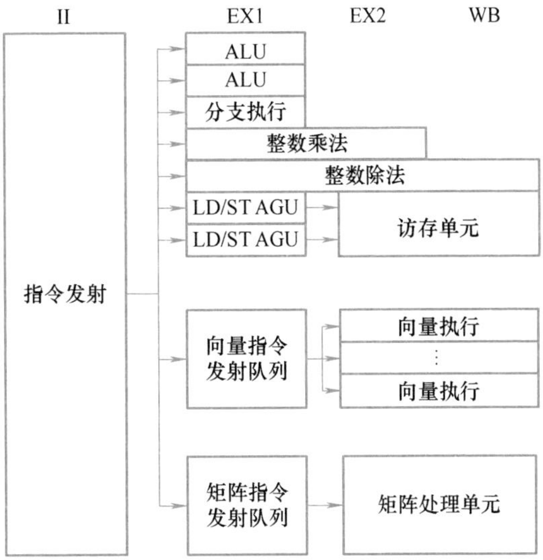

图 6-33　AI 处理器标量部分执行单元的结构设计示例

在标量执行部分，考虑到 PPA 的平衡，设计两组 ALU（一组定点乘法器和一组定点除法器），以及一组分支（执行/解析）单元。另外为访存单元设计两条

Load/Store 可复用的流水线，索引寻址需要一个周期，生成的虚拟地址通过全相联结构的 Data TLB 转换为物理地址来访问数据缓存。

在一种典型的硬件架构中，向量与矩阵指令在指令译码阶段完成译码，读取相关寄存器堆数据，并分发到对应的单元中继续执行。其中，数据的预处理（如地址计算）可以由标量执行单元完成，也可以由对应单元自身单独设计的硬件模块完成。

6.2.2 典型功能单元的微架构实现

ALU 对来自通用寄存器的操作数进行指定的算术或逻辑运算。有些处理器会定义状态标志来记录算术逻辑运算的状态，介绍如下。

- CF（Carry Flag）：如果算术操作产生的结果在最高有效位（Most Significant Bit，MSB）发生进位或借位，则将其置 1，否则置为 0。
- PF（Parity Flag）：如果运算结果的最低有效字节包含偶数个 1，则将该位置 1，否则置为 0。
- AF（Adjust Flag）：如果算术操作在结果的第 3 位发生进位或借位，则将该标志置 1，否则置为 0。这个标志在 BCD（Binary-Code Decimal）算术运算中被使用。
- ZF（Zero Flag）：若结果为 0，则将其置 1，否则置为 0。
- SF（Sign Flag）：该标志被设置为有符号整型数的最高有效位（0 指示结果为正，1 指示结果为负）。
- OF（Overflow Flag）：如果运算结果大于目标操作数能表示的最大值，或小于目标操作数能表示的最小值，则将该位置 1，否则置为 0。

典型的 ALU 结构如图 6-34 所示，包括：算术单元，用于实现加法和减法操作；移位单元，用于实现逻辑移位、算术移位和循环移位操作；逻辑运算单元，用于实现逻辑与、或、非、异或等操作；特殊运算单元，用于实现一些特殊的运算，如前导零或前导一统计等。其中预处理模块，进行一些公共的预处理操作，如取反、按位屏蔽等，后处理模块，进行一些公共的后处理操作，如饱和处理、标志位的处理等。

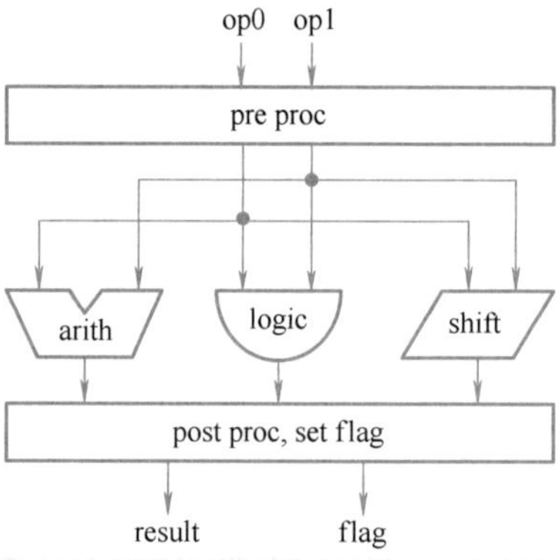

图 6-34 典型的 ALU 结构

典型的加减法指令见表 6-1，表中 carry in 项表示输入的进位，sat 项表示该指令是否需要进行饱和处理（1 表示需要饱和处理，0 表示不需要）。在一条数据执行通路中，每次只会选择一条指令进行执行，只实例化一个加法器即可实现表中所有指令，无须重复多次例化。加减法指令硬件实现如图 6-35 所示。对于减法操作 $A-B$，可转换为 $A+(\sim B)+1$，从而复用加法器。对于 carry in 而言，根据表 6-1 可得到 3 种情况：对于普通的加法指令，carry in 为 0；带进位的加法的 carry in 为 CIN；对于减法而言，carry in 为 1。

表 6-1　加减法指令

指　　令	指 令 描 述	carry in	sat
ADD	完成两操作数的加法操作	0	0
ADD_SAT	完成两操作数的加法操作，并对结果进行饱和处理	0	1
ADD_CIN	完成两操作数和进位的加法操作	CIN	0
ADD_CIN_SAT	完成两操作数和进位的加法操作，并对结果进行饱和处理	CIN	1
SUB	完成两操作数的减法操作	1	0
SUB_SAT	完成两操作数的减法操作，并对结果进行饱和处理	1	1

典型的移位类指令见表 6-2。算术移位和逻辑移位的区别在于填充位，对于右移操作，算术移位的填充位是符号位，逻辑移位的填充位是 0。对于循环移位，填充位为被移出去的数据。表 6-2 中第 3 列为移位后的结果，以 8bit 数据 $a[7:0]$ 为例进行说明，N 表示移位的位数，根据指令的不同，N 可以是一个立即数，也可以来自寄存器，大括号为位拼接符。

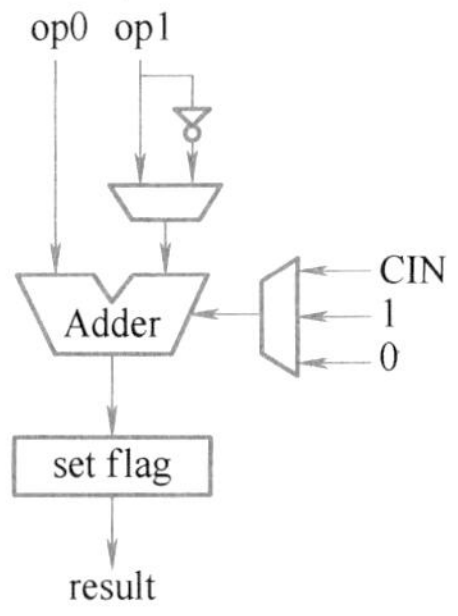

● 图 6-35　加减法指令硬件实现

表 6-2　移位类指令

指　　令	指 令 描 述	移 位 结 果
ASR	算术右移	$\{N'a[7], a[7:N]\}$
LSR	逻辑右移	$\{N'0, a[7:N]\}$
LSL	逻辑左移	$\{a[7:N], N'0\}$
ROR	循环右移	$\{a[N-1:0], a[7:N]\}$
ROL	循环左移	$\{a[7-N:0], a[7:7-N+1]\}$

图 6-36 提供了几种移位操作的示例，可见有多种实现移位逻辑的方法。本节介绍一种基于逻辑复用的方法，实例化一个基础移位逻辑，其他移位指令都可在此基础上进行复用。

基础移位逻辑如图 6-37 所示。以 8bit 的移位进行举例说明，移位数量 N 的位宽为 3bit，移位范围是 0~7，整个移位过程分为 3 个阶段：第一阶段根据 $N[0]$ 决定是否需要移动 1bit，第二

阶段根据 $N[1]$ 决定是否需要移动 2bit，第三阶段根据 $N[2]$ 决定是否需要移动 4bit，整个基础移位逻辑的延迟时间是 3 个 MUX 的延迟时间。对于 $n$bit 的移位逻辑而言，需要 $\log_2 n$ 级 MUX 逻辑。

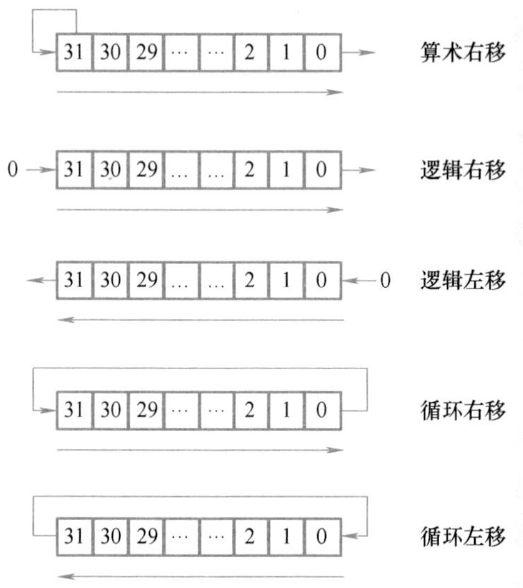

● 图 6-36　移位操作示例

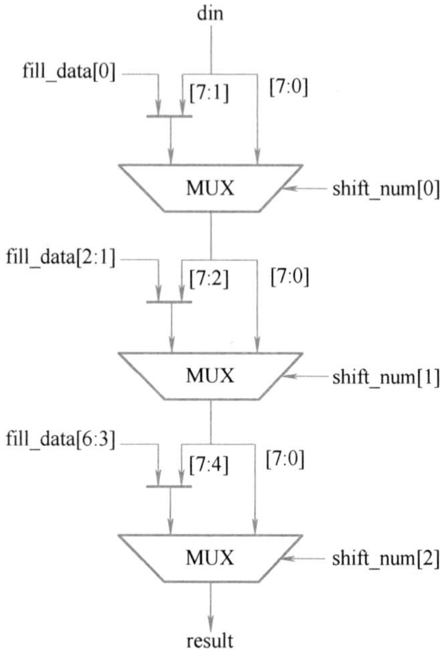

● 图 6-37　基础移位逻辑

基于基础移位逻辑的复用电路如图 6-38 所示，基础移位逻辑实现的是右移操作，要基于此实现左移操作，需要进行前处理和后处理，前处理和后处理都是一个 MUX，对于左移操作，前处理的 MUX 选择的是经过位反转后的操作数，后处理的 MUX 选择的是经过位反转后的移位

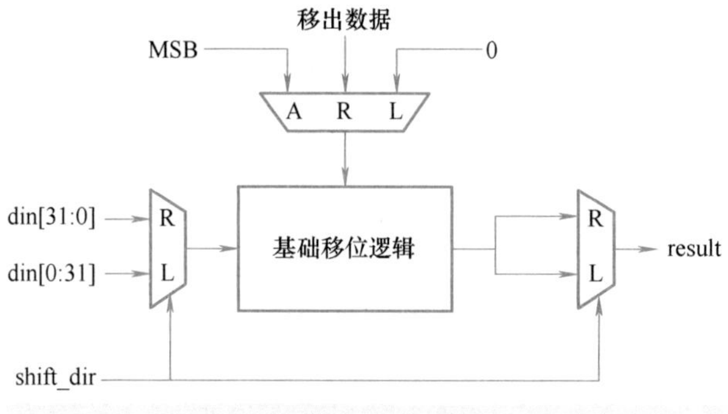

● 图 6-38　基于基础移位逻辑的复用电路

结果。对于填充位，根据操作码选择填充的数据（符号位、零，或者被移出的数据）。基于这种复用逻辑，实例化一个右移逻辑即可。

前导零检测逻辑在很多场景中都会用到，如果直接用软件实现，则需要使用移位、位运算和加法等指令，并且需要循环多次，直到所有前导零检测完成为止，因此这种实现方式的效率很低。CLZ（检测输入操作数从最高位开始连续零的数量）/CLO（检测输入操作数从最高位开始连续一的数量）是硬件加速指令，一条指令即可完成前导零/前导一的检测，实现效率将明显提升。下面以 16bit 数据前导零检测为例，给出一种实现方案。

其基本实现思路是基于自底向上拼接的方式。考虑最简单的 2bit 数据的前导零检测，很容易得到其真值表，见表 6-3，其中 cnt 为前导零位数，vld（valid）表示输入数据中是否包含 1（1 表示包含，0 表示不包含）。通过该真值表，可以得到相应的前导零检测电路。

表 6-3　2bit 数据前导零检测真值表

输入数据	cnt	vld
00	—	0
01	1	1
10	0	1
11	0	1

由 2bit 前导零检测电路可以进一步构成 4bit 前导零检测电路，如图 6-39 所示。LZD4 的输入是两个 LZD2 电路的输出，如果 vld0 是 1，则 LZD4 输出的 cnt 为{1′b0, cnt0}，如果 vld0 是 0，vld1 是 1，则 LZD4 输出的 cnt 为{1′b1, cnt1}，LZD4 输出的 vld 为 vld0 和 vld1 逻辑或的结果。

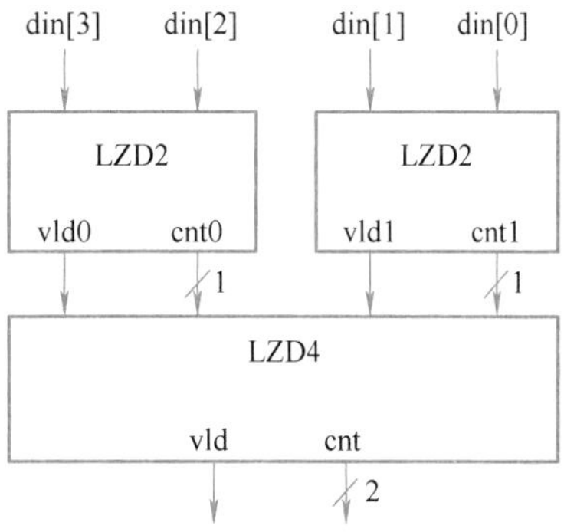

图 6-39　4bit 前导零检测电路

以同样的方式可以得到 LZD4 ~ LZD8 的拼接，以及 LZD8 ~ LZD16 的拼接，如图 6-40 所示。总结每一级拼接逻辑，得到式（6-1），其中 vld_i 和 cnt_i 表示第 i 级前导零检测电路的输出，vld_{i-1}^0 和 cnt_{i-1}^0，以及 vld_{i-1}^1 和 cnt_{i-1}^1 分别表示第 $i-1$ 级两个前导零检测电路的输出。

$$vld_i = vld_{i-1}^0 \mid vld_{i-1}^1 ; cnt_i = vld_{i-1}^0 ?\ \{1'b0, cnt_{i-1}^0\} : \{1'b1, cnt_{i-1}^1\} \tag{6-1}$$

在实际的设计中，通常直接使用硬件描述语言（如 Verilog HDL）写 *（乘号）来实现定点乘法指令执行的逻辑，具体的逻辑电路实现交给综合工具完成，相关原理参见本书 5.5 节相关内容。此外，浮点运算单元设计参见本书 4.3 节相关内容，本节不再赘述。

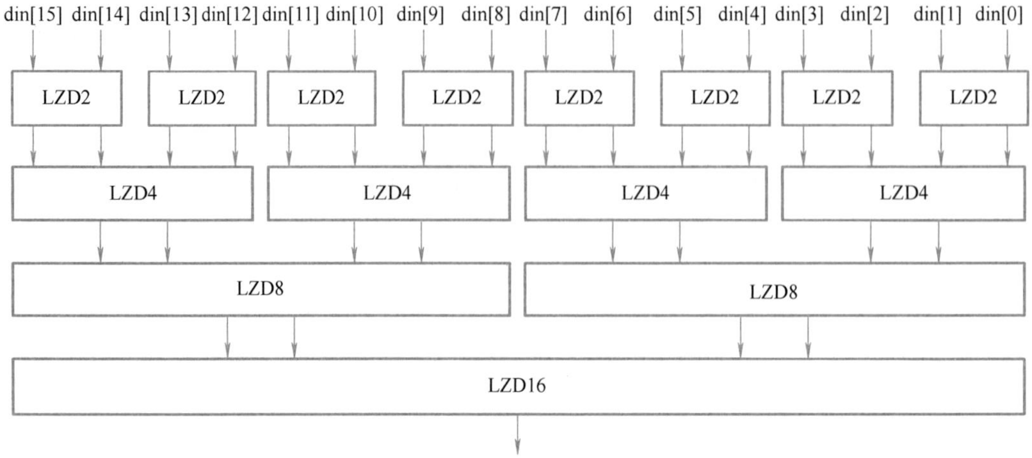

● 图 6-40 16bit 前导零检测电路

图 6-41 是定点除法器结构图。定点除法器可以接收定点分母（Fixed Point Denominator）和定点分子（Fixed Point Numerator）并生成定点除法结果。定点分子和定点分母可以是 8 位、16 位、24 位或 32 位等。

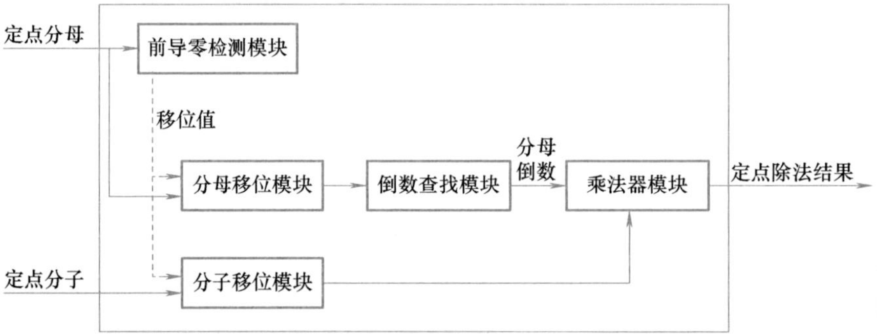

● 图 6-41 定点除法器结构

定点分母被送入前导零检测（Leading Zeros Detection）模块，前导零检测模块通过确定定点分母的前导零的数量以确定移位值。移位值被传输至分母移位模块和分子移位模块。分母移位模块和分子移位模块也可以直接接收定点分母与定点分子。分母/分子移位模块使用收到的移位值对定点分母/分子进行算术移位运算。移位后的定点分母被传输至倒数查找（Inverse Lookup）模块。倒数查找模块通过查找表（LUT）给出移位后的定点分母的倒数。移位后的定点分母的倒数和移位后的定点分子被传输至乘法器模块以执行两者的乘法，从而提供定点除法结果。定点除法结果可以进行后处理，根据分子符号和分母符号改变定点除法结果的符号，或者进行钳位。

此外，有部分研究工作是针对降低倒数查找模块查找表的硬件开销的，同时优化内部乘法器结构，从而达到提升除法器效率的目的，有兴趣的读者可以自行查找相关资料。

分支（执行）单元（Branch Unit 或 Branch Execution Unit）负责执行（解析）控制类指令（分支、跳转和函数调用/返回）并生成正确的下一个指令提取地址。同时，分支执行单元还可以确定何时发生分支预测错误，并促使处理器流水线刷新比预测错误的分支指令路径上更新的指令。一般来说，分支执行单元主要由比较模块、地址计算模块，以及相关的控制模块三部分构成，如图 6-42 所示。

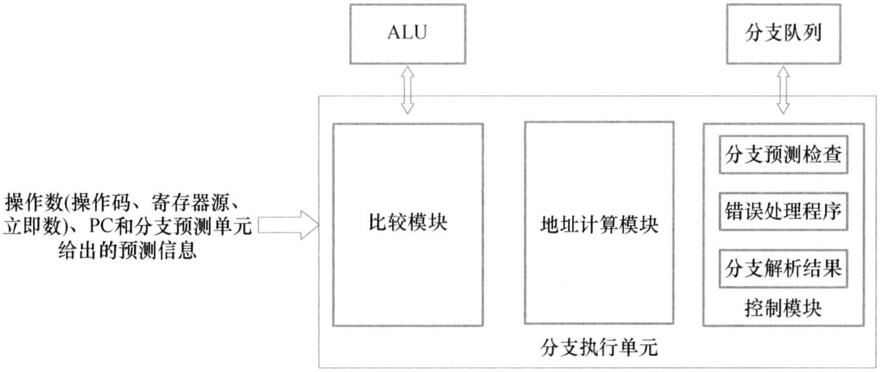

图 6-42　分支执行单元构成

分支执行单元从发射队列接收操作数（操作码、寄存器源和立即数）、PC，以及分支预测单元给出的预测信息，区分以下几类分支指令类型：条件分支（如 BEQ、BNE、BLT 等）、无条件直接跳转（如 JMP、B）、子程序调用（如 CALL、JAL）、子程序返回（如 RET、JR）和间接跳转（如 BR、BLR）。对于条件分支，获取用于比较的值；对于间接跳转，获取目标地址的基址；对于立即数，处理其符号扩展。

比较模块给出标志［Zero Flag（Z）、Negative Flag（N）、Overflow Flag（V）、Carry Flag（C）］和条件逻辑［EQ：Equal（Z=1）；NE：Not Equal（Z=0）；GT：Greater Than（N=V & Z=0）；LT：Less Than（N≠V）；GE：Greater or Equal（N=V）；LE：Less or Equal（Z=1 | N≠V）］。

地址计算模块由专用的加法器进行分支目标地址计算。其中，对于直接寻址，直接从指令中提取目标地址；对于相对寻址，需要 PC 值加上偏移量（Offset）；对于间接寻址，需要先读取相应寄存器来获取目标地址。

之后，在控制模块中比较实际分支解析结果与分支预测单元给出的预测结果是否一致。如果分支预测单元预测错误，则触发流水线冲刷（错误指令路径），恢复正确的 PC 值以及相关单元状态。无论分支预测单元是否给出正确的预测结果，此时都需要使用分支执行单元的解析结果更新分支预测单元中的预测器（包括历史信息、计数器、置信位等）。最后，提交执行结果，更新相关寄存器的信息（如架构状态、PC 值），并且释放占用的硬件资源（如发射队列条目）。

AGU 接收访存（Load/Store）操作的操作（数），并基于收到的操作数计算生成访存操作以访问数据缓存（Data Cache）的虚拟地址。该地址将传输到数据 TLB（Data Translation Lookaside Buffer，DTLB），由 DTLB 转换为物理地址（当处理器配置禁用 TLB 时，虚拟地址等价于物理地址），如图 6-43 所示。

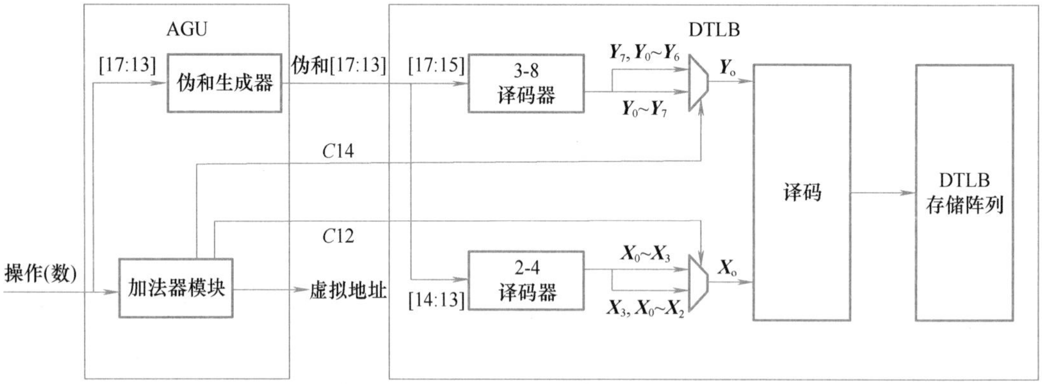

● 图 6-43　AGU 与 DTLB 交互示例

AGU 可以基于操作数的索引部分生成伪和（Pseudo Sum），并且对索引部分的最低有效位（Least Significant Bit）进行隐式进位（Implicit Carry-in）输入。如果隐式进位输入等于通过添加操作数的较低有效位（Less Significant Bit）生成的实际进位输入，则伪和等于实际索引。如果隐式进位输入不等于实际进位输入，则伪和与实际索引相差 1。如果隐式进位输入为 0（并且实际进位输入为 1），则伪和比实际索引小 1。如果隐式进位输入为 1（并且实际进位输入为 0），则伪和比实际索引大 1。

伪和的生成速度比虚拟地址的索引部分更快，可以在计算实际进位输入的同时进行译码，这可以隐藏进位输入生成的延迟。如此，访问 DTLB 和数据缓存的总体延迟可能会减少。

举例来说，AGU 中的加法器接收访存操作的操作数并生成虚拟地址，其中，*C*12 是加法器的位 13 的进位，*C*14 是加法器的位 15 的进位。伪和生成器接收操作数的位［17:13］并生成相同位的伪和。DTLB 中的 3-8 译码器和 2-4 译码器分别接收伪和的位［17:15］与位［14:13］，并且分别将接收到的位译码为输出向量 $\boldsymbol{Y}_0 \sim \boldsymbol{Y}_7$ 以及 $\boldsymbol{X}_0 \sim \boldsymbol{X}_3$。两个多路选择器分别接收进位 *C*14

和 $C12$ 作为输入选择，根据进位情况选择向量移位。后级译码器接收两个向量，并生成到 DTLB 存储阵列的字线（Word Line）。

最后简单介绍一下指令提交单元（Commit Unit）。其作为标量处理单元后端的关键模块，负责确保指令按程序顺序完成提交，维护处理器的精确异常模型，并保证处理器状态的正确更新，如图 6-44 所示。

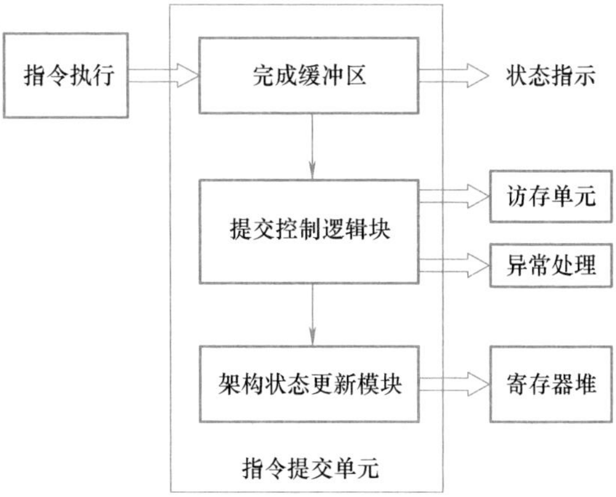

● 图 6-44 指令提交单元架构

指令提交单元的核心功能包括：指令完成确认，即检查指令是否已经完成执行、验证执行结果的正确性，以及确认没有待处理的异常；状态更新管理，即控制寄存器堆的更新、管理内存写入的确认，以及维护处理器标志位的更新；异常处理支持，即检测和响应异常条件、提供精确异常支持，以及协调异常处理流程。其主要交互对象为指令执行（功能）单元、访存单元、寄存器堆，以及关注指令状态信息的模块（如分支预测单元中相应的组件）。

完成缓冲区（Graduation Buffer）用于临时存储待提交的指令，跟踪在流水线中的指令状态和结果。待提交是指指令正处于提交状态，虽然已经完成执行，所有操作数都已就绪，正在进行最后的提交步骤，但还未完全完成。此时指令位于完成缓冲区中，等待更新架构状态，并且可能会被流水线异常或中断打断和冲刷。所以即使顺序执行设计的标量处理单元内不需要像乱序执行处理器中那样的重排序缓冲区（ReOrder Buffer，ROB），完成缓冲区仍然可用于处理异常和精确中断。

这里需要对指令完成（Graduation）和指令提交两个概念做一下区分。虽然两者有时会被混用，但它们之间确实存在一些细微但重要的区别。首先是发生的时间点不同：指令完成表示指令完成执行，其结果已经计算出来，并且所有前序指令都已确保不会引发异常，这是指令生命周期中的一个中间状态；指令提交则是指令生命周期的最终阶段，表示指令的结果被永久写入架构状态寄存器。其次是对系统状态的影响不同：对于指令完成这个概念，虽然表示指令完成但指令结果可能还存在于临时的缓冲区中，可能会被取消（如在确定分支预测错误时），这并不直接影响架构状态；指令提交则是结果被永久写入架构状态，操作不可撤销，直接更新处理器的可见状态。再次是在流水线中的位置的不同，指令完成通常发生在执行阶段完成后，指令提交则发生在整个指令处理过程的最后阶段。在顺序执行处理器中，指令完成和指令提交的时间点较接近，有可能在同一个周期进行；而在乱序执行处理器中，指令完成和指令提交可能有明显的时间差，需要额外的硬件结构（如重排序缓冲区）来管理这两个状态。此外，在异常处理相关的场景中，“指令完成”指示指令已准备好进入提交阶段，但仍需要等待确认没有异常发生；而只有确认不会有异常发生，才能进行指令提交，提交后的指令状态对异常处理来说是“安全”的。

提交控制逻辑块负责确保按序提交指令，其功能包括检查完成缓冲区状态并控制其内部指针移动、处理异常（控制流水线冲刷），以及提交寄存器与存储单元操作。此外，提交控制逻辑块中也可以包含性能监视器单元（Performance Monitor Unit，PMU）。

架构状态更新模块负责更新寄存器堆和内存状态，只有当指令确认可以安全提交，才会更新。异常处理单元（Exception Handler）与提交控制逻辑块紧密配合，确保精确处理指令执行过程中可能出现的异常，其操作包括保存异常现场（上下文）、冲刷流水线、恢复寄存器状态和清空存储队列等。

指令提交必须满足指令完成、按序、资源可用 3 个条件，具体来说：所有指令都执行完成，结果就绪且没有未处理的异常；所有指令都已按序提交（其中访存指令遵循内存访问顺序），不存在未解决的控制依赖问题；提交资源可用，写回端口可用，各存储缓冲区状态正常。

6.3 访存单元设计

访存单元（Load Store Unit，LSU）接收来自指令发射单元的访存操作请求，处理访存指令在执行过程中遇到的各类问题，确保其能够准确、高速完成。其核心功能有：执行所有的 Load 和 Store 指令；处理地址计算和转换；处理数据对齐需求；协调缓存层次结构，以及实现内存访问顺序控制和缓存一致性维护。其直接影响处理器性能，对指令吞吐量至关重要，也是维持程序正确执行的重要保障。基于 AI 处理器的应用场景和设计规格，本节主要针对 L1 数据缓存的访存进行阐述。

6.3.1 数据缓存子系统概述

要对数据缓存子系统进行访问，首先是生成访问地址，这个功能由 6.2.2 节提到的 AGU 完成。AGU 在执行单元计算地址，然后将地址传递给访存单元使用。这样设计的好处是 AGU 与其他功能单元接近，当操作数由其他运算单元生成时，前递变得更容易。一些指令还需要将地址更新到寄存器堆中，这可以作为读取和写入寄存器堆的执行单元的常规功能存在，而不需要送到访存单元进行，这样能够避免一些额外的硬件开销，提升性能。

在 6.2.2 节中提到，AGU 生成的虚拟地址会发送到将生成物理地址的 DTLB。从具体架构的角度来说，DTLB 还提供缓存属性、内存类型和访问权限，以查看是否可以在当前权限级别执行访存操作。DTLB 有两个组成部分——DTLB CAM 和 DTLB DATA。DTLB CAM 用于比较传入的虚拟地址以确定 DTLB 命中，然后读出命中条目的 DTLB DATA 以获取对应的物理地址、缓存属性、内存类型和访问权限位，如图 6-45 所示。

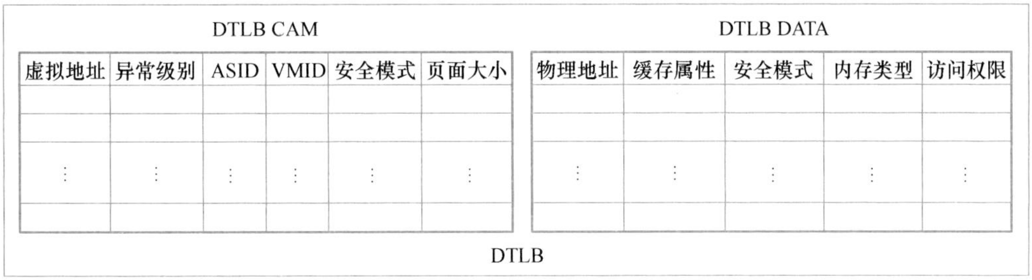

● 图 6-45　DTLB 结构

在实际设计中，以 ARM 架构为例，确定 DTLB 命中需要 49 位虚拟地址进行比较，实际操作时减去低 12 位，因为 ARM 架构中的最小页面大小为 4KB。生成的虚拟地址由具有异常级别（EL0、EL1、EL2、EL3）、安全模式（安全或非安全）、ASID（地址空间标识符）、VMID（虚拟机标识符）的执行进程设置为独有。这些字段是 DTLB CAM 的一部分。此外，如果支持多个页面大小，则使用页面大小比较虚拟地址的子集。

在处理器中运行的进程具有异常级别和安全模式，它们与虚拟地址、ASID、VMID 等参数一起与 DTLB 中存储的虚拟地址、安全模式等值进行比较。安全进程可以访问安全和非安全（Non-secure）虚拟地址，而非安全进程只能访问非安全虚拟地址。如果两个 DTLB 条目中的一个由安全虚拟地址引入，另一个由非安全虚拟地址引入，并且它们的安全模式都设置为 Non-secure，那么这就是安全和非安全虚拟地址都可以访问的方式。当以非安全虚拟地址填充 DTLB 条目时，硬件会自动将 DTLB DATA 的安全模式设置为 Non-secure。

DTLB 的操作必须快速完成以生成物理地址，然后将其与数据缓存标签阵列进行比较以确定缓存命中。DTLB 条目的数量有所不同，通常，在 L1 DTLB 中设计 24~40 个条目。如果在 L1 DTLB 中支持多个页面大小，则这些条目通常是全相联结构的，因为如果处理器需要支持多个页面大小，DTLB 命中无法在组相联的结构中通过一次查找确定，需要多个周期，这对性能不利。也可以设计多个 L1 DTLB，每个都支持不同的页面大小。

DTLB 和数据缓存是可以并行访问的[13]，如图 6-46 所示。缓存访问由两个阶段组成（缓存索引和标签比较），只要选择的 L1 数据缓存中组的位在页面位移范围内，这些位就是物理地址和虚拟地址所共有的。因此，L1 数据缓存访问的第一阶段可以与 DTLB 中的转换并行进行。

在第一阶段结束时，DTLB 中的物理地址和物理缓存标签可用于比较（只要 DTLB 访问时间不长于缓存索引时间）。而 L2 缓存始终使用物理地址进行访问，因为访问 L2 时虚拟地址到物理地址的转换已经完成。

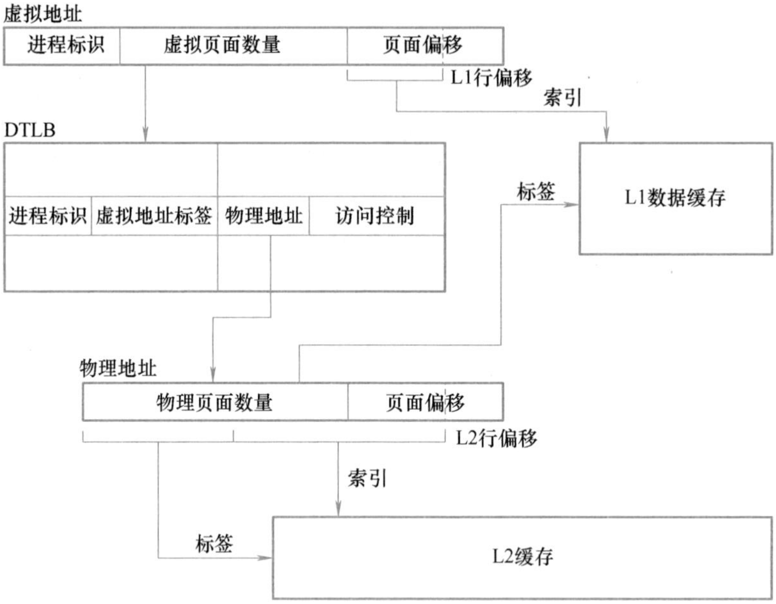

图 6-46 DTLB 与数据缓存并行访问

并行访问 DTLB 和 L1 数据缓存可以隐藏 DTLB 命中的延迟。然而，L1 数据缓存的大小受页面位移位数的限制，因此受页面大小的限制。选择 L1 数据缓存的地址字段的限制将可能的缓存大小限制为每路（Way）一页（组相联结构中）。例如，直接映射（等价于单路组相联结构）缓存的最大值为一页；16 路组相联缓存的大小限制为 16 页。

L1 数据缓存一般设计为多路组相联（Set-associative）结构，容量一般选择为 16KB、32KB 或 64KB。每个缓存路包括一组标签 RAM 和数据 RAM，如图 6-47 所示。

标签 RAM 中的条目存储标签信息，包括条目有效、虚拟地址标签、物理地址标签，以及奇偶（Parity）校验。虚拟地址标签值为给定宽度的虚拟地址的高有效位部分（Partial）截取，如选取截去用作数据缓存的索引的低有效位之后剩余的虚拟地址高位。物理地址标签值使用物理地址的高有效位部分截取。

数据 RAM 中的条目存储数据信息，包括数据和奇偶校验。每个缓存行的数据位宽和读写粒度需要根据实际的微架构设计规格和应用场景决定。

对于数据缓存中的一次索引对应的所有 Way，都有对应的 Way 选择和脏（Dirty）处理。

Way 选择阵列中每个条目包括锁定、最近最少使用（Least Recently Used，LRU），以及奇偶校验。锁定包括每个 Way 对应一个位，以指示哪些 Way 被锁定。最近最少使用的值指示哪个 Way 可以优先被剔除，其会针对数据缓存命中的情况进行更新。Way 选择阵列的写粒度为位。

脏处理阵列中每个条目包括 Way 预测、脏指示，以及奇偶校验。脏处理维护数据缓存的每个数据 RAM Way 的脏状态（当缓存中的某个缓存行被修改后，它就变得与主存储器中的相应数据不一致，这个过程称为缓存行的“脏”）。Way 预测存储别名（Alias）Way 预测值，用于识别虚拟地址别名（同一内存位置的数据被复制到两个缓存行）并从数据缓存中检索所需数据。

图 6-47 L1 数据缓存结构

在具有 Way 预测特性设计的数据缓存子系统中，在数据的物理地址可用之前可以从数据缓存检索数据并提供给相应的指令。当访问数据缓存时，可以先将所需数据的虚拟地址与存储在标签 RAM 中的虚拟地址标签进行比较。如果匹配，则将匹配 Way 的数据进行前递。当物理地址可用之后，将存储在标签 RAM 中的标签与 DTLB 中的物理地址进行比较，同时，基于不同的架构规范，一并比较相应的标识信息（如图 6-45 所示），以验证之前拿到的数据是否正确。如果正确，则向执行单元和指令提交单元发出命中信号，不需要进一步操作。如果错误，则向执行单元和指令提交单元发出未命中信号，并且任何对错误的数据进行操作的指令将失效或被重放（Replay）。当重放该指令时，它将得到正确的数据。

如果索引的虚拟地址与标签 RAM 中的虚拟地址标签不匹配，则将返回别名 Way。别名 Way 预测是对所需数据在数据缓存中的物理可用位置的额外预测，其值存储在脏处理阵列的 Way 预测中。在缓存初始化时，别名 Way 默认为选定的 Way。在初始化数据缓存之后，别名 Way 与同义的最后一个缓存行的命中 Way 保持同步。与基于虚拟地址标签匹配前递的数据一样，基于别名 Way 预测前递的数据的正确性也需要通过物理地址比较来确认。对应的处理与上一段的描述一致。

从数据 RAM 中读出数据后，必须根据访问大小、字节顺序以及数据是否需要符号或零扩展来对齐数据。然后将对齐的数据发送到相应的执行单元，或写入寄存器堆。对齐是对从任意内存位置读取的数据进行右对齐的过程，如图 6-48 所示。

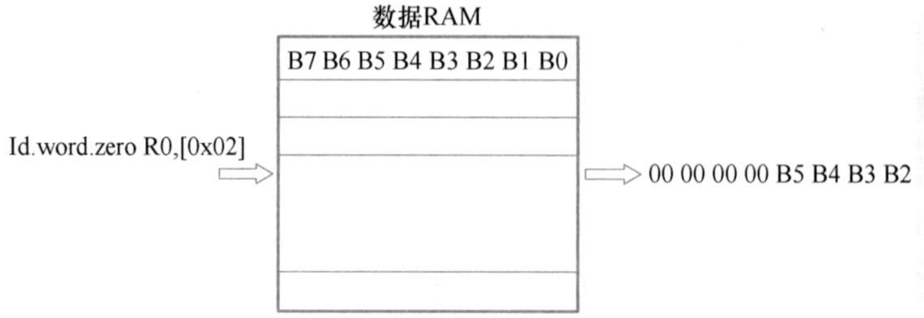

● 图 6-48　数据缓存读出数据对齐示例

在图 6-48 中，数据 RAM 宽度为 8B。Load 指令是从地址 0x02 开始的字（Word）加载。因此，需要从地址 0x02～0x05 读取 4 个字节，即数据字节 B2～B5。对于 Load 指令未访问的字节，数据被符号扩展为 0，如图 6-48 中指令所指定。

数据缓存的容量和 Way 数决定了性能、时序与别名。容量更大的缓存并不总是更好的。例如，64KB 的 2-way 缓存与 32KB 的 8-way 缓存具有相同的架构性能，但后者没有别名问题，因为 4KB 的 Way 大小与主流架构中的最小页面大小相同。

在设计数据缓存时，一旦确定容量、Way 数和组织方式（如 PIPT㊀、VIPT㊁），接下来就是确定缓存读取的宽度。例如，可以在一个周期内读取一个或一对 64bit 的量以进行整数加载。此外，就是确定在一个周期内支持多少个 Load 操作。在一个周期内需要的读取次数越多，需要在缓存中拆分的 Bank 就越多，那么访问冲突的可能性就越低。当存在 Bank 冲突时，其中一个访问必须停止，直到另一个访问完成为止。

ARM 架构中物理地址对应的最大数据位宽为 64B（一个缓存行），缓存行可以划分为不同的操作颗粒，包括 Half Line（32B）、Quad Word（16B）、Double Word（8B）、Word（4B）、Half Word（2B）和 Byte（1B）。其中 Byte 是指令可操作的最小颗粒，其他操作数据均可以通过图 6-49 所示的颗粒拼接而成。

数据缓存子系统微架构设计是处理器微架构设计工作中最为复杂的。这部分的逻辑繁多，是处理器的性能瓶颈之一。在保证性能的前提下，必须保证时序的收敛，还要考虑功耗和面积的优化。目前多数的访存流水线被设计为 4 个周期，也有部分微架构在系统时钟高频的同时将

㊀ PIPT：Physically Indexed Physically Tagged，即物理高速缓存。

㊁ VIPT：Virtually Indexed Physically Tagged，即物理标记的虚拟高速缓存。

访存流水线保持在 3 个周期。与 3 周期流水线相比，4 周期流水线会遭受性能损失，但其在频率和架构性能之间保持了良好的平衡。

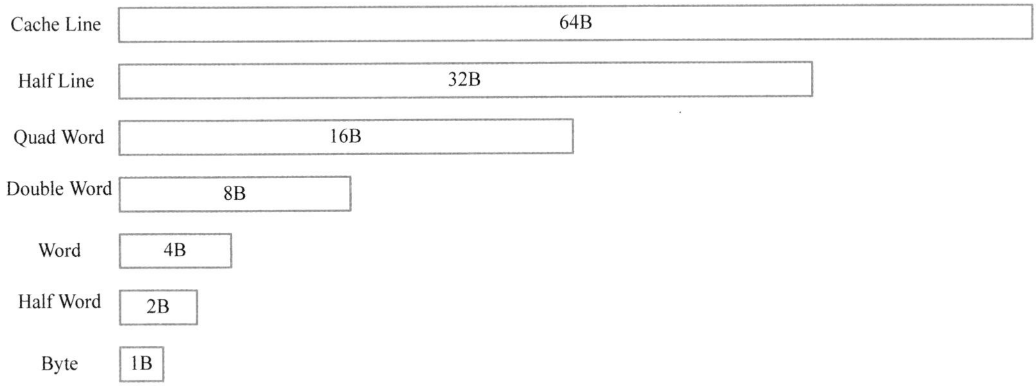

● 图 6-49　内存数据位宽

3 周期访存流水线如图 6-50 所示。

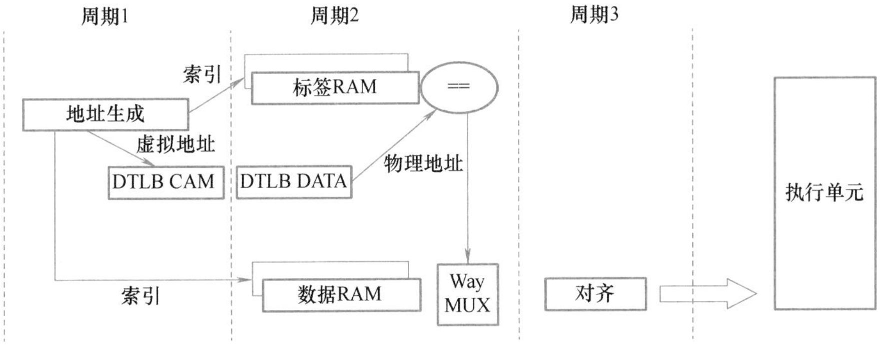

● 图 6-50　数据缓存子系统 3 周期访存流水线

在周期 1 进行地址生成，然后发送到访存单元。DTLB 的匹配也应该在本周期完成。在周期 2，开始访问 L1 数据缓存的标签和数据 RAM。该周期读取 DTLB 数据，得到匹配的物理地址和属性。然后将物理地址与标签 RAM 中存储的物理地址进行比较。匹配的 Way 命中信号为数据 RAM 选择出合适的 Way。在周期 3 进行数据对齐，结果送往执行单元。

在 3 周期访存流水线设计中，每个周期都是时序上的关键路径。这些路径决定了处理器的工作频率。从降低功耗的角度来讲，访问标签 RAM 的所有 Way 确定缓存命中后可以选择只触发数据 RAM 的命中 Way。但这个设计方法在 3 周期访存流水线中不适用，因为可用周期不足。

有些微架构设计引入了 Way 命中预测机制，这是一个在周期 1 中访问的部分，它提供了关于命中 Way 的预测，然后用于在周期 2 中仅触发一个数据 Way。如果预测错误，则重新执行访问操作。

4 周期混合寻址（VIPT）访存流水线如图 6-51 所示。

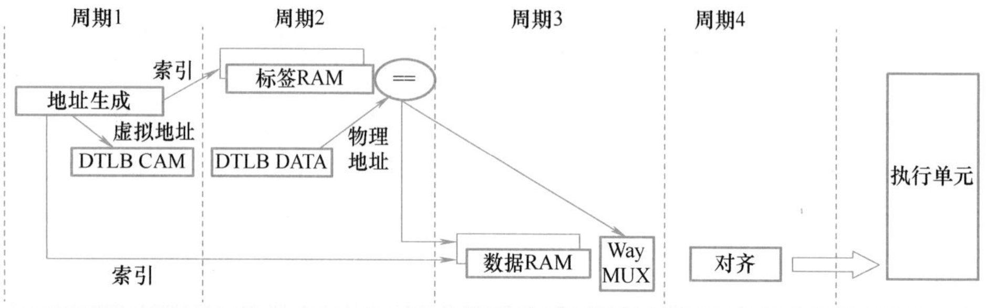

图 6-51 数据缓存子系统 4 周期混合寻址访存流水线

4 周期混合寻址访存流水线的周期 1 与 3 周期访存流水线的周期 1 相同，都是地址生成和 DTLB 匹配。在周期 2，4 周期混合寻址访存流水线开始访问标签 RAM 并读取 DTLB 数据，得到匹配的物理地址和属性。然后将物理地址与标签 RAM 中存储的物理地址进行比较。匹配 Way 命中后可以只选择对应的数据 Way 来触发。只有存在匹配时，才会触发匹配的数据 Way。由于只有一个 Way 被触发，因此这种方法可以降低 RAM 访问的功耗。如果在标签 RAM 中找不到匹配项，则不必触发任何数据 RAM，从而降低功耗。在周期 3，4 周期混合寻址访存流水线访问匹配的数据 Way。其周期 4 的操作与 3 周期访存流水线的周期 3 相同。

数据 RAM 的索引是虚拟索引而不是物理索引，因为标签匹配结果在周期 2 中的发生时间非常晚，并且如果必须使用转换后的物理地址索引位，则索引到数据 RAM 的逻辑路径较长。因此，这种方法适用于 VIPT 混合寻址缓存设计。但如果 Way 的大小大于最小页面大小，则会出现别名现象。如果 Way 大小等于或小于最小页面大小，则 VIPT 混合寻址是理想的。

如果想避免别名现象，就采用物理寻址（PIPT）组织方式的缓存，那么软硬件层面基本不需要任何的维护就可以避免别名问题，这是 PIPT 最大的优点。4 周期物理寻址访存流水线如图 6-52 所示。

4 周期物理寻址访存流水线的周期 1 基本与上述两种流水线设计一致。在周期 2，它不进行标签 RAM 或数据 RAM 的访问，而是读取 DTLB 数据并使用索引的物理地址位。转换后的物理索引随后在此周期中发送到标签 RAM 和数据 RAM。在周期 3，它访问标签 RAM 和数据 RAM 的全部 Way。其周期 4 与 4 周期混合寻址访存流水线的周期 4 一致。

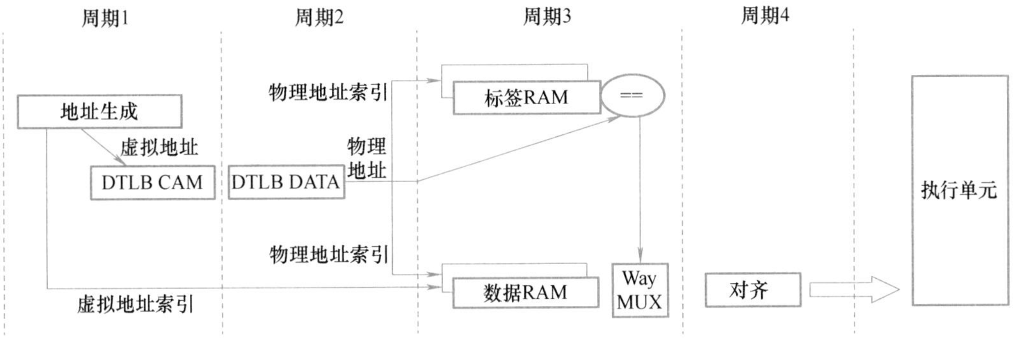

● 图 6-52 数据缓存子系统 4 周期物理寻址访存流水线

6.3.2 访存单元微架构设计

一个典型的访存单元的微架构主要包括控制逻辑块、访存队列、填充缓冲区、完成缓冲区（Graduation Buffer）、加载数据队列、存储缓冲区（包括最近存储跟踪块）和数据缓存子系统，如图 6-53 所示。

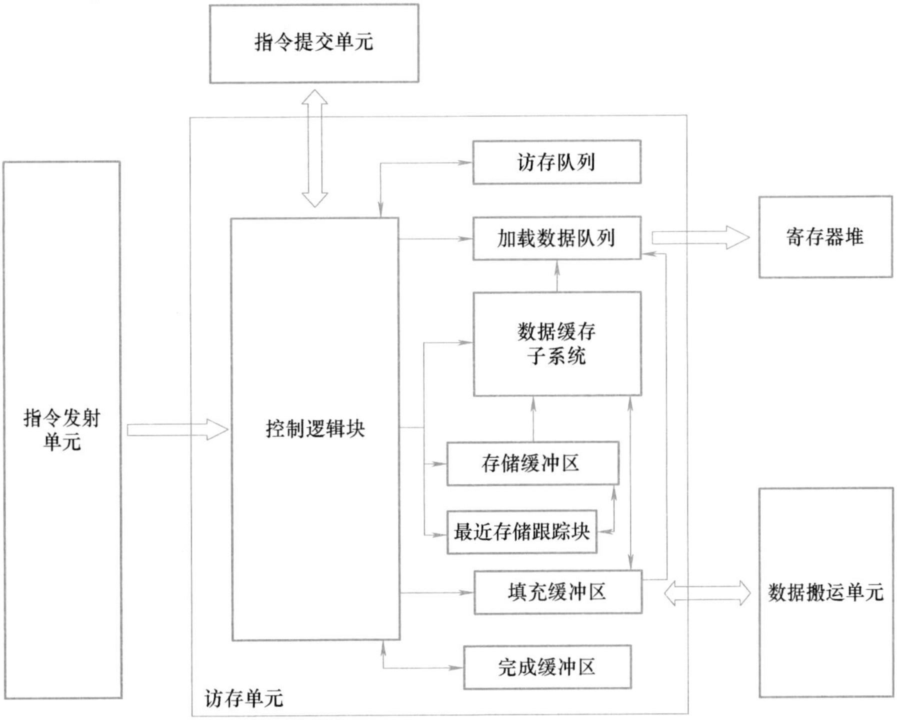

● 图 6-53 访存单元微架构

控制逻辑块与指令发射单元、寄存器堆、指令提交单元以及数据搬运单元（参见第 7 章）交互，控制访存单元中所有队列的分配。例如，通过将与 Load 指令相关联的寄存器目标值存储在访存队列和加载数据队列中，将待提交的 Load 指令的寄存器目标值与存储在访存队列和加载数据队列中的值进行比较，并且防止任何先前已完成的与缓存未命中相关联的 Load 指令改变处理器的架构状态（如果它们写入与待提交的 Load 指令相同的目标寄存器）。对于 Store 指令，控制逻辑块接收指令发射单元给出的操作信号，确定 N 个数据项的地址分配顺序，并且为这 N 个数据项分别分配存储请求，每个存储请求对应于存储缓冲区中的地址和数据项。之后完成 Store 指令的写缓存操作。

访存队列保存访存指令的地址值、状态值和数据，存储在其中的数据可通过访存单元控制逻辑块旁路（Bypass）到相关指令。访存指令的信息保存在访存队列中，直到指令完成或指令的信息移动到访存单元中的另一个模块为止。

访存队列的结构如图 6-54 所示，条目中存储访存队列标识、虚拟标签、物理标签、数据信息和异常信息。

访存队列标识	虚拟标签					物理标签				数据信息		异常信息	
	指令标识	TCID	虚拟地址	完成	寄存器目标	物理地址	状态	别名	命中Way	有效	数据	调试	…
⋮	⋮	⋮	⋮	⋮	⋮	⋮	⋮	⋮	⋮	⋮	⋮	⋮	⋮

● 图 6-54　访存队列的结构

访存队列标识基于指令的完成缓冲标识值来分配。

虚拟标签中包括与指令有关的若干状态值，这些状态值用于将数据旁路到相关加载指令、分配访存单元资源以及防止数据冒险等，包括指令标识、线程上下文标识（Thread Context Identification，TCID）、虚拟地址、完成（Graduation）和寄存器目标。指令标识用于指示指令的“年龄”或程序顺序。线程上下文标识指示指令所属的程序线程。虚拟地址即指令的虚拟地址。“完成”指示指令是否已执行完成，在从指令提交单元接收到相关指令的完成广播后，将“完成”字段设置为 1。寄存器目标用于指示加载指令值要写入寄存器堆中的位置。

物理标签中包括物理地址、状态、别名和命中 Way。物理地址即指令的物理地址。状态指示相关缓存行是否存在于数据缓存中以及数据是否已被旁路。别名指示存在一个虚拟地址映射到两个物理地址的情况。命中 Way 指示相关缓存行存在于哪个缓存 Way 中。在缓存行填充时，命中 Way 的值会更新以反映缓存行写入的路径。

当指向指令的指针到达完成缓冲区的顶部时，读取物理标签信息，以便进行资源分配判断（如进行命中判断），并获得缓存行状态更新（如在缓存行填充和剔除期间写入物理标签信息）。

数据信息包括有效（标识）和数据。异常信息包括调试（Debug）异常，也可以包括其他异常，当发生相关异常时，需要将这些信息传输到相应寄存器。

控制逻辑块控制访存队列中的条目的分配，可以基于每个线程刷新访存队列，虚拟标签中的线程上下文标识用于支持此功能。当指令提交单元遇到流水线冲刷的情况时，线程上下文标识与指令终止信号一起被广播到访存单元。作为响应，访存队列冲刷线程的所有未完成的条目。

完成缓冲区为 FIFO 结构，用于跟踪已完成的访存指令，确保访存单元执行的指令是严格有序的，如图 6-55 所示。完成缓冲区的容量可以与访存队列相同。完成缓冲区中的条目存储访存队列标识和异常信息。

访存队列标识	异常信息	…
⋮	⋮	⋮

● 图 6-55　完成缓冲区结构

每个完成缓冲区条目包含指向与已完成的指令相关联的访存队列条目的指针。完成缓冲区在一个周期内最多退出两个条目。当存储在完成缓冲区中的指令的指针到达完成缓冲区的顶部时，这些指令退出。在退出（Retire）访存指令后，完成缓冲区释放与这些指令相关联的标识，相应的条目可以重新进行分配。

填充缓冲区用于处理内存读请求，其与数据搬运单元交互，处理缓存未命中请求。对于总线接口单元的每个请求，都存在潜在的剔除（Eviction）操作，然后进行返回数据的填充。填充缓冲区存储与未命中的已完成 Store 指令相关的数据，直到数据被回填到数据缓存中为止。填充缓冲区能够将来自多个 Store 未命中的存储数据与返回数据合并，其也是 Load 数据值的旁路点。来自填充缓冲区和访存队列的数据可以合并在一起并被旁路。

图 6-56 是填充缓冲区的结构。其中的条目存储填充缓冲区标识、虚拟标签、物理标签和数据。虚拟标签信息包括 TCID、虚拟地址、数据请求和数据缓存探测请求。物理标签信息包括物理地址和数据搬运单元数据返回值。

数据缓存操作（包括缓存未命中）可能会分配填充缓冲区条目。每个条目都包含未完成的行（Outstanding Line）、存储数据和与缓存操作有关的信息。填充缓冲区将数据前递到缓存、访存单元流水线（加载、填充/缓冲命中）中，以及加载数据队列（Load Miss 且部分填充缓冲区命中或 Load Miss 且不前递数据）。填充缓冲区获取存储数据并将其与数据搬运单元返回数据合并，并在填充完成之前将行前递到数据缓存。虚拟地址和物理地址的分配不会在同一个周期内发生，一般物理地址是在虚拟地址退出之后的几个周期内分配。物理地址的退出也是在虚拟地址退出之后的几个周期内发生。

填充缓冲区标识	虚拟标签				物理标签		数据
	TCID	虚拟地址	数据请求	数据缓存探测请求	物理地址	数据搬运单元数据返回值	
⋮	⋮	⋮	⋮	⋮	⋮	⋮	⋮

● 图 6-56　填充缓冲区结构

加载数据队列用于管理未完成的 Load Miss 的返回。当加载数据队列请求得到响应时，加载数据队列与指令提交单元联合仲裁以访问寄存器堆。

图 6-57 是加载数据队列的结构。其中的条目存储信息有条目有效、数据有效、数据、写回、填充缓冲区标识和寄存器目标。加载数据队列的写回值可用于防止“写后写”冒险。通过将写回值设置为 0，从而阻止加载数据队列在请求的数据返回后将数据写入寄存器堆。

条目有效	数据有效	数据	写回	填充缓冲区标识	寄存器目标
⋮	⋮	⋮	⋮	⋮	⋮

● 图 6-57　加载数据队列的结构

加载数据队列保存未完成的加载指令的信息，并在返回数据时将指令的数据返回到由加载数据队列条目中的寄存器目标字段指定的寄存器。数据可以来自数据搬运单元（对于 Load Miss）、填充缓冲区（对于数据缓存未命中但在填充缓冲区中命中的情况）或者数据缓存（从未命中到命中）。当未命中到达完成缓冲区的顶部时，为与未命中相关联的指令分配一个条目。

加载数据队列的条目一次仲裁一个条目以将数据返回到寄存器堆。只要数据可用，就可以发出访问请求。由于加载数据队列中的数据是基于地址的，因此在将数据发送到寄存器堆之前，数据将经过对齐过程。如果数据的大小是双字，则双字数据将放置在 64 位数据条目中。如果数据的大小为一个字或更小，则数据将放置在数据条目的较低字中。

存储缓冲区与最近存储跟踪块的结构如图 6-58 所示。存储缓冲区条目存储信息有条目有效、数据在缓存中起始位置的虚拟地址、对应存储的数据，以及与最近存储跟踪块条目相关联的跟踪标识。最近存储跟踪块存储信息有跟踪标识和最近存储数据的起始缓存行虚拟地址。控制逻辑块响应指定字节数的 Store 指令，分配存储缓冲区的条目，并在最近存储跟踪块的条目内记录缓存行（写）地址信息进而与存储缓冲区中的条目相关联。根据写入顺序选出最老的 Store 指令来完成缓存写操作。

存储缓冲区				最近存储跟踪块	
条目有效	数据在缓存中起始位置的虚拟地址	对应存储的数据	最近存储跟踪块条目相关联的跟踪标识	跟踪标识	最近存储数据的起始缓存行虚拟地址
⋮	⋮	⋮	⋮	⋮	⋮

● 图 6-58　存储缓冲区与最近存储跟踪块结构

存储缓冲区和最近存储跟踪块的运行机制如下所述。

控制逻辑块读取跟踪标识信息和 Store 请求的地址范围，然后确定跟踪标识信息是否指示当前 Store 请求已与最近存储跟踪块存储中的一个或多个条目相关联。如果是，则下一个 Store 请求被视为“当前 Store 请求”。如果确定跟踪标识信息未指示当前 Store 请求已与最近存储跟踪块中的条目相关联，则进一步确定当前 Store 请求的至少一个非关联部分的地址范围是否被最近存储跟踪块中已存在的条目覆盖。如果确定至少一个非关联地址范围已被最近存储跟踪块中的条目覆盖，则需要确定是否已识别最近存储跟踪块中的预先存在的条目。如果是，则确定预先存在的条目是否对应于当前 Store 请求的非关联部分。如果确定最近存储跟踪块中预先存在的条目所覆盖的数据块对应于当前 Store 请求的非关联部分，则修改与当前 Store 请求相关联的跟踪标识信息以将该存储请求与最近存储跟踪块中预先存在的条目相关联。如果确定最近存储跟踪块中没有条目覆盖当前 Store 地址范围的任何非关联部分，则继续确定是否已将新条目分配给最近存储跟踪块。如果确定已将新条目分配给最近存储跟踪块，则进入下一个指令周期。如果确定未分配新条目，则在最近存储跟踪块中分配新条目，指示与当前 Store 请求的至少一个非关联部分相对应的新数据块。然后修改当前 Store 请求的跟踪标识信息以将当前存储请求与新条目相关联。然后等待下一个指令周期。

图 6-59 给出了一个具体示例。访存单元接收到一系列缓存访问指令（STORE A、STORE B、STORE C 和 STORE D）。每个 Store 指令指定 $N=2$ 个数据项。STORE A 对应存储虚拟地址 0x1078 的存储缓冲区条目 0（SB0）和存储虚拟地址 0x1088 的存储缓冲区条目 1（SB1）。STORE B 对应存储虚拟地址 0x1058 的存储缓冲区条目 2（SB2）和存储虚拟地址 0x1068 的存储缓冲区条目 3（SB3）。STORE C 对应存储虚拟地址 0x1038 的存储缓冲区条目 4（SB4）和存储虚拟地址 0x1048 的存储缓冲区条目 5（SB5）。STORE D 对应存储虚拟地址 0x1018 的存储缓冲区条目 6（SB6）和存储虚拟地址 0x1028 的存储缓冲区条目 7（SB7）。Store 指令按照接收顺序分配给存储缓冲区。较旧的 Store 指令对应于顺序较高的虚拟地址。然而，每个单独的 Store 指令的存储缓冲区的分配是按照虚拟地址增加的顺序执行的。因此，虚拟地址序列在本地（与单个 Store 指令相关联的 Store 请求内）是从较旧的 Store 请求到较新的 Store 请求递增的，但在全局（不同 Store 指令相关联的 Store 请求之间）是从较旧的存储请求到较新的存储请求递减的。

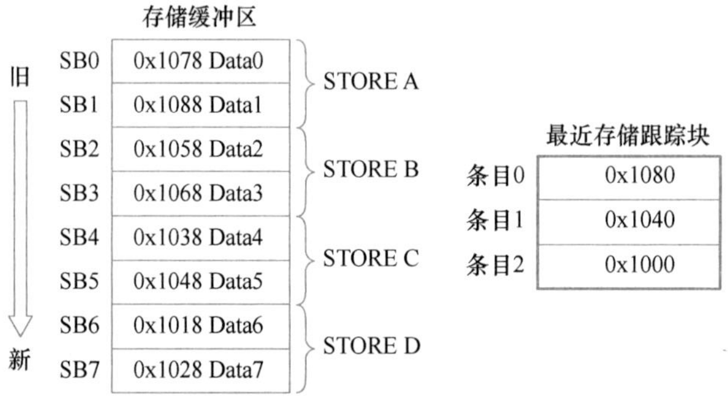

图 6-59　存储缓冲区与最近存储跟踪块运行示例

假设在一开始，最近存储跟踪块的条目 0 已被分配但尚未与任何存储缓冲区条目相关联，并且 SB0 是当前存储请求。此时存储缓冲区条目与最近存储跟踪块条目的关联性见表 6-4。

表 6-4　存储缓冲区条目与最近存储跟踪块条目的关联性

Store 请求	起始虚拟地址	关联性
SB0	0x1078	无
SB1	0x1088	无

（续）

Store 请求	起始虚拟地址	关　联　性
SB2	0x1058	无
SB3	0x1068	无
SB4	0x1038	无
SB5	0x1048	无
SB6	0x1018	无
SB7	0x1028	无

在第一个访存周期，读取 Store 请求 SB0（当前存储请求）的跟踪标识信息和地址范围，为空（指示 SB0 的所有部分均不与最近存储跟踪块中的任何条目相关联）。然后确定 SB0 的一部分被最近存储跟踪块中的现有条目覆盖。具体而言，SB0 从虚拟地址 0x1078 开始并持续到 0x1087，跨越缓存行 0x1040 和 0x1080。因此，SB0 中虚拟地址 0x1080～0x1087 的部分被最近存储跟踪块条目 0 中标识的缓存行覆盖。同时，确定在第一个周期中没有预先存在的条目。然后，最近存储跟踪块的条目 0 被标记为最近存储跟踪块中预先存在的条目，SB0 的跟踪标识信息被修改以指示 SB0 中 0x1080～ 0x1087 的部分与最近存储跟踪块条目 0 相关联。之后，确定 SB0 仍有一部分（跨越地址范围 0x1078～0x107F 的部分）与最近存储跟踪块中的条目不关联。分配最近存储跟踪块条目 1，指示缓存行的起始地址为 0x1040。修改 SB0 的跟踪标识信息以指示 SB0 与最近存储跟踪块条目 1 相关联（除了条目 0 以外）。在第一个访存周期之后，存储缓冲区条目与最近存储跟踪块条目的关联性见表 6-5。

表 6-5　第一个访存周期之后存储缓冲区条目与最近存储跟踪块条目的关联性

Store 请求	起始虚拟地址	关　联　性
SB0	0x1078	最近存储跟踪块条目 1、0
SB1	0x1088	无
SB2	0x1058	无
SB3	0x1068	无
SB4	0x1038	无
SB5	0x1048	无
SB6	0x1018	无
SB7	0x1028	无

在第二个访存周期，SB0 仍为“当前 Store 请求”，确定跟踪标识信息指示当前 Store 操作（SB0）的所有部分都与最近存储跟踪块中的条目相关联。SB1 被视为下一个“当前 Store 请

求”。然后读取 SB1 的跟踪标识信息，为空。之后，确定 SB1 的地址范围由最近存储跟踪块的条目覆盖，即确定第二个访存周期未识别最近存储跟踪块中预先存在的条目。SB1 的一部分被预先存在的最近存储跟踪块条目 0 覆盖（起始地址 0x1080 覆盖 0x1088），修改 SB1 的跟踪标识信息以指示 SB1 与最近存储跟踪块条目 0 相关联，确定 SB1 的所有部分都与最近存储跟踪块中的条目相关联。然后，将 SB2 视为下一个“当前 Store 请求”。读取 SB2 的跟踪标识信息，为空。确定 SB2（跨虚拟地址范围 0x1058~0x1067）与最近存储跟踪块条目 1 相关联。确定最近存储跟踪块中预先存在的条目（条目 0）已在本周期被识别。然后确定与 SB2 相关联的数据块未被最近存储跟踪块条目 1 覆盖，等待下一个周期。在第二个访存周期之后，存储缓冲区条目与最近存储跟踪块条目的关联性见表 6-6。

表 6-6　第二个访存周期之后存储缓冲区条目与最近存储跟踪块条目的关联性

Store 请求	起始虚拟地址	关　联　性
SB0	0x1078	最近存储跟踪块条目 1、0
SB1	0x1088	最近存储跟踪块条目 0
SB2	0x1058	无
SB3	0x1068	无
SB4	0x1038	无
SB5	0x1048	无
SB6	0x1018	无
SB7	0x1028	无

在第三个访存周期，SB2 是“当前 Store 请求”。如上所述，确定最近存储跟踪块条目 1 是与 SB2 相关联的预先存在的条目。修改 SB2 的跟踪标识信息以将 SB2 与最近存储跟踪块条目 1 相关联。然后将 SB3 视为下一个“当前 Store 请求”。确定预先存在的条目已经被识别为最近存储跟踪块条目 1，SB3 被最近存储跟踪块条目 1 覆盖，所以修改与 SB3 关联的跟踪标识信息以指示 SB3 与最近存储跟踪块条目 1 关联。此时 SB3 的所有部分都与最近存储跟踪块中的条目关联，然后将 SB4 视为下一个“当前 Store 请求”。SB4 跨越虚拟地址范围 0x1038~0x1047，即跨越缓存行 0x1000 和 0x1040。由于 SB4 的一部分被最近存储跟踪块条目 1（在第二个访存周期中确定的预先存在的条目）覆盖，因此 SB4 与最近存储跟踪块条目 1 相关联的跟踪标识信息被修改。此时 SB4 仍有一部分未与最近存储跟踪块条目相关联（从 0x1038 到 0x1039 的部分）。确定此周期（第三个访存周期）没有分配新的最近存储跟踪块条目。然后最近存储跟踪块条目 2 被分配给从虚拟地址 0x1000 开始的缓存行（以指示相关性），SB4 的跟踪标识信息被修改以指示 SB4 也与最近存储跟踪块条目 2 相关联。然后等待下一个周期。在第三个访存周期之后，存储缓冲区条目与最近存储跟踪块条目的关联性见表 6-7。

表 6-7 第三个访存周期之后存储缓冲区条目与最近存储跟踪块条目的关联性

Store 请求	起始虚拟地址	关 联 性
SB0	0x1078	最近存储跟踪块条目 1、0
SB1	0x1088	最近存储跟踪块条目 0
SB2	0x1058	最近存储跟踪块条目 1
SB3	0x1068	最近存储跟踪块条目 1
SB4	0x1038	最近存储跟踪块条目 2、1
SB5	0x1048	无
SB6	0x1018	无
SB7	0x1028	无

后续周期基本重复上述模式，这里不再赘述。

图 6-60 是填充缓冲区和加载数据队列的条目分配示例。这些操作在响应来自指令提交单元的提交 ID（存储在访存单元的完成缓冲区条目中）到达完成缓冲区的顶部之后被处理。此时，与完成缓冲区中的 ID 相关联的指令需要被处理。

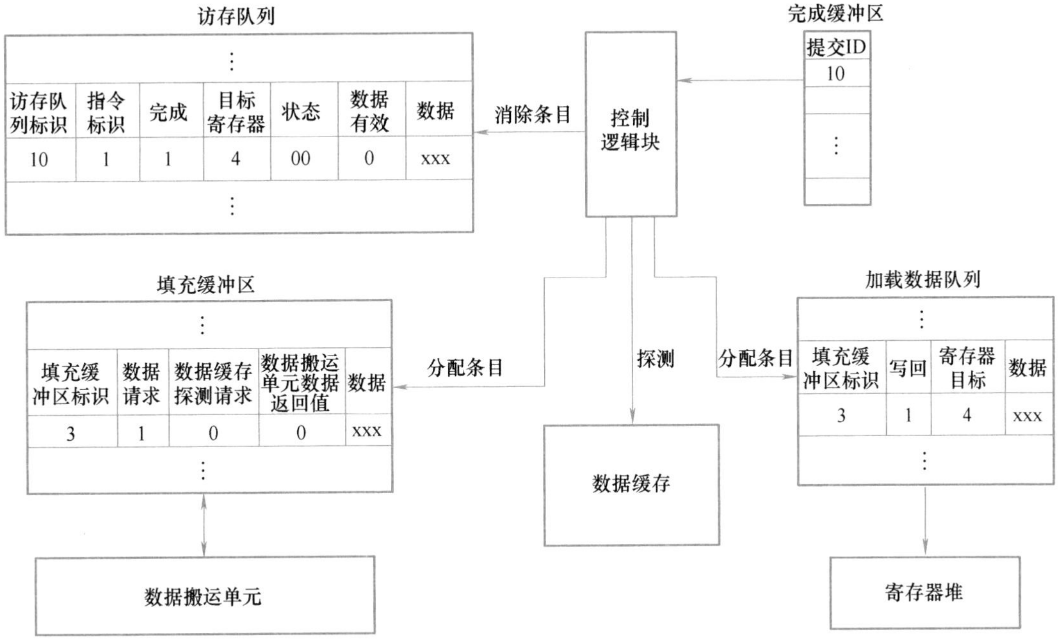

图 6-60 填充缓冲区和加载数据队列条目分配示例

根据存储在访存队列中的指令信息，控制逻辑块可在加载数据队列和填充缓冲区中为该指令分配条目，并且向数据缓存发送探测（Probe）信号。访存队列中的“状态”指示指令所需的加载数据位于外部存储器中，因此，必须使用数据搬运单元来请求所需的数据。由于填充缓冲区用于从数据搬运单元请求数据，因此在填充缓冲区中分配一个条目，同时在加载数据队列中分配条目。

当与完成缓冲区中的 ID 相关联的指令被处理时，在数据缓存中所需的加载数据可用的情况下，在加载数据队列中为该指令分配一个条目，并向数据缓存发送探测信号以检索数据。因为所需的数据将从数据缓存前递到加载数据队列，所以填充缓冲区中不需要索引任何条目。当所需数据在填充缓冲区的条目中可用时，所需数据由填充缓冲区前递到访存队列和加载数据队列，无须在填充缓冲区中分配条目。如果已分配填充缓冲区条目，则控制逻辑块将填充缓冲区标识存储在加载数据队列的相应条目中，作为填充缓冲区和加载数据队列之间的指针。

当指令所需的数据从数据搬运单元返回时，填充缓冲区中的数据搬运单元数据返回值字段设置为 1，并且数据被前递到加载数据队列相应的条目（通过填充缓冲标识索引）。在加载数据队列接收到指令缺失的加载数据之后，当且仅当写回字段设置为 1 时，它将数据写回到由寄存器目标指示的寄存器。

在加载数据队列和填充缓冲区中分配了指令对应的条目之后，访存队列和完成缓冲区中的条目（图中提交 ID 为 10 的）被控制逻辑块消除，为其他指令腾出空间。条目的消除可能需要在几个时钟周期而非当前周期完成，在此期间，图 6-60 中示例条目可能同时存在。

CHAPTER 7

第 7 章

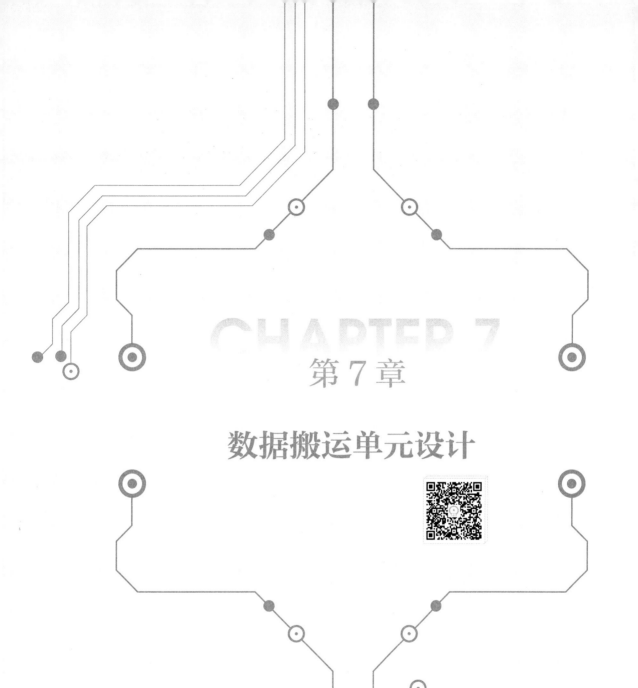

数据搬运单元设计

数据搬运单元的作用是完成不同存储单元之间的数据搬运，其性能以及灵活性直接影响着AI 处理器的整体性能，如果其无法提供较高的带宽，AI 处理器中高并行的计算单元就无法发挥出极致性能。本章主要介绍数据搬运单元的架构设计，并介绍几个核心组件的微架构设计。

7.1 数据搬运单元整体架构设计

数据搬运单元通常称为直接存储访问器（Direct Memory Access，DMA），DMA 在系统中的位置如图 7-1 所示，假设系统中有 4 个 AI 处理器核，每个处理器核内部都有 L1 存储器（L1 buffer），4 个处理器核之间共享一个 L2 存储器（L2 buffer）。AI 处理器核内部的 DMA 完成 L1 存储器和 L2 存储器之间的数据搬移，另外还需要 DMA 完成 L2 存储器和外部 DDR/HBM 之间的数据搬移。

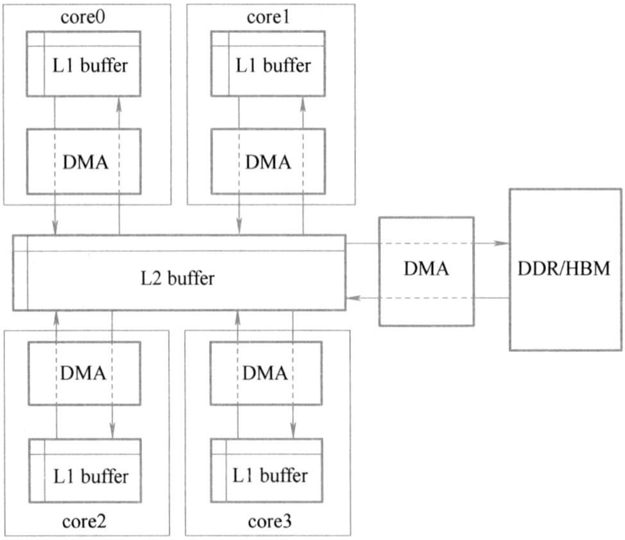

图 7-1　DMA 在系统中的位置

需要注意的是，上面提到的 L1 存储器和 L2 存储器是不具备 Cache 功能的数据缓冲器（Buffer），也就是它们作为 Slave 设备并不具备数据获取能力，需要 DMA 完成各 Slave 设备之间的数据搬移。在多级缓存架构中是不需要 DMA 的，如图 7-2 所示。在基于缓存的系统中，处理器核的访存单元（LSU）访问 L1 缓存，如果 L1 缓存命中了，则直接进行访问，否则需要到下层 L2 缓存中寻找数据，如果找到，则对 L1 缓存进行回填，如果没有找到，则从下层缓存中继续查找。

这种多级缓存的结构常见于 CPU 中。在 AI 处理器中，通常是对大批量数据进行处理，数据分布较为规律，采用 DMA+多级 Buffer 的架构可更加直观地处理大批量数据，并且在进行数据搬移的过程中，可以在 DMA 内部进行一些在线的数据处理，比如对数据流进行在线数据转换操作，这样可以进一步提升性能。

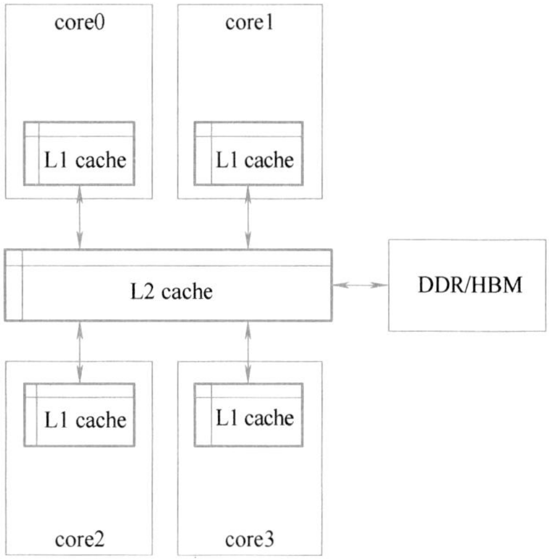

● 图 7-2　基于多级缓存的架构示例

DMA 任务通常由上层的控制单元下发，在 AI 处理器核内部，通常由 AI 处理器的标量处理器下发 DMA 任务；在整芯片系统中，通常由任务调度器（Task Scheduler）下发 DMA 任务。一个 DMA 任务包含多个域段的信息，比如一个简单的线性数据搬移任务，需要配置源数据的起始地址 src_start_addr（Source Start Address）、目标数据的起始地址 dst_start_addr（Destination Start Address）、数据长度（Length）等，所有域段的信息组合起来称为描述符（Descriptor）。描述符的长度可长可短，对于复杂的数据传输任务，其长度可能多达 512bit。

一个简单的单通道 DMA 架构如图 7-3 所示，配置输入信息来自上层任务调度器。任务配置寄存器堆，包含多个配置寄存器。上层任务调度器配置好寄存器后，发送任务启动信号到 DMA，DMA 接收到启动信号后，将相关的配置寄存器信息传递给描述符解析模块（Descriptor

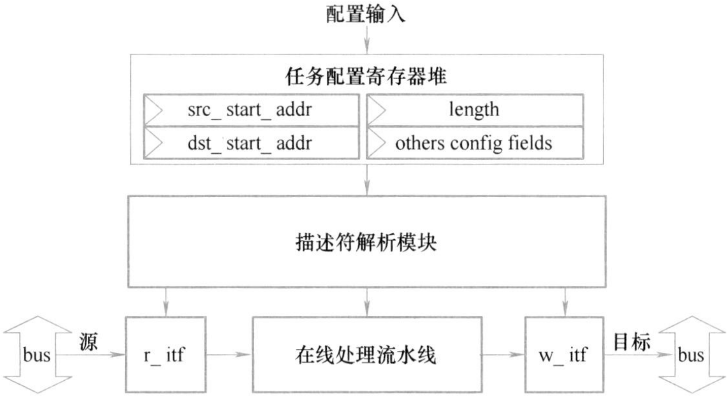

● 图 7-3　单通道 DMA 架构示例

Parser)，进行描述符的解析操作，这个过程主要产生数据通路容易识别的控制信号。描述符解析模块完成描述符的解析后，将控制信号送入数据通路中的各个组件。DMA 的数据通路中主要包含 3 个关键组件：r_itf（Read Interface）为读接口模块，根据总线协议进行源数据的读取操作；w_itf（Write Interface）为写接口模块，根据总线协议进行目标数据的写操作；读写接口模块之间的是在线处理流水线，用于数据的在线处理，比如对数据进行转置操作、填充（Padding）操作、数制转换操作等。对数据进行在线处理可提升整系统性能，释放了部分向量处理单元负载。

单通道 DMA 比较简单，只能完成从一个源存储器到一个目标存储器的单向数据搬移，在一个复杂的处理器系统中，这显然无法满足数据搬移要求。可以将多个单通道 DMA 组合起来使用，即系统中有多少数据搬移通路，就例化多少个单通道 DMA。如果上层任务调度器直接控制这些单通道 DMA，那么调度压力会很大，通常会在调度器和 DMA 之间插入一级硬件调度层，如图 7-4 所示，其中 DMA Manager 完成对多个单通道 DMA 的调度工作。DMA Manager 可以根据配置，处理不同任务之间的依赖关系，确保在正确的时间发送 DMA 任务，从而释放上层任务调度器的调度压力。

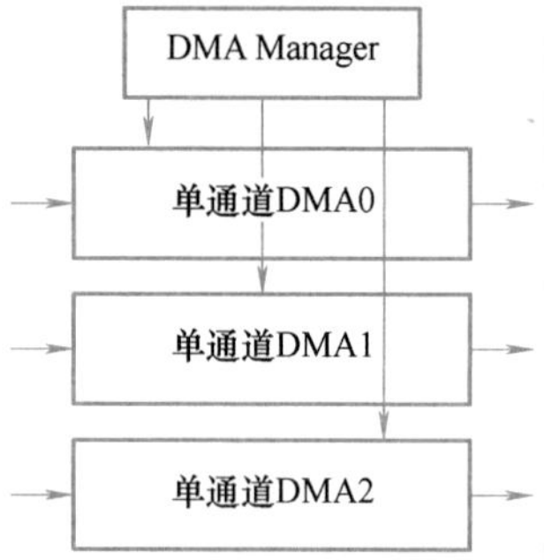

图 7-4　单通道 DMA 的组合示例

虽然单通道 DMA 简单，但不同通道的 DMA 之间无法进行资源复用，于是在高性能 AI 处理器中通常使用多通道 DMA 架构。一种多通道 DMA 架构如图 7-5 所示。不同通道处理的任务可能是相似的，比如两个通道都需要处理带 Padding 的 3D 传输，除了地址之外的配置信息完全相同，则这两个通道可以复用同一个描述符，在使用前将描述符的部分域段进行修改即可。为实现这种描述符复用的功能，引入了描述符池（Descriptor Pool）的概念。描述符池中存放常用的描述符，每个通道都可以使用描述符池中的任意一个描述符。有两种方式可以对描述符池进行写操作，一种是系统刚上电时，可以通过总线系统将可能会用到的描述符一起写入描述符池中，这种方式写入性能较高；另一种方式是在处理器运行期间，通过标量处理器（Scalar Processor）对描述符池进行配置，比如一个任务需要对某个描述符域段进行改动，则可以通过标量处理器对这个域段进行写操作。itf_s（Interface Slave）为从接口模块，用于接收总线上对描述符池的写请求，sp_config 为标量处理器的配置端口，通过总线进行的写操作和通过标量处理器进行的写操作不会同时发生，使用一个多路选择器来完成写请求的选择。写请求通过写逻辑（Write Logic）将数据写入描述符池中。

在复杂的 AI 处理器中，如果描述符较为复杂，则描述符池可以使用 SRAM 实现。当配置好描述符全部域段后，标量处理器通过 sp_config 端口发送任务启动信号，任务启动信号中包含描述符在描述符池中的位置信息，通过读逻辑（Read Logic）完成描述符池的读取操作。

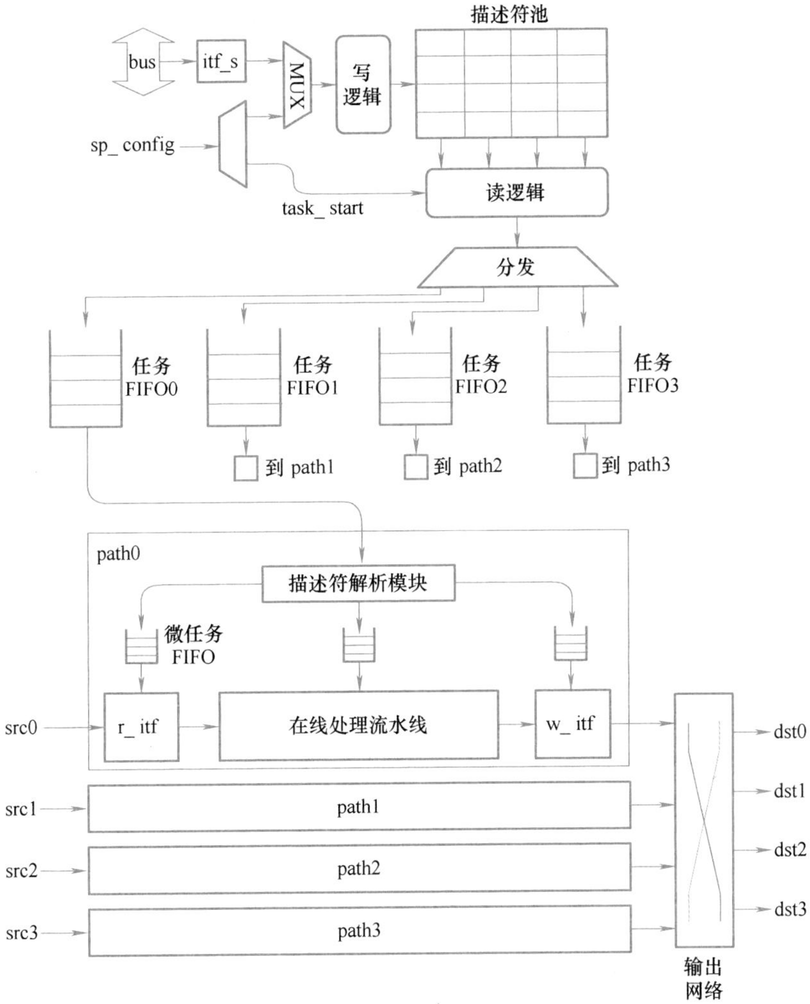

● 图 7-5　多通道 DMA 架构示例

多通道 DMA 中通道的数量和源存储器的数量匹配，即源存储器 src0 由通道 path0 处理，src1 由 path1 处理。从描述符池中读取一个描述符后，首先对描述符进行初步解析，判断描述符的源存储器信息，将描述符分发（Dispatch）到对应的任务 FIFO（Task FIFO）中。一个任务 FIFO 对应一个 path。任务 FIFO 缓存待执行的 DMA 描述符。

任务 FIFO 将头部的任务送入描述符解析模块（Descriptor Parser）中进行描述符解析，将各种复杂任务转换成简单的线性传输任务，传递给数据通路。数据通路中同样包含 3 个主要组件：r_itf、在线处理流水线和 w_itf，由于和单通道 DMA 是类似的，这里不再赘述。数据通路中每个组件内都有一个微任务 FIFO（Micro Task FIFO），用于缓存解析出来的微任务。微任务按照先入先出的顺序执行。

w_itf 输出的数据可能去往不同的目标存储器，在通过输出网络（Output Network）进行目标存储器的路由时，由于 DMA 每个通道的数据位宽都比较大，进行 4 个通道数据的全连接路由比较消耗硬件资源，这里的输出网络可以根据实际的系统需求进行部分连接，比如 src0 只需要搬移至 dst1 和 dst2，在进行输出网络设计时只需要将 src0 广播至 dst1 和 dst2。另外由于 w_itf 模块已经将输出数据按照目标端口的总线协议转换为 Burst 传输，因此输出网络的仲裁粒度只需要为 Burst 级，无须为任务级，这样仲裁器的设计更为简单，并且允许从两个不同的源到同一个目标存储器并行进行数据搬移。

采用多通道的架构，不仅可以通过描述符池对描述符进行复用，还可以在数据通路中复用面积较大的在线处理引擎，如在线排序引擎（完成在线数据排序操作），该组件涉及多级流水线，面积比较大。由于每个通道都例化一个在线排序引擎，面积开销过大，并且在线排序引擎并不是每个数据搬移任务都要用到，因此可以在所有通道中只例化一个在线排序引擎，通过任务级的仲裁器 arb（Arbiter）完成轮询调度，如图 7-6 所示。

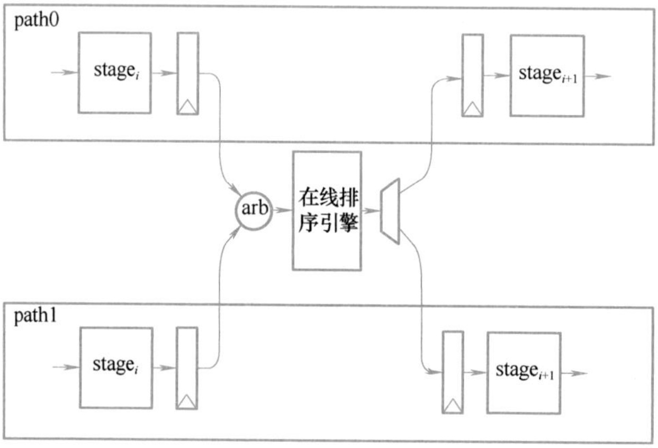

图 7-6　多通道 DMA 之间的资源复用示例

本节主要介绍了数据搬运单元的整体架构设计，可以将整个架构分为两个部分，一个部分是控制通路，主要由描述符池、任务队列和描述符解析模块构成；另外一个部分是数据通路，主要由读接口模块、在线处理流水线、写接口模块和输出路由模块构成。接下来对控制通路中的描述符解析模块，以及数据通路中的接口模块和在线处理流水线进行详细介绍。

7.2 多维传输任务的解析

上层任务调度器将 DMA 任务以描述符的形式下发给 DMA。DMA 任务有多种类型，从传输的数据维度层面划分，可以分为 1D 传输、2D 传输、3D 传输等，不同的传输类型指示数据在源或目标存储器中存放的方式。源或目标存储器的传输方式可以不一样，如数据在源存储器中以 1D 的方式存放，在目标存储器中以 2D 的方式存放。确定好传输类型后，可以在描述符中定义需要进行的在线操作，如对一个输入和输出都为 2D 传输类型的传输附加一个在线转置操作，或对一个 1D 传输附加一个在线排序操作。接下来介绍不同维度的传输任务。

7.2.1 多维传输介绍

1D 传输又称为线性传输，表示数据在存储单元中连续排布，如图 7-7 所示，图中方块代表位宽为 4B 的存储空间。1D 传输包含两个域段：Start_address 为起始地址，Length 为传输长度。1D 传输是最为高效的传输方式，在传输长度足够的情况下，1D 传输数据连续的特性使其可以充分利用总线带宽，比如同样是传输 1024bit 数据，假设 AXI 总线数据位宽为 128bit，对于地址对齐且连续存放的 1D 传输数据，只需要一个 Burst8 的总线请求即可完成数据传输，但如果这 1024bit 数据分布不连续，则可能需要拆分成多笔 Burst 请求，这大幅降低了 AXI 总线的传输效率。

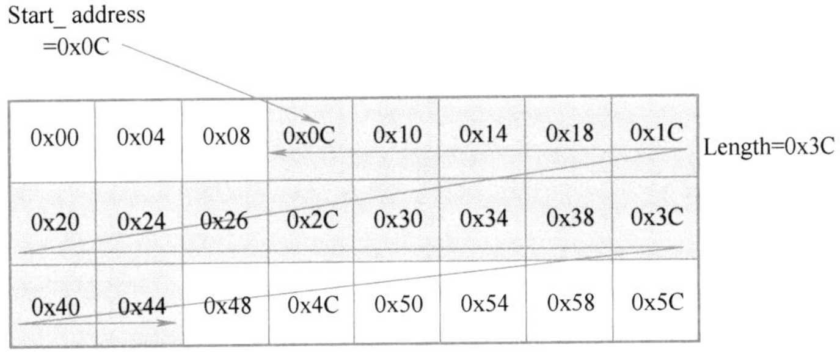

图 7-7 1D 传输示例

2D 传输是指数据在存储器中以 2D 的形式存放，每行数据之间的排布是不连续的，如图 7-8 所示。2D 传输由 4 个域段构成，Start_address 指示数据存放的起始地址，Width 指示每行数据宽度，Height 指示数据的行数，Stride 指示相邻两行首地址的间隔。2D 传输广泛应用于图形处理、神经网络处理等场景，如在 DDR 中存放着一张 4K（4096×2160 像素）大图，由于处理器内部存储空间的限制，不可能直接将整张图加载进来，因此需要对图进行切分(Tiling)，如切分成 256×256 像素的小图，显然这张小图的行与行之间是非紧密排列的，需要通过 2D 传输读取小图。需要注意的是，2D 传输的宽度在比较小的情况下，可能会降低总线带宽利用率。

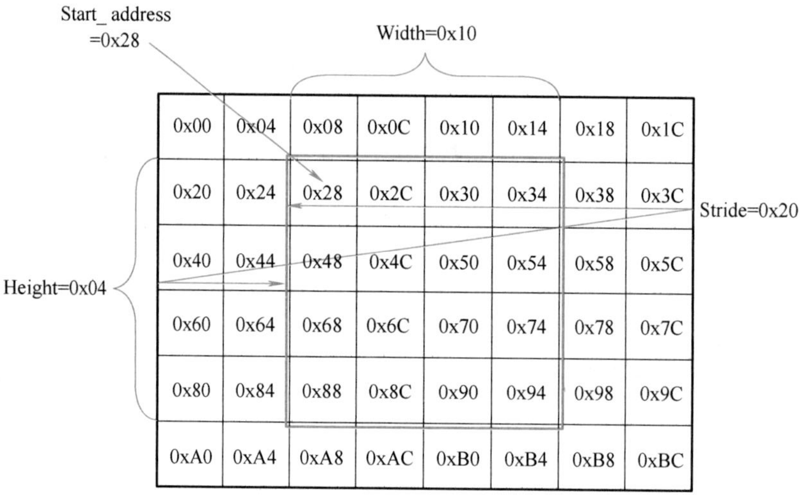

• 图 7-8 2D 传输示例

如果将 2D 传输再提升一个维度，就是 3D 传输。3D 传输在 2D 传输的 Width 和 Height 基础上增加了块维度，用 Block 表示块的个数，如图 7-9 所示。3D 传输有 6 个域段：Start_address，

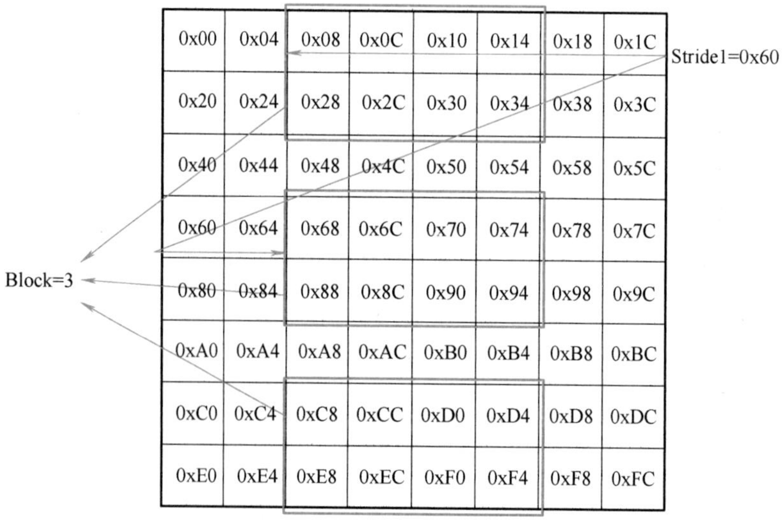

• 图 7-9 3D 传输示例

指示传输的起始地址；Width，指示块的宽度；Height，指示块的高度；Block，指示块的数量；Stride0，指示块内部相邻两行首地址间隔；Stride1，指示相邻两个块之间首地址间隔。同样，如果 3D 传输的 Width 过小，则会导致总线带宽利用率不高，因此在程序设计中，数据的切分（Tiling）策略很重要，它会直接影响总线性能。

7.2.2 不同维度传输的归一化设计

在 DMA 的架构设计中，不同任务的归一化是首先要考虑的问题，如果不进行任务的归一化设计，会导致 DMA 数据通路处理的场景过多，极大增加了数据通路的设计复杂度，并使得验证很难收敛。任务的归一化在描述符解析模块中进行，归一化的思路是将一个复杂任务转化为多个简单任务，将一个高维度的传输任务转化为多个低维度的传输任务。对于 2D 任务，可以考虑将其归一化为 1D 任务，如图 7-10 所示。在描述符解析模块中根据 Start_address 和 Stride，计算每行数据的起始地址，将每行数据都转化为 1D 任务。需要注意的是，源和目标传输类型可以不同，两者的转换是可以独立进行的，如源传输类型是 1D，目标传输类型是 2D，源传输类型可以保持为 1D 不变，描述符解析模块直接将源 1D 传输任务下发到 R_itf 的微任务队列中，目标传输类型可以从一个 2D 任务转换为多个 1D 微任务，将多个 1D 微任务下发到 w_itf 的微任务队列中。因此，对于同一个主任务，经过描述符解析模块的解析后，下发到数据通路不同组件中的微任务数量可能是不同的，这也是数据通路中每个组件都需要设置一个独立的微任务队列的原因。

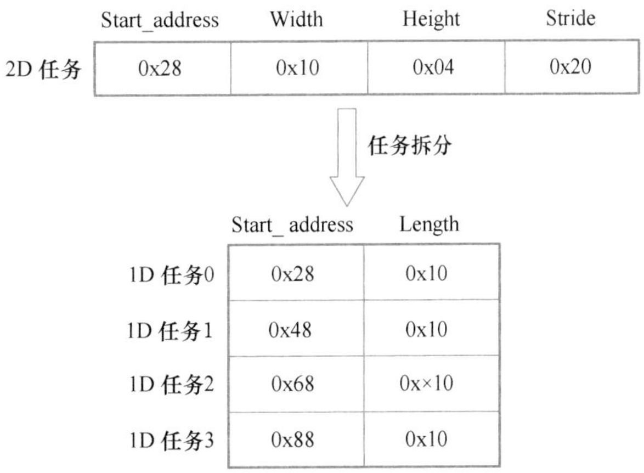

图 7-10　2D 任务归一化为 1D 任务示例

同样，一个 3D 任务可归一化为多个 1D 任务，根据 Start_address、Stride0 和 Stride1 计算出每行数据的起始地址，如图 7-11 所示。

任务的归一化不只是局限于将多维传输归一化为一维传输，还可以将大的任务切分成小的任务，比如对于一个大图的转置任务，由于内部的转置单元只能进行特定规格图像的转置操作，假设输入 2D 图的规格为 256×256，要对其进行转置操作，而内部的在线转置引擎的转置规格为 64×64，则可以将 256×256 的大图切分成 16 个规格为 64×64 的小图，再对拆分后的小图进行转置操作，也就是将一个大的 2D 转置任务切分成了 16 个小的 2D 转置任务，如图 7-12 所示，这个过程也是在描述符解析模块中完成的。

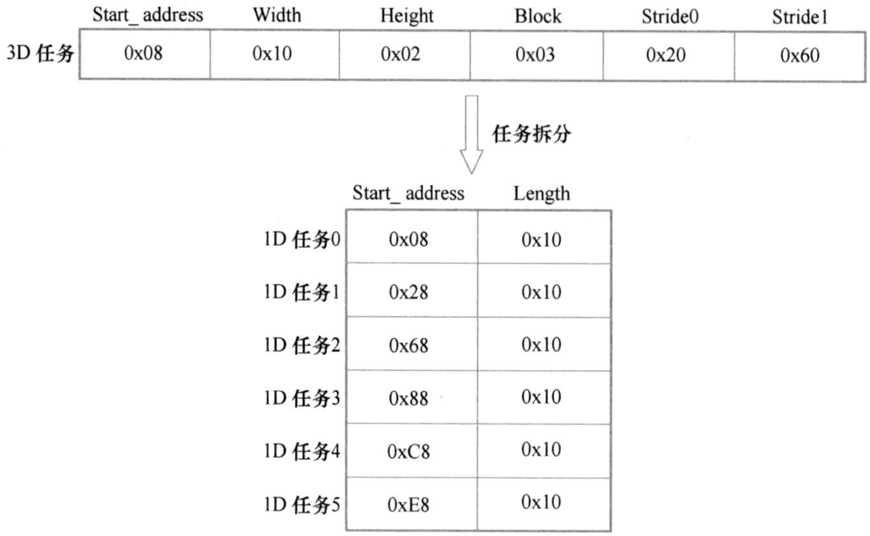
Start_ address
Width
Height
Block
Stride0
Stride1
3D 任务
0x08
0x10
0x02
0x03
0x20
0x60
任务拆分
Start_ address
Length
1D 任务0
0x08
0x10
1D 任务1
0x28
0x10
1D 任务2
0x68
0x10
1D 任务3
0x88
0x10
1D 任务4
0xC8
0x10
1D 任务5
0xE8
0x10

● 图 7-11　3D 任务归一化为 1D 任务示例

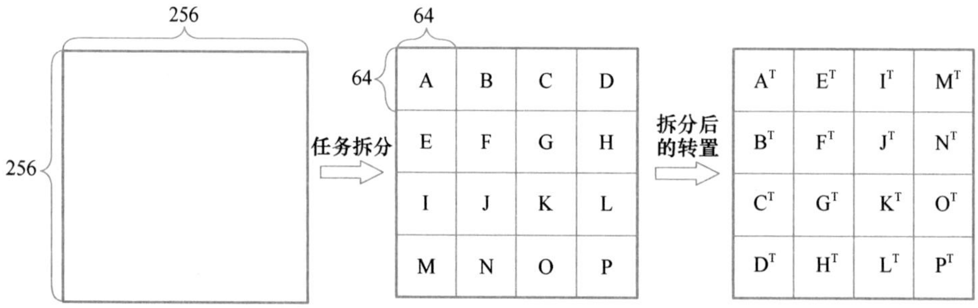

● 图 7-12　转置任务的拆分

7.3 AXI 总线接口设计

AXI（Advanced eXtensible Interface）是一种总线协议，该协议是 ARM 公司提出的 AMBA（Advanced Microcontroller Bus Architecture）[15] 协议中重要的组成部分，是一种高性能、高带宽、低延迟的片内总线。它的地址/控制信号和数据信号是分离的，支持非对齐的数据传输。AXI

总线基于 Burst 传输机制，可以在单个传输任务中传输多笔数据，减少了传输控制开销，提升了数据传输效率。AXI 协议满足超高性能和复杂的片上系统（System-on-Chip，SoC）设计的需求。AXI 总线分为读、写两个通道，读通道又分为 2 个子通道：Read Address Channel 和 Read Data Channel，如图 7-13 所示。Read Address Channel 中主要包括读请求的地址和控制信息，由主设备接口（Master Interface）发出，经过地址解析后传递给对应的从设备接口（Slave Interface）。Read Data Channel 为读数据通道，主要包括返回的数据，从设备接口将返回的数据、RID（读数据的 ID）等信息发送到读数据通道上，再转发给对应的主设备接口。可以看到，一个读请求可以对应多笔读数据。

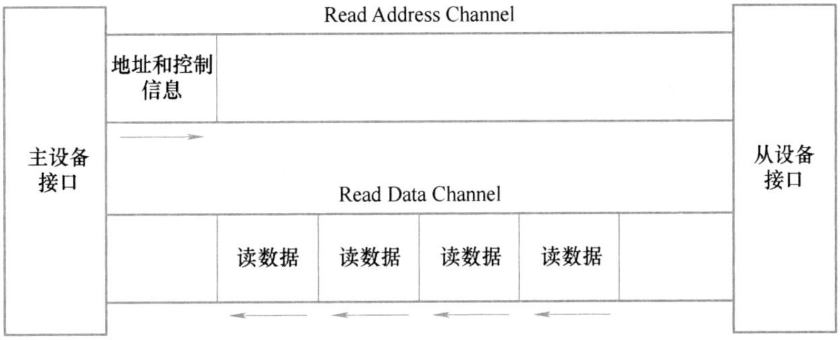

图 7-13　AXI 总线的读通道

AXI 总线的写通道分为 3 个子通道：Write Address Channel、Write Data Channel 和 Write Response Channel，如图 7-14 所示。Write Address Channel 中主要包括写请求的地址和控制信息，Write Data Channel 中主要包括写数据信息，由主设备接口发出，经过地址解析后传递给对应的

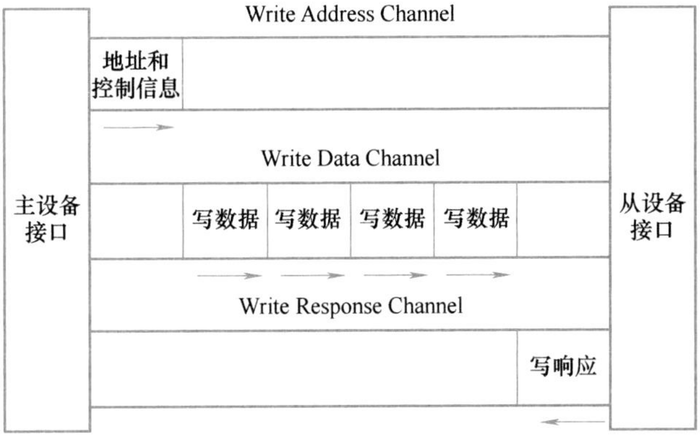

图 7-14　AXI 总线的写通道

从设备接口。Write Response Channel 为写响应通道，返回写操作的结果，由从设备接口发出。可以看到，一个写请求也可以对应多笔写数据。另外，这种写地址和写数据分离的结构，提升了数据传输的效率和灵活性。

接下来介绍 AXI 总线的 3 个重要特性：Outstanding、Out-of-Order 和 Interleave。

前文提到 AXI 总线支持 Burst 传输机制，即一个读、写请求中包含多笔数据，如图 7-15 所示，这里以读请求为例进行说明，一个对 A0 地址的请求包含 4 笔数据，读请求从主设备发出，从此时刻到主设备接收到从设备返回的数据的时间点之间存在延迟，如果从设备相应请求的速度较慢，这个延迟会很大，比如在一个复杂的 SoC 中，主设备访问 DDR 的延迟可能达到几百个时钟周期。如果每次请求都需要等到上一个请求数据返回后才能发出，那么这个效率是很低的，如图 7-15a 中 Outstanding = 1 的示例所示。这里 Outstanding 指的是主设备在从设备还没有返回响应的情况下，能发出的最大请求数量。Outstanding = 1 表示总线上最多只能有一个正在执行的请求。如果增强 Outstanding 能力，则可以提升访问总线的效率，如图 7-15b 中 Outstanding=3 的示例，在读响应返回前，可发出 3 个读请求，通过这种增大 Outstanding 的方式可以降低高响应延迟对性能的影响。因此，主从设备和 SoC 支持的最大 Outstanding 能力对整系统性能的影响很大。

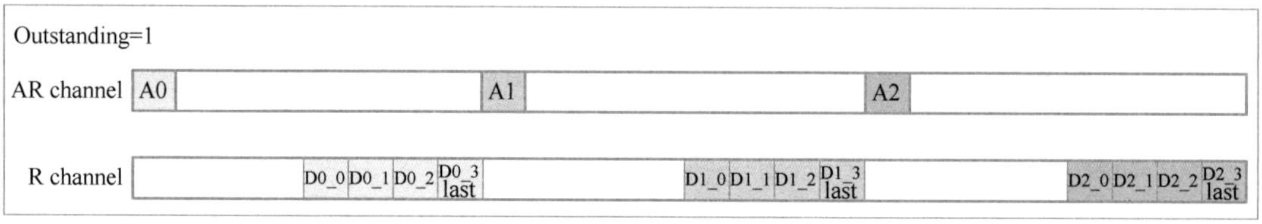

a) Outstanding = 1

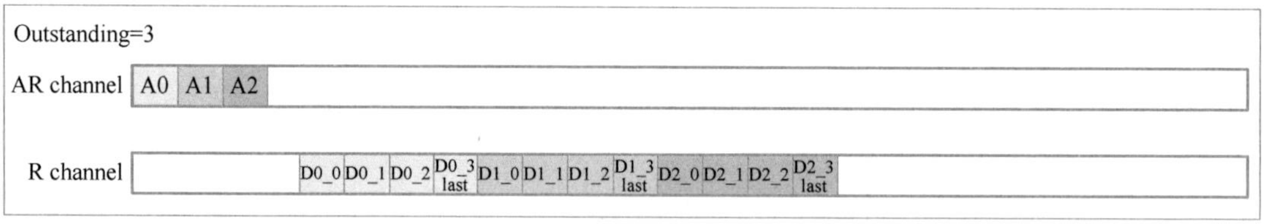

b) Outstanding = 3

图 7-15 不同 Outstanding 下的传输示例

主设备短时间内发送了多个请求给从设备，从设备可以按照不同的顺序返回响应（Out-of-Order），如主设备先后发出了两个请求 A 和 B，如果 A 请求的从设备还没有就绪，而 B 请求的从设备是就绪的，则 B 请求对应的响应可以提前返回。如果主设备以同一个 ID 发出这些请求，那么总线系统会将这些原本乱序的响应整理成有序的，主设备按照有序的方式接收这些响应即可；如果主设备以不同ID发出这些请求，那么总线系统按照从设备响应的顺序将响应返回给主设备，此时主设备可能会收到乱序的响应。一种乱序响应的示意图如图7-16所示，主设备发出3个请求，它们的ARID不同，主设备收到的响应可能是乱序的，假设A1对应的从设备最先响应，对应的RDATA最先返回，主设备通过RID信息识别收到的是哪个请求对应的响应。

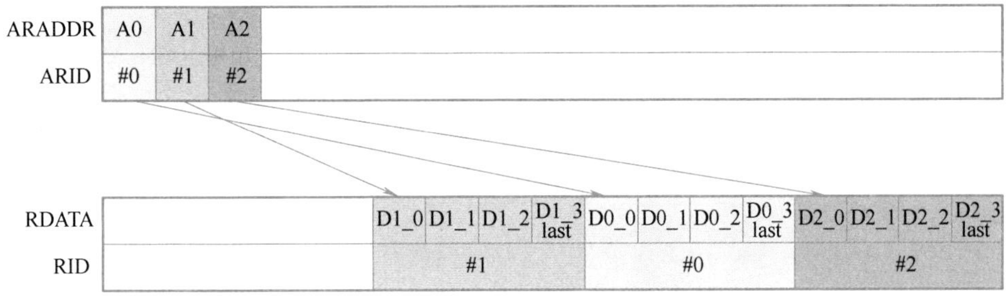

● 图7-16　Out-of-Order特性示例

由于一个请求对应多笔数据，因此，当从设备乱序返回数据时，数据可以交织在一起返回，如图7-17所示，需要注意的是，同一个请求对应的多笔数据是按照有序的方式返回的。

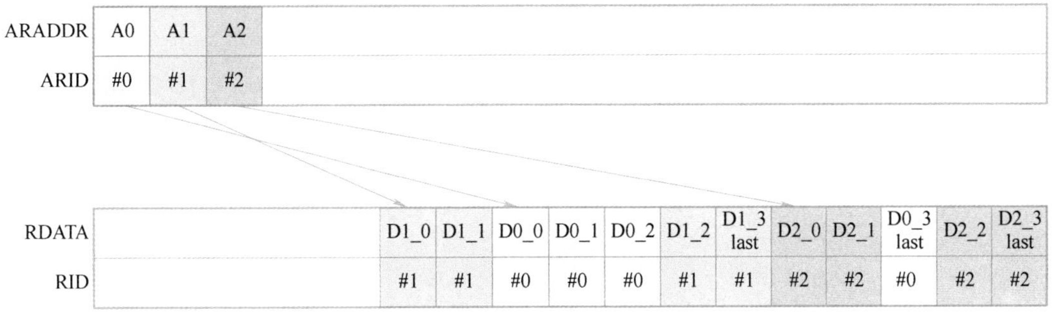

● 图7-17　Interleave特性示例

如果支持了Out-of-Order和Interleave这两个特性，则会增加主设备的设计复杂度，这主要体现在ID的管理和对乱序交织返回数据的处理上。首先，由于主设备具备多Outstanding能力，每个Outstanding对应的ID不同，需要在一个表中记录各ID的发射状态，如图7-18所示，ID_TABLE中Busy域段指示各ID是否被占用，通过LOD（Leading One Detect）模块检测首个Busy域段为0的条目编号，LOD的输出IDLE_ID作为下一个读请求的RID，Request Send模块将读请求按照AXI总线协议发送到AXI总线（AXI_BUS）上。

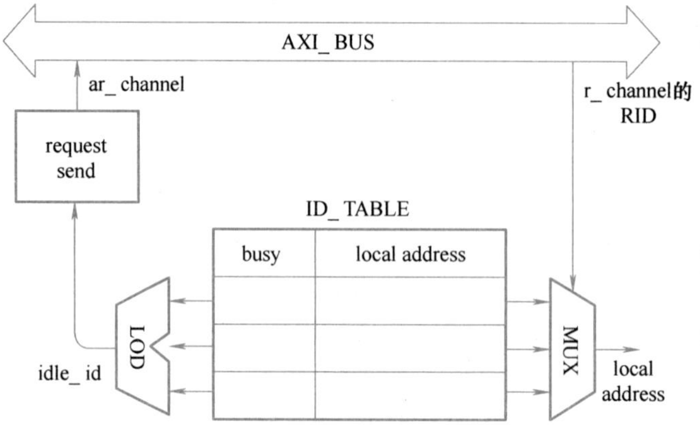

● 图 7-18　读接口模块示例

另外，在发出读请求前，需要找到该读请求对应数据的存放位置，假设返回的读数据存放在内部存储器上，需要确定读数据存放的地址，在读请求发射前，需要将该请求对应的存放地址写入 Local Address 域段。当读数据返回时，根据返回的 RID 信息从 ID_TABLE 中选择对应的 Local Address，将返回的读数据写入对应的地址中。

由于 AXI 总线基于 Burst 传输机制，因此 Request Send 单元需要将线性的 1D 任务转换为多个 Burst 传输。假设系统支持的最大 Burst 为 Burst8，即一个请求对应 8 笔数据，另外，假设 AXI 总线的数据位宽为 128bit，要进行 Start_addr = 0x200、Length = 0x100 的 1D 传输任务，则需要将该 1D 任务拆分成两个 Burst8 传输请求，如图 7-19 所示。

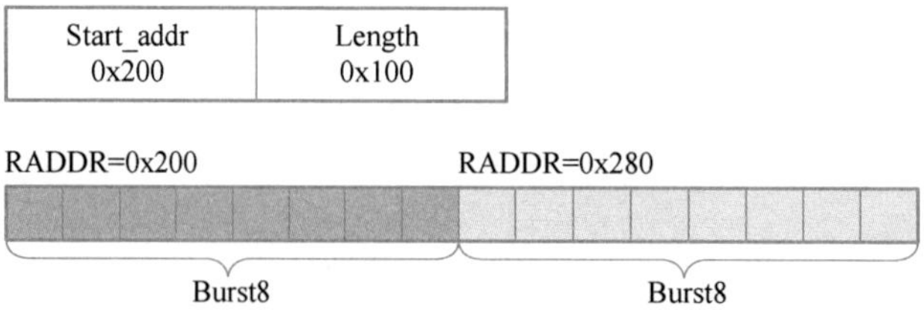

● 图 7-19　基于 Burst8 的拆分示例

7.4 在线填充引擎设计

填充是卷积神经网络中的一个概念，它是指在输入图像的周围增加额外的边界，以便在卷积操作中更好地处理图像边缘的信息。

在卷积的过程中，如果输入特征图的尺寸是 $n \times n$，卷积核的尺寸是 $f \times f$，则经过卷积运算后，得到的输出特征图的尺寸是 $(n-f+1) \times (n-f+1)$，可以看到输出特征图的尺寸变小了，如图 7-20 所示。另外，输入特征图的边缘信息对输出的贡献比较少，输出特征图会丢失部分边缘信息。为解决这个问题，可以在输入特征图周围填充一部分数据，对原始输入特征图进行扩充。填充后的卷积示例如图 7-21 所示，假设输入特征图尺寸为 4×4，在其上、下、左、右各填充一行数据，填充后的输入特征图尺寸为 6×6，卷积核尺寸为 3×3，输出特征图尺寸为 4×4，可以看到输出特征图的尺寸和填充前的输入特征图一致了。

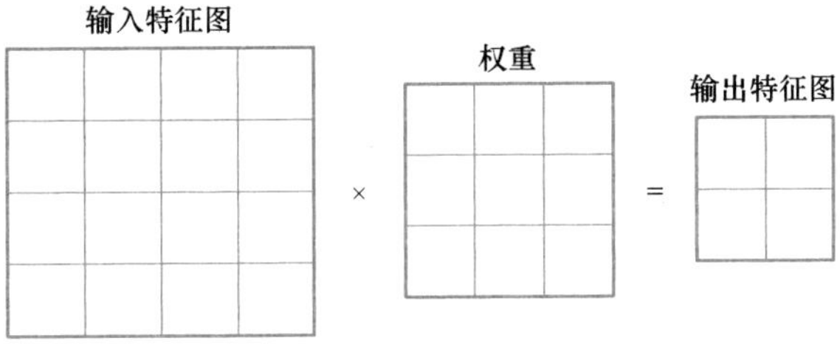

图 7-20　卷积示例

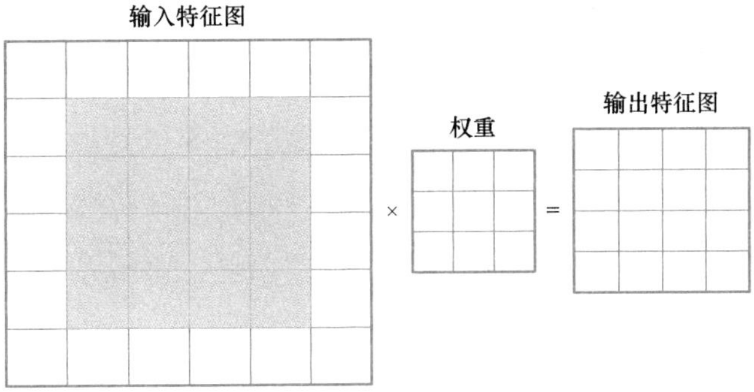

图 7-21　填充后的卷积示例

填充操作按照其填充的数据可以分为 3 种类型，如图 7-22 所示。这 3 种类型分别介绍如下。

- Constant padding，常数填充，通常填充 0，如图 7-22a 所示。这种填充方式比较简单，硬件实现成本较低。
- Replicate padding，复制填充，用距离最近的像素值填充，如图 7-22b 所示。
- Mirror padding，镜像填充，四边界成镜像对称，如图 7-22c 所示。

0	0	0	0	0	0	0	0
0	0	0	0	0	0	0	0
0	0	a	b	c	d	0	0
0	0	e	f	g	h	0	0
0	0	i	j	k	l	0	0
0	0	m	n	o	p	0	0
0	0	0	0	0	0	0	0
0	0	0	0	0	0	0	0

a）常数填充

a	a	a	b	c	d	d	d
a	a	a	b	c	d	d	d
a	a	a	b	c	d	d	d
e	e	e	f	g	h	h	h
i	i	i	j	k	l	l	l
m	m	m	n	o	p	p	p
m	m	m	n	o	p	p	p
m	m	m	n	o	p	p	p

b）复制填充

k	j	i	j	k	l	k	j
g	f	e	f	g	h	g	f
c	b	a	b	c	d	c	b
g	f	e	f	g	h	g	f
k	j	i	j	k	l	k	j
o	n	m	n	o	p	o	n
k	j	i	j	k	l	k	j
g	f	e	f	g	h	g	f

c）镜像填充

● 图 7-22　填充操作示例

复制填充和镜像填充方式都较为复杂，需要原始的数据信息，通常需要借助向量处理器中的向量指令来实现。常数填充方式比较简单，只需要在数据流中合适位置插入常数，比较适合放在 DMA 中实现。接下来对常数填充的实现方案进行介绍。

填充操作主要包括以下参数信息：top，在原始图像上方插入的行数；bottom，在原始图像下方插入的行数；left，在原始图像左侧插入的列数；right，在原始图像右侧插入的列数；internal，在原始图像的两行之间插入的行数。

描述符中包含这些填充信息，数据通路根据这些信息在数据流中插入相应数量的常数。为了方便数据通路处理，描述符解析模块根据填充的参数信息产生前置插入的数据量 N_{pre}、行间插入的数据量 N_{int} 和后置插入的数据量 N_{post}，如图 7-23 所示，这样数据通路只需要在合适的位置插入相应数量的常数。它们的计算公式如式（7-1）所示。

$$
\begin{aligned}
N_{pre} &= top \times (left + width + right) + left \\
N_{int} &= internal \times (left + width + right) + left + right \\
N_{post} &= bottom \times (left + width + right) + right
\end{aligned}
\tag{7-1}
$$

一种填充引擎结构图示例如图 7-24 所示，Task_in 输入在线填充引擎后，由 FSM Control 模块完成状态机的控制，状态机的主要作用是判断何时进行数据填充。Data Split 单元根据每行数据的数据量进行原始数据的拆分，Padding Insert 单元生成填充向量，Merge 单元将原始输入数据流和填充数据流合并。在进行填充数据输出时，可能会对原始输入数据流进行反压操作。

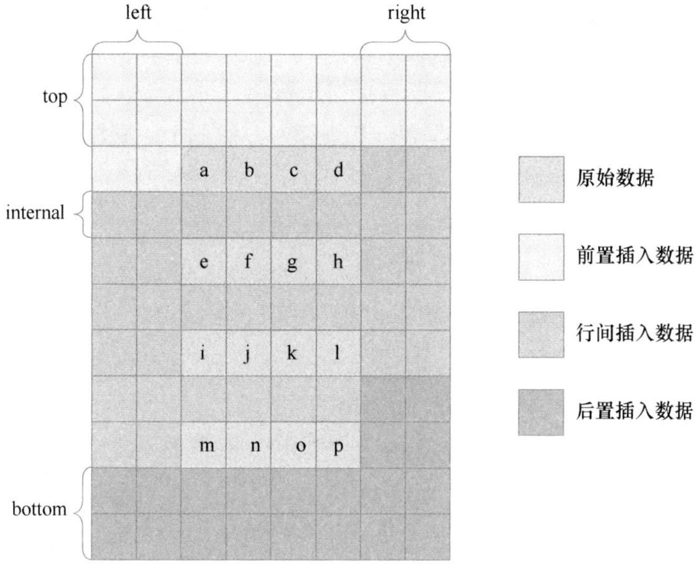

● 图 7-23　填充操作的参数

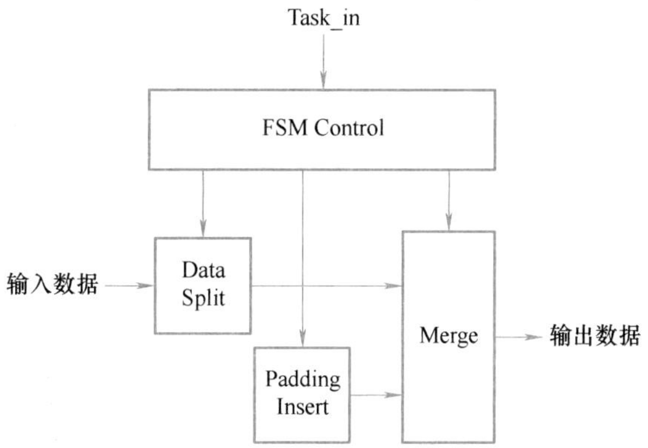

● 图 7-24　填充引擎结构图示例

7.5 在线排序引擎设计

Top-k 排序算法在神经网络中的应用较为广泛，如根据设定好的模式对输入进行打分，通过 Top-k 算法选出打分最高的 k 个数据，然后对这 k 个数据进行后处理。在软件算法中，Top-k

通常由堆排序算法实现，堆排序存在较强的前后数据依赖性，也就是下一笔数据的计算需要依赖之前数据的计算结果，这不利于在硬件上实现。

可以借鉴前面介绍过的奇偶归并排序和双调排序策略，通常 Top-k 中的 k 不会很大，硬件中实现 Top-16 即可满足绝大部分的应用场景。假设要对存储器中一批数据进行 Top-k 计算，可以通过 DMA 将这些数据读入，数据流入 DMA 中的在线排序引擎，当数据全部输入完毕后，最终最大的 16 个元素也计算完成，DMA 将这 16 个元素输出即可。

具体的实现思路是，首先对每拍输入的向量进行全排序，得到一个有序的序列 A，然后将得到的有序序列和当前最大的 16 个元素组成的有序序列 B 进行点对点比较，得到 MAX 和 MIN 向量。由于序列 A 和序列 B 都是有序的，序列 A 和序列 B 组成的序列为双调序列，由 Batcher 定理可知 MAX 序列中的任意一个元素均大于 MIN 序列中的任意一个元素。因此，最终最大的 16 个数据一定不在 MIN 序列中，可以将 MIN 序列丢掉，保留 MAX 序列。根据 Batcher 定理，MAX 序列同样也为双调序列，接下来对 MAX 序列进行双调排序，即可得到有序序列，将有序序列存储到寄存器堆中。当所有数据均流过在线排序引擎后，寄存器堆中存放的数据即最大的 16 个数据，将这 16 个数据输出即可。

一种在线排序引擎如图 7-25 所示，每拍输入的数据经排序流水线后得到有序序列 A，这里的排序流水线可以由奇偶归并排序阵列实现。也可以由双调排序阵列实现。图示中以奇偶归并排序阵列为例进行说明，两个由 OE-2 得到的长度为 2 的有序序列在 OE-4 中进行奇偶归并排序，得到长度为 4 的有序序列，最终经过 OE-8 和 OE-16 后，得到长度为 16 的有序序列 A。序列 A 和序列 B 组成双调序列，进行 BM-32 的 stage0 阶段排序，stage0 完成序列 A 和序列 B 的点对点比较，将双调序列 MAX 送入 BM-16 模块进行双调排序，得到有序序列，将序列存入寄存器堆 reg0～reg15 中。

BM-32 stage0 和 BM-16 需要多级比较器，无法在一个时钟周期内计算完成，中间需要使用寄存器打拍，但是 BM-16 的输出需要和下一个 OE-16 输出向量 A 进行双调排序，在 BM-16 得到最终的计算结果前，需要对前级数据流进行反压，造成了性能损失。一种解决方法是例化多份 BM-32 stage0 和 BM-16 单元：假设 BM-32 stage0 和 BM-16 需要两级流水线完成计算，则例化两份 BM-32 stage0 和 BM-16 单元，称为 Group0 和 Group1，偶数拍的数据流入 Group0 中，奇数拍的数据流入 Group1 中，最终将 Group0 和 Group1 中的寄存器堆进行合并即可。

如果使用向量处理单元中的排序指令进行 Top-k 排序，则需要多条向量指令配合完成，效率较低。而将在线排序引擎集成在 DMA 中，可以在数据搬移的过程中完成排序，减轻了向量处理单元的计算压力。

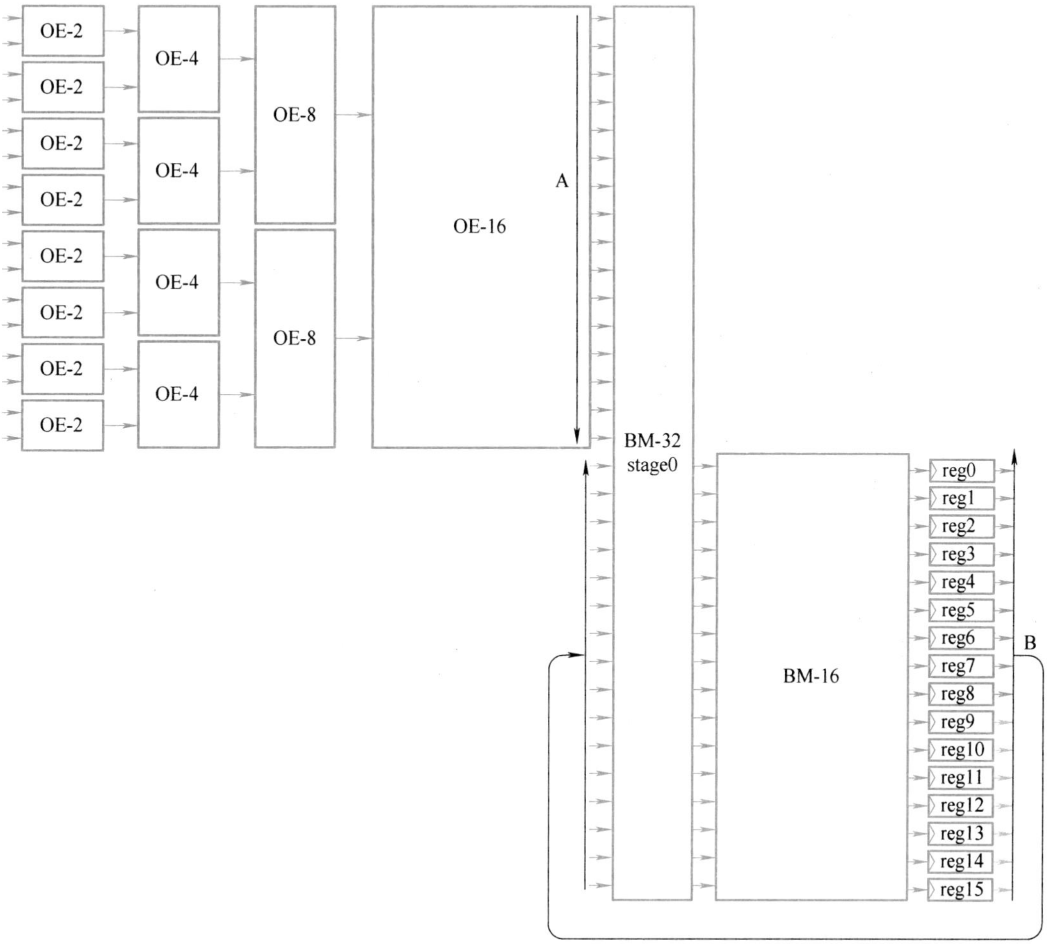

图 7-25 在线排序引擎示例

7.6 在线转置引擎设计

矩阵运算是卷积神经网络的核心操作，而矩阵的转置是矩阵运算的基础，很多场景下都需要用到矩阵转置操作。矩阵的转置是将输入矩阵的行列互换，如图 7-26 所示。

转置操作可以在数据传输的过程中进行，具体的实现思路是首先将数据写入由多个 Bank 组成的存储器中，注意写入的时候需要采用逐步移位的方式将同一列数据写入不同的 Bank，后续在进行同一列数据读取的时候才不会出现 Bank 冲突。数据读取时按照阶梯状的方式读取各个 Bank，这样可以一个时钟周期读出一列数据。

0,0	0,1	0,2	0,3
1,0	1,1	1,2	1,3
2,0	2,1	2,2	2,3
3,0	3,1	3,2	3,3

⇨

0,0	1,0	2,0	3,0
0,1	1,1	2,1	3,1
0,2	1,2	2,2	3,2
0,3	1,3	2,3	3,3

● 图 7-26　矩阵转置示例

以图 7-26 中的 4×4 矩阵转置为例进行说明，每次输入 4 个元素，即每次输入矩阵的一行数据，整个过程如图 7-27a～d 所示。

1）输入第 0 行数据，直接将该行数据写入 4 个 Bank 的地址 0 中。

2）输入第 1 行数据，将向量循环移动 1 个元素单位，然后写入 4 个 Bank 的地址 1 中。

3）输入第 2 行数据，将向量循环移动 2 个元素单位，然后写入 4 个 Bank 的地址 2 中。

4）输入第 3 行数据，将向量循环移动 3 个元素单位，然后写入 4 个 Bank 的地址 3 中。

通过在写入 Bank 前进行循环移位的方式，同一列的数据分布在了不同的 Bank 中，方便后续的列读取操作。

在整个矩阵全部写入 Bank 后，可以对 Bank 进行读取操作，即采用阶梯状的数据读取方式。Bank 的读取过程如图 7-28a～d 所示，整个过程分为以下 4 步。

1）读取原矩阵中的第 0 列数据，即读取 Bank$_0$ 的 0 地址、Bank$_1$ 的 1 地址、Bank$_2$ 的 2 地址和 Bank$_3$ 的 3 地址，将读取的数据拼接在一起，可以得到第 0 列数据。

2）读取原矩阵中的第 1 列数据，即读取 Bank$_0$ 的 3 地址、Bank$_1$ 的 0 地址、Bank$_2$ 的 1 地址和 Bank$_3$ 的 2 地址，将读取的数据拼接在一起，然后将向量循环移动 1 个元素单位，将（0，1）元素还原到最低位，可以得到第 1 列数据。

3）读取原矩阵中的第 2 列数据，即读取 Bank$_0$ 的 2 地址、Bank$_1$ 的 3 地址、Bank$_2$ 的 0 地址和 Bank$_3$ 的 1 地址，将读取的数据拼接在一起，然后将向量循环移动 2 个元素单位，将（0，2）元素还原到最低位，可以得到第 2 列数据。

4）读取原矩阵中的第 3 列数据，即读取 Bank$_0$ 的 1 地址、Bank$_1$ 的 2 地址、Bank$_2$ 的 3 地址和 Bank$_3$ 的 0 地址，将读取的数据拼接在一起，然后将向量循环移动 3 个元素单位，将（0，3）元素还原到最低位，可以得到第 3 列数据。

由于转置规格可能不止一种，读写 Bank 的方式也可能有所区别，但整体上还是遵循这种错位写入 Bank 和阶梯读取 Bank 的策略，只不过在向量输入和输出时，需要借助输入网络和输

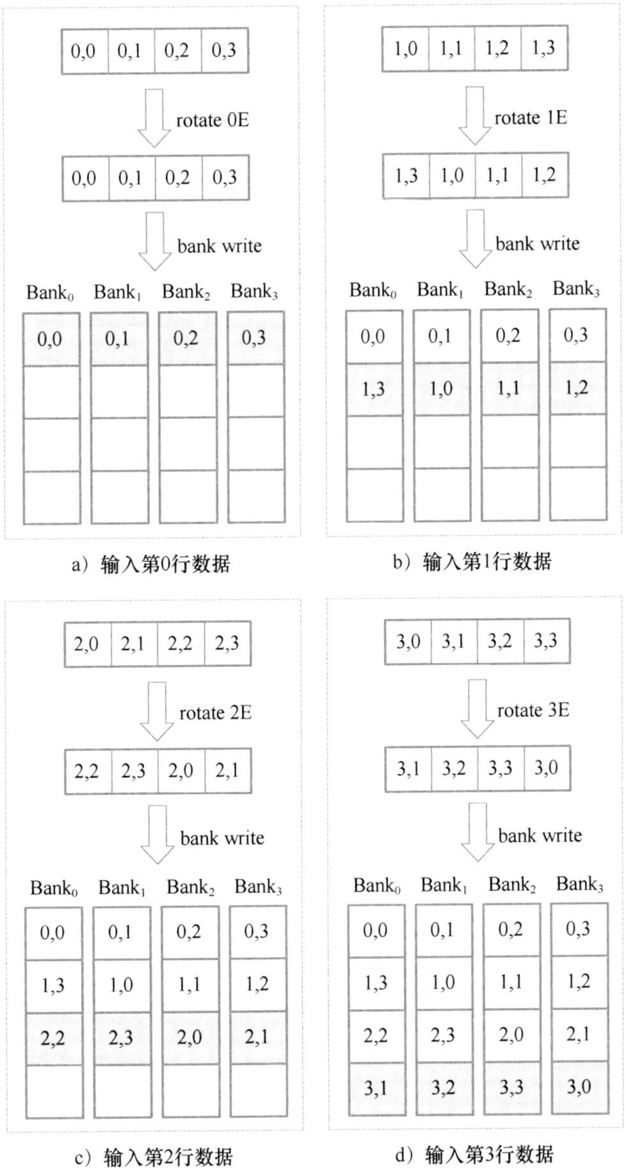

图 7-27　Bank 的写入过程

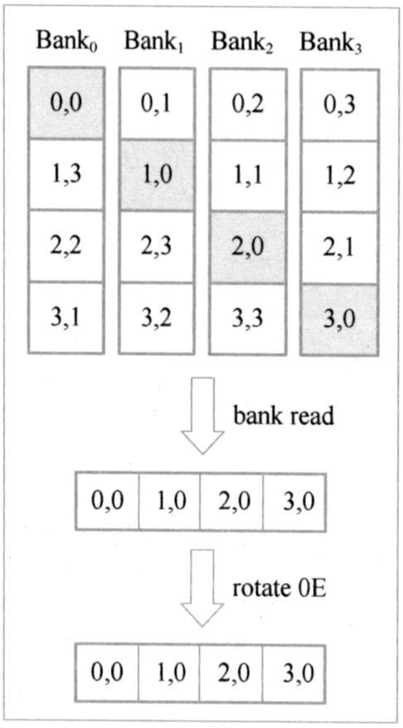

a）读取原矩阵中的第0列数据

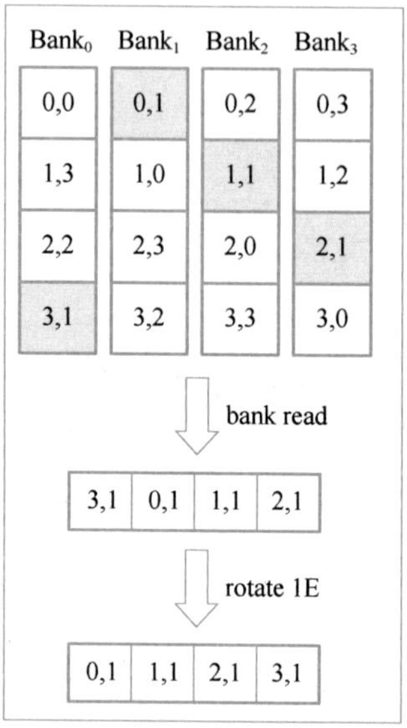

b）读取原矩阵中的第1列数据

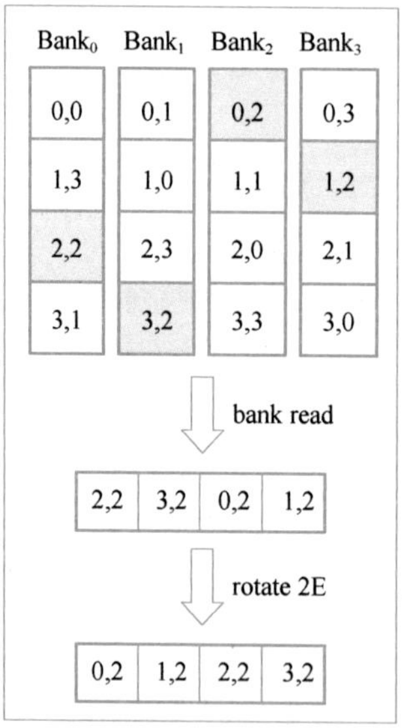

c）读取原矩阵中的第2列数据

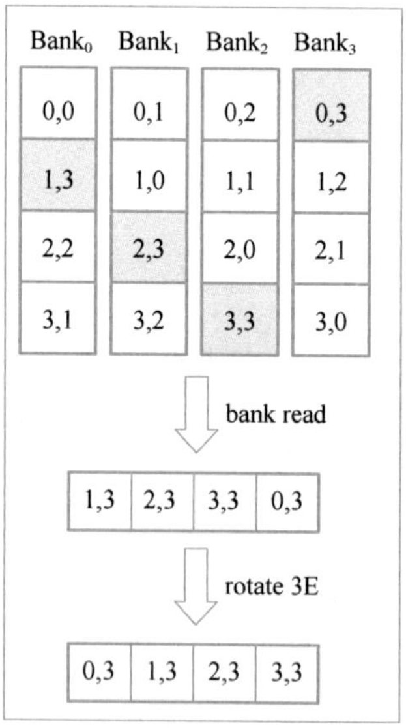

d）读取原矩阵中的第3列数据

图 7-28　Bank 的读取过程

出网络对向量进行格式的归一化处理，最终在线转置引擎的微架构如图 7-29 所示。Input Vector 为输入的向量数据；Input Specs 为转置的规格参数，转置参数输入 Input Control Unit 中，生成数据通路的控制信号；Input Network 为输入网络，用于对不同格式的输入向量进行归一化调整；Pre-rotate 完成向量写入 Bank 前的循环移位操作；Bank Access Control Unit 生成 n 个 Bank 的读写访问信号；Bank Write Logic 将向量中每个元素写入对应的 Bank 中；Bank Read Logic 按照阶梯状的数据读取方式读取各个 Bank；Output Control Unit 为输出控制单元，生成后处理模块需要的控制信号；Post-rotate 完成向量循环移位操作，还原出原来的一列数据；Output Network 为输出网络，根据不同的转置规格，进行最后的数据格式调整。

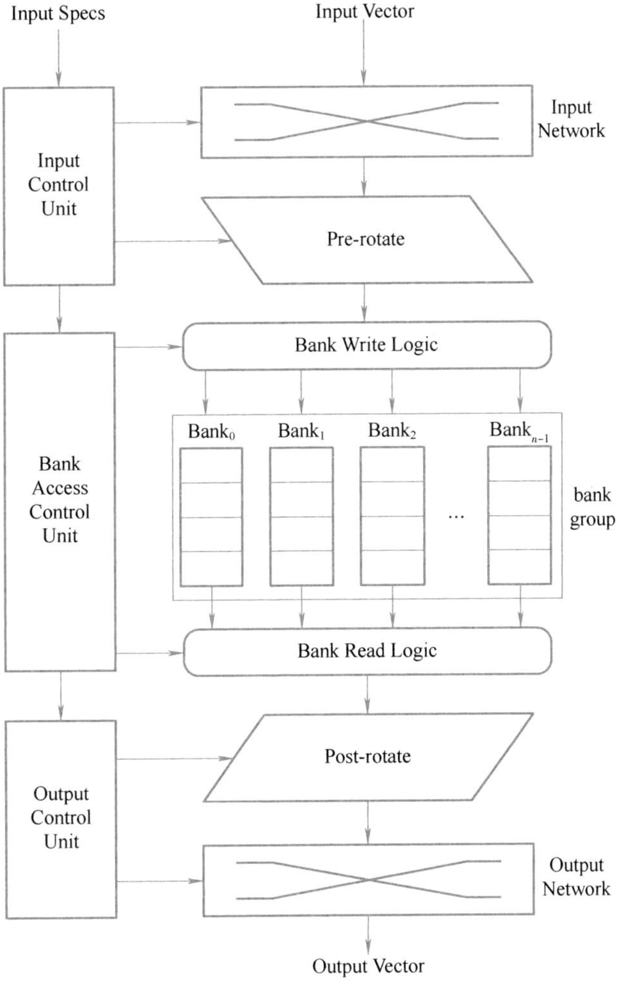

图 7-29　在线转置引擎的微架构示例

虽然在线转置引擎可以带来较大的性能提升，但面积开销比较大。假设元素的位宽为 16bit，要实现一个 32×32 的矩阵转置单元，需要消耗的存储器容量是 32×32×16bit，即 16kbit。同时，在线转置引擎涉及的连线较多，布局布线复杂度较高。

CHAPTER 8

第8章

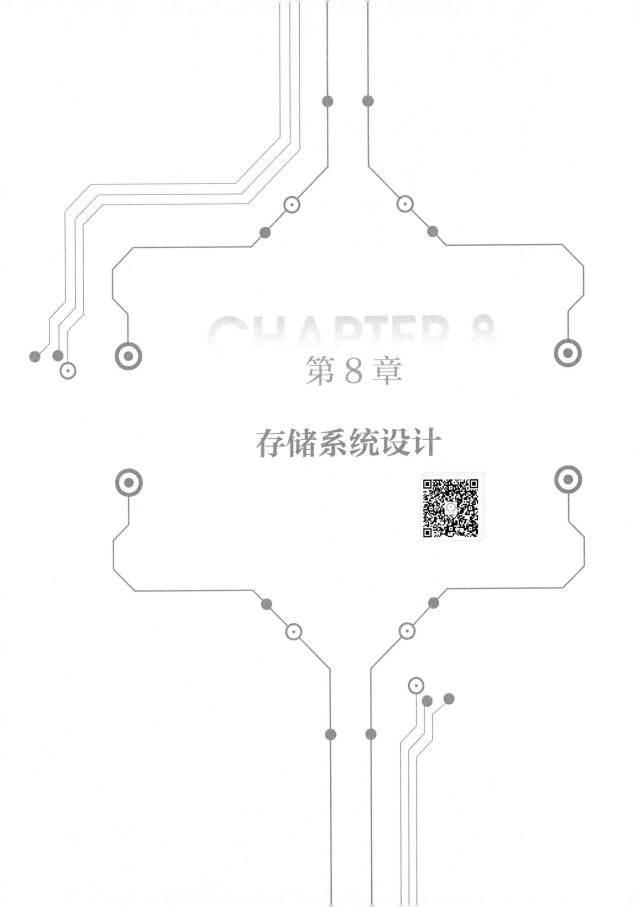

存储系统设计

存储系统是AI处理器的重要组成部分。为匹配向量处理单元的高并行度，存储系统的带宽需求比较大。另外，处理器中有多个组件需要并行访问存储系统，这对存储系统的并行访问能力要求较高。在此基础上，存储系统还需要支持复杂的寻址模式，以适配各种访存类指令。可以看到，高性能AI处理器中的存储系统设计面临着各种各样的挑战。

8.1 AI处理器中的存储器设计

AI处理器主要处理标量、向量和矩阵这3种类型的运算，它们有各自的存储系统。

标量处理器中包含指令缓存（Instruction Cache）和数据缓存，在某些处理器中直接使用标量数据缓冲区作为标量处理器的数据存储组件，可以简化设计。这两部分的容量都不是很大，访存带宽较小，设计难度和布局布线复杂度较低，这里不对它们进行介绍。

向量处理器中包含向量L1存储器（Vector L1 Memory），向量L1存储器的访问源如图8-1所示，标量访存单元（scalar LSU）可以通过标量访存指令访问向量L1存储器；向量访存单元（vector LSU）通过向量访存指令访问向量L1存储器，一般向量运算指令的源操作数为2或3个，可并行发射两条Vector Load（向量Load）指令；DMA有读、写两个通道可访问向量L1存储器。这些访存通道需要能够并行访问向量L1存储器，从而达到较高的性能。

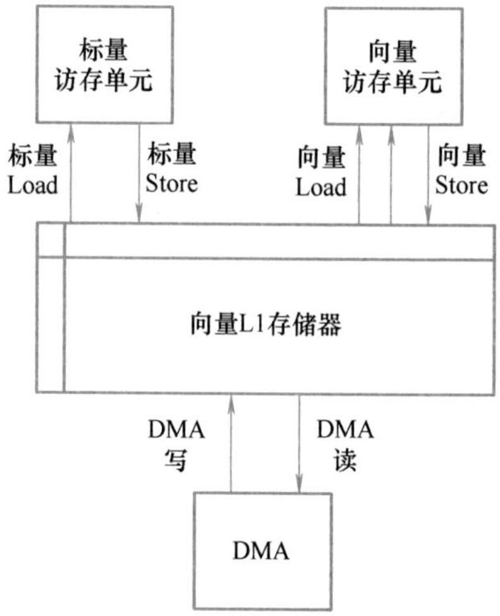

图8-1 向量L1存储器的访问源

如图8-2所示，当DMA正在进行Task2的写操作时，Task1的源数据已经被DMA搬移到向量L1存储器中，可以并行进行对应的向量访存操作，同时Task0的计算结果已经写入向量寄存器中，可以并行进行Task0的DMA读操作。为实现多个访问源的并行访问，向量L1存储器需要划分为多个Bank，各访问源在同一时刻可访问不同的Bank。在向量处理器的访问源中，DMA的读写访问方式较为简单，实现连续的线性寻址即可，而向量访存的寻址方式较为复杂，除了连续的线性寻址以外，还需要实现多地址的离散寻址，向量处理器的设计较为复杂。

矩阵处理单元中包含矩阵L1存储器（Matrix L1 Memory）和累加L1存储器（ACC L1 Memory），如图8-3所示。矩阵L1存储器存放卷积类运算所需的特征图和权重数据，特征图地址生成单元（Feature Map AGU）产生特征图对应的地址信息，权重地址生成单元（weight AGU）

产生权重数据对应的地址信息，对矩阵 L1 存储器进行并行的读操作。DMA 有读、写两个通道可访问矩阵 L1 存储器。累加 L1 存储器存放卷积运算过程中产生的部分和，脉动阵列可以对累加 L1 存储器进行读和写操作。当完成所有部分和的累加后，DMA 将累加 L1 存储器中的数据搬移至外部存储器中。

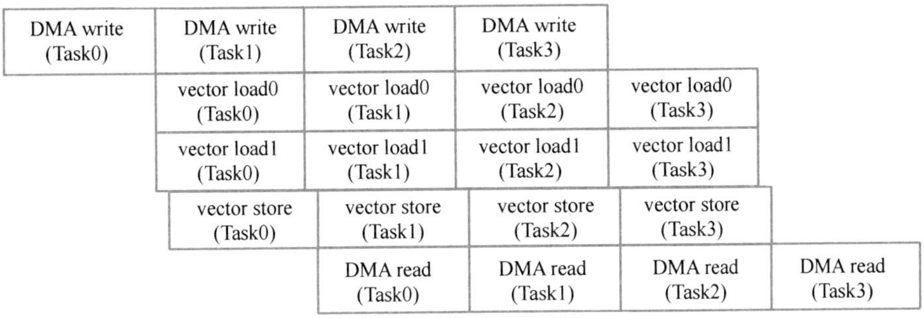

图 8-2 DMA 和向量访存指令并行操作示例

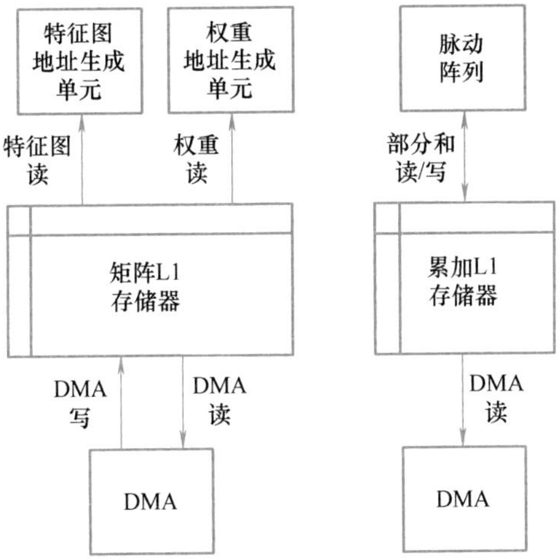

图 8-3 矩阵处理单元中的存储器

上文介绍了 AI 处理器核内部的存储器，在 AI 芯片中可能包含多个 AI 处理器核，多个 AI 处理器核构成一个集群（Cluster），每个集群中都有一个 L2 存储器，用于存放处理器核之间的共享数据。L2 存储器的访问源示例如图 8-4 所示，每个处理器核都有并行的读写访问通道，另外 L2 DMA 完成 L2 存储器和外部存储器之间的数据搬移。虽然 L2 存储器的容量通常较大，但其寻址模式较为简单，通常为 Bank 对齐的线性增量寻址。在进行 L2 存储器的设计时，需要重点考虑 L2 存储器的切分策略，降低布局布线的复杂度。

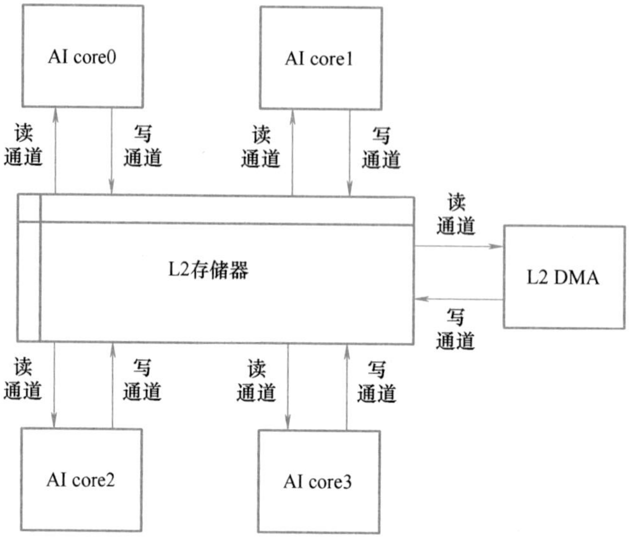

图 8-4　L2 存储器的访问源示例

在上文列举的存储器中，矩阵存储器和累加存储器的访问源较少、寻址方式通常为规律的增量寻址，而向量存储器的访问源最多、寻址方式最为复杂，接下来重点介绍向量存储器的设计。

8.2 存储器中 Bank 的划分方式

8.2.1 Bank 间地址交织方式

为实现多个数据源的并行访问，需要将存储器划分为多个 Bank，根据 Bank 之间的地址交织方式，可以将 Bank 的组织方式分为 3 种：高位地址交织、低位地址交织和混合交织。

高位地址交织示意图如图 8-5 所示。地址的递增示意图如图 8-5a 所示，地址先在 $Bank_0$ 中逐行递增，接下来在 $Bank_1$ 中逐行递增，以此类推。假设整个地址空间分为 K 个 Bank，每个 Bank 的宽度为 N B，行数为 M。整个地址空间的地址结构如图 8-5b 所示，地址可以分为 3 个域段：最低域段为 Offset 域段，用于指示 Bank 每行内地址偏移；中间域段为 RAM Address 域段，用于指示 RAM 的行数；最高域段为 Bank 域段，指示访问的是哪个 Bank。可以看到，在高位地址交织的结构中，Bank 域段位于地址的最高域段。

在高位地址交织的 Bank 结构中，需要编程人员进行合理的地址分配以避免 Bank 冲突。例如，要实现 DMA 写操作和向量 Store 操作的并行执行，需要编程人员将 DMA 操作的地址和向

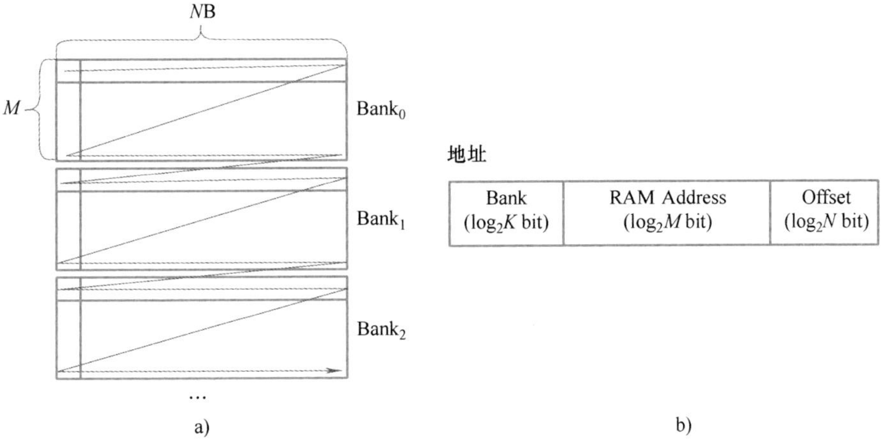

● 图 8-5　高位地址交织示意图

量 Store 操作的地址指定在不同的 Bank 上，假设 Bank_1 的地址范围是 0x0000～0x0FFF，Bank_2 的地址范围是 0x1000～0x1FFF，需要将 DMA 写操作的地址空间限制在 0x0000～0x0FFF，将向量 Store 的地址空间限制在 0x1000～0x1FFF。当系统中需要并行访问的源头增多时，空间分配复杂度会大增。

低位地址交织示意图如图 8-6 所示。地址的递增示意图如图 8-6a 所示，地址先在 Bank_0～Bank_{K-1}的第 0 行中逐 Bank 递增，接下来地址在 Bank_0～Bank_{K-1}的第 1 行中逐 Bank 递增，以此类推。假设整个地址空间分为 K 个 Bank，每个 Bank 的宽度为 NB，每个 Bank 的行数为 M。整个地址空间的地址结构如图 8-6b 所示，地址可以分为 3 个域段：最低域段为 Offset 域段，用于指示 Bank 每行内地址偏移；中间域段为 Bank 域段，指示访问的是哪个 Bank；最高域段为

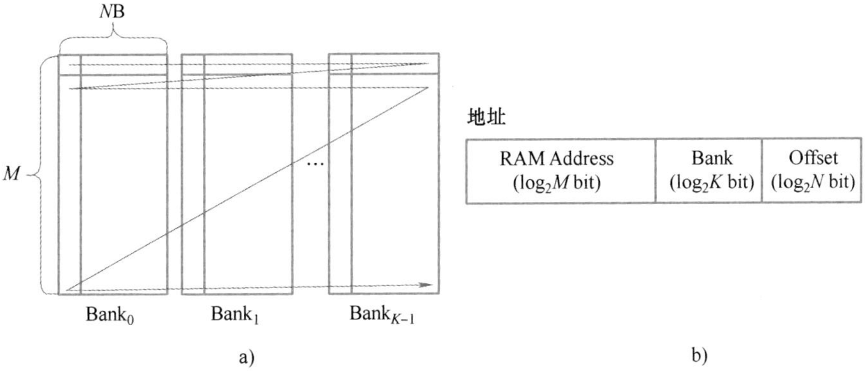

● 图 8-6　低位地址交织示意图

RAM Address 域段，用于指示 RAM 的行数。可以看到，在低位地址交织的结构中，Bank 域段位于地址的次低位。

在高位地址交织的存储系统中，一个 Bank 对应一个连续的地址空间，而在低位地址交织的存储系统中，每个 Bank 中的地址是不连续的。在多个访问源访问存储系统时，需要根据当前时刻的读写请求地址判断访问的是哪个 Bank，通过一个轮询仲裁器（Round-Robin arbiter，RR）进行多访问源间的调度。如图 8-7 所示，如果多个访问源同时访问某个 Bank，轮询仲裁器会根据当前的仲裁优先级选择优先级最高的访问源，其余未被选中的访问请求会被反压。轮询仲裁器的输入个数为整系统请求源数量，每个请求源的扇出数量为整系统中 Bank 的数量。增大 Bank 数量，可以降低不同访问源之间 Bank 冲突的概率，但随着 Bank 的增多，布局布线复杂度也会急剧上升。

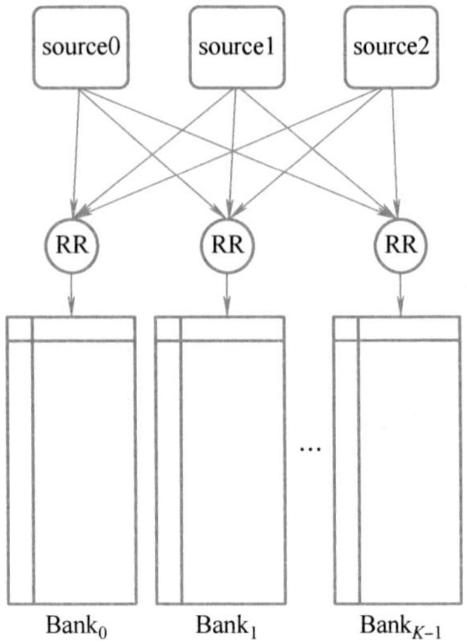

图 8-7　低位地址交织结构的仲裁逻辑

通常 DMA 和 VLSU 对向量存储器的访问是连续的线性访问，如 DMA 向一个连续的地址空间中写入源操作向量，VLSU 按顺序将源操作向量搬移至 VRF，向量处理单元完成这一批数据的计算后，VLSU 将目标向量按顺序写入向量存储器的一个连续的地址空间中，最后由 DMA 将这部分数据搬移至外部存储器。在低位地址交织的架构中，假设有 3 个访问源对向量存储器进行连续线性访问，并假设它们的起始地址不在同一个 Bank 中，则整个访问过程中 3 个访问源都可以进行无冲突的访问，如图 8-8 所示。图 8-8a 为地址空间，为方便说明，假设每列数据都在同一个 Bank 中，整系统共 4 个 Bank，每个 Bank 的宽度为 1B，并假设每个访问源每个时钟周期只访问一个字节，source0 的起始地址为 1，访问长度为 9B，source1 的起始地址为 12，访问长度为 8B，source2 的起始地址为 22，访问长度为 8B。假设 source0～source2 同时发起访存请求，由于它们的起始地址在不同的 Bank 中，因此三者之间可进行无冲突的并行访问，如图 8-8b所示。

假设 3 个访问源的起始地址都落在了同一个 Bank 中，并且 3 个访问源是同时发起访存请求的，则首个访问请求出现了 Bank 冲突，如图 8-9 所示。假设轮询仲裁器的轮询顺序是 source0→source1→source2，则 source1 会被反压一个时钟周期，source2 会被反压两个时钟周期，如图 8-9b 所示。需要注意的是，对 source1 和 source2 的反压只会在首次访问时反压，后续的连续访问是无 Bank 冲突的，可连续进行访问。一般向量存储器的访问长度都比较长，这种只在首次访问时进行的几个时钟周期的反压对整体的性能影响较小。

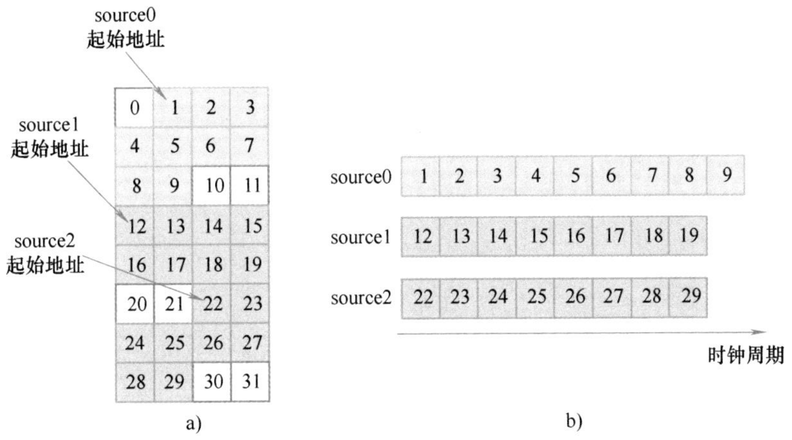

● 图 8-8　无 Bank 冲突的场景

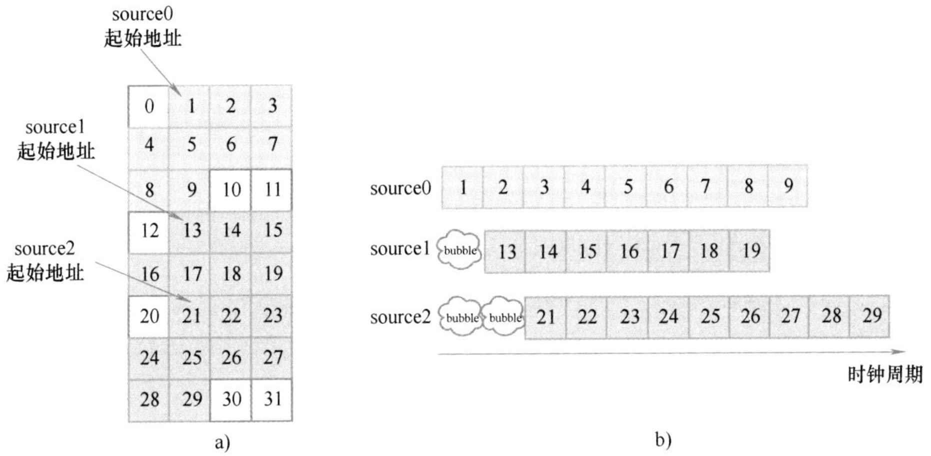

● 图 8-9　有 Bank 冲突的场景

混合交织示例如图 8-10 所示。假设整个地址空间分为 $K1\times K2$ 个 Bank，即每行 $K1$ 个 Bank，每列 $K2$ 个 Bank，每个 Bank 的宽度为 NB，每个 Bank 的行数为 M，地址的递增示意图如图 8-10a 所示，地址先在 $\text{Bank}_0\sim\text{Bank}_{K1-1}$ 的第 0 行中逐 Bank 递增，接下来地址在 $\text{Bank}_0\sim\text{Bank}_{K1-1}$ 的第 1 行中逐 Bank 递增，遍历完 $\text{Bank}_0\sim\text{Bank}_{K1-1}$ 的地址空间后，地址在 $\text{Bank}_{K1}\sim\text{Bank}_{2\times K1-1}$ 中递增，以此类推。整个地址空间的地址结构如图 8-10b 所示，地址可以分为 4 个域段：最低域段为 Offset 域段，用于指示 Bank 每行内地址偏移；次低域段为 Bank_low 域段，指示访问的是每行中的哪一个 Bank；次高域段为 RAM Address 域段，用于指示 RAM 的行数；最高域段为 Bank_high 域段，指示访问的是每列中的哪一个 Bank。可以看到，在混合交织的结构中，Bank 域段位于地址的次低位和高位。混合交织的方式结合了低位地址交织和高位地址交织的优点，在两个维度规避 Bank 冲突。

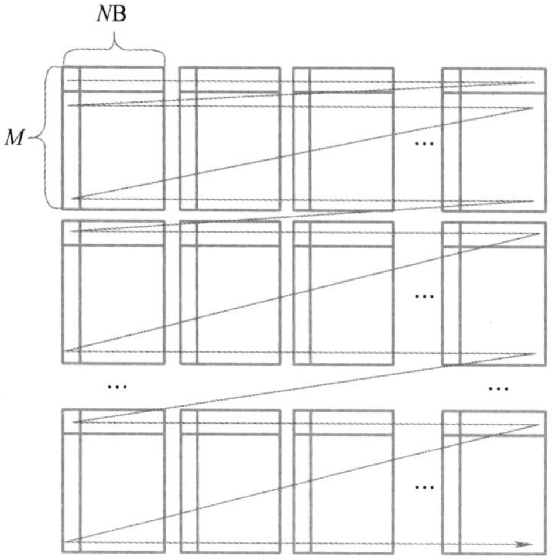

a)

地址

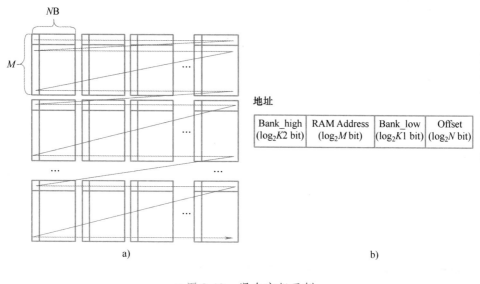

Bank_high ($\log_2 K2$ bit)	RAM Address ($\log_2 M$ bit)	Bank_low ($\log_2 K1$ bit)	Offset ($\log_2 N$ bit)

b)

图 8-10 混合交织示例

8.2.2 Bank 划分粒度介绍

Bank 不同的划分粒度对离散请求的访存效率影响较大，离散访问主要包括带 Stride 的离散增量访问和 Gather Scatter 访问，这两种访问请求都由多个地址独立的子请求构成。不同 Bank 划分粒度下的离散访问示例如图 8-11 所示，在图 8-11a 中，整个地址空间分为两个 Bank，Bank 宽度为 2B，在图 8-11b 中，整个地址空间分为 4 个 Bank，Bank 宽度为 1B，两种划分方式都是采用低位地址交织的组织结构。假设一个离散主请求中包含了 4 个子请求，子请求的地址分别为 2、4、11 和 13，对于图 8-11a 所示的 Bank 划分方式，在 $Bank_0$ 中的地址 4 和地址 13 不在同一行，需要两个时钟周期读取，$Bank_1$ 中的地址 2 和地址 11 也不在同一行，需要两个时钟周期读取，$Bank_0$ 和 $Bank_1$ 的读取可并行进行，因此对于这个离散访问请求，总共需要两个时钟周期完成离散访问。对于图 8-11b 所示的 Bank 划分方式，4 个子请求分别落在了不同的 Bank 上，可并行访问，因此对于这个离散访问请求，只需要一个时钟周期即可完成离散访问。

Bank 不同的划分粒度对多个访问源的线性访问效率也存在一定的影响。假设有两个访问源同时对向量存储器进行访问，source0 访问的向量长度为 8B，地址范围为 14~21，source1 访问的向量长度为 8B，地址范围为 38~45，如图 8-12 所示。图 8-12a 中整个系统分为 4 个 Bank，每个 Bank 的宽度为 4B，图 8-12b 中整个系统分为 8 个 Bank，每个 Bank 的宽度为 2B。可以看

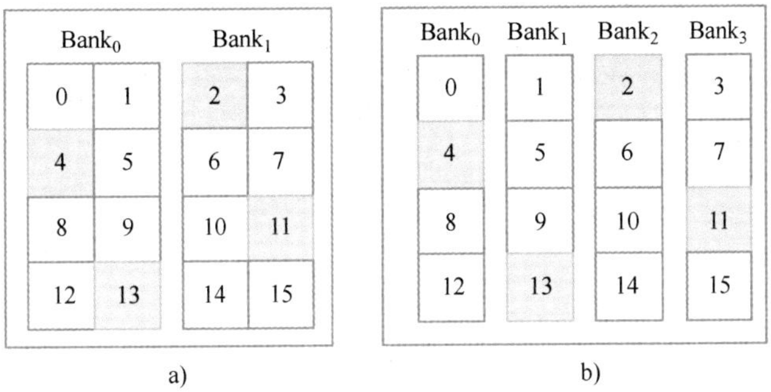

● 图 8-11 不同 Bank 划分粒度下的离散访问示例

到，图 8-12a 中在 Bank_1 和 Bank_3 中访问的地址不在同一行，出现了 Bank 冲突，需要两个时钟周期完成 source0 和 source1 的访问；而图 8-12b 中所有 Bank 均无冲突，只需要一个时钟周期即可完成 source0 和 source1 的访问。

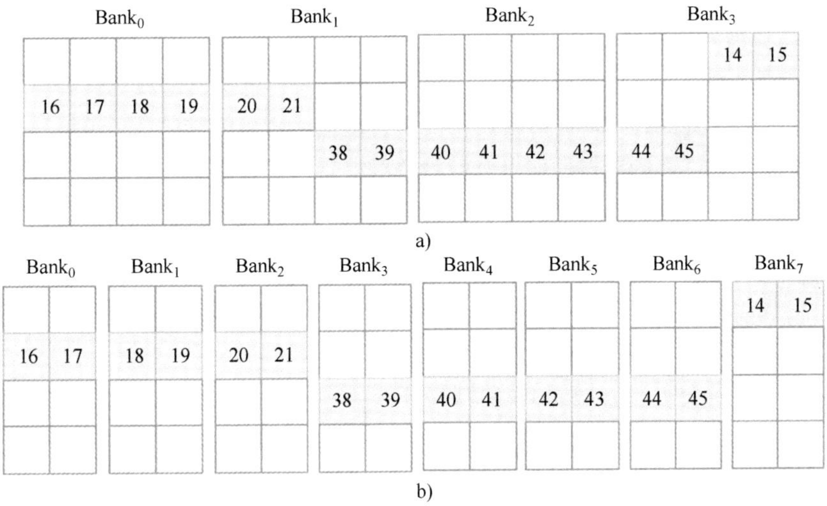

● 图 8-12 不同 Bank 划分粒度下的多访问源访问示例

不同的 Bank 划分粒度对离散访问和多访问源的线性访问的性能影响都较大，要获得较高的访存性能，Bank 需要进行细粒度划分，但是 Bank 粒度划分越细，面积代价就越大，布局布线复杂度就越高。具体 Bank 采用何种粒度进行划分，需要综合考虑性能和面积这两个因素。

8.3 向量存储器设计

要设计一款高性能向量存储器，首先要考虑整系统对向量存储器的需求，下面列出几个较为关键的需求。

1）多个访问源的并行访问。

2）每个访问源的数据宽度较宽，其中 VLSU 发出的向量访存请求的访存数据宽度需要和向量寄存器的宽度保持一致，通常情况下，数据宽度至少为 512bit。

3）支持连续向量访问和多地址的离散向量访问。

4）向量存储器的总容量较大，通常至少为 512KB。

5）Vector Load 指令的访存延迟要尽可能小，降低循环展开的次数。

要实现多访问源的并行访问，需要将整个访存系统划分为多个 Bank，具体的划分方式前面章节介绍过，可以选择高位、低位地址混合交织的方式，从两个维度降低 Bank 冲突的概率。由于访问源的数据宽度较宽，并且需要支持多地址的离散向量访问，因此需要进行较细的 Bank 粒度划分。在离散向量访问中，如果每个子请求都可以任意访问所有 Bank，则会引入大量的连接线，如图 8-13a 所示。每个子请求到各个 Bank 都需要有独立的连接线，这使得子请求的扇出非常大，在一个有 64 个 Bank 的存储系统中，每个子请求的扇出都是 64。每个 Bank 都需要配置一个轮询仲裁器，仲裁器的输入个数为子请求个数，这带来了极大的面积开销，并且时序收敛难度很大。

在实际的应用场景中，单个离散向量访问请求在地址分布上具有局部性，比如在处理边缘检测的场景下，单个离散访问请求是访问一个图像局部范围内的若干像素点，它们的地址跨度不会很大，在混合交织的结构下，单个离散访问请求所在的地址大概率分布在同一行 Bank 中，也就是说，没有必要对处于同一列的 Bank 进行并行访问。可以将处于同一列的 Bank 分为一组，形成一个大的 Bank，组内包含多个 Sub-bank，每组 Bank 只能被单个离散访问的一个子请求访问。在这种限制下，连接线的数量大幅减少，如图 8-13b 所示，并且对性能的影响也较小。另外对于连续的向量访问，在每个 Bank 组中只会访问其中一个 Bank。这种分组的 Bank 结构，对连续的向量访问也是十分友好的。因此这里采用混合交织+纵向分组的 Bank 组织结构，降低布局布线复杂度的同时，尽可能降低对性能的影响。

基于混合交织+纵向分组的 Bank 组织结构，一种向量存储器架构如图 8-14 所示。整个存储空间分为 K 个 Bank，每个 Bank 中包含 4 个 Sub-bank，Bank 之间采用低位地址交织的方式排布，Sub-bank 之间采用高位地址交织的方式排布，整体上是一种混合交织的架构。这里以 4 个访问源为例进行说明，具体的访问源个数可以根据系统需求进行扩展。4 个访问源中有两个离

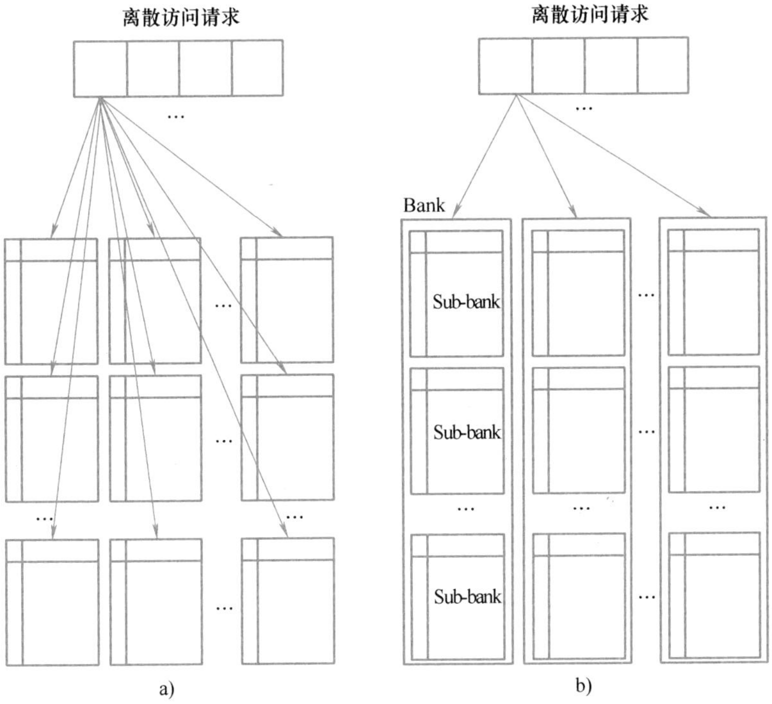

图 8-13 对 Bank 的访问限制

散向量访问源 source0 和 source1，两个 DMA 访问源 source2 和 source3，DMA 访问为连续向量访问。需要注意的是，连续向量访问可以归一化为离散向量访问，这里的 source0 和 source1 也可以用来处理连续向量访问。DMA 的读写访问经 DMA Interface 模块的处理，将总线读写请求转换为内部对各 Bank 的读写请求，由于 DMA 的读写访问是连续的，处理过程比较简单，这里不做过多介绍。对于离散向量访问源，首先送入 Bank Spliter 模块中进行处理，该模块共有 K 个，每个都对应一个 Bank。在 Bank Spliter 中，首先由 Bank Mask 模块判断各子请求地址是否落在了对应的 Bank 上，生成一个 Kbit 的结果向量，然后通过前导零检测（Leading Zero Detect）模块检测前导零数量，获知哪个子请求映射到了当前 Bank 上，然后选出该子请求。如果一个离散向量访问中所有子请求都没有 Bank 冲突，则一个时钟周期即可完成所有子请求的发射，否则需要多个时钟周期来完成所有子请求的发射，具体需要的时钟周期数为冲突最严重的 Bank 上的子请求数量。

在每个 Bank 中，Sub-bank Spliter 单元将各源的输入映射到对应的 Sub-bank 中，每个 Sub-bank 都配备一个轮询仲裁器，系统中有 source0 ~ source3 这 4 个源，每个轮询仲裁器都有 4 个输入，根据当前仲裁器状态选出优先级最高的有效请求。接下来请求对 Sub-bank 进行读或写访问。对于写访问，经过仲裁器后即可返回对应的写响应信号；对于读访问，还需要经过两级

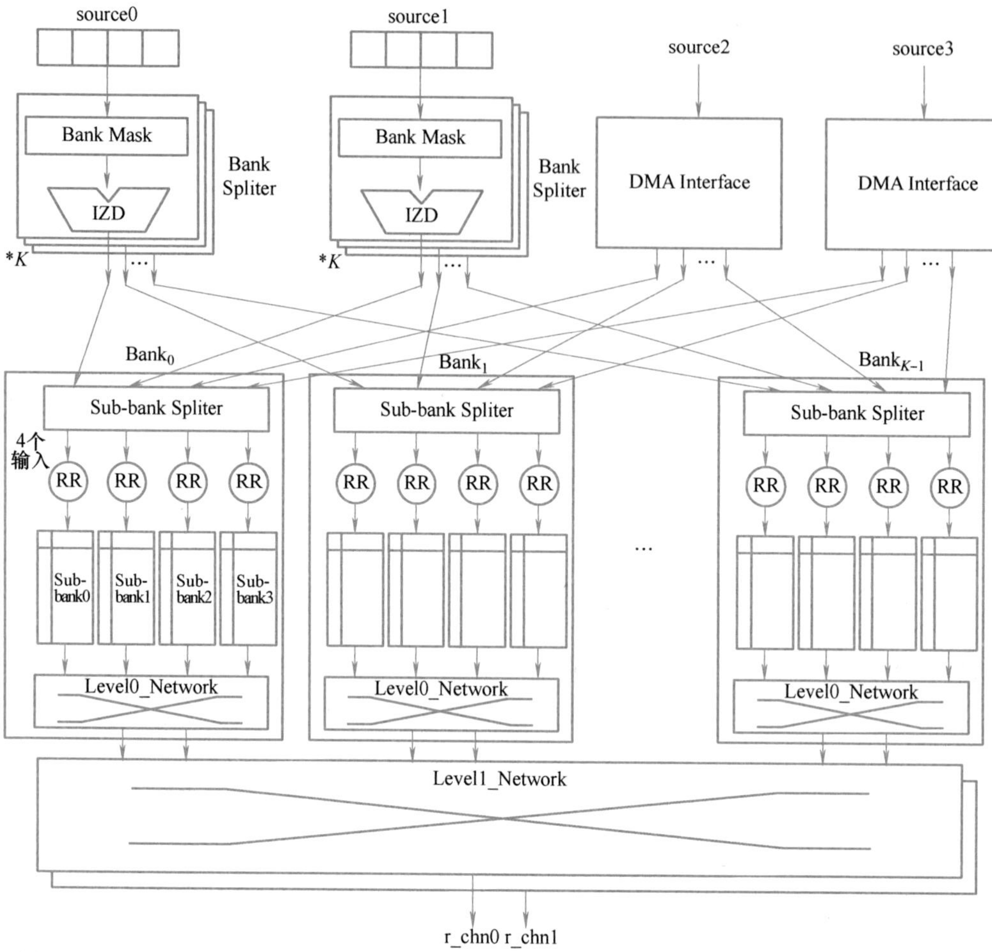

● 图 8-14　向量存储器架构示例

读数据选择网络来得到读向量。其中 Level0_Network 进行 Sub-bank 之间的读数据选择，Level1_Network 进行各 Bank 之间的读数据选择，这里假设 4 个访问源 source0~source3 中，有两个访问源进行读操作，因此 Level1_Network 共有两个，分别返回读数据给对应的读访问源。

可以看到，在这种向量存储器架构中，共有两级仲裁器，一级是每个访问源内部的 Bank 级的仲裁，另一级是 Sub-bank 对各访问源的仲裁。另外读数据网络也有两级，一级是 Bank 内部各 Sub-bank 之间的数据选择网络，另一级是各 Bank 之间的数据选择网络。这种分级的仲裁和数据选择架构，降低了时序收敛难度，同时降低了布局布线复杂度。

8.4 Gather/Scatter 引擎设计

Gather/Scatter 指令是向量处理器中的核心向量访存指令。采用 Gather/Scatter 访存指令，硬件能实现对不规则数据的访存，高效实现复杂的图像处理算法。可以看到，在图 8-14 所示的向量存储器架构中，Bank Spliter 模块可以对离散向量访问进行处理，假设离散向量访问内共有 8 个子请求，系统内共有 4 个 Bank，每个子请求访问的 Bank 信息如图 8-15 所示。由于每个 Bank 每个时钟周期只能接收一条子请求，因此出现 Bank 冲突的子请求只能串行访问 Bank，其中 $Bank_1$ 的冲突最为严重，需要 4 个时钟周期来完成所有子请求的访问。

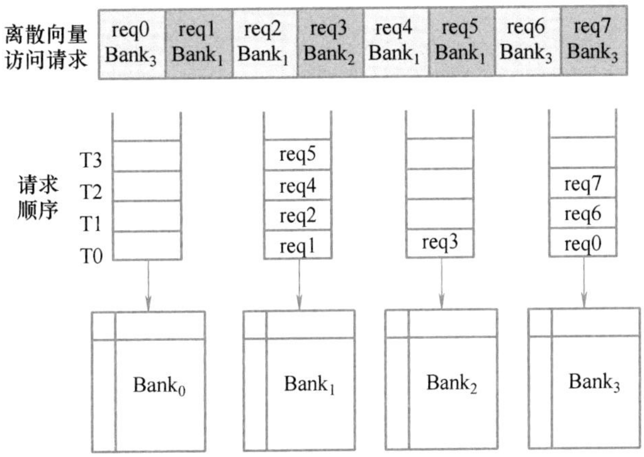

● 图 8-15　使用 Bank Spliter 实现 Gather/Scatter 操作

由于 Bank Spliter 模块中只能缓存一条离散向量访问指令，在当前离散向量访问请求发射完毕前，后续的离散向量访问无法进入 Bank Spliter 中。在图 8-15 所示的整个子请求发射过程中，$Bank_0$ 一直为空闲状态，$Bank_2$ 在 T0 时刻后，也一直为空闲状态，Bank 的访问利用率不高。

为提升 Gather/Scatter 指令的执行效率，可以考虑并行执行多条 Gather/Scatter 指令，由于离散访问请求的随机性，在一个时间窗口内的 Gather/Scatter 指令大概率随机分布在各 Bank 中，这样可以进一步提升 Bank 的利用率。

一种 Gather/Scatter 引擎的微架构如图 8-16 所示，例化 3 个 req_vector 寄存器，存储 3 条 Gather/Scatter 指令，Req Vector Control 模块负责 req_vector 的管理，req_vector 采用先入先出队列的方式维护，新的 Gather/Scatter 指令写入队列尾部，当头部的 req_vector 中所有子请求全部发射到后级流水线后，头部 req_vector 从队列中弹出。

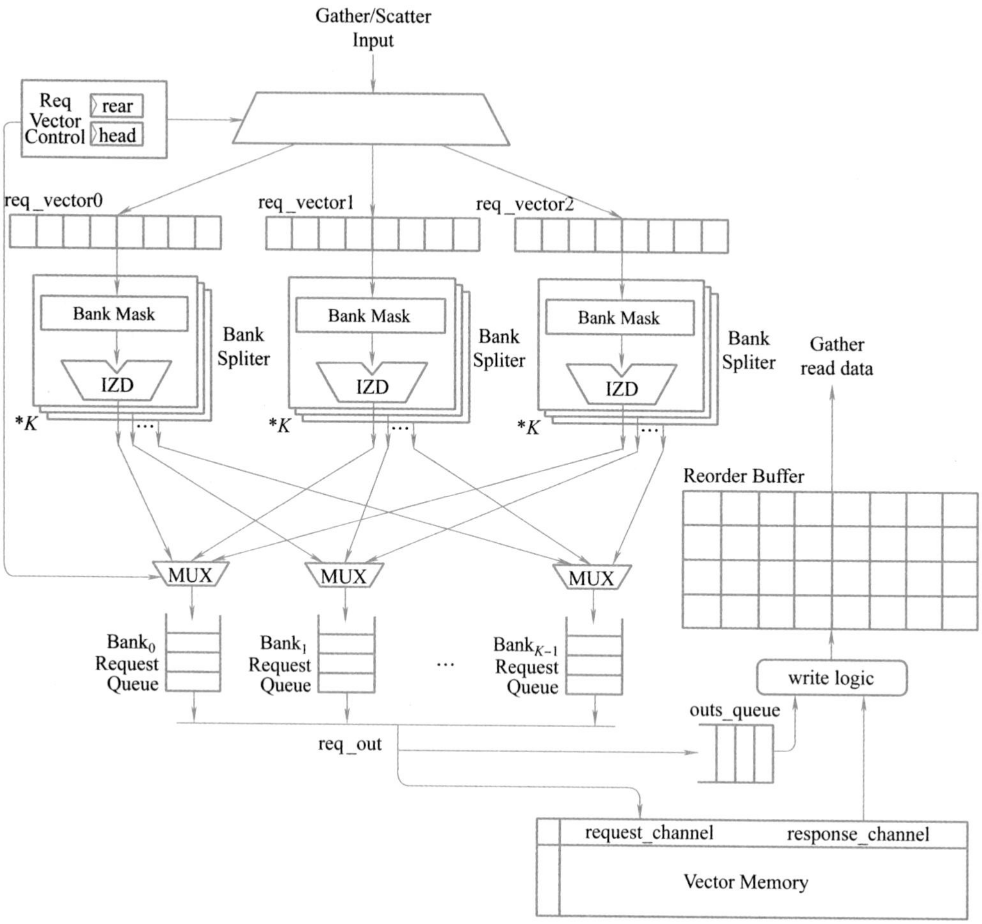

● 图 8-16 Gather/Scatter 引擎设计示例

每个 req_vector 都对应一个 Bank Spliter 模块，该模块的作用和向量存储器中的 Bank Spliter 一致，这里不再赘述。每个 Bank 都对应一个 Bank Request Queue，它用于存储待发射的子请求。每个 req_vector 的 Bank Spliter 都有可能向 Bank Request Queue 中压入新的子请求，具体的压入逻辑是从 req_vector 队列头部开始，压入第一个有效的子请求。假设 req_vector0 处于队列头部，当前时刻 req_vector0 中没有对 Bank_0 的子请求，req_vector1 和 req_vector2 中存在对 Bank_0 的子请求，此时选择 req_vector1 中的子请求压入 Bank_0 Request Queue 中，等到req_vector1 中 Bank_0 相关的子请求全部压入 Bank_0 Request Queue 后，req_vector1 中的子请求才能压入 Bank_0 Request Queue。

各个 Bank Request Queue 头部的子请求组成一个离散向量访问请求 req_out 并发送给 Vector Memory，对于 Gather 指令，需要将每次发送的 req_out 中各个子请求对应的指令信息记录到 outs_queue（Outstanding Queue）中，当 Vector Memory 返回读数据时，根据 outs_queue 头部的指令信息，写入 Reorder Buffer 对应的位置，Reorder Buffer 同样采用先入先出队列的方式维护，当 Reorder Buffer 头部指令的读数据全部就绪后，将读向量返回给 Gather 指令的请求端。

这种并行的 req_vector 发射结构，可以提升各 Bank 的利用率，从而提升 Gather/Scatter 指令的整体执行效率。

8.5 存储系统的物理实现

在大容量、高数据位宽的存储系统中，存在大量的内部走线，同时 Memory 的数量较多，布局布线复杂度较高。整个存储系统可以分为 3 个部分，如图 8-17 所示，Pre Process Logic 完成第一级和第二级仲裁逻辑，Post Process Logic 完成第一级和第二级读数据选择逻辑，剩余的部分为 Memory。如果数据访问带宽较大，每个 Sub-bank 的位宽假设为 NB，那么存储系统中各组件间的连线复杂度较高。如果直接按照逻辑上的 Sub-bank 划分方式进行物理实现，就会导致 Memory 区域和 Pre Process Logic、Post Process Logic 区域之间的走线密度过高，尤其是 Memory 区域和 Logic 区域的交界处，会出现拥塞现象。同时大容量的 Memory 占据的面积较大，Memory 区域中处于边缘的 Memory 距离 Logic 区域较远，走线延迟较大，时序收敛难度较高。

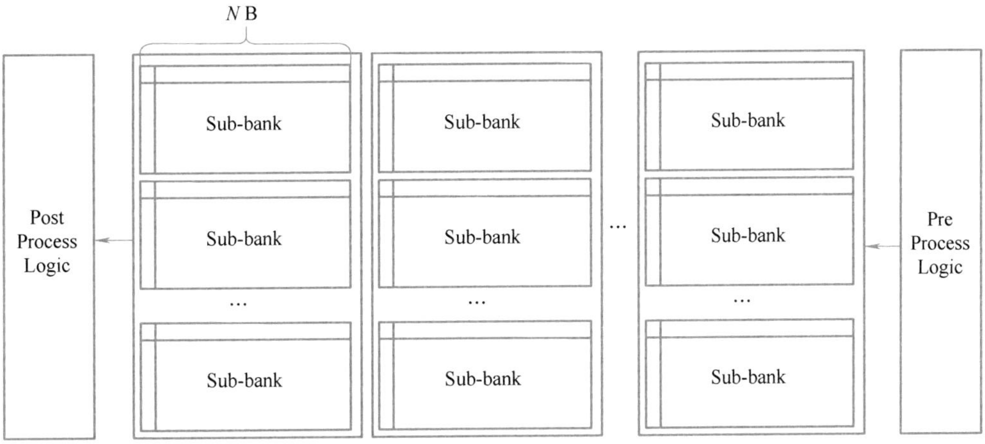

图 8-17 原始存储系统组织结构示例

为解决存储系统的布局布线和时序收敛问题，可以将逻辑 Bank 进一步划分为多个物理 Bank，这个划分可以在 Bank 宽度层面进行，将原本宽度为 NB、深度为 M 的逻辑 Bank，划分为 S 个宽度为 N/SB、深度为 M 的物理 Bank。同时将 Pre Process Logic 和 Post Process Logic 中的控制逻辑进行复制，将数据位宽降低为原来的 $1/S$。

一个拆分成 4 个 Slice 的存储系统的组织结构如图 8-18 所示，每个 Sub-bank 的位宽为 $N/4$B，Pre Process Logic 和 Post Process Logic 中的数据位宽降低为原来的 1/4，分散在各 Slice 中，这样各 Slice 处理的数据宽度为原来的 1/4，将复杂的走线局部化，各 Slice 中布局布线复杂度大幅降低。

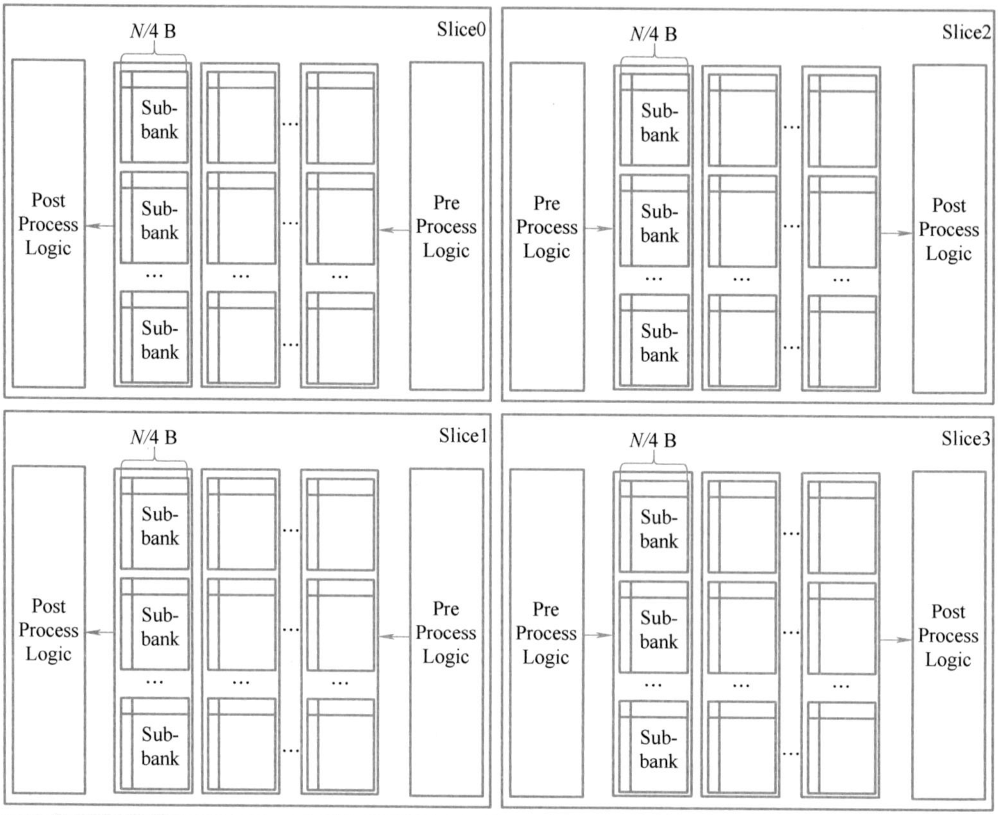

● 图 8-18　经过 Slice 拆分后的存储系统的组织结构示例

假设单个访问源的数据宽度为 1024bit，经过 Slice 划分后，每个 Slice 处理其中一部分数据，如图 8-19 所示。对于输入数据，需要将宽度为 1024bit 的数据解交织后送入各 Slice 的 Pre Process Logic 中；对于输出数据，需要将各 Slice 中 Post Process Logic 的输出数据交织在一起，形成最终的输出数据。

读/写数据

1023:768	767:512	511:256	255:0
Slice3	Slice2	Slice1	Slice0

● 图 8-19　各 Slice 处理的数据

CHAPTER 9

第9章

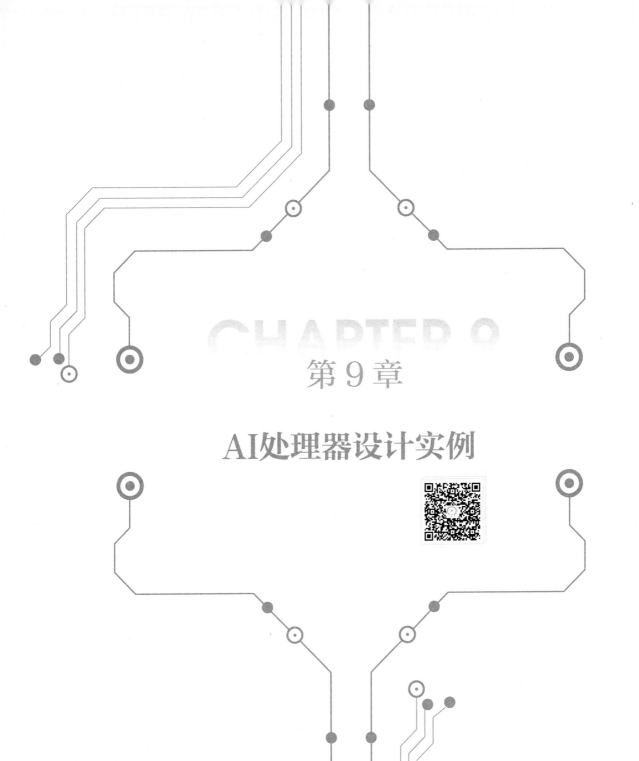

AI处理器设计实例

AI 处理器的设计思路和考虑因素与传统处理器有一定的区别，它需要在硬件层面深度契合 AI 算法的特性，通过定制化的架构设计来提供高效的并行计算能力、灵活的数据流动、精细的存储层次结构以及优化的指令集。同时，AI 处理器还需要在性能、功耗、面积等多个维度之间寻求最佳平衡，以适应从云端数据中心到边缘计算设备不同的应用场景。

当前，AI 处理器的发展呈现出多元化和专业化的趋势。一方面，不同的应用场景和 AI 模型类型催生了各具特色的处理器架构；另一方面，处理器设计正在向更细粒度的定制化方向发展，以满足特定 AI 任务的极致性能需求。

从通用处理器适配、GPU 加速，再到专用 ASIC 芯片（包括面向边缘计算的低功耗 AI 加速器芯片），通过对数据处理和计算平面的针对性的优化，极大地提升了 AI 工作负载的处理效率。随着深度神经网络模型的复杂度急剧增加，GPU 凭借其天然的并行计算优势，成为 AI 训练和推理的主力军。与此同时，GPU 架构存在通用性导致的效率损失，这也促使了更加专门化的 AI 处理器占据一席之地。

在设计 AI 处理器时，需要综合考虑多个方面的因素，以实现性能、效率和灵活性的最佳平衡。以下是一些关键的设计考虑因素。

1）计算单元设计：AI 工作负载的一个主要组成部分就是涉及大量的矩阵乘法和卷积运算。因此，设计高效的向量/矩阵处理单元是 AI 处理器的核心任务。这包括选择合适的数据精度（如 FP32、FP16、FP8、BF16、INT8、INT4 等）、优化乘累加（MAC）单元的结构、实现高效的数据复用机制等。同时，针对不同类型的神经网络层（如卷积层、全连接层、LSTM 等），可能需要设计专门的加速单元。

2）存储层次结构：AI 处理器的性能很大程度上受限于内存带宽。合理的存储层次结构设计可以有效减少数据移动，提高能效比。这通常包括设计大容量的片上缓存、实现灵活的数据预取机制、优化数据复用策略等。此外，针对 AI 工作负载的特点，可以考虑采用创新的存储架构，如存算一体设计。

3）数据流动与互连：高效的数据流动对充分利用计算资源至关重要。这涉及片上网络的拓扑结构设计、数据路由策略、缓存一致性维护等问题。同时，如何实现计算单元与存储单元之间的高带宽、低延迟连接也是一个关键挑战。

4）可编程性与指令集设计：虽然 AI 处理器主要针对特定工作负载优化，但保持一定程度的可编程性和灵活性仍然很重要。这需要精心设计指令集架构（ISA），既要支持常见的 AI 操作，又要兼顾通用计算能力。同时，还需要考虑如何简化编程模型，提供友好的开发工具链。

5）片上控制与调度：高效的任务调度和资源管理对充分发挥 AI 处理器的性能至关重要。这包括设计智能的工作负载分配策略、实现动态功耗管理、支持多任务并行处理等。

6）功耗管理：AI 处理器通常需要在高性能和低功耗之间寻求平衡。这涉及采用先进的工艺节点、实现细粒度的动态电压频率调节（DVFS）、优化时钟树设计等方面。对于移动和边缘设备上的AI处理器，功耗管理显得尤为重要。

7）可扩展性设计：随着AI模型规模的不断扩大，处理器架构需要具备良好的可扩展性。这包括支持多芯片互连、实现高效的分布式计算，以及考虑未来技术演进的集成路径。

对于本章AI处理器设计实例分析素材的选择，作者进行了一番思考。鉴于当下业界的技术发展状况，从具体的产品来说，Google的TPU和NVIDIA的GPU本来是理想的选择，然而，即使不考虑潜在的知识产权的问题，Google TPU微架构的深入分析只能集中于第二代（第一代的分析在当下的出版物中经常出现），后续版本的设计细节较难还原。相比之下，NVIDIA的GPU的设计素材更加零散。本章中所呈现的内容要还原尽量多的微架构设计细节，否则对于作者和读者都将是不符合预期的。此外，以作者的经验来谈，一个好的设计人员是不应该单纯以微观上的技术本身的复杂程度来评判一个项目或产品的优劣的。本章所呈现的内容应该规模适中，能够让读者印证之前章节内容，并且能够通过与业界其他产品和技术点相互印证从而理解架构/微架构的演进。

最终，作者选择西安交通大学的Hybrid Intelligent Processing Unit作为AI处理器的实例进行分析。在此，作者也希望业界能够不断涌现出国产自主研发的优秀产品，为我国半导体事业的发展添砖加瓦。

Hybrid Intelligent Processing Unit（HiPU）是西安交通大学人工智能与机器人研究所研发的一种面向实时神经网络推理的AI芯片计算架构[14]，其设计充分考虑了单幅图像实时推理的各种挑战，并提出了一系列创新性的解决方案。到目前为止，根据不同的需求和应用场景，已开发6代产品。图9-1显示了HiPU单核计算架构。

9.1 HiPU硬件架构和指令集综述

HiPU采用了混合指令集架构，结合了RISC-V标量指令、自定义向量指令和矩阵指令。这种设计既保留了通用处理器的灵活性和对应软件工具链的适配性，又能高效处理神经网络中的密集计算。其中，HiPU的矩阵指令采用了宏指令的形式，能在一条指令中完成复杂的矩阵运算，提高了指令执行效率。在微架构方面，HiPU采用了超标量乱序执行的设计，在前端统一取指和解码标量、向量、矩阵指令；在后端分别将不同类型的指令送给各自的执行单元。其中，标量处理单元同时执行多条指令，并通过动态调度最大化指令级并行度；矩阵处理单元采用了三维脉动阵列设计，能够高效执行8×8矩阵乘法及累加运算。此外，该单元还支持向量-矩阵乘法，使得全连接层的计算也能高效进行。同时，HiPU设计了多级缓存结构和专用的片上存储器，以减少对外部内存的访问，从而缓解内存带宽瓶颈。其片上存储器被划分为多个区域，分别用于存储权重、特征图和中间结果，以最大化数据重用。

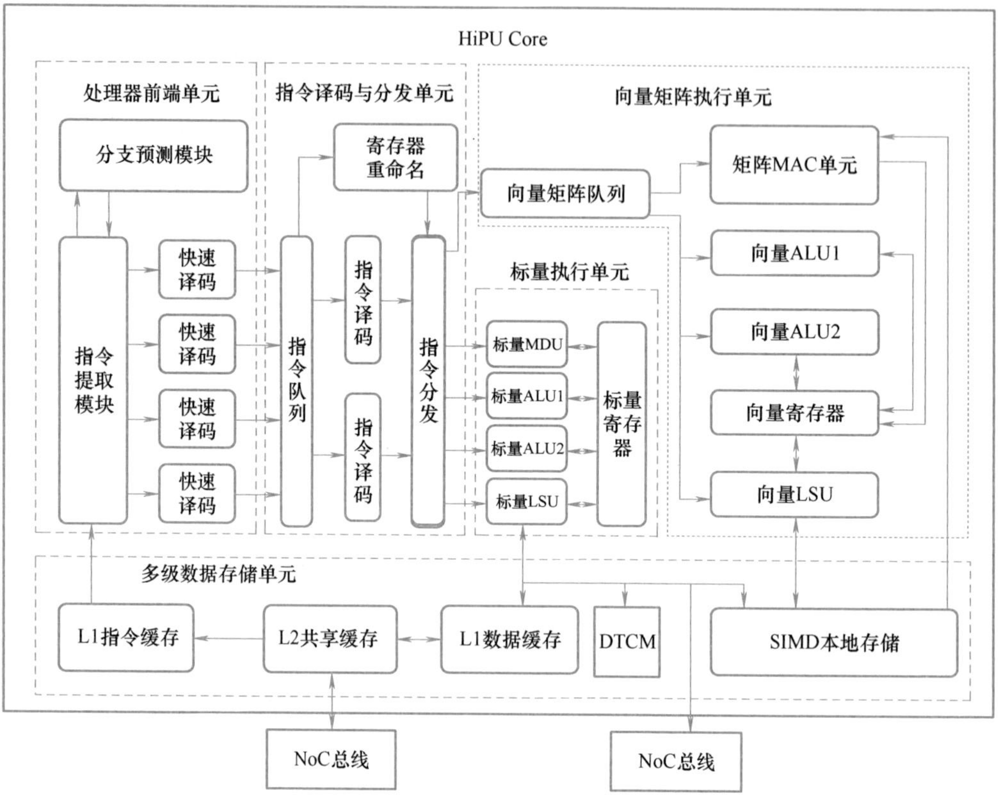

● 图 9-1　HiPU 单核计算架构

9.1.1　核心组件设计

HiPU 的计算能力来源于 3 个主要的功能单元：标量处理单元、向量处理单元和矩阵处理单元。这 3 个单元密切配合，共同实现了 HiPU 的高效神经网络推理能力。

标量处理单元是 HiPU 的控制核心，负责执行 RISC-V IMA 指令集。其主要任务有：控制程序流程，包括条件分支和循环控制；计算内存访问地址，为向量和矩阵单元准备数据；执行辅助计算，如索引计算、循环变量更新等；管理系统状态，包括处理异常和中断。

处理器前端（Frontend）：主要分为指令提取模块（包括 4 路快速译码模块）和分支预测模块。分支预测模块包括分支目标缓冲区（BTB）、分支历史表（BHT）、模式历史表（PHT）和返回地址栈（RAS），其通过动态分支预测，减少分支指令执行带来的性能损失。

指令译码与分发单元（Instruction Decode and Dispatch Unit）主要负责执行基本的算术和逻

辑运算，如加减法、位运算等。HiPU中包含两组ALU，可以并行执行简单的标量运算。

标量执行单元（Scalar Execute Unit）主要包括算术逻辑单元（ALU）、乘除法单元（Multiply-Divide Unit，MDU）、地址生成单元（AGU）。其中，算术逻辑单元共有两组，可以并行执行基本的标量算术和逻辑运算，如加减法、位运算等。乘除法单元采用流水线设计，可以高效处理连续的乘除法和取余运算。地址生成单元计算内存访问地址，支持多种寻址模式，与访存单元（Load-Store Unit，LSU）配合，可以实现高效的内存访问。

向量处理单元是HiPU处理并行数据的关键组件，专门优化了神经网络中常见的元素级操作。其主要任务有：执行激活函数，如ReLU、Sigmoid等；实现批量归一化（Batch Normalization，BN）操作；处理逐元素的算术运算，如逐元素加法、乘法等；执行数据重排列操作，如通道混洗、拼接等。

在向量处理单元中，向量寄存器堆（VRF）包含16个向量寄存器，每个寄存器可存储64个32bit元素。其支持灵活的访问模式，包括跨步访问和分组访问。向量算术逻辑单元（VALU）执行向量加减法、乘法、逻辑、移位等基本运算。其支持饱和算术，适合定点神经网络计算。向量Predicate寄存器堆包含8个向量Predicate寄存器（VPR），每个寄存器的数据宽度为64bit。其支持条件执行和掩码操作，增强了向量操作的灵活性。向量融合操作单元支持融合指令，如融合乘累加（FMA），能够在一个指令周期内完成多个操作，如乘累加、激活函数等。向量访存单元（VLSU）支持向量数据的高效访存，实现了灵活的内存访问模式，如跨步访问、Gather/Scatter访问等。

矩阵处理单元是HiPU的计算核心，专门设计用于高效执行卷积和全连接层的计算。其主要任务有：执行卷积操作，支持不同的卷积核大小和步长；实现全连接层的计算；执行矩阵乘法和向量-矩阵乘法；支持深度可分离卷积等特殊卷积操作。

在矩阵处理单元中，核心计算组件是8×8 PE阵列，它是由64个PE组成的二维阵列。每个PE能执行8bit整数乘法和32bit整数加法。累加器宽度为32bit，用于累加PE阵列的输出，支持饱和算术，防止溢出。数据缓冲区用于存储输入特征图（IFM）和权重数据。其采用Multiple Tiles设计，支持并行访问。控制单元用于管理数据流，包括输入数据的广播和“部分和”的收集，实现不同的卷积模式，如标准卷积、深度可分离卷积等。后处理单元执行偏置加法、量化、激活函数等操作，与向量处理单元协同工作，实现复杂的后处理流程。

上述3个组件通过精心设计的互连和协调机制，共同实现了HiPU的高效神经网络推理能力。标量处理单元负责整体控制和调度；向量处理单元处理元素级并行操作；矩阵处理单元专注于高效的密集计算。这种架构设计不仅提高了计算效率，还保持了足够的灵活性，能够适应各种神经网络模型和算法。

9.1.2 存储层次结构设计

HiPU 的存储层次结构是经过精心设计的，旨在平衡计算性能、能耗效率和灵活性。它包括多级缓存、专用的片上存储器以及与外部存储器的接口。这种多层次的存储结构不仅提供了高带宽和低延迟的数据访问，还支持了 HiPU 的多核设计和灵活的任务调度。

HiPU 设计了 3 组寄存器堆：标量寄存器堆，包含 32 个 32 位通用逻辑寄存器，遵循 RISC-V 架构规范，支持快速的上下文切换，便于多任务处理；向量寄存器堆，总容量为 4KB，支持高带宽的并行数据访问，包含 16 个向量寄存器，每个寄存器可存储 64 个 32bit 元素；向量 Predicate 寄存器堆。

缓存子系统包含两级缓存。一级缓存中：指令缓存（I-Cache）容量为 16KB，4 路组相联设计，支持指令预取机制，从而减少指令提取延迟；数据缓存（D-Cache）容量为 16KB，4 路组相联设计，采用写回（write-back）策略，减少对下一级存储的写操作。二级缓存（L2 Cache）容量为 64KB，8 路组相联设计，同时服务于指令和数据访问，包含数据预取机制。

除了缓存子系统以外，另外设计有片上紧耦合数据存储器（Data Tightly Coupled Memory，DTCM）和本地存储器（Local Memory）。其中，DTCM 容量为 4KB，用于存储频繁访问的数据，如堆栈、全局变量等，支持单周期访问，延迟较低。本地存储器分为可读写（Local Memory Read-Write，LMRW）和只读（Local Memory Read-Only，LMRO）两部分：可读写部分容量为 256KB，采用多块（Multi-Bank）设计，支持并行访问，主要用于存储特征图和中间结果；只读部分容量为 256KB，支持高带宽的并行读取，可满足矩阵运算的需求，专门用于存储神经网络的权重参数。

通过多级缓存和专用的片上存储器设计，HiPU 能够以极低的延迟访问频繁使用的数据。多块设计的片上存储器支持并行访问，提供了高带宽的数据供给。不同级的存储适应了神经网络计算中不同类型数据的访问模式。在实际应用中，HiPU 的存储层次结构展现出了一些优势。例如，在处理典型的卷积神经网络时，权重参数可以预加载到 LMRO 中，并在整个推理过程中保持。输入特征图和中间结果可以存储在 LMRW 中，支持高效的数据重用，对于数据流，就有了优化的空间。标量运算所需的控制变量和地址计算结果可以存储在 DTCM 中，实现快速访问。这种针对性的数据分配提高了整体的计算效率。这种存储结构既能够支持密集的矩阵运算（通过高带宽的 LMRO 和 LMRW），又支持灵活的标量和向量运算（通过多级缓存和 DTCM）。

HiPU 的内存管理单元（MMU）支持虚拟内存，提供地址转换和内存保护功能。虚拟内存支持使得 HiPU 能够处理超出物理内存大小的神经网络模型，内存保护机制增强了系统的安全性，特别是在多任务环境下。直接存储器访问控制器（DMA）采用乒乓缓冲机制，允许数据传输与计算并行进行，对于处理大型神经网络模型，可以有效隐藏数据加载的延迟。外部存储器接口支持AXI4协议，在多核配置下，需要仔细管理不同层次存储之间的数据一致性。

值得注意的是，开发者只有深入理解存储层次结构才能充分发挥其性能，这增加了软件开发的复杂性，需要相应的编译器和优化工具的支持。在处理不同大小和结构的神经网络时，如何动态地管理和分配这些存储资源是一个挑战，即使系统提供了动态内存管理功能来应对这一挑战，设计人员也应该深入理解架构设计。另外，虽然片上存储可以降低访问延迟和功耗，但它本身也会消耗较多静态功耗。所以，对于功耗管理策略的设计，如DVFS和电源门控，也是需要关注的。

9.1.3 指令集设计

HiPU的核心设计理念是使用混合指令集架构，这种设计旨在结合通用处理器的灵活性和专用AI计算的高效性。HiPU的指令集包含3个主要部分：标量指令、向量指令和矩阵指令。这种混合设计的理念源于对深度神经网络计算特性的深入分析，以及对实时推理需求的全面考虑。

HiPU采用了RISC-V的IMA指令子集作为其标量指令集。选择RISC-V指令集的考虑因素在2.1节已经进行了说明，这里不再赘述。

标量指令主要用于处理控制流、地址计算，以及一些简单的算术逻辑运算。在神经网络推理过程中，标量指令主要负责调度各种计算任务、管理内存访问，以及处理一些辅助计算。虽然标量指令在整体计算中所占比重不大，但它对保持处理器的通用性和灵活性至关重要。

HiPU的向量指令集是专门为神经网络计算优化设计的。HiPU的向量指令具有以下特点。

- 长向量支持：每个向量寄存器可以存储64个32bit元素，这使得HiPU能够高效地处理长向量运算。
- 灵活的掩码操作：通过向量Predicate寄存器，HiPU可以实现灵活的条件执行和掩码操作。
- 融合指令：HiPU引入了融合指令的概念，将多个常见的后处理操作（如激活函数、批量归一化等）合并到一条指令中执行。
- 专用神经网络操作：直接支持常见的激活函数和归一化操作，减少了这些操作的指令开销。
- 内存访问优化：支持跨步和索引访问模式，适应神经网络中的各种数据布局。并且支持非对齐访问，提高了内存访问的灵活性。

向量指令主要用于处理神经网络中的元素级运算，如激活函数、批量归一化、逐元素加法和乘法等。虽然这些操作的计算强度不高，但在整个网络中出现频繁，通过向量化处理可以显著提高效率。

矩阵指令是 HiPU 创新的部分，它直接针对神经网络中计算密集的部分——矩阵乘法进行了优化。HiPU 的矩阵指令具有以下特点。

- 宏指令设计：一条矩阵指令可以完成一系列复杂的操作，包括数据加载、矩阵乘法、累加等。
- 融合操作：融合指令将多个操作（如卷积和激活）合并，减少了中间结果的存储和加载过程。
- 稀疏性支持：某些矩阵指令支持稀疏矩阵操作，有助于处理稀疏神经网络。
- 灵活的数据访问：矩阵指令支持灵活的数据访问模式，可以适应不同的卷积步长和填充设置。
- 与向量操作的协同：矩阵指令的输出可以直接用于向量操作，实现无缝的数据流。

矩阵指令主要用于处理卷积、全连接等计算密集型操作。通过将这些操作封装成宏指令，HiPU 提高了指令执行效率，减少了指令提取和译码的开销。

混合指令集的设计理念体现了 HiPU 对神经网络计算特性的深入理解。通过将不同类型的运算映射到最适合的指令类型，HiPU 能够在保持灵活性的同时，实现高效的神经网络推理。这种设计带来了计算效率与灵活性的平衡，以及存储层次结构的优化。不同类型的指令可以操作不同的存储区域（如标量寄存器、向量寄存器、片上存储器等），并且可以在不同的功能单元上并行执行，这使得 HiPU 能够更好地优化数据移动和存储，提高了整体的硬件利用率。矩阵指令提供了高效的密集计算能力，而标量和向量指令则提供了处理各种边界条件和非规则操作的灵活性。通过使用宏指令和循环模式，也减少了指令提取和译码的硬件开销。

前文提到，HiPU 实现了 RISC-V 的 IMA 指令子集，对于通用的标准指令集，这里不再详述。HiPU 对 RISC-V 指令集的实现和扩展考虑了神经网络计算适应性、向量/矩阵指令的协同，以及指令的可扩展性。在指令集设计中，增强了定点算术能力，同时优化了内存访问指令，以适应神经网络中常见的定点计算和频繁的数据移动需求。同时，设计了特殊的控制指令用于启动和同步向量/矩阵操作，并且优化了标量指令和向量/矩阵指令之间的数据传输。此外，与多数 AI 处理器架构设计一样，保留了自定义指令空间，为未来的功能扩展预留了可能性。

HiPU 标量指令集在神经网络推理中承担的主要任务有：控制流管理，包括管理神经网络各层的执行顺序以及实现条件执行和循环控制；地址计算，包括生成向量和矩阵操作所需的内存地址以及管理数据缓冲区和内存对齐；参数管理，包括加载和管理神经网络的配置参数以及更新循环变量和计数器；辅助计算，即执行一些简单的标量计算，如索引计算、阈值检查等；系统管理，即处理中断和异常，以及管理硬件资源，如缓存控制；任务调度，即在多核环境下，协调不同核之间的任务分配和同步。

通过这种设计，HiPU 标量指令集为神经网络推理提供了必要的控制和管理功能，同时与向量和矩阵指令集形成了良好的互补。这种基于 RISC-V 的设计不仅保证了 HiPU 的灵活性和可扩展性，还为开发者提供了一个熟悉和开放的编程环境，有利于 HiPU 的生态系统建设和应用推广。

HiPU 向量指令集是专门为神经网络计算优化设计的，它在 RISC-V 原生指令的基础上进行了扩展，以支持高效的并行数据处理。这个定制的向量指令集旨在处理神经网络中常见的元素级操作，如激活函数、批量归一化、逐元素算术运算等。

HiPU 向量指令集（见表 9-1）在神经网络推理中的主要任务包括：激活函数计算，使用专门的激活函数指令高效地实现 ReLU、Sigmoid 等激活函数；批量归一化和层归一化，利用向量指令并行处理归一化操作；逐元素操作，实现逐元素加法、乘法等操作，常见于残差连接和特征融合；池化操作，使用向量归约和专用池化指令实现最大池化与平均池化；量化和反量化，在低精度网络中，高效处理数据的量化和反量化；数据重组，实现通道混洗、特征图重排等操作；后处理，在卷积或全连接层之后进行必要的后处理操作。

表 9-1　HiPU 向量指令集

指令类别	子类别	具体指令	功能描述
基本向量算术指令	向量加法和减法	VADD、VSUB	单纯的向量加法和减法
		VADD. VX、VSUB. VX 和 VRSUB. VX	向量与标量加、减
		VADD. VI、VSUB. VI 和 VRSUB. VI	向量与立即数加、减
	向量乘法	VMUL	单纯的向量乘法
		VMUL. VX	向量与标量乘法
		VMULH	高位乘法，用于定点数乘法
	向量除法	VDIV、VREM	向量除法和取余
		VDIVU、VREMU	无符号数除法和取余
向量逻辑指令	—	VAND、VOR 和 VXOR	按位与、或、异或操作
		VNOT	按位取反
		VSLL、VSRL 和 VSRA	逻辑左移、逻辑右移、算术右移
向量比较指令	—	VSEQ、VSNE、VSLT、VSLE、VSGT 和 VSGE	各种比较操作，生成向量 Predicate 寄存器的值
向量归约指令	—	VREDSUM、VREDAND、VREDOR 和 VREDXOR	向量元素归约
		VREDMAX、VREDMIN	查找最大值和最小值
向量访存指令	—	VLD、VST	向量加载和存储
		VLDS、VSTS	跨步（Strided）加载和存储
		VLDX、VSTX	索引（Indexed）加载和存储

（续）

指令类别	子类别	具体指令	功能描述
向量重排列指令	—	VSLIDE	向量滑动
		VCOMPRESS、VEXPAND	向量压缩和扩展
		VRGATHER	向量聚集
向量融合指令	—	VFMADD	融合乘加
		VFMSUB	融合乘减
		VFNMADD	融合乘加的负值
		VFNMSUB	融合乘减的负值
特殊神经网络操作指令	激活函数	VRELU	ReLU 激活函数
		VSIGMOID	Sigmoid 激活函数
		VTANH	Tanh 激活函数
		VLUT	通过配置查找表实现任意曲线
	归一化操作	VBATCHNORM	批量归一化
		VLAYERNORM	层归一化
	量化操作	VQUANTIZE	向量量化
		VDEQUANTIZE	向量反量化
	池化操作	VPOOLMAX、VPOOLAVG	最大池化和平均池化
向量 Predicate 操作	—	VSET	设置向量 Predicate
		VCLEAR	清除向量 Predicate
		VNOT. P	Predicate 取反
		VAND. P、VOR. P 和 VXOR. P	Predicate 逻辑运算
配置和控制指令	—	VSETVL	设置向量长度
		VSETVTYPE	设置向量元素类型

通过这种有针对性设计的向量指令集，HiPU 能够高效处理神经网络中的各种并行操作。这不仅提高了处理效率，还增强了 HiPU 处理各种神经网络结构的灵活性。同时，这种设计也为未来的扩展和优化留下了空间。例如，随着新的神经网络算法的出现，可以通过添加新的专用指令来进一步提高性能。

为了更好地理解 HiPU 向量指令集如何应用于实际的神经网络操作，这里给出简化的 ReLU 激活函数的实现示例：

```
1.#假设输入数据在向量寄存器 V0 中
2.#结果将存储在向量寄存器 V1 中
3.# P0 用作 Predicate 寄存器
4.
```

```
#设置向量长度为 64
VSETVL 64

#通过比较方式判断 V0 中的每个元素是否大于 0,结果存储在 P0 中
VSGT.V.ZI P0, V0, 0

# 使用 P0 作为掩码,将 V0 中大于 0 的元素复制到 V1
# V1 中小于等于 0 的元素将设置为 0
VSEL.VP V1, V0, V0, P0
# 如果需要处理更多元素,可以更新地址并重复以上步骤
```

这个例子展示了如何使用向量比较指令和 Predicate 选择指令高效实现 ReLU 函数。类似地，其他复杂的操作也可以通过组合这些向量指令来实现。

HiPU 向量指令集的设计考虑了以下性能因素：指令延迟，大多数向量算术指令的延迟被设计为 1 或 2 个周期，以支持高度的指令级并行，复杂操作（如除法或某些激活函数）可能有较长的延迟，但会通过流水线设计来隐藏这些延迟；吞吐量，在理想情况下，大多数向量指令每个时钟周期可以处理一个完整的向量（64 个元素），内存带宽通常是限制因素，因此指令设计时要尽量减少不必要的内存访问；资源利用，向量指令的设计考虑了其与标量和矩阵单元的并行执行，以最大化利用硬件资源。

HiPU 矩阵指令集（见表 9-2）是其处理神经网络推理任务的核心。这套指令集专门针对卷积、全连接等计算密集型操作进行了优化。矩阵指令的设计理念是将复杂的矩阵运算封装成单一的宏指令，从而大幅提高指令效率和硬件利用率。

表 9-2　HiPU 矩阵指令集

指令类别	子类别	具体指令	功能描述
基本矩阵操作指令	矩阵乘法	MMUL	8×8 矩阵乘法
		MMACC	8×8 矩阵乘累加
	向量-矩阵乘法	VMUL	向量与 8×8 矩阵相乘
		VMACC	向量与 8×8 矩阵相乘并累加
	矩阵-向量乘法	MULV	8×8 矩阵与向量相乘
		MACCV	8×8 矩阵与向量相乘并累加
	逐元素矩阵操作	MADD	矩阵逐元素加法
		MMUL. EW	矩阵逐元素乘法
高级矩阵指令	卷积操作	CONV2D	二维卷积操作
		CONV3D	三维卷积操作
		DEPTHWISE	深度可分离卷积
	转置卷积	TCONV2D	二维转置卷积
	全连接层	FC	全连接层计算

（续）

指令类别	子类别	具体指令	功能描述
特殊矩阵指令	矩阵转置	MTRANS	8×8 矩阵转置
	矩阵重排列	MSHUFFLE	矩阵通道混洗
	矩阵填充	MPAD	矩阵填充操作
矩阵访存指令	—	MLD	从内存加载矩阵
		MST	将矩阵存储到内存
矩阵指令控制	—	MSETCONF	设置矩阵操作的配置参数
		MLOOP	循环执行矩阵操作
融合矩阵指令	—	CONV2D. RELU	卷积+ReLU 激活
		CONV2D. BN	卷积+批归一化
		FC. SIGMOID	全连接+Sigmoid 激活

下面是一个使用 HiPU 矩阵指令集实现二维卷积的简化示例，这个例子展示了如何使用单一的 CONV2D 指令来执行完整的卷积操作，以及如何使用循环模式处理大型卷积层：

```
#假设输入特征图、卷积核和输出特征图的地址都已在寄存器中
# R1:输入特征图地址
# R2:卷积核地址
# R3:输出特征图地址

#设置卷积参数
MSETCONF R4, #(3x3 kernel, stride 1, padding 1)

#执行卷积操作
CONV2D R3, R1, R2

#如果需要应用 ReLU 激活
CONV2D.RELU R3, R1, R2

#对于 larger 特征图,使用循环模式
MLOOP R5, #64   #假设需要计算 64 个输出通道
CONV2D.RELU R3, R1, R2
ADD R3, R3, #64   #更新输出地址

#通过比较方式判断 V0 中的每个元素是否大于 0,结果存储在 P0 中
VSGT.V.ZI P0, V0, 0
ADD R2, R2, #72   #更新卷积核地址(假设每个卷积核大小为 9×8 B)
```

HiPU 矩阵指令集的设计考虑了以下性能因素：计算密度，8×8 矩阵乘法单元在每个时钟周期可以执行 512 次乘累加操作，对于典型的 3×3 卷积，一条 CONV2D 指令可以在几个时钟周期内完成一个输出点的计算；内存访问优化，矩阵指令的设计考虑了数据局部性，尽可能减少对外部内存的访问，并且使用片上缓存和寄存器堆来存储中间结果，最小化内存访问延迟；并行性，矩阵处理单元支持多个矩阵操作的流水线执行，在多核配置中，可以并行执行多个矩阵指令；功耗效率，通过减少数据移动和指令提取/译码，矩阵指令显著提高了功耗效率；精度和性能平衡，支持不同精度的操作，允许在精度和性能之间找到平衡点。

HiPU 的矩阵指令集代表了神经网络加速器设计的一个创新。通过将复杂的矩阵运算封装成高效的宏指令，HiPU 实现了高性能、低功耗的神经网络推理。这种设计不仅提高了计算效率，还简化了编程模型，为实时 AI 应用提供了强大的硬件支持。结合灵活的标量和向量指令，HiPU 的指令集为各种复杂的神经网络模型提供了全面的支持。

除了基本的标量、向量和矩阵指令以外，HiPU 还设计了一系列特殊优化指令。这些指令针对神经网络推理中的特定场景和常见操作进行了优化，进一步提高了 HiPU 在处理复杂神经网络时的效率和灵活性。HiPU 特殊优化指令分为数据重排列指令、稀疏性处理指令、量化相关指令、特殊激活函数指令、注意力机制指令、特殊池化指令、内存优化指令、融合操作指令、特殊网络结构指令、动态执行指令十种，见表 9-3。

表 9-3 HiPU 特殊优化指令集

指令类别	具体指令	功能描述
数据重排列指令	SHUFFLE	用于实现类似 ShuffleNet 中的通道混洗操作；支持不同的分组和重排列模式
	TRANSPOSE	高效实现特征图的维度重排列；支持二维和三维特征图的转置操作
	RESHAPE	在不移动数据的情况下改变特征图的形状；对于某些网络架构（如 Inception 模块），有特定优化
稀疏性处理指令	SPMM	针对稀疏权重矩阵优化的矩阵乘法；支持不同的稀疏表示格式（如 CSR、CSC）
	PRUNE	在推理过程中动态剪枝小权重；可以根据设定的阈值自动调整网络结构
量化相关指令	QUANTIZE	支持不同位宽（如 8bit、4bit 等）的动态量化；包含对称和非对称量化模式
	DEQUANTIZE	将量化的数据转换回更高精度；支持不同的反量化策略
特殊激活函数指令	GELU	高效实现 GELU 激活函数，常用于 Transformer 模型
	SWISH	实现 Swish 激活函数
	MISH	实现 Mish 激活函数

（续）

指令类别	具体指令	功能描述
注意力机制指令	ATTENTION	优化实现 Transformer 模型中的自注意力机制；包括缩放点积注意力的计算
	SOFTMAX	高效实现 Softmax 函数，常用于注意力权重的计算
特殊池化指令	GLOBALPOOL	实现全局平均池化或全局最大池化；常用于网络的最后几层
	ADAPTIVEPOOL	实现输出大小固定的自适应池化操作
内存优化指令	PREFETCH	智能预取下一步可能需要的数据到缓存，以减少内存访问延迟
	COMPRESS	对不使用的特征图进行压缩，减少内存带宽和存储需求
融合操作指令	CONV_BN_RELU	将几个常见的连续操作融合为一个指令以减少中间结果的存储和加载
	FC_DROPOUT	在全连接层计算的同时应用 Dropout 来提高推理时的效率
特殊网络结构指令	RESIDUAL	优化实现 ResNet 等网络中的残差连接；包括元素级加法和必要的调整操作
	INCEPTION	针对 Inception 网络结构优化的并行卷积指令
动态执行指令	CONDITIONAL	基于输入数据动态选择执行路径；用于实现动态神经网络结构
	EARLY_EXIT	在满足某些条件时提前结束网络执行；用于实现自适应计算时间（Adaptive Computation Time）的网络

这些特殊优化指令的设计主要考虑了以下 6 个方面。

- 性能优化，这些指令通常能在一个或少数几个时钟周期内完成复杂的操作，通过硬件级的优化减少了软件实现这些操作的开销。
- 内存效率，特殊设计的指令（如融合操作指令）旨在减少中间结果的存储和加载，从而降低内存带宽需求。数据重排列指令能高效处理复杂的数据移动，而无须多次访问内存。
- 功耗效率，通过减少指令数量和内存访问，这些特殊优化指令显著降低了能耗。另有一些指令（如动态执行指令）可以根据实际需求调整计算量，进一步优化功耗。
- 灵活性，动态执行指令提升了 HiPU 处理复杂和动态网络结构的能力，这些指令支持多种参数和模式，能够适应不同的网络结构和计算需求。
- 精度控制，量化相关指令允许在推理过程中动态调整精度，平衡精度和性能。
- 新兴网络结构支持，特殊网络结构指令和注意力机制指令为支持最新的网络架构（如 Transformer）提供了硬件级支持。

下面是一个使用 HiPU 特殊优化指令实现 ResNet 块的简化示例。这个例子展示了如何使用融合操作指令（CONV_BN_RELU）和特殊网络结构指令（RESIDUAL）来高效实现一个 ResNet

块。如果需要处理可能的下采样操作，则可以加上 CONDITIONAL 指令。

```
#假设输入特征图地址在 R1,卷积权重地址在 R2、R3 和 R4
#输出特征图地址在 R5
#第一个卷积层+BN+ReLU
CONV_BN_RELU R6, R1, R2
#第二个卷积层+BN
CONV_BN R7, R6, R3
#残差连接
RESIDUAL R8, R7, R1
#最后的 ReLU 激活
RELU R5, R8
#如果需要下采样
CONDITIONAL R9, condition
CONV_BN R10, R1, R4
RESIDUAL R5, R8, R10
```

HiPU 的特殊优化指令集是对其基本指令集的重要补充。这些指令针对神经网络推理中的特定场景和常见操作进行了优化，大幅提高了 HiPU 处理复杂神经网络的效率和灵活性。通过提供这些高度优化的特殊指令，HiPU 不仅能够高效处理当前流行的神经网络结构，还为未来的网络架构预留了支持空间。这种设计理念体现了 HiPU 在追求高性能的同时，也注重保持足够的灵活性和可扩展性，为实时 AI 应用提供了强大且灵活的硬件平台。

9.2 HiPU 微架构与流水线设计

HiPU 的微架构主要包括处理器前端、指令译码与分发单元、标量执行单元、向量矩阵执行单元和多级数据存储单元。其中，处理器前端由指令提取模块、快速译码模块、分支预测模块和指令队列模块构成，支持 4 通路并行指令提取；指令译码与分发单元由指令译码模块、寄存器重命名模块、指令分发模块构成，支持 2 条指令并行译码与分发；标量执行单元由标量算术逻辑模块（ALU）、标量乘除法模块（MDU）、标量访存模块（LSU）和标量寄存器模块构成，采用完全乱序方式执行；向量矩阵执行单元由向量矩阵队列模块、矩阵 MAC 模块、向量算术逻辑模块（VALU）模块、向量访存模块（VLSU）和向量寄存器模块构成，采用顺序方式执行；多级数据存储单元由 L1 指令缓存、L1 数据缓存、L2 缓存、片上数据存储器 DTCM 和片上 SIMD 本地存储器构成。HiPU 微架构如图 9-2 所示。

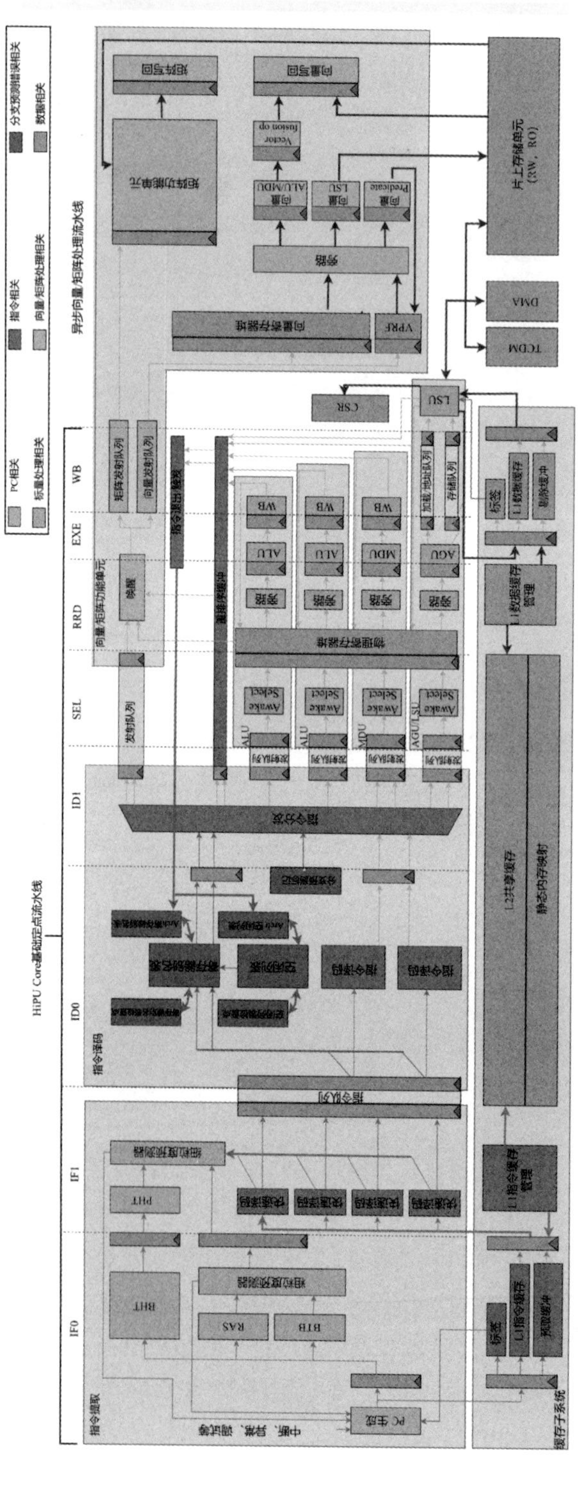

图9-2　HiPU微架构示例

HiPU 的流水线包括 8 级标量基础流水线、标量乘除流水线、标量访存流水线和向量矩阵流水线。整体流水线结构如图 9-3 所示。

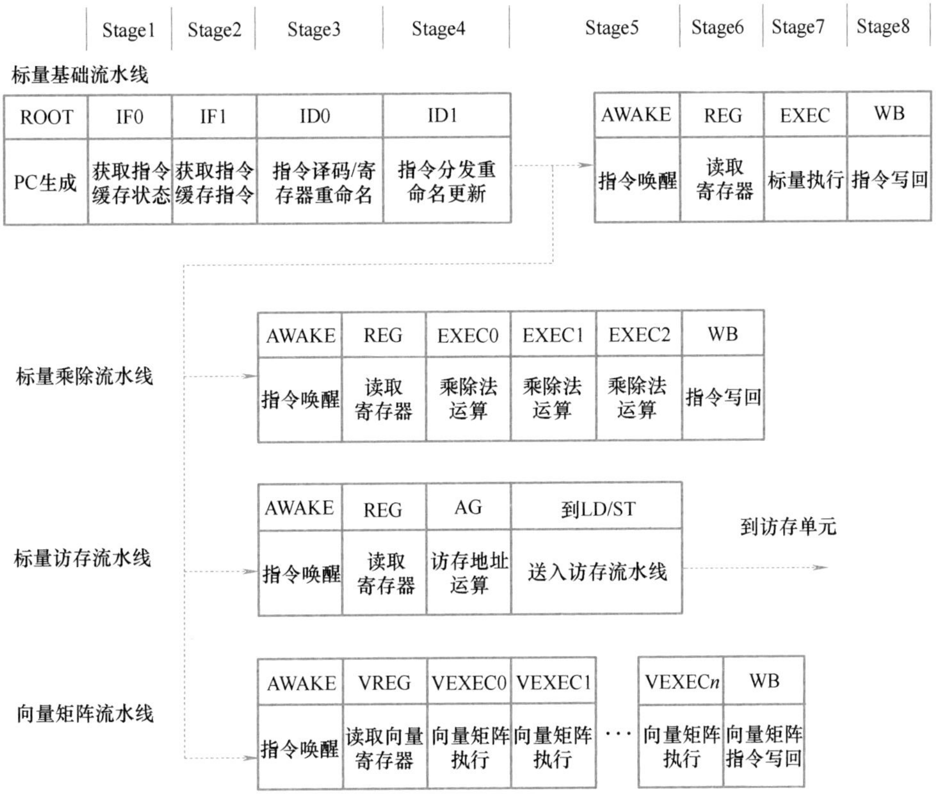

● 图 9-3 HiPU 流水线结构

在处理器微架构设计中，前端的主要职责为程序计数器（PC）生成，然后从指令缓存中拿到正确的指令，并将指令送到后续流水线中，如图 9-4 所示。此处流水线设计为 3 个大的阶段：PC 生成、获取指令缓存状态、获取指令缓存指令。其中，Stage0（在 Stage1 之前，但专业上不会计入流水线级数）属于指令提取阶段，此时汇集各路指令提取地址以及分支跳转预测结果，根据优先级进行仲裁，并根据当前流水线的状态，启动或停止对指令缓存和分支预测部件的访问。指令提取地址来源包括 PC、分支预测单元中的粗粒度预测部件（Coarse-Grained Predictor，CGPR）和细粒度预测部件（Fine-Grained Predictor，FGPR）、中断异常处理模块、指令回退模块等。指令提取地址确定后，在本阶段会发起对指令缓存的读操作，每个时钟周期可以完成 4 个指令的读请求。

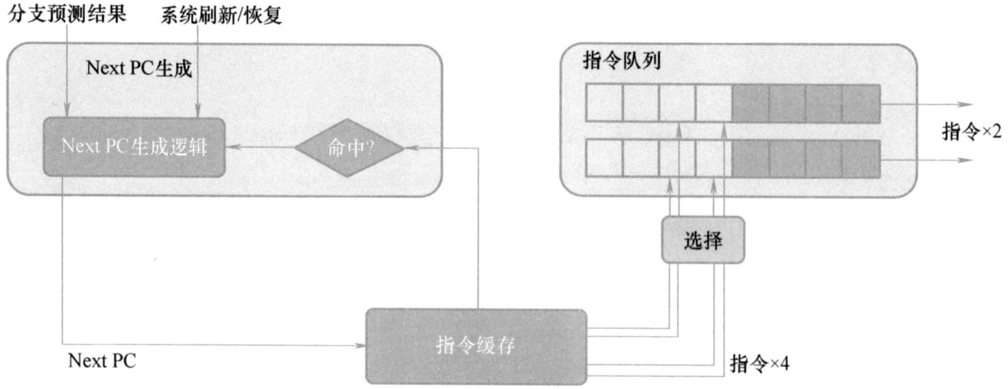

● 图 9-4 HiPU 指令提取数据流

在 Stage1，会根据当前的 PC 值，通过 BTB 识别指令类型，并且生成粗粒度的指令提取地址预测值。如果是条件跳转指令，则可以根据基于 2bit 饱和计数器设计的 4 阶段跳转状态机，预测本次执行是否跳转。如果是函数调用或返回指令，则可以通过 RAS 预测跳转地址。同时，本阶段可以获得上一阶段发起的读取指令缓存的命中结果。如果指令缓存命中，则通知下一阶段获得的指令是有效的；反之，通知下一阶段无法获取有效指令。

在 Stage2，对于指令提取操作，此处可以获得第一阶段发起的读取指令缓存操作的指令数据。如果上一拍反馈指令缓存已经命中，则本阶段可以得到最多 4 条指令，经过快速译码后，将指令插入指令队列（Instruction Buffer，IBUF）中。对于分支预测操作，本阶段可以获得具体的指令，经过快速译码，可以辅助进行更加精确的预测：如果是之前没有被识别到的直接跳转指令，则可以直接确定跳转地址，通过细粒度指令预测的结果，对第一阶段的取指令地址进行修正，可以得到更加精确的指令提取地址预测结果，如图 9-5 所示。由于指令缓存不能保证每拍都可以拿到数据，因此在指令提取（IF）与指令译码（ID）之间，需要插入一个指令队列，用来缓解由于指令提取与指令执行之间的速率不匹配而导致的流水线停顿问题。指令队列设计为 4 条指令写入、2 条指令读出的结构。

Stage3 为指令译码和寄存器重命名阶段。本阶段从前端指令队列中读取指令，每个时钟周期最多从前端指令队列中读取 2 条指令，并同时对读出的指令进行译码。通过译码模块，解析出指令对应的功能单元所需的参数；通过寄存器重命名模块，实现指令的逻辑寄存器到物理寄存器的转换。对于乱序多发射设计而言，功能单元完成指令执行后，将结果提交给重排序缓冲区。重排序缓冲区保持指令的原始顺序，当乱序执行处理器退出指令时，应该做保序处理。如果重排序缓冲区发现下一个时隙中的指令是错误的，则在分支预测错误、异常或中断请求时，向全部流水线发送冲刷（Flush）命令。重排序缓冲区设计如图 9-6 所示。

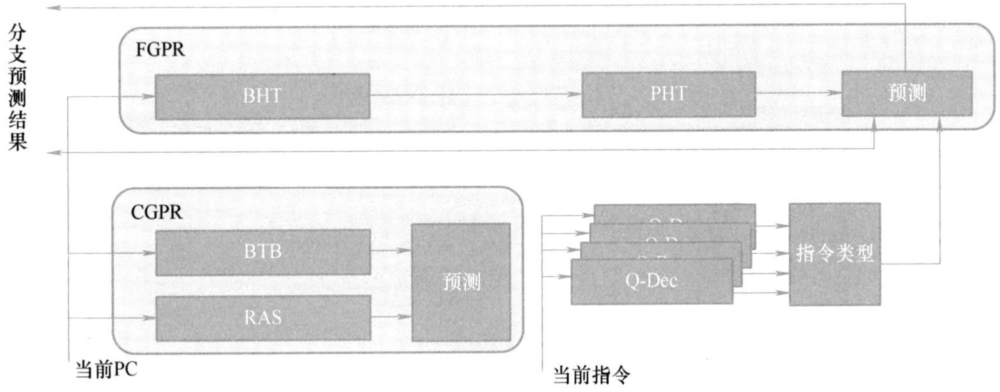

图 9-5 HiPU 分支预测数据流

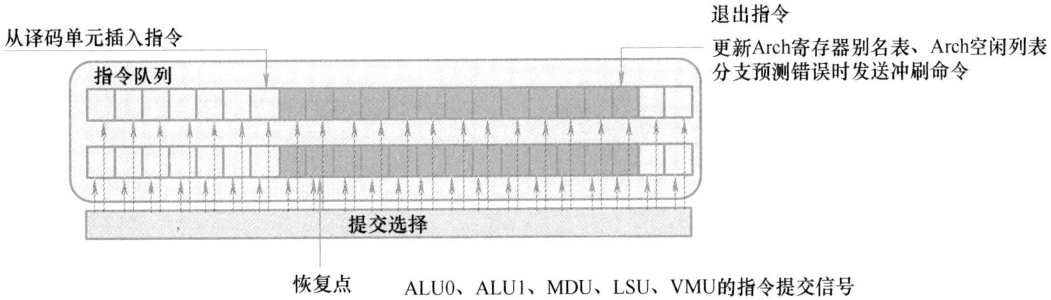

图 9-6 HiPU 重排序缓冲区设计

寄存器重命名是指将架构寄存器解释为物理寄存器。架构寄存器有 32 个，而物理寄存器有 64 个。架构寄存器 AR0 恒定映射到物理寄存器 PR0，其余物理寄存器由寄存器别名表（RAT）映射得到。通过寄存器重命名主模块，解除指令的读后写（WAR）与写后写（WAW）依赖，后续多个功能单元中处理指令依赖时，仅需要关注写后读（RAW）依赖，如图 9-7 所示。指令译码后，按照待执行的功能单元将指令分成 4 类：ALU，执行标量算术、逻辑运算、跳转判断指令；MDU，执行标量乘法、除法指令；LSU（包括 AGU），执行标量访存指令；VMU，执行向量、矩阵指令。由于乱序多发射设计需要支持指令回退功能，因此本阶段会保留 8 个分支跳转指令的记录，供指令回退时进行调用。

在 Stage4，将译码后的指令分发到不同的功能单元中，同时更新寄存器重命名主模块中的记录。前文提到，每个时钟周期最多可以译码 2 条指令，如果这 2 条指令可以同时找到对应且空闲的功能单元，则将这 2 条指令分发到对应的功能单元，如图 9-8 所示。各功能单元在接收分发过来的指令时，将指令存储在各自的功能单元的指令发射队列中。

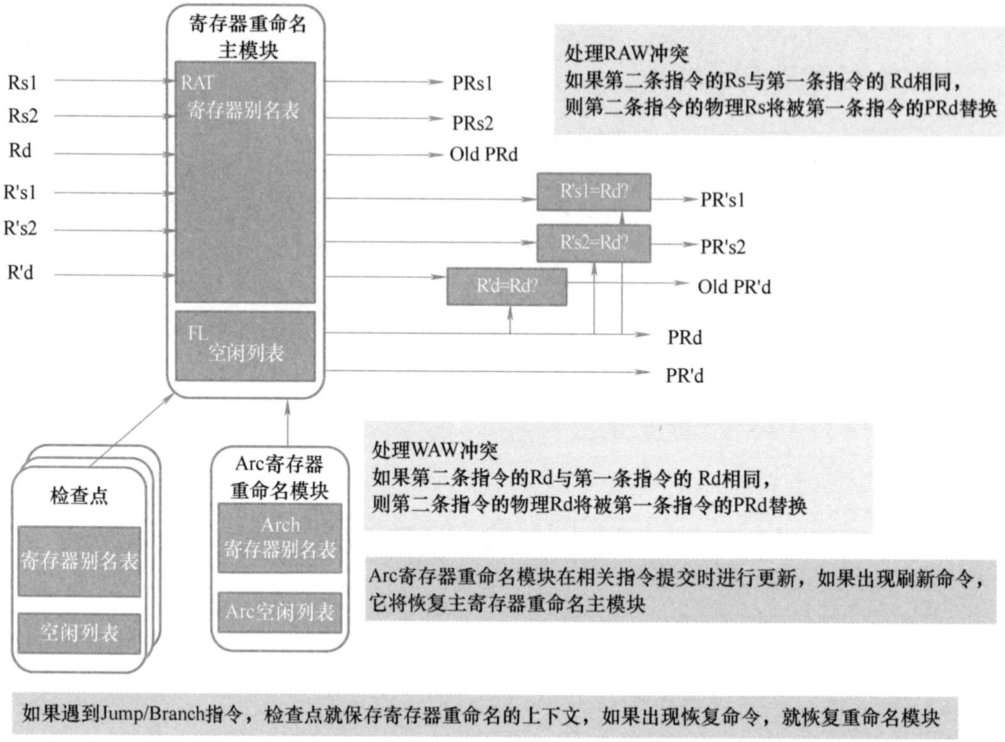

● 图 9-7 HiPU 寄存器重命名设计

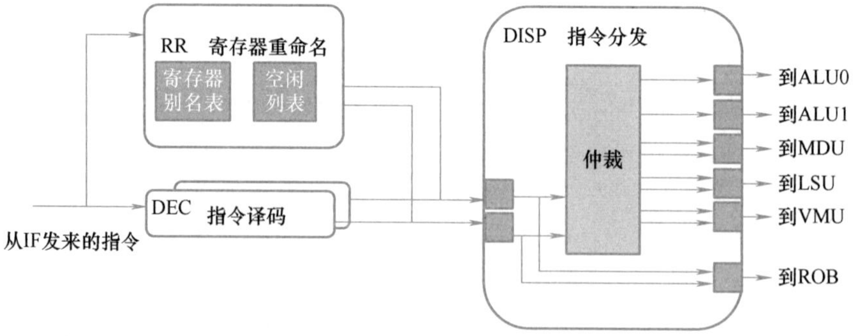

● 图 9-8 HiPU 指令译码与分发数据流

标量部分的执行流水线主要包括 ALU、MDU、AGU 指令唤醒，ALU、MDU、AGU 寄存器读取，算术逻辑运算，ALU 写回，以及 MDU 乘除法运算和 MDU 的乘除法写回。各功能单元的执行是完全并行的。标量相关的执行单元主要有 2 个 ALU、1 个 MDU 和 1 个 LSU（包括 AGU）。这些功能单元可以细分成多级流水线。

从 Stage5 开始，分为标量部分和向量矩阵部分。标量 ALU、MDU 和 AGU 的指令唤醒阶段负责在各自的发射队列中寻找完全解除指令依赖关系的指令，并将其置为有效，发送到后续流水线中。3 种功能单元的指令发射队列实现形式各不相同。ALU 的指令发射队列采用压缩 FIFO 方式进行存储。这种存储方式的优点是可以存储更多的有效指令，即指令发射后不再占用指令发射队列的空间。而 AGU 与 MDU 的指令发射队列则采用非压缩 FIFO 方式进行存储。在不影响指令执行效率的前提下，简化了设计逻辑。3 种功能单元的指令发射队列的深度均为 8。向量矩阵指令在 Stage5（指令唤醒阶段）使用记分板判断最旧的指令是否可以唤醒。如果该指令的依赖关系完全解除，则将当前指令设置为有效，发送到后续流水线上。向量矩阵指令发射队列的深度为 16，采用标准 FIFO 结构进行存储。

记分板中记录指令发射队列内所有指令的 Vector Register 的读写属性，其结构如图 9-9 所示，其中第一行是指令中的 Vector Register 寄存器，共有 32 个记录；001～011 行中的每一行都代表一条指令；每一行和 VR×（×取值为 0～31）的交汇方框中记录的是当前该行指令中 Vector Register 的读写属性。判断一条指令是否可以从指令发射队列中发送到后续功能单元或者调度单元，解除指令的依赖关系，主要看当前指令行的 VR 寄存器和在该行指令之前的指令的 VR

	寄存器 / 指令	VR0	VR1	VR2	VR3	VR4	…	VR8	VR9	…	VR15	…	VR31
头 →	001						…			…		…	
	002						…			…		…	
	003						…			…		…	
	004						…			…		…	
	005	W					…			…		…	
	006		W				…			…		…	
	007	R	R				…	W		…		…	
	008			W			…			…		…	
	009	R	R	R			…		W	…		…	
	010						…	R	R	…	W	…	
尾 →	011						…			…	R	…	
							…			…		…	

● 图 9-9　HiPU 记分板示例

寄存器是否存在 WAR、RAW 和 WAW 这些相关性，如果没有这些相关性，则该条指令就可以继续发送到后续功能单元或者调度单元执行。

记分板的实现是一种 FIFO 结构，Head（头）标识 FIFO 的头部（指示最早进入 FIFO 但还未被执行或执行完成但未被释放空间的指令），Tail（尾）标识 FIFO 的尾部（指示最晚进入 FIFO 但还未被执行的指令）。

在 Stage6 的标量部分进行标量 ALU、MDU 和 AGU 寄存器读取，从寄存器中获取有效的源操作数。如果上一阶段的指令被唤醒，会发出寄存器的读请求，则本阶段可以得到寄存器返回的数据。如果对应的寄存器正在更新，则直接用更新的数据对其进行替换，避免对同一个地址的同时读写操作。在 Stage6 的向量矩阵部分，向量矩阵指令从向量寄存器堆中读取数据，该数据可能被旁路网络进行改写。由于向量矩阵指令采用单发射模式进行设计，因此每次只有一条指令访问寄存器堆。向量寄存器堆设计成 2 个读口和 1 个写口，共有 16 个寄存器（VR0 ~ VR15）。其中 VR0 恒定为 0，对 VR0 读恒定为 0，对 VR0 写没有效果。VR1 ~ VR15 为通用可读写寄存器。

对于标量 ALU 指令，在 Stage7 完成指令的具体执行。ALU 模块负责的运算均可在 1 个时钟周期内完成。在 Stage8 将数据写回到寄存器堆，并更新重命名缓冲区中的对应信息。如果本阶段的指令是有效的，并且当前指令具有目标寄存器，那么会将计算结果写入到寄存器堆。本阶段会将指令执行信息同步到重命名缓冲区上。如果是普通的运算指令，那么会通知 ROB 当前指令执行完成；如果是分支跳转判断指令，那么会通知 ROB 当前跳转是否正确，以及正确的跳转地址等信息。此外，为了能够使写回数据提前发送到下一条发射的指令，在流水线中设计了旁路电路。写回数据提前送入旁路网络，即使数据尚未写回到寄存器堆，后续指令也可以通过旁路网络得到正确的数据。

在写回阶段，指令还需要广播其目标寄存器标号。如果当前等待执行的指令与该目标寄存器有依赖关系，则解除其依赖关系。由于设计中存在旁路网络，因此该广播指令可以提前固定拍数发送。

对于标量 MDU 乘除法运算，则在 Stage7 ~ Stage10 进行标量数据的定点乘法、除法运算。由于乘法、除法操作都较为复杂，无法在一个时钟周期内完成，因此这两种运算都分成了多个时钟周期。乘法运算采用 3 级流水线的乘法器，数据在第 3 级写回。每个时钟周期都可以进行一组新的乘法运算。由于 32bit 乘法的结果是 64bit 的，因此，如果遇到连续两条乘法指令，分别计算乘积的高位和低位，则会将这两个运算进行合并。除法运算采用 8 个时钟周期延迟的阻塞式除法器。由于计算结果延迟固定，因此流水线唤醒机制比较简单。

MDU 乘除法写回在 Stage8 ~ Stage11 进行。与 ALU 的写回阶段类似，MDU 的乘除法写回阶段负责将乘除法结果写回给对应的物理寄存器，同时通知重排序缓冲区当前指令计算完成。由于除法器有可能出现除数为 0 的情况，因此在通知重排序缓冲区当前指令计算状态的时候，也可以将“除 0”异常上报到主控制逻辑。

HiPU 标量执行流水线示例如图 9-10 所示。

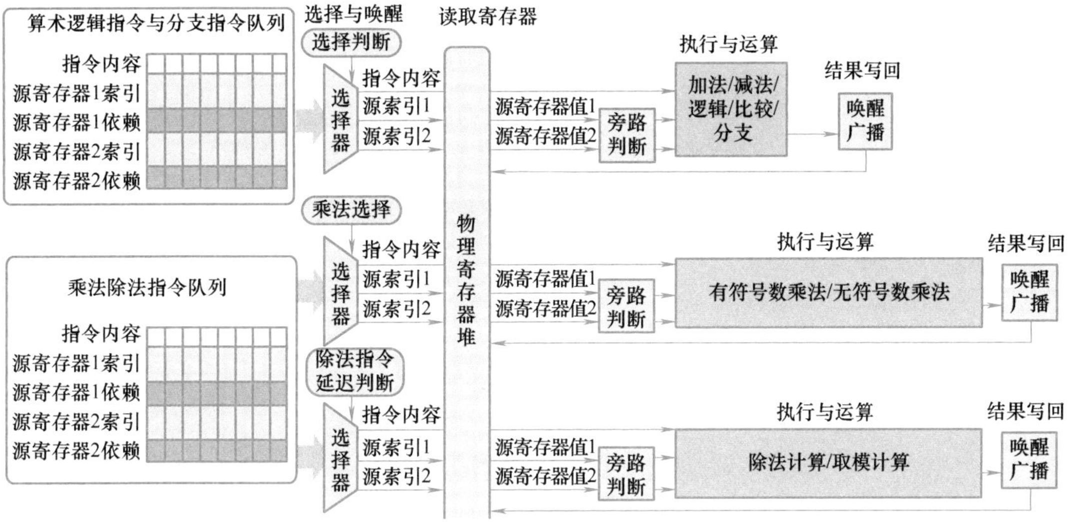

图 9-10　HiPU 标量执行流水线示例

向量矩阵指令的执行位于 Stage7～Stage$N$。向量运算消耗的时钟周期从 1 个到 5 个不等。矩阵运算主要包括矩阵与矩阵、矩阵与向量、矩阵对应位置的乘加与乘累加操作。其消耗的时间通过参数来进行配置。如果配置的循环次数很大，那么指令运算时间就会很长。为了避免矩阵指令阻塞流水线，矩阵指令会提前向记分板标记执行完成。在 Stage(N+1)阶段，向量矩阵指令写回，将指令的计算结果写回到向量寄存器堆，同时通知记分板更新各寄存器的状态。与标量指令流程类似，向量矩阵指令的计算数据通过旁路网络回传到前面的流水线中，从而减少指令的等待时间。HiPU 向量矩阵执行流水线示例如图 9-11 所示。

处理器访存操作不容易用一一对应的流水线级数说明。如图 9-12 所示，访存指令分成两个阶段：一个是解除寄存器依赖关系的地址生成部分，在 AGU 中进行处理；另一个是解决存储依赖的访存部分。HiPU 的存储模型选择弱一致性模型（Weak Consistency，即系统不强制要求某个被更新的数据在后续读操作中都可读到更新后的新值，允许后续的访问只能访问到部分或者全部访问不到，在更新后的一段时间内才读到新值），其核心设计思想有两条：其一，对于访问相同或交叠地址的读写操作，其顺序与指令顺序严格一致；其二，对于访问不同或无交叠地址的读写操作，其顺序可以任意调换。

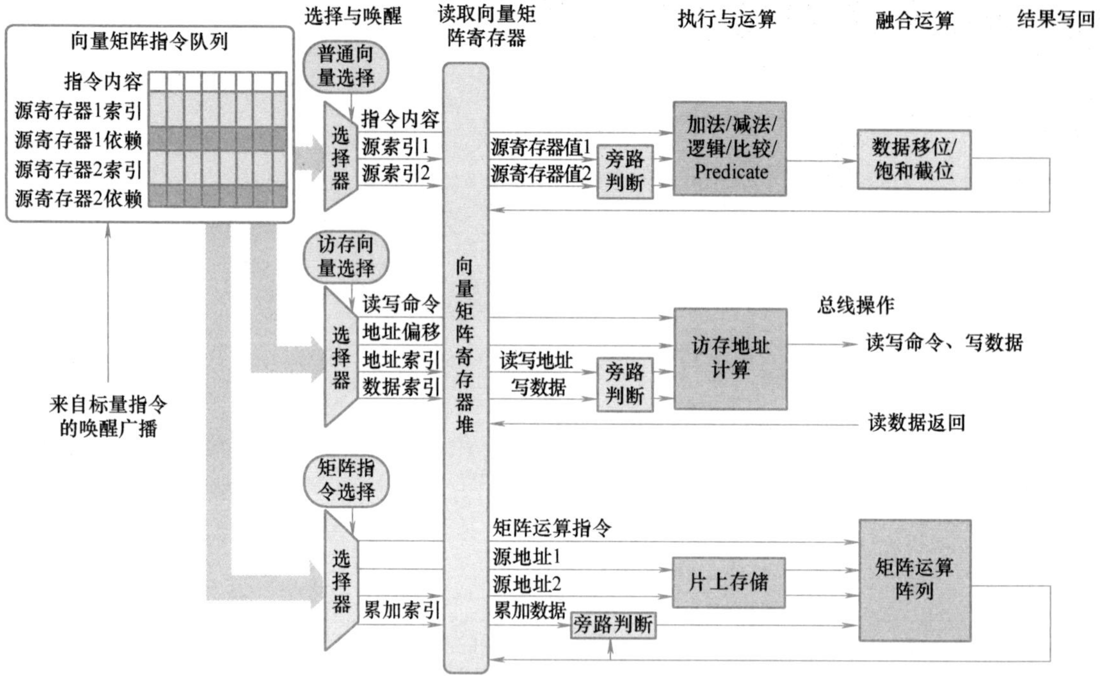

● 图 9-11　HiPU 向量矩阵执行流水线示例

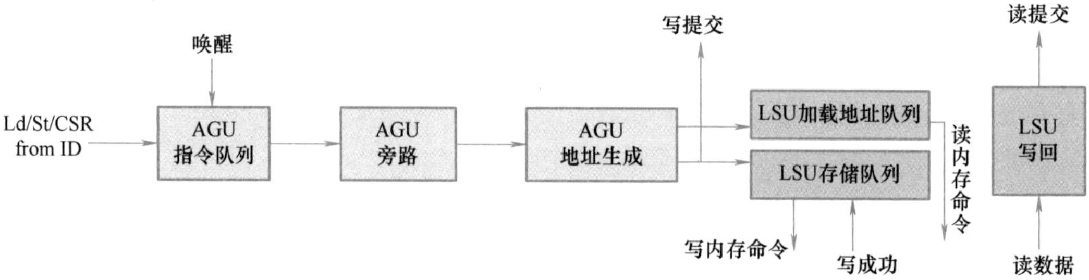

● 图 9-12　HiPU 访存执行示例

对于访问相同地址的两个读操作，其顺序也需要与指令顺序严格一致。这样做可以避免一些操作原子性方面的问题。如果对访存读写顺序有明确要求，则可以通过 Fence 指令显式指定访存操作的顺序关系。

由于 HiPU 设计了缓存子系统，因此访存操作有可能遇到缓存未命中（Cache miss）的情况，从而导致该操作等待很长时间。然而此时后续指令有极大的概率并没有缓存未命中的问题而可以快速访问。因此需要建立一套读写缓存机制，将当前无法成功读写的指令缓存起来，优先处理后续读写访问。等延时一段时间后再次处理之前无法访问成功的命令。

为了解耦访存操作的读、写指令，指令缓存队列分成了两个。每个周期可以同时发出一个读操作和一个写操作。除了一般的读写操作以外，HiPU 还支持硬件原子操作，用来解决多核之间访问相同数据的一致性问题。由于访存单元将加载队列（Load Queue）与存储队列（Store Queue）分离设计，因此在处理原子操作时，需要将这两个队列中的指令建立依赖关系，同时选择出去。

乱序执行会提前执行当前对外显示的 PC 之后的指令。如果遇到跳转或条件分支预测出错的情况，则需要舍弃提前执行的指令，并恢复由于提前执行指令而污染的寄存器。HiPU 支持两种回退机制：Flush 回退与 Recovery 回退。

Flush 回退机制是最为保险的回退机制。当指令从重排序缓冲区中退出的时候，处理器对外才会表现出当前指令已经执行完成。在这个时刻，处理器维护了一套完整的结构，包括逻辑寄存器到物理寄存器映射表（RAT）、物理寄存器堆（PRF）和物理寄存器状态表（PRM）。如果指令在退出的时候发现下一条指令与预测的指令不一致，则启动 Flush 回退机制，用此处维护的 3 个表覆盖现有的表，并清空流水线，从新的指令地址处重新开始取指。Flush 回退机制的缺点是响应比较慢。由于冲刷的时候需要清空流水线，因此会产生至少 8 个时钟周期的延迟。

为了弥补 Flush 回退的缺点，还设计了一种快速回退机制：Recovery 回退。这种回退机制可以在条件判断、分支跳转语句刚执行完成的时候，就可以部分刷新流水线中的指令，从而不会影响重排序缓冲区中的指令最终退出行为。Recovery 回退机制同样需要维护一套 RAT 和 PRM 的备份，每一套备份都对应着一个回退点。前文提到，HiPU 设计了 8 套备份，意味着处理器针对提前执行的 8 个条件判断、跳转语句，都可以使用 Recovery 回退机制进行回退，从而最大限度地减少指令预测失误而带来的性能损失。需要注意的是，向量矩阵指令一旦执行则必然执行完成，不考虑回退的问题。

9.3 HiPU 数据平面与计算阵列设计

对于一个神经网络，其计算图可以抽象成如图 9-13 中虚线框 A 所示：输入图像经过前处理之后进入到网络的第 1 层计算，第 1 层计算输出作为第 2 层的计算输入，以此类推，最后通过第 n 层的计算，第 n 层的计算输出经过后处理之后，整个神经网络计算结束。每一层的计算又可以分解为图 9-13 内虚线框 B 中的计算过程：对于输入特征图（其宽度为 X_i，高度为 Y_i，共有 C_i 个通道），要经过 n 个 Group 的计算。这些计算通常为卷积计算，其对应的卷积核大小为 $M \times N$，共有 K_i 个通道，最后的输出特征图的宽度为 X_o，高度为 Y_o，共有 C_o 个通道。对于每一个计算 Group，又可以通过算子库 Algorithm Zoo 中的 TRANS、CONV、DWC、DCONV、

Pooling 等算子控制调度 PE-ARRAY 计算完成。

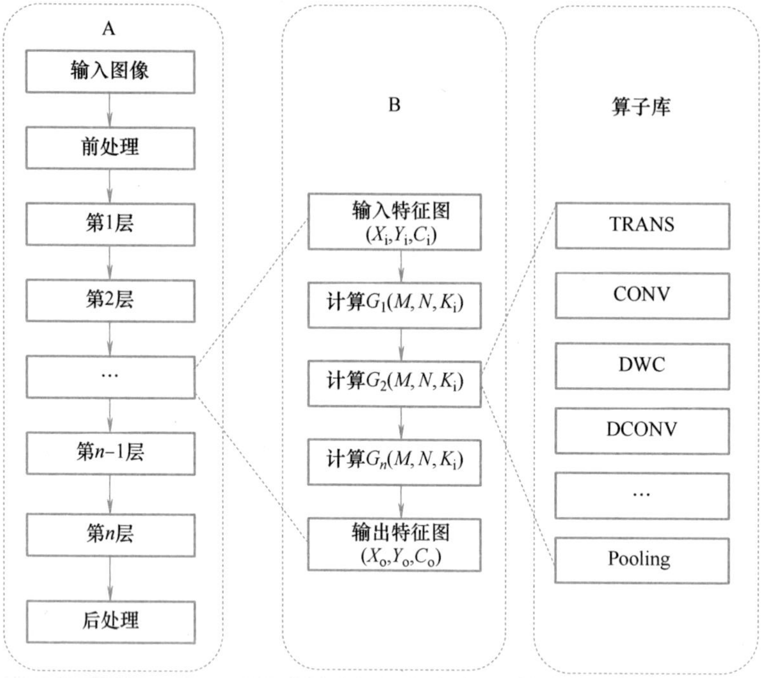

● 图 9-13 神经网络计算抽象图

对于一个神经网络计算任务，完整的计算流程如下：通过 External 将权重文件、Bias 文件、输入图像放入 DDR 中，然后处理器启动控制计算的程序并开始执行，程序在运行中主要控制算子库中的 TRANS、CONV、DWC、DCONV、Pooling 和 Reshape 等模块，进而调度 PE-ARRAY、VPU/MPU 和 Memory 模块进行相关计算，最后再将计算完成的结果存入 DDR 中。

TRANS 主要负责以下 3 方面的工作：①将数据从 DDR 搬移到片上存储单元，典型应用场景为数据放在片上存储单元中，为之后的 CONV 等计算做好准备；②将片上存储单元的数据搬移到 DDR，典型应用场景为 CONV 计算结果需要写入 DDR 中；③将片上存储单元的数据在内部做搬移，该应用类似于指令中的 MOVE 操作。

在数据从 DDR 搬移到片上存储单元时，如图 9-14 所示，系统寄存器模块为 TRANS 模块配置 DDR 的基地址、数据长度和片上存储单元的目标地址（包括 Bank 号、偏移地址），配置好这些参数后，TRANS 模块内部的命令通道会将系统寄存器配置的 DDR 基地址转换为 AXI 总线的地址通道数据，根据数据长度和 AXI 总线的 Burst 长度决定要进行多少次的 AXI 传输（此处为读操作），命令通道同时会记录系统寄存器配置的存储单元的地址，然后由 TRANS 模块发出 AXI 传输启动信号，这样即可将数据从 DDR 中读出来，读出来的数据通过数据通道做位宽转换和时钟域变换，然后将数据写到对应的 Memory 中（确定的 Bank 号、偏移地址），当最后一个数据写入 Memory 里对应的 Bank 地址中时，TRANS 模块向系统寄存器模块发出传输完成信号，进而处理器即可知道当前的 TRANS 操作已完成，程序可以继续向后执行。

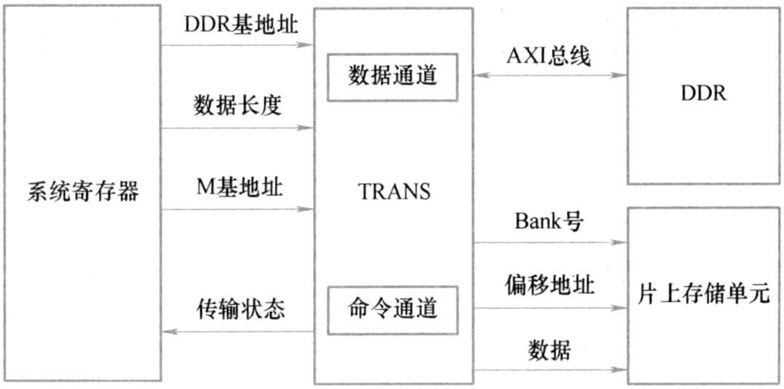

● 图 9-14　数据从 DDR 向片上存储单元搬移

数据从片上存储单元搬移到 DDR 如图 9-15 所示（和数据从 DDR 搬移到片上存储单元类似）：系统寄存器模块为 TRANS 模块配置 DDR 的基地址、片上存储单元数据长度和片上存储单元的目标地址（包括 Bank 号、偏移地址），配置好这些参数后，TRANS 模块内部的命令通道会将系统寄存器配置的 DDR 基地址转换为 AXI 总线的地址通道数据，根据数据长度和 AXI 总线的 Burst 长度决定要进行多少次的 AXI 传输（此处为写操作），命令通道同时会记录系统寄存器配置的片上存储单元的地址，然后由 TRANS 模块发出 AXI 传输启动信号，这样即可将数据从片上存储单元读出来，读出来的数据通过数据通道做位宽转换和时钟域变换，然后将数据写到对应的 DDR 中，当最后一个数据写入 DDR 中时，TRANS 模块向系统寄存器模块发出传输完成信号，进而处理器即可知道当前的 TRANS 操作已完成，程序可以继续向后执行。

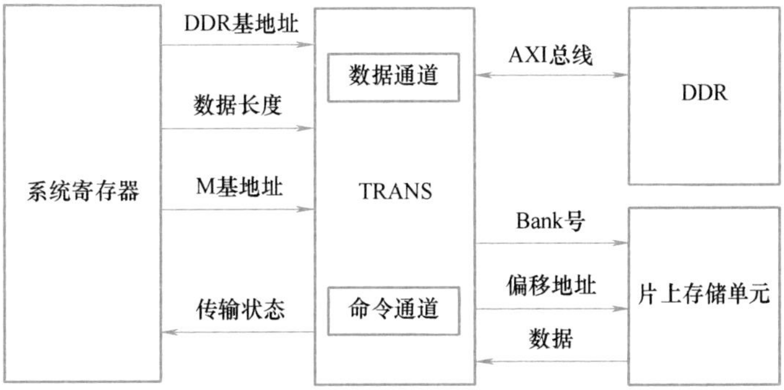

● 图 9-15　数据从片上存储单元向 DDR 搬移

数据在片上存储单元内部搬移如图 9-16 所示，系统寄存器模块为 TRANS 模块配置源存储单元数据长度、Mr 和 Ms 基地址和片上存储单元的目标地址（包括 Bank 号、偏移地址），配置好这些参数后，TRANS 模块内部的命令通道会向系统寄存器配置的存储单元的地址发送读请求，这样即可将数据从存储单元读出来，读出来的数据通过数据通道写到对应的 DDR 中，当最后一个数据写入目标存储单元中时，TRANS 模块向系统寄存器模块发出传输完成信号，进而处理器即可知道当前的 TRANS 操作已完成，程序可以继续向后执行。

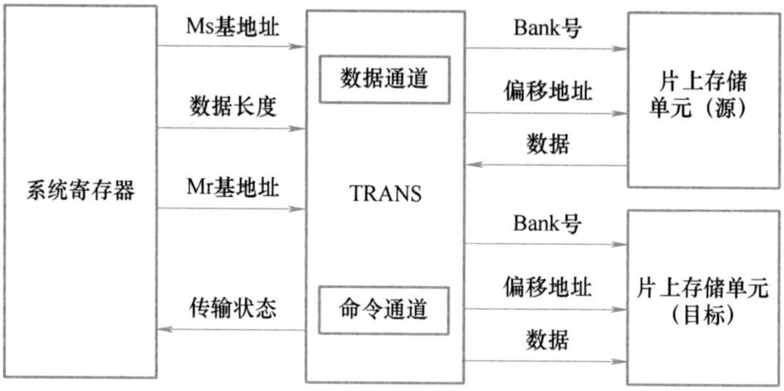

图 9-16　数据在片上存储单元内部搬移

对于深度神经网络逐点卷积计算，主要通过 CONV 模块完成卷积核大小、输入通道数、输出通道数、是否需要填充、计算的源操作数地址（包括 Bank 号、偏移地址）和计算完成之后的目标地址（包括 Bank 号、偏移地址）等配置，然后启动 PE-ARRAY 进行计算，计算过程中，PE-ARRAY 自动从片上存储单元读取数据进行计算，在每一个 PE 单元中进行乘累加操作，计算完成之后，将计算结果送至 VPU 模块，由 VPU 模块进行多个输入通道之间“部分和”的累加，以及偏置的加操作，最终由 VPU 将计算结果写入目标存储单元中。整个过程如图 9-17 所示。

在计算过程中，CONV 模块内部按照一个卷积核粒度所覆盖的输入特征图行进行计算，通过一个状态机实现，如图 9-18 所示，分为 3 个状态：IDLE 态、计算态（虚线框中的计算流程）、计算完成态（反馈计算完成）。当系统寄存器下发 start_calc 计算开始执行后，CONV 内部从 IDLE 态切换到计算态，在计算态中，CONV 模块最基本的计算粒度就是一个 8×8×8 的并行度计算，该并行度计算由 PE-ARRAY 阵列支持完成；先进行输入特征图的通道方向计算，该计算实际是一个通道/8 次的循环计算过程；如果输入特征图的方向完成计算，则进行卷积 Kernal Width 方向的计算，并且当 Kernal Width 方向切换时，再次进入 8×8×8 的粒度计算过程，并再次进行特征图的 Channel 方向计算，进而进入一个 Kernal Width 方向的循环计算过程，而每一个 Kernal Width 方向的循环计算内部都是一个特征图输入通道/8 的循环计算；完成 Kernal

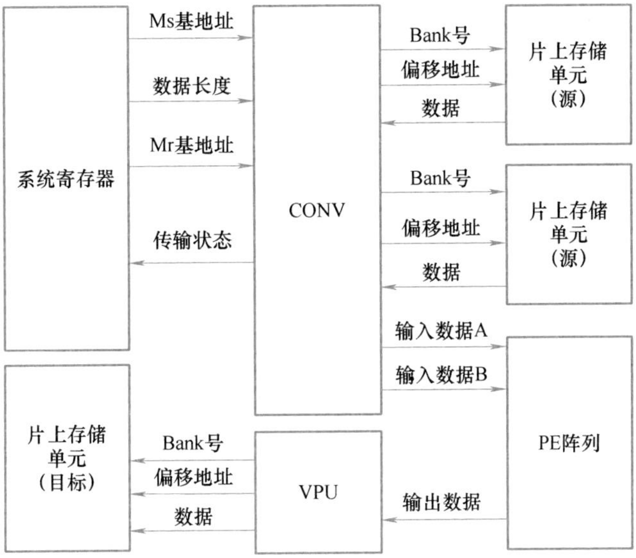

图 9-17　CONV 计算数据流

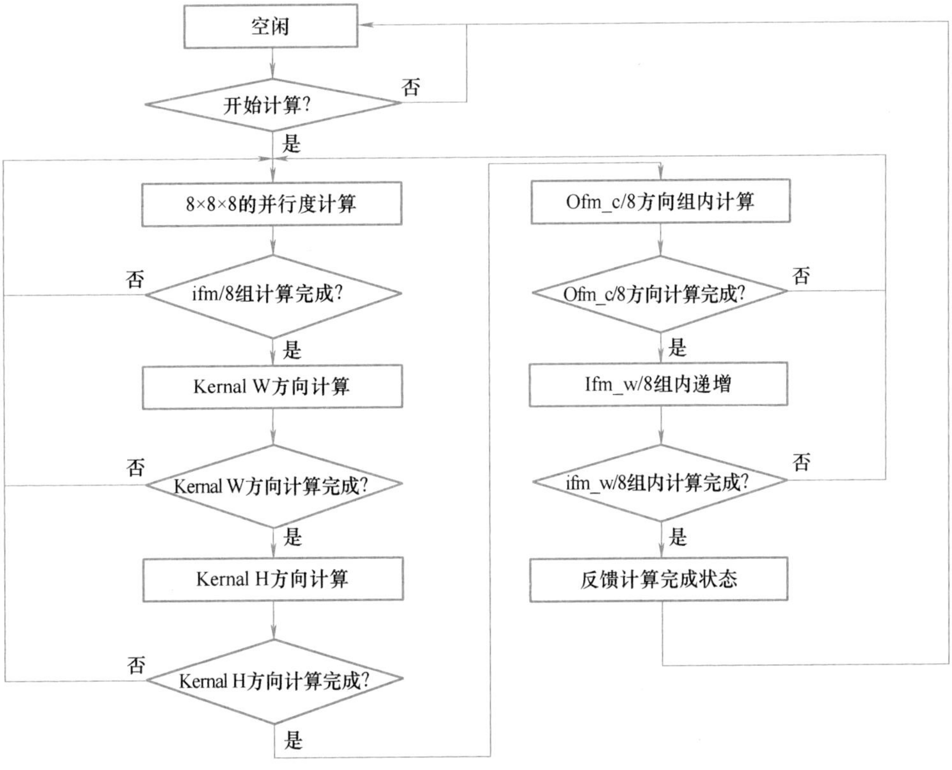

图 9-18　CONV 计算状态机

Width 方向计算后，进行 Kernal Height 方向的计算，并且 Kernal Height 方向切换时，再次进入 8×8×8的粒度计算过程，进而进入新的 Kernal Width 计算循环和输入特征图的通道方向计算循环；完成 Kernal Height 方向计算后，得到输出特征图通道/8 组内的 8 组输出，这 8 组输出中，每组中都包含 8 个输出通道；进一步进行输出特征图的通道/8 组内计算，如果输出特征图的通道/8 组内计算没有完成，则继续进行包含前述几个循环计算过程的循环计算，直到输出特征图的通道/8 组内计算完成为止；输出特征图的通道/8 组内计算完成后，再次进行输入特征图的 Width 方向计算，输入特征图的 Width 计算依然是一个 Width/8 的组计算，该组中的计算粒度就是前述的所有循环计算的一个循环，当输入特征图的 Width/8 组内计算完成之后，即完成了一个卷积核粒度所覆盖的输入特征图行的计算。

在做逐点卷积计算的过程中，计算数据的流动方向为 A、B 两个方向，PE-ARRAY 中的所有 8×8 个 PE 都参与计算，如图 9-19 所示。

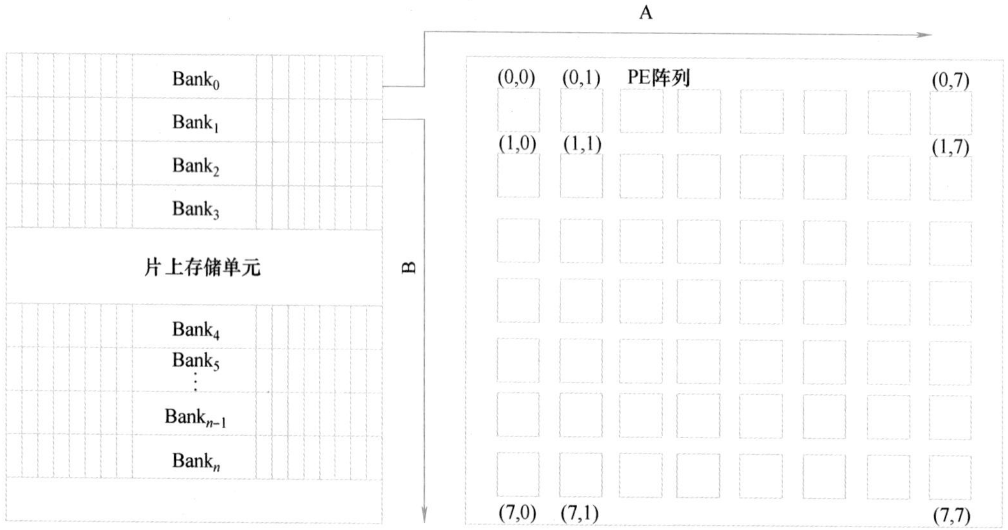

图 9-19 HiPU PE 阵列计算简图

PE 是 PE 阵列中计算的一个基本处理单元，有两个输入、一个输出。PE 在阵列中的地址记为（i,j），i 表示行，j 表示列，以位置（i,j）的 PE 为例，输入为 A_i和 W_{ij}，输出记为 Psum（i,j），一个 PE 在 1 个周期可以完成 1 个$[1,8]\times[1,8]^{T}$的向量乘法运算。

PE 内部结构如图 9-20 所示，包括特征图数据缓冲区、步长数据缓冲区和权重数据缓冲区、计数器模块，以及乘法器和累加器。

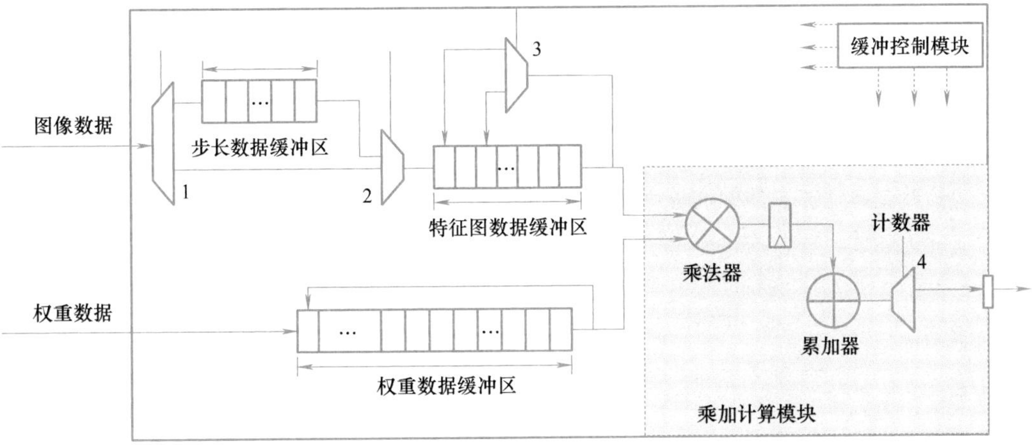

图 9-20　HiPU PE 内部结构

特征图数据缓冲区用于存储卷积计算时用到的部分特征图数据，并对存在数据共享作用的特征图数据进行循环利用，其最大长度可配置，大小为 $\max\{K_1A_1,K_2A_2,\cdots,K_iA_i\}$，其中 K 为卷积层中卷积核的尺寸，A 为计算单元内需要映射的输入通道数，i 为目标网络中卷积层的序号；步长数据缓冲区用于在卷积核滑动更新步长数据时向特征图数据缓冲区提供需要更新的数据，其最大长度可配置，大小为 $\max\{S_1A_1,S_2A_2,\cdots,S_iA_i\}$，其中 S 为卷积层中卷积核的步长；权重数据缓冲区用于存储权重数据并能够对数据进行重复利用，其最大长度可配置，大小为 $\max\{K_1A_1B_1,K_2A_2B_2,\cdots,K_iA_iB_i\}$，其中 B 为计算单元内需要映射的输出通道数。

PE 设有特征图数据输入端口和权重数据输入端口；特征图数据输入端口连接第一选择器 1 的输入端；第一选择器 1 的两个输出端分别连接步长数据缓冲区的输入端和第二选择器 2 的第一输入端，步长数据缓冲区的输出端连接第二选择器 2 的第二输入端，第二选择器 2 的输出端连接特征图数据缓冲区的输入端；权重数据输入端口连接权重数据缓冲区的输入端；特征图数据缓冲区的输出端和权重数据缓冲区的输出端分别连接乘法器的两个输入端；乘法器的输出端通过寄存器、累加器、第四选择器 4 连接神经网络计算单元的输出端。特征图数据缓冲区的输出端还通过第三选择器 3 连接其输入端。

图 9-21 所示为 HiPU 缓冲控制模块的内部结构，主要由计数器模块和状态机模块构成；计数器模块包含输入数据计数器、输入权重计数器、输出数据计数器、输出通道数计数器和输出特征图尺寸计数器；在状态机模块中，不同卷积核尺寸都具有相应的特征图缓冲状态机和权重缓冲状态机，状态机根据计数器模块中各计数器的数值来进行状态的跳转。

图 9-22 所示为控制模块中特征图数据缓冲区的一种状态机示意图，这些状态包括初始化状态 S0、数据准备状态 S1、全循环状态 S2、更新数据状态 S3、半循环状态 S4、不循环状态

S5、等待状态 S6，不同状态决定该缓冲区不同的操作模式；外部输入到计算阵列的控制信号向缓冲控制模块提供卷积核尺寸、卷积窗滑动步长、输出特征图的尺寸、阵列映射的输入和输出通道数 5 种信息，进而可得到各计数器相应的上限值，通过计数器的数值来控制相应卷积核尺寸的状态机进行状态跳转，完成在不同卷积核尺寸下各存储缓冲区的运转。权重数据缓冲区的状态包括初始化状态、数据准备状态、等待状态、全循环状态及不循环状态。

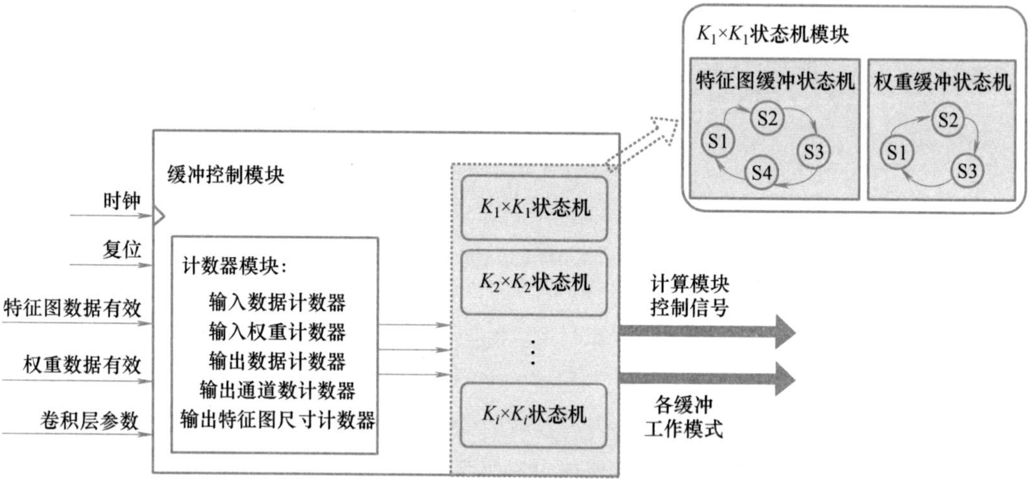

图 9-21　HiPU 缓冲控制模块的内部结构

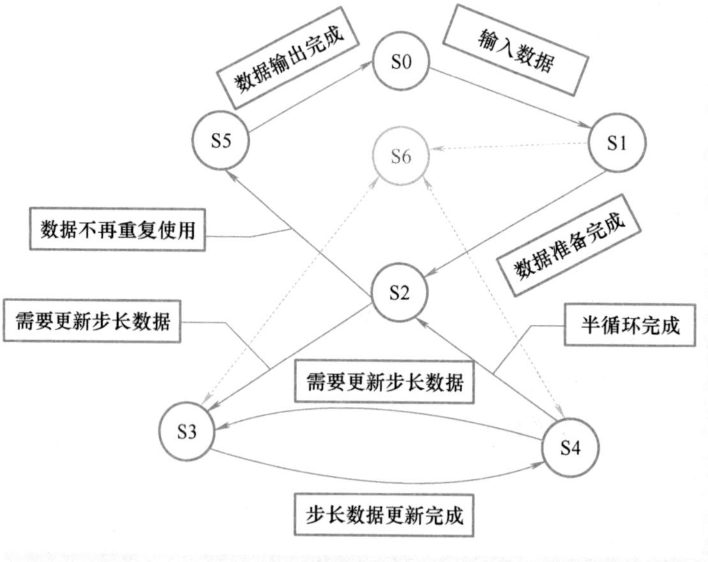

图 9-22　特征图数据缓冲区控制状态机

PE 阵列由 64 个 PE 组成，有两种输入，**A**0～**A**7 中每一个都是一个［1,8］的向量，称作 A 方向输入；**W**00～**W**77 中每一个都是一个［1,8］的向量，称作 W 方向输入，这 64 个输入各自送入对应位置的 PE，如图 9-23 所示。PE 阵列共有 8 个 A 方向输入（**A**0～**A**7）和 64 个 W 方向输入（**W**00～**W**77）；**A**0～**A**7 中每一个都包含 8 个数（8 个数构成一个［1,8］的向量），8 个 A 方向输入可以相同也可以不同；**W**00～**W**77 中每一个都包含 8 个数（8 个数构成一个［1,8］的向量），64 个 W 方向输入可以相同也可以不同。

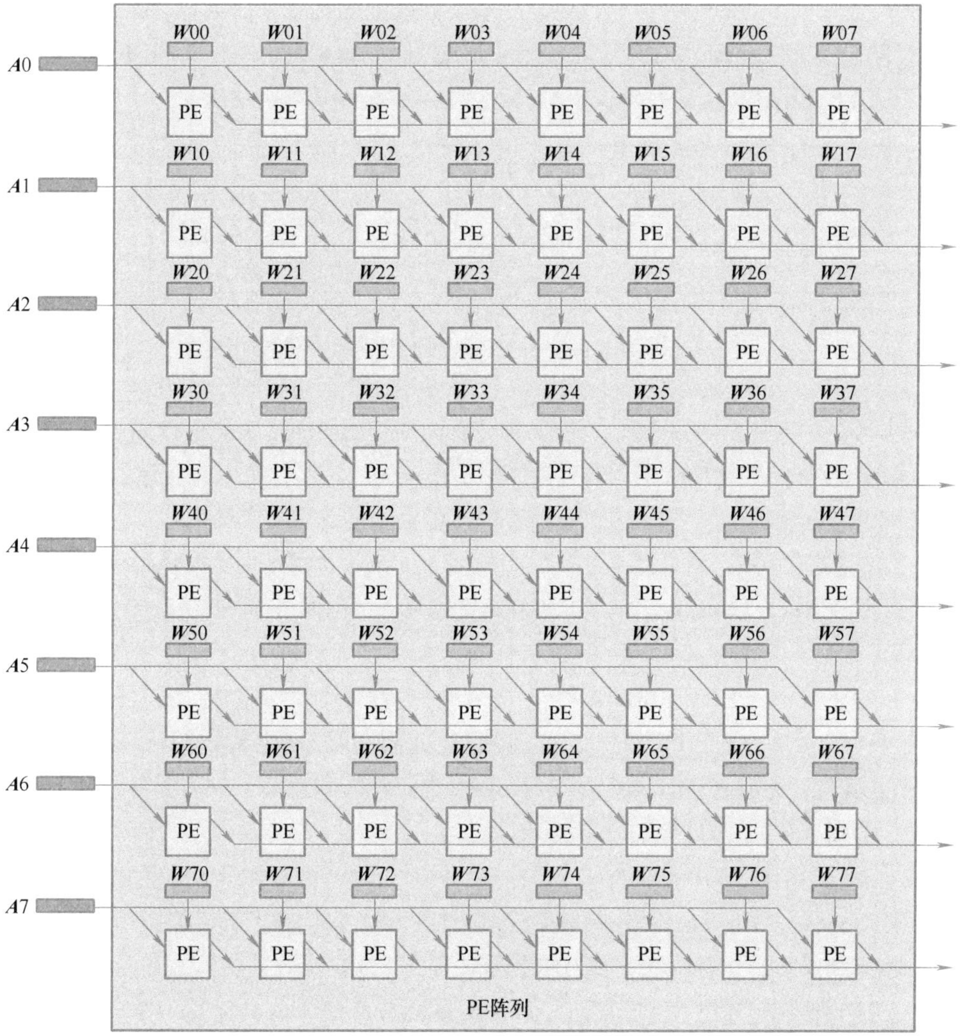

图 9-23　HiPU PE 阵列示例

PE 阵列每行中的 8 个 PE 每个时钟周期可以完成一个[1,8]× [8,8]^{T}的向量乘矩阵运算，通过控制 8 行不同的输入组合，可以完成不同维度的矩阵乘法运算以及向量乘矩阵运算。在进行向量乘矩阵运算时，PE 阵列每个时钟周期能计算 8 组各不相同的[1,8]×[8,8]^{T}运算，通过对 PE 阵列的输出进行时域累加，可以完成多维度矩阵乘法运算。

通过累加（Accumulation）单元可以实现 PE 阵列输出的时域累加，如图 9-24 所示，一行 PE 阵列输出的时域累加需要 1 个向量加法器；ACC 单元包含 8 个向量加法器，分别对 8 行 PE 的输出进行时域累加；PE 阵列每列中的 8 个 PE 可以完成一个[1,64]×[8,64]^{T}的向量乘矩阵运算，通过控制 8 列不同的输入组合，可以完成不同维度的矩阵乘法运算以及向量乘矩阵运算。在进行向量乘矩阵运算时，PE 阵列每个时钟周期能计算 8 组各不相同的[1,64]×[8,64]^{T}运算，通过对 PE 阵列的输出进行空域累加，可以完成多维度矩阵乘法运算。

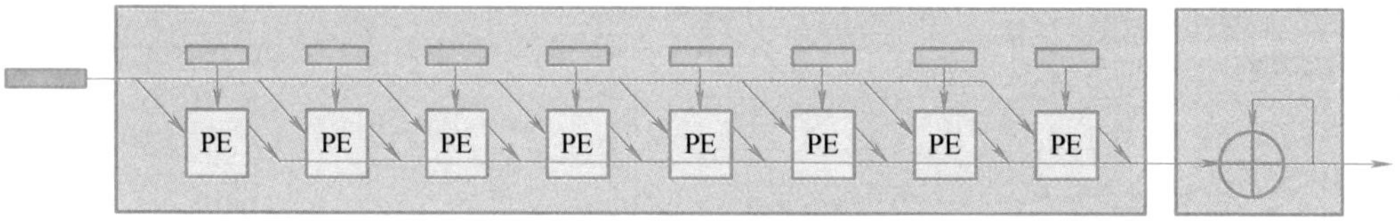

图 9-24 HiPU PE 阵列时域累加示例

通过 PE 阵列内部加法器，可以实现 PE 阵列输出的空域累加，如图 9-25 所示，一列 PE 输出的空域累加需要 7 个向量加法器，通过使能其中指定的加法器，可以对指定的 PE 输出进行累加；PE 阵列包含 8×7 个加法器，分别对 8 列 PE 的输出进行空域累加。

对于任意向量乘矩阵，均可以通过补零扩展为[1,8×s]×[8×s,8×s]^{T}的形式（s 为正整数）。图 9-26 所示为[1,8×s]×[8×s,8×s]^{T}的向量乘矩阵运算：将向量 $\boldsymbol{A}$ 拆分为 s 个 [1,8] 的向量（8 个数），记其中一个为$\boldsymbol{A}[m]$；将矩阵 $\boldsymbol{W}$ 拆分为 s×s 个 [8,8] 的矩阵，记其中一个为 $\boldsymbol{W}[m][n]$，m 表示行，n 表示列；PE 阵列的一行 1 个时钟周期刚好可以完成一个 $\boldsymbol{A}[m]$×$\boldsymbol{W}[m][n]$的向量乘矩阵运算。整个 PE 阵列在 1 个时钟周期刚好可以完成 8 个 $\boldsymbol{A}[m]$×$\boldsymbol{W}[m][n]^{T}$的向量乘矩阵运算。要完成一个[1,8×s]×[8×s,8×s]^{T}向量乘矩阵运算，就需要将一个个 $\boldsymbol{A}[m]$×$\boldsymbol{W}[m][n]^{T}$ 按不同时域、空域均匀分布在 PE 阵列上。

HiPU 对 $\boldsymbol{A}[m]$与 $\boldsymbol{W}[m][n]$组合的方式主要有两种，第一种侧重于低功耗应用场景，读取一次数据后，尽可能复用，减少数据搬移带来的损耗；第二种侧重于高性能应用场景，尽可能缩短数据在 PE 阵列中的运算时间，将与向量乘法无关的运算（如累加）放在外部累加单元处理，从而提高时钟频率。对于维度不超过 [8,8] 的矩阵乘法，该类运算 1 个周期即可完成，不涉及减少数据搬移的问题，也不涉及在累加单元对 PE 阵列运算结果进行不同时域累加的问题，因此该类矩阵乘法的高性能模式和低功耗模式一致。

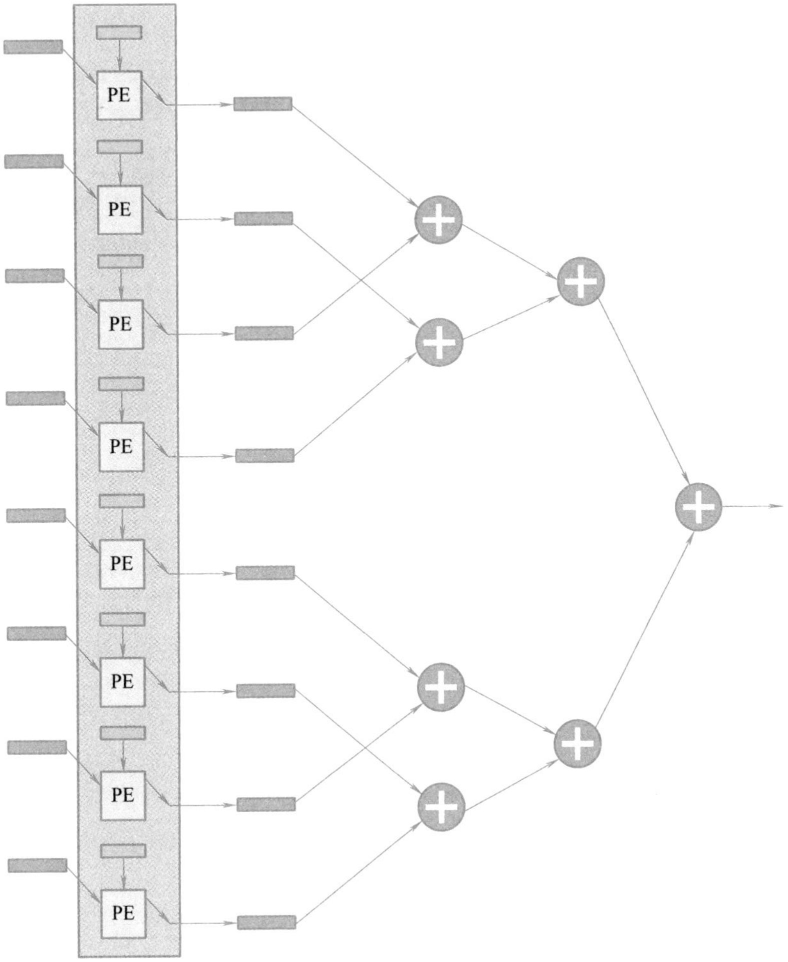

图 9-25　HiPU PE 阵列空域累加示例

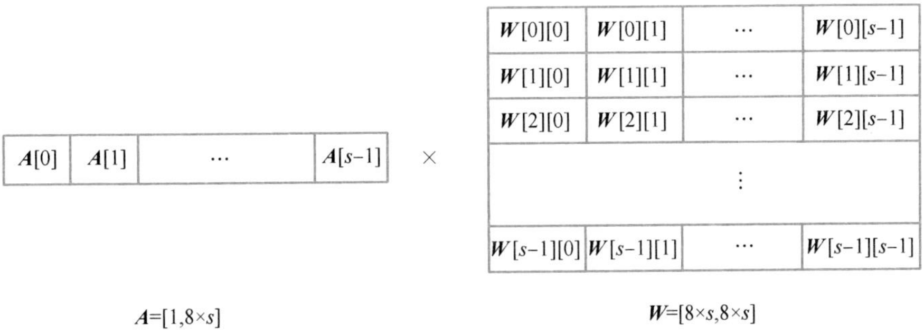

图 9-26　$[1,8\times s]\times[8\times s,8\times s]^{T}$向量乘矩阵运算

当 $s=1,2,4$ 时，原始输入数据过少，无法充分利用 PE 阵列带宽，因此 PE 阵列通过对 A 方向输入或 W 方向输入进行广播，来提高 PE 阵列的利用率，缩短运算时间。图 9-27 所示为 **A**[m]与 **W**[m][n]低功耗场景组合方式，将原始 A 方向输入（**A**[0]~**A**[$s-1$]）复制 $8/s$ 份，每份为 1 组，每组共有 $8\times s$ 个数。将原始 W 方向输入按每 8 列一组划分，共 s 组，每组共有 $64\times s$ 个数。因此，PE 阵列的 s 行 1 个周期可以完成 1 组 A 方向输入和 1 组 W 方向输入的向量乘矩阵运算，整个 PE 阵列可以完成 $8/s$ 组这样的运算，共需要 s 个周期完成所有运算。

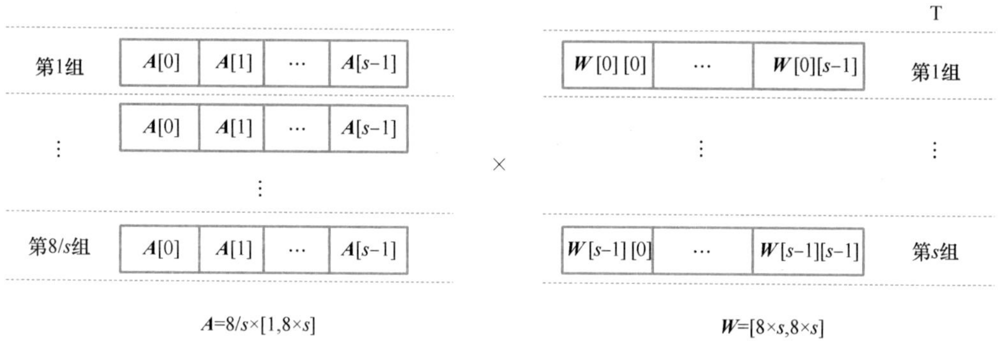

图 9-27 **A**[m]与 **W**[m][n]低功耗场景组合示例 1

图 9-28 所示为 **A**[m]与 **W**[m][n]高性能场景组合方式，将 A 方向输入转置得到 s 个［$1,8\times 8/s$］向量，每行为 1 组，每组共有 $8\times 8/s$ 个数；将原始 W 方向输入按每 8 行一组划分，共 s 组，每组共有 $64\times s$ 个数。因此，PE 阵列的 $8/s$ 行 1 个周期可以完成 1 组 A 方向输入和 1 组 W 方向输入的向量乘矩阵运算，整个 PE 阵列可以完成 s 组这样的运算，共需要 s 个周期完成所有运算。

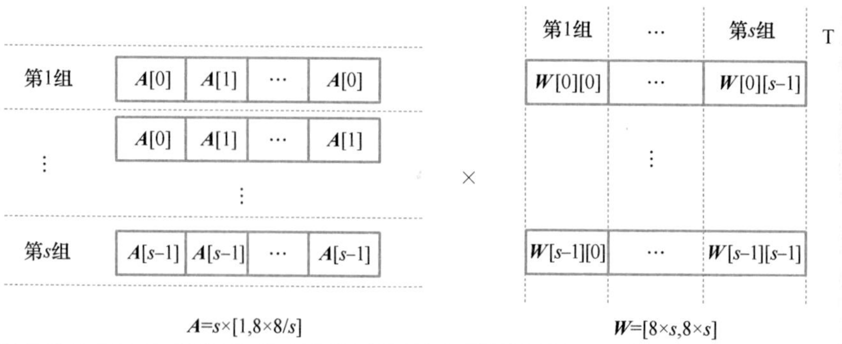

图 9-28 **A**[m]与 **W**[m][n]高性能场景组合示例 1

当 $s=8$ 时，低功耗模式下的 **A**[*m*]与 **W**[*m*][*n*]组合方式如图 9-29 所示。第 1 个周期，从 **A** 中顺序取 8 个向量（**A**[0]~**A**[7]），分别作为 PE 阵列 **A**0~**A**7 的输入，保持 A 方向输入 8 个周期不变；第 k 个周期，从 **W** 中按列顺序取 8 个矩阵（**W**[*k*][0]~**W**[*k*][7]），分别作为 PE 阵列 8 行的 W 方向输入。8 个周期后完成所有与 **A**[0]~**A**[7]相关的运算。

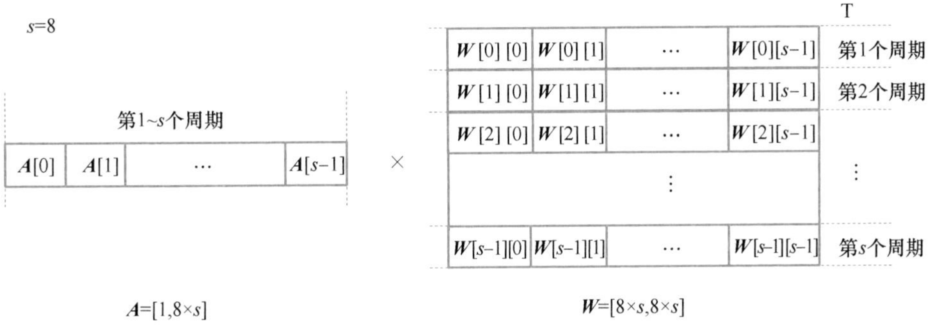

● 图 9-29　**A**[*m*]与 **W**[*m*][*n*]低功耗场景组合示例 2

当 $s=8$ 时，高性能模式下的 **A**[*m*]与 **W**[*m*][*n*]组合方式如图 9-30 所示。第 $k+1$ 个周期输入 **A** 中第 k 个向量 **A**[*k*]，广播到 PE 阵列的 **A**0~**A**7，从 **W** 中按行顺序取 8 个矩阵（**W**[0][*k*]~**W**[7][*k*]），分别作为 PE 阵列 8 行的 W 方向输入；8 个周期后完成所有关于 **A** 的运算。当 $s=3,5,6,7$ 时，可以将 A 方向输入和 W 方向输入分别扩展为 $s=4,8$ 的形式，然后按照 $s=1,2,4,8$ 的规则进行运算；当 $s>8$ 时，将 **A** 分为 $s/8$ 段，将 **W** 分为 $s\times s/8$ 块，然后将拆分后的 **A** 和 **W** 按照 $s=8$ 时的运算规则进行运算。

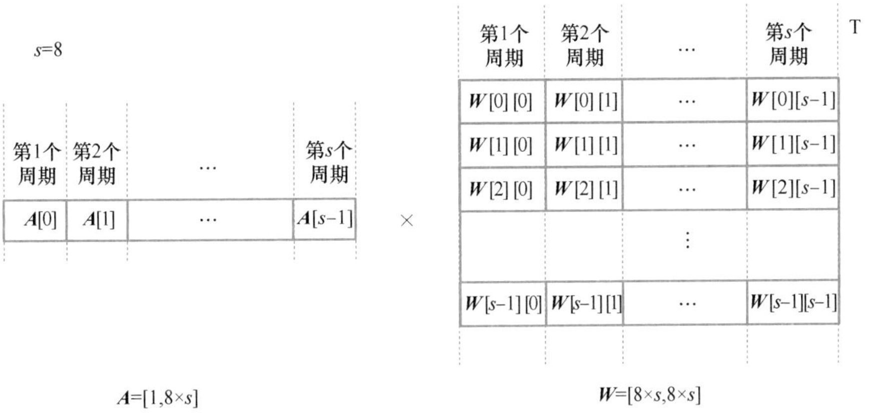

● 图 9-30　**A**[*m*]与 **W**[*m*][*n*]高性能场景组合示例 2

图9-31所示是标准的PE阵列[8,8]×[8,8]^{T}矩阵乘法，矩阵$\boldsymbol{A}$是$\boldsymbol{A}0\sim\boldsymbol{A}7$的输入数据，维度为［8,8］，将其按行八等分为$\boldsymbol{A}[0]\sim\boldsymbol{A}[7]$，每个都是一个［1,8］的向量，将其中一个记作$\boldsymbol{A}[i]$；矩阵$\boldsymbol{W}$是$\boldsymbol{W}00\sim\boldsymbol{W}77$的输入数据，维度为［8,8］，将其按列八等分为$\boldsymbol{W}[0]\sim\boldsymbol{W}[7]$，每个都是一个［1,8］的向量，将其中一个记作$\boldsymbol{W}[j]$；矩阵$\boldsymbol{C}$是输出数据，维度为［8,8］，在位置（$i,j$）处的值记作$\boldsymbol{C}[i][j]$。

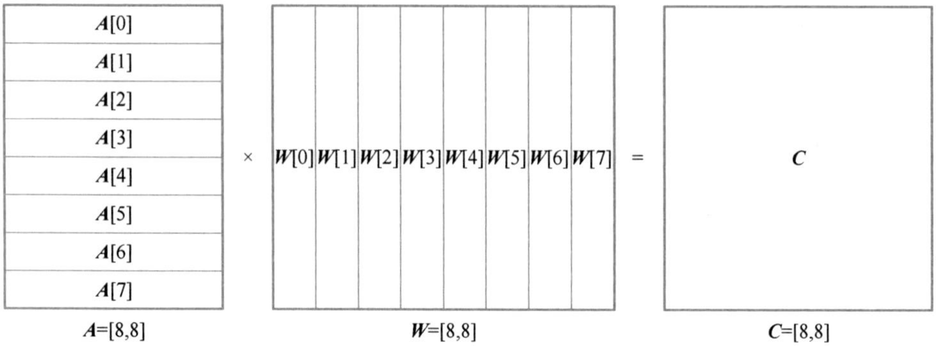

● 图9-31　PE阵列[8,8]×[8,8]^{T}矩阵乘法示例

HiPU的PE阵列在进行[8,8]×[8,8]^{T}向量乘矩阵运算时，数据输入方式和计算步骤如下。

1）将$\boldsymbol{A}[0]\sim\boldsymbol{A}[7]$分别输入到PE阵列的$\boldsymbol{A}0\sim\boldsymbol{A}7$，即PE阵列每行8个PE的A方向输入均相同；将$\boldsymbol{W}[0]\sim\boldsymbol{W}[7]$分别输入到PE阵列的$\boldsymbol{W}i0\sim\boldsymbol{W}i7$，即PE阵列每列8个PE的W方向输入均相同。

2）每个PE的输出为：$\text{Psum}(i,j)=\boldsymbol{A}[i]\times\boldsymbol{W}[j]$，$\boldsymbol{C}[i][j]$的值为$\text{Psum}(i,j)$。

3）在1个周期后，运算得到$\boldsymbol{C}[0][0]\sim\boldsymbol{C}[7][7]$，完成[8,8]×[8,8]^T=[8,8]的乘矩阵计算。

对于同样仅需要1个周期即可完成的矩阵乘法运算（矩阵维度不超过［8,8］的矩阵乘法），A方向输入的数据和W方向输入的数据均仅用于1个周期的运算，因此，该类运算高性能模式和低功耗模式一致，不做区分。

在进行[1,64]×[64,64]^{T}向量乘矩阵运算时，如图9-32所示，向量$\boldsymbol{A}$是$\boldsymbol{A}0\sim\boldsymbol{A}7$的输入数据，其维度为［1,64］，将其八等分为$\boldsymbol{A}[0]\sim\boldsymbol{A}[7]$，每一个都是一个［1,8］的向量，将其中任意一个记作$\boldsymbol{A}[i]$；矩阵$\boldsymbol{W}$是$\boldsymbol{W}00\sim\boldsymbol{W}77$的输入数据，其维度为［64,64］，将其等分为64个［8,8］矩阵，将其中任意一个记作$\boldsymbol{W}[k][i]$，k表示行，i表示列；向量$\boldsymbol{C}$为输出，其维度为［1,64］，将其八等分，将其中任意一个记作$\boldsymbol{C}[k]$。$\boldsymbol{C}[k]$的维度为［1,8］，将其中任意一个数记作$\boldsymbol{C}[k][j]$。

将$\boldsymbol{W}[k][i]$按行八等分为$\boldsymbol{W}[k][i][0]\sim\boldsymbol{W}[k][i][7]$，其中每一行均为［1,8］的向量，将其中任意一个记作$\boldsymbol{W}[k][i][j]$，如图9-33所示。

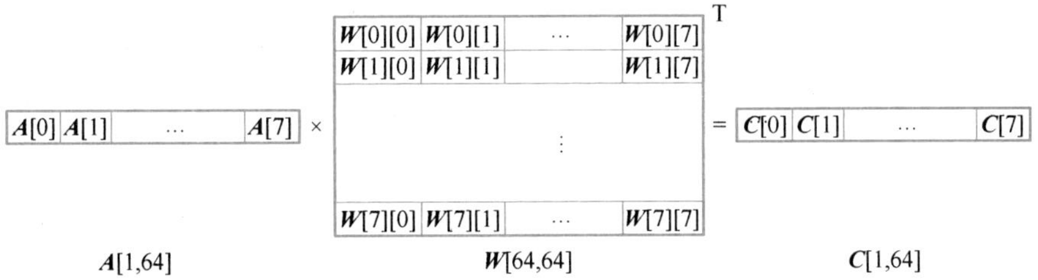

图 9-32 [1,64]×[64,64]^{T}向量乘矩阵运算

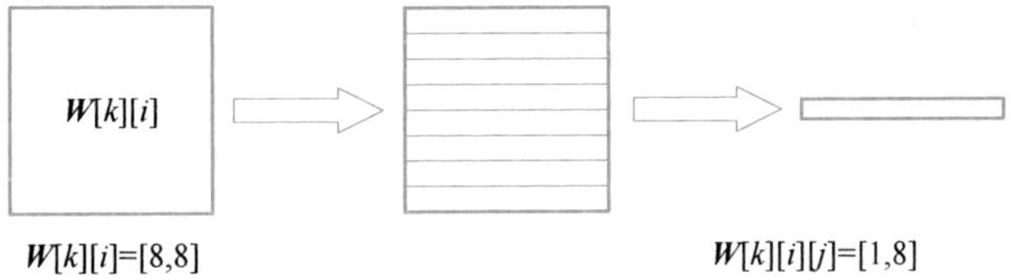

图 9-33 **W**[*k*][*i*]按行八等分

如果设置为低功耗模式，那么 PE 阵列一次可以读取 8 个不同的 A 方向输入，8 个周期高度复用，极大减少了向量乘矩阵运算时数据搬移造成的功耗。低功耗模式下 PE 阵列中需要额外增加的 8×7 个加法器（2 输入 1 输出），用于对 PE 阵列每周期的运算结果进行加和。PE 阵列第 k+1 个周期需要计算的向量乘矩阵为 $\boldsymbol{A}[i]\times\boldsymbol{W}[k][i]^{T}$，$i=0,1,2,\cdots,7$。8 个周期 PE 阵列每个周期需要计算的向量乘矩阵如图 9-34 所示。

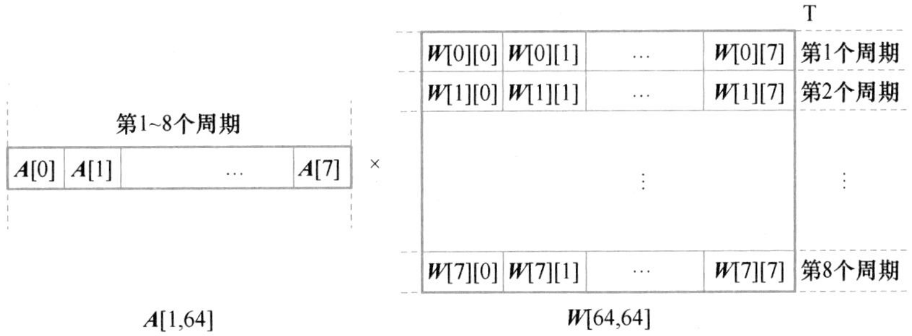

图 9-34 低功耗模式下[1,64]×[64,64]^{T}向量乘矩阵运算示例

数据输入方式和计算步骤如下。

1）在第 1 个周期，**A**[0]~**A**[7]分别输入 PE 阵列的 A0~A7 后，保持不变（此处节省了 8 个［1,8］向量的数据搬移的 7 个周期）；如图 9-35 所示，在第 k+1 个周期，将 **W**[k]中的 8 个

$[8,8]^T$矩阵，分别输入到 PE 阵列中对应的行；1 个周期后得到维度为[1,8]的向量 $\boldsymbol{C}[k]$。

2）以 $k=0$ 为例，将 $\boldsymbol{A}[0]\sim\boldsymbol{A}[7]$分别输入 PE 阵列的 $\boldsymbol{A}0\sim\boldsymbol{A}7$；将 8 个 $\boldsymbol{W}[0][i]$分别输入到 PE 阵列中的第 i 行。

3）每个 PE 的输出为：$\mathrm{Psum}(i,j)=\boldsymbol{A}[i]\times\boldsymbol{W}[0][i][j]^T$。

4）对 PE 阵列 8 行中具有相同 j 的 Psum 进行求和，得到 8 个值：$\boldsymbol{C}[0][j]=\sum_{i=0}^{7}\mathrm{Psum}(i,j)$

5）将这 8 个值进行拼接，得到维度为［1,8］的向量 $\boldsymbol{C}[0]$；$\boldsymbol{C}[0]=\{\boldsymbol{C}[0][0],\boldsymbol{C}[0][1],\cdots,\boldsymbol{C}[0][j],\cdots,\boldsymbol{C}[0][7]\}$。

6）$\boldsymbol{A}0\sim\boldsymbol{A}7$ 的输入保持不变，对 $\boldsymbol{W}[1]\sim\boldsymbol{W}[7]$重复步骤 2)～5)，8 个周期后得到 $\boldsymbol{C}[0]\sim\boldsymbol{C}[7]$，完成$[1,64]\times[64,64]^T=[1,64]$的向量乘矩阵计算。

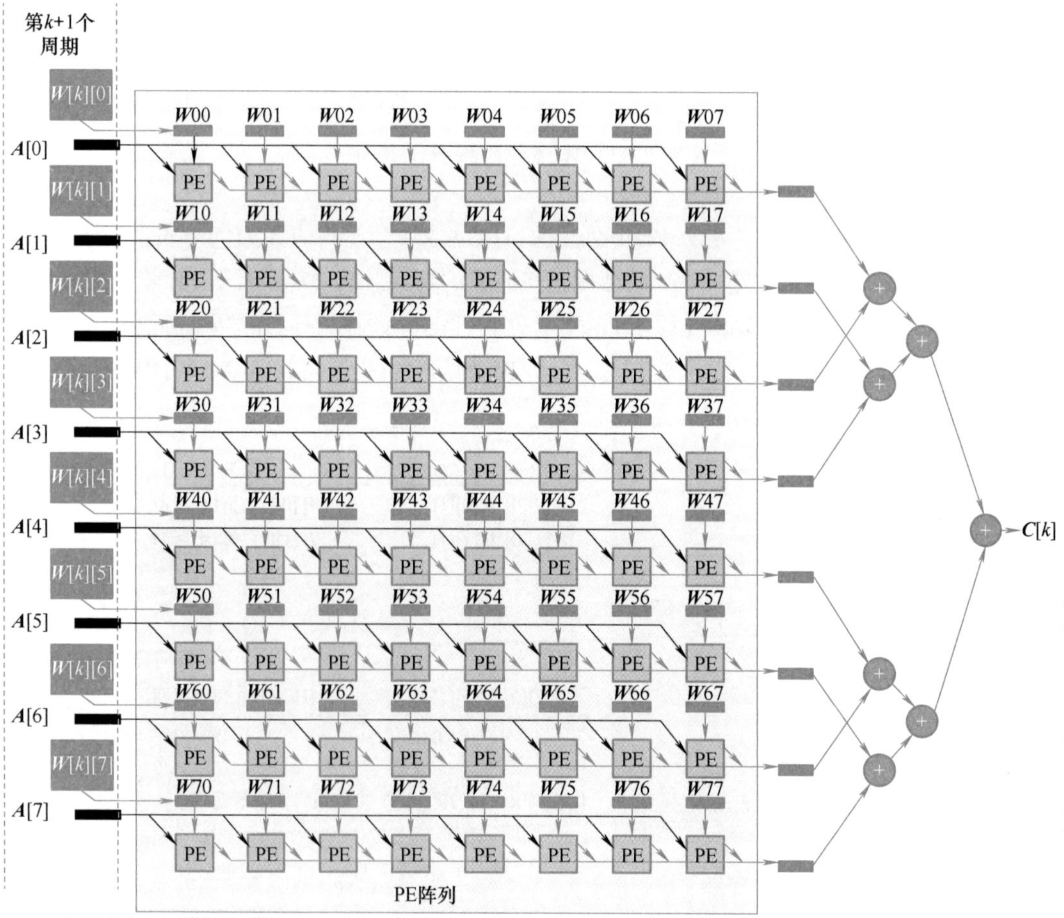

● 图 9-35　低功耗模式下$[1,64]\times[64,64]^T$向量乘矩阵运算中 PE 阵列数据通路示例

在高性能模式下，PE 阵列的 A 方向输入和 W 方向输入每周期均不相同，但无须在 PE 阵列内对每周期运算结果进行加和，运算结果直接输出到外部累加单元；因此，PE 阵列可以进行高频运算，而当前周期输出的运算结果经过累加单元累加后，累加结果暂时存储在外部缓冲单元，等待与下一个周期 PE 的运算结果进行不同时域下的累加。

此时，PE 阵列在第 $k+1$ 个周期需要计算的向量乘矩阵为 $\boldsymbol{A}[k]\times\boldsymbol{W}[i][k]^{\mathrm{T}}$，$i=0,1,2,\cdots,7$。8 个周期 PE 阵列每个周期需要计算的向量乘矩阵如图 9-36 所示。

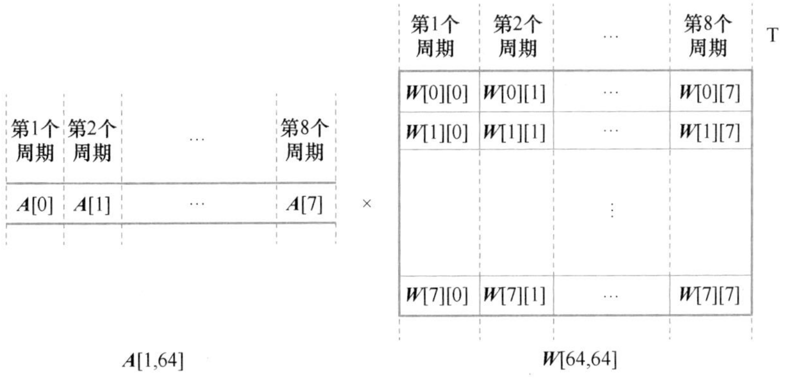

● 图 9-36　高性能模式下$[1,64]\times[64,64]^{\mathrm{T}}$向量乘矩阵运算示例

高性能模式下进行$[1,64]\times[64,64]^{\mathrm{T}}$向量乘矩阵运算时数据输入方式和计算步骤如下。

1）如图 9-37 所示，第 $k+1$ 个周期将维度为 $[1,8]$ 的向量 $\boldsymbol{A}[k]$广播到 PE 阵列的 $\boldsymbol{A}0\sim\boldsymbol{A}7$，将 $\boldsymbol{W}$ 中的 8 个 $[8,8]$ 矩阵 $\boldsymbol{W}[i][k](i=0,1,2,\cdots,7)$，分别输入到 PE 阵列中的第 i 行；1 个周期后每个 PE 输出 1 个数，将第 i 行 8 个 PE 的输出拼接成维度为 $[1,8]$ 的待累加向量，记作 $\boldsymbol{C}^{k}[i]$。

2）以 $k=0$ 为例，将$\boldsymbol{A}[0]$广播到 PE 阵列的$\boldsymbol{A}0\sim\boldsymbol{A}7$；将 8 个 $\boldsymbol{W}[i][0]$分别输入到 PE 阵列中的第 i 行。

3）每个 PE 的输出为：$\mathrm{Psum}(i,j)=\boldsymbol{A}[0]\times\boldsymbol{W}[i][0][j]^{\mathrm{T}}$。

4）将第 i 行的 8 个 PE 的输出 Psum 进行拼接，得到维度为 $[1,8]$ 的向量，将该向量输入到累加单元进行累加，即与上一周期存储在缓冲单元中的向量进行加和，累加结果为 $\boldsymbol{C}^{k}[i]$，将 $\boldsymbol{C}^{k}[i]$输出到外部缓冲单元，等待与下一个周期 PE 阵列的运算结果进行不同时域下的累加。

5）对 $\boldsymbol{A}[1]\sim\boldsymbol{A}[7]$重复步骤 2）~4），在累加单元中，每个周期都会将新得到的 $\boldsymbol{C}^{k}[i]$与上一周期 PE 的输出进行累加：$\boldsymbol{C}[i]=\sum_{k=0}^{7}\boldsymbol{C}^{k}[i]$。

6）8 个周期后，将 8 个 $\boldsymbol{C}[i]$进行拼接，得到维度为 $[1,64]$ 的向量 $\boldsymbol{C}$；8 个周期即可完成$[1,64]\times[64,64]^{\mathrm{T}}=[1,64]$的向量乘矩阵计算。

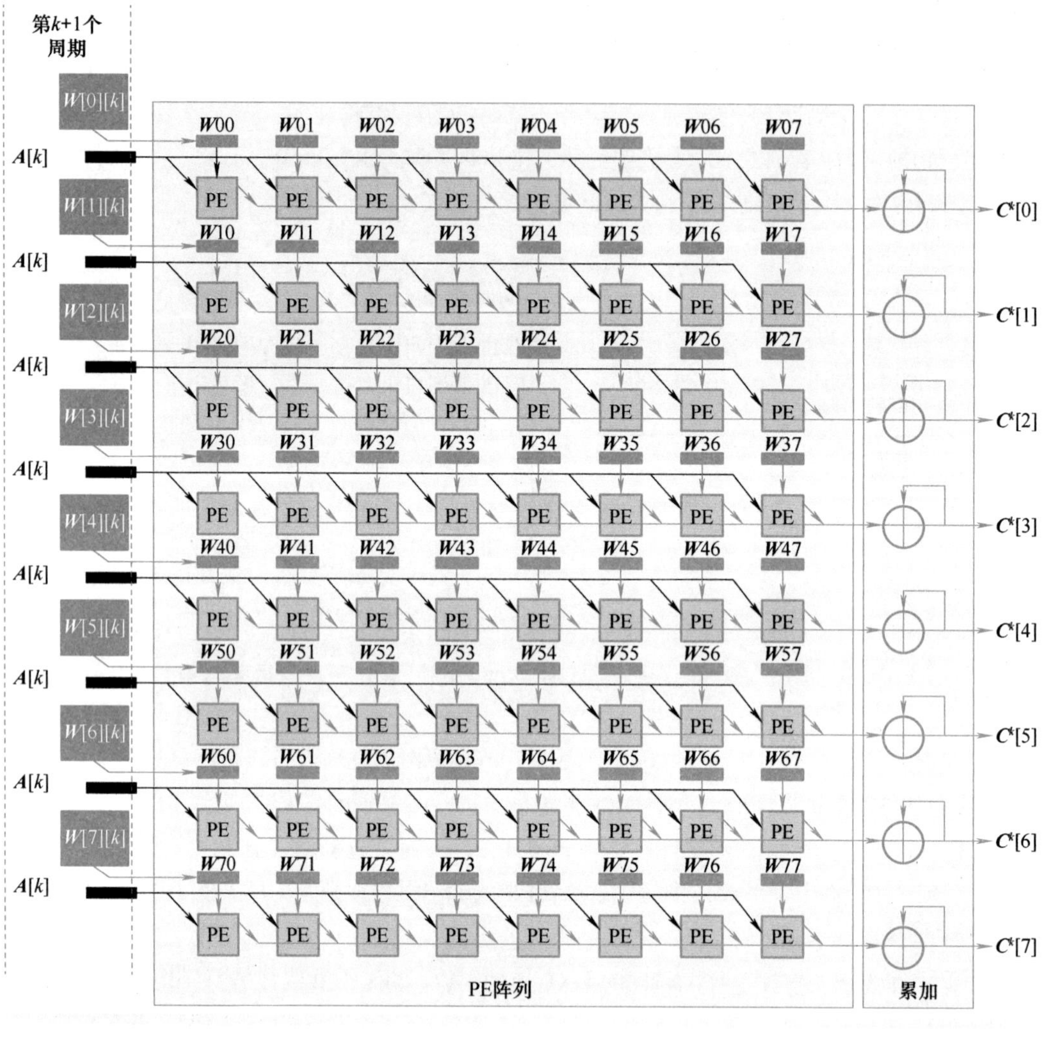

● 图 9-37　高性能模式下$[1,64]\times[64,64]^{T}$向量乘矩阵运算中 PE 阵列数据通路示例

在进行$[4,16]\times[16,16]^{T}$矩阵乘法时，矩阵 **A** 是 **A**0~**A**7 的输入数据，其维度为［4,16］，先将其按行四等分为 **A**[0]~**A**[3]，记其中任意一个为 **A**[*m*]，再将 **A**[*m*]按列二等分为 **A**[*m*][0]和 **A**[*m*][1]，其中每一个都是一个［1,8］的向量，将其中任意一个记作 **A**[*m*][*n*]；矩阵 **W** 是 **W**00~**W**77 的输入数据，其维度为［16,16］，将其拆分为 4 个［8,8］的矩阵，将其中任意一个记作 **W**[*i*][*j*]，*i* 表示行，*j* 表示列；矩阵 **C** 为矩阵乘法的输出，其维度和编号与矩阵 **A** 一致，每个元素都是一个［1,8］的向量，将其中任意一个记作 **C**[*m*][*n*]，如图 9-38 所示。

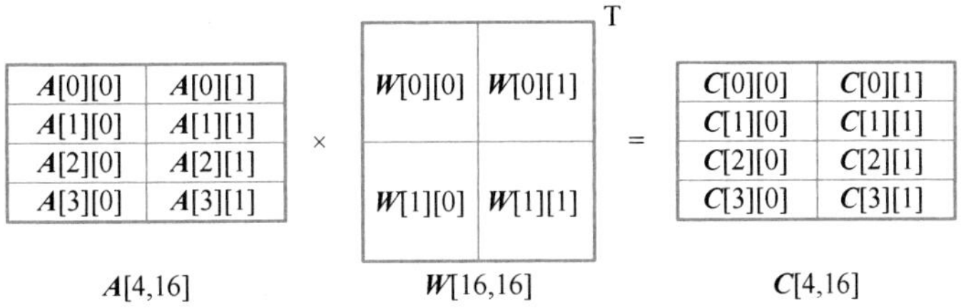

● 图 9-38　[4,16]×[16,16]^{T}矩阵乘法

在低功耗模式下，PE 阵列每周期可以完成 8 个[1,8]×[8,8]^{T}的向量乘矩阵运算，图 9-39 所示是低功耗模式下 **A** 和 **W** 的拆分组合方式。

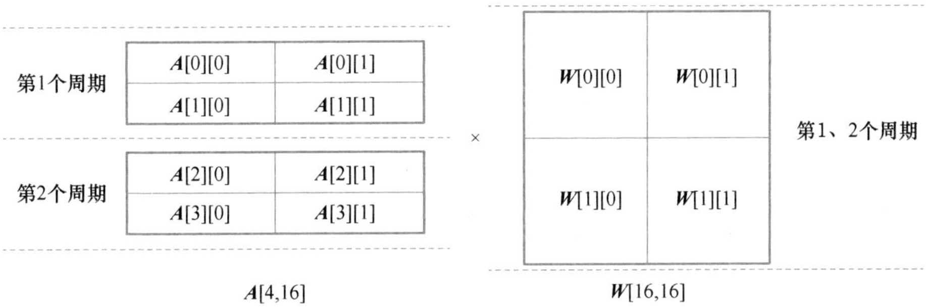

● 图 9-39　低功耗模式下[4,16]×[16,16]^{T}矩阵乘法运算示例

低功耗模式下数据输入方式和计算步骤如下。

1）在第 1 个周期，如图 9-40 所示，按照图 9-39 所示的 **A** 和 **W** 的拆分组合方法，将 **A** 中第 1 个周期的 4 个［1,8］向量分别输入到 PE 阵列的 **A**0 ~ **A**7（每个［1,8］向量都会广播到 PE 阵列的 2 行中）；将 **W** 中的 8 个［8,8］^{T}矩阵，分别输入到 PE 阵列中的 **W**00 ~ **W**77；1 个周期后得到 **C**[0][0] ~ **C**[1][1]。

2）在第 2 个周期，如图 9-41 所示，W 方向输入保持不变（此处节省了 8 个［8,8］矩阵数据搬移的 1 个周期），A 方向输入换为 **A** 中第 2 个周期的 64 个输入；1 个周期后得到 **C**[2][0] ~ **C**[3][1]。

3）每个周期得到的 **C**[m][n]的计算公式为：$\boldsymbol{C}[m][n]=\sum_{i=0}^{1}\boldsymbol{A}[m][i]\times\boldsymbol{W}[n][i]^{T}$

4）2 个周期后得到完整的输出矩阵 **C**，完成[4,16]×[16,16]^T=[4,16]的矩阵乘法计算。

图 9-42 所示是高性能模式下 **A** 和 **W** 的拆分组合方式。

高性能模式下数据输入方式和计算步骤如下。

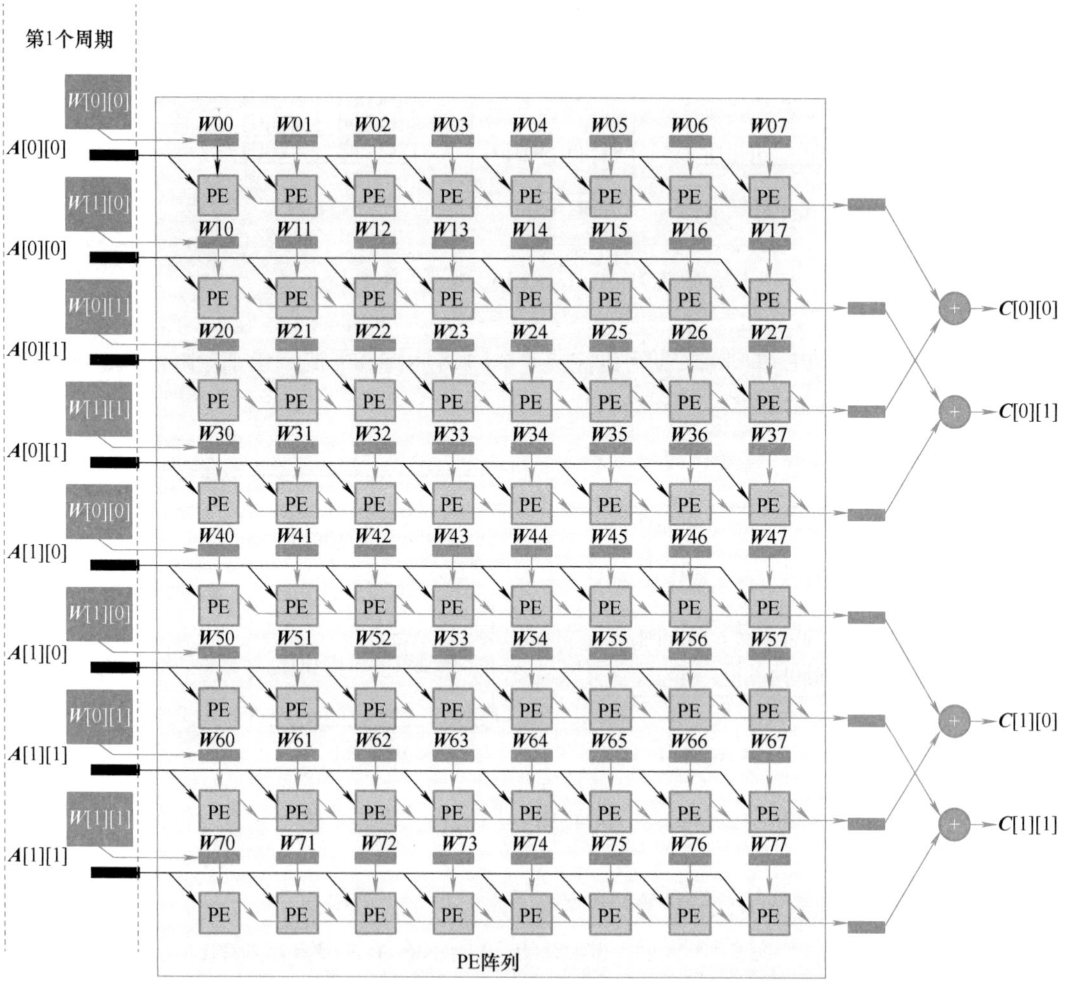

● 图 9-40　低功耗模式下$[4,16]\times[16,16]^{T}$矩阵乘法中 PE 阵列数据通路的第 1 个周期

1）在第 1 个周期，如图 9-43 所示，将 ***A*** 中第 1 周期的 8 个 $[1,8]$ 向量分别输入到 PE 阵列的 ***A*0～*A*7**；将 ***W*** 中的 2 个 $[8,8]$ 矩阵分别输入到 PE 阵列中的 ***W*00～*W*77**（每个 $[8,8]$ 矩阵都会广播到 PE 阵列的 4 行中）；1 个周期后得到 8 个 $[1,8]$ 待累加的向量，记作$\boldsymbol{C}'[m][n]$。

2）在第 2 个周期，如图 9-44 所示，A 方向输入保持不变，W 方向输入换为 ***W*** 中第 2 周期的 8 个矩阵输入；1 个周期后得到 8 个 $[1,8]$ 向量，在 ACC 单元中与上一个周期的 $\boldsymbol{C}'[m][n]$累加后，得到其余所有的$\boldsymbol{C}[m][n]$；完成$[4,16]\times[16,16]^{T}=[4,16]$的矩阵乘法计算。

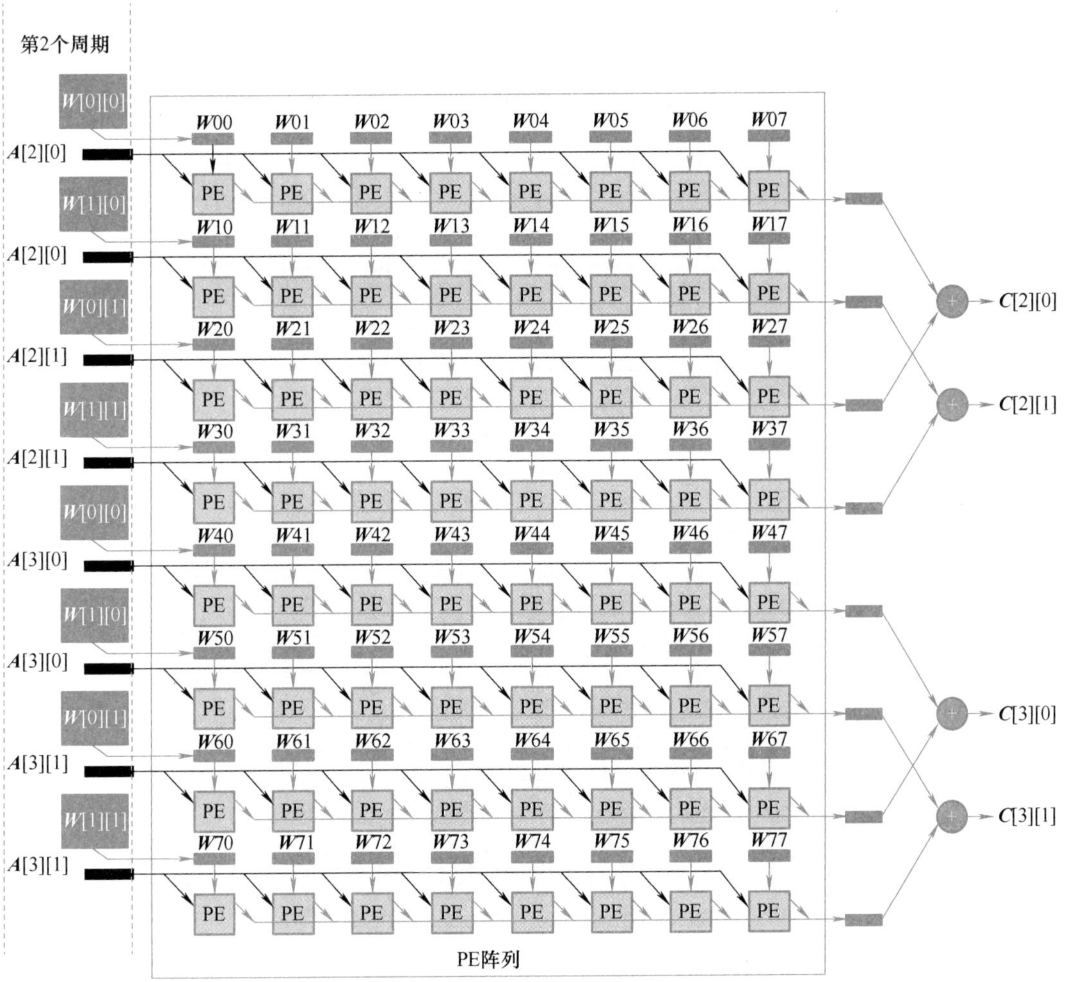

图 9-41 低功耗模式下[4,16]×[16,16]^{T}矩阵乘法中 PE 阵列数据通路的第 2 个周期

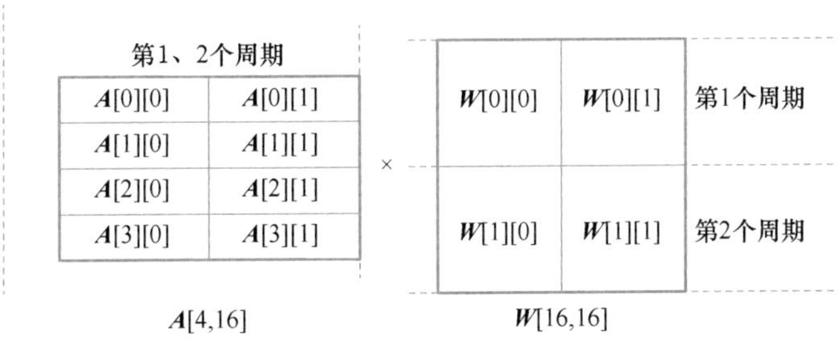

图 9-42 高性能模式下[4,16]×[16,16]^{T}矩阵乘法运算示例

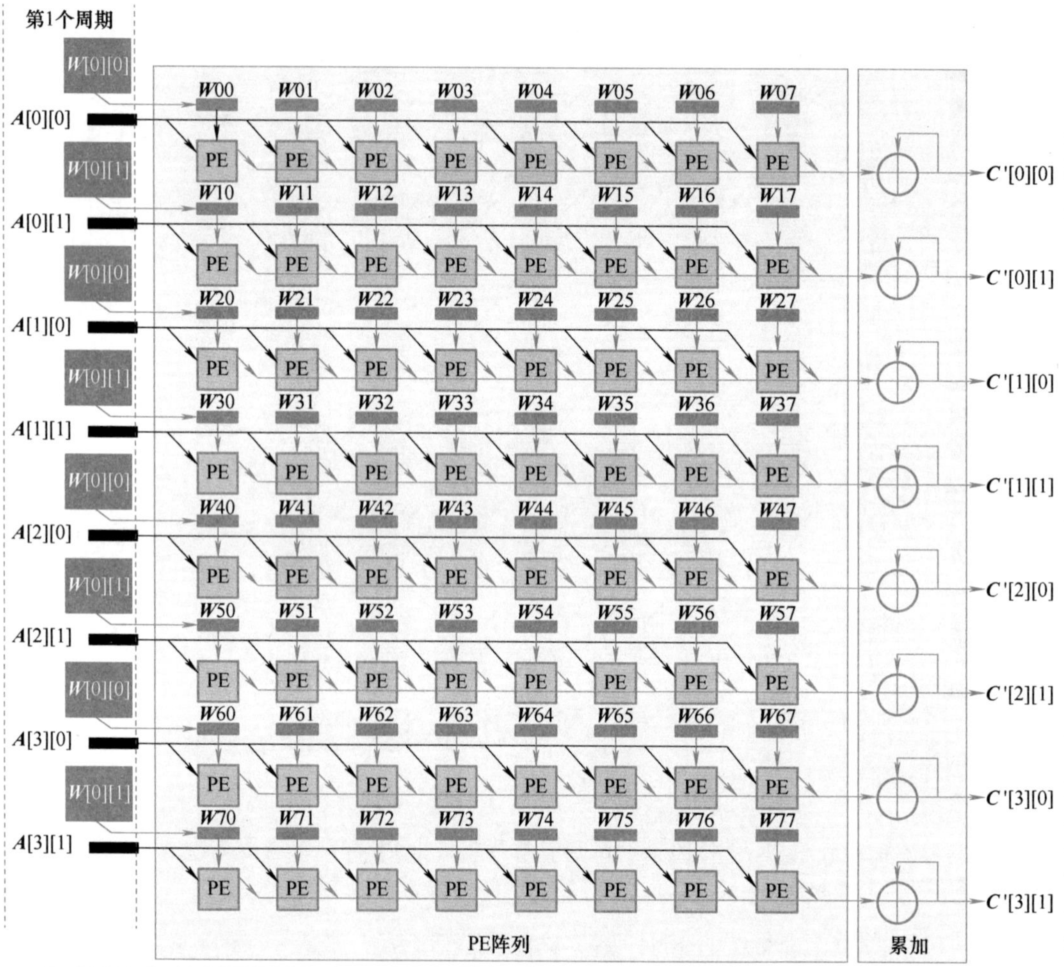

图 9-43 高性能模式下$[4,16]\times[16,16]^{T}$矩阵乘法中 PE 阵列数据通路的第 1 个周期

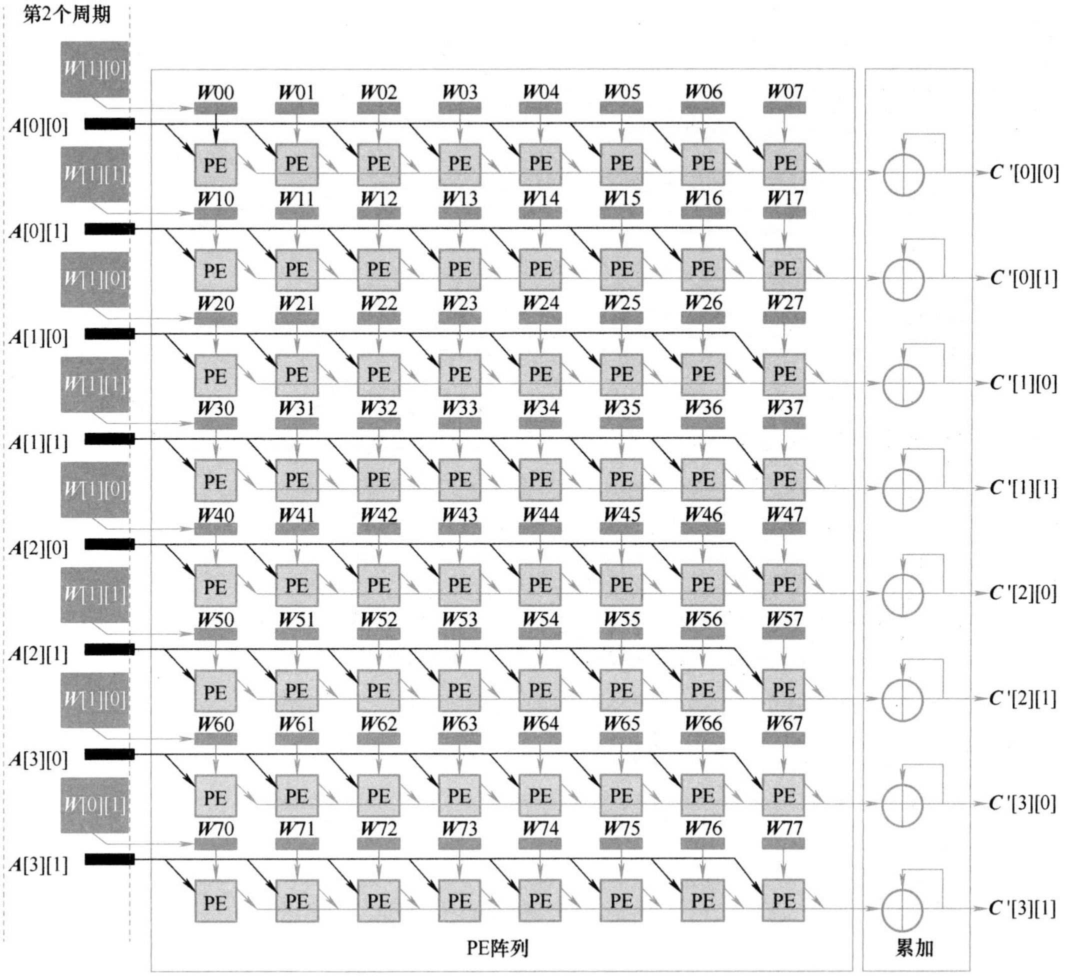

图 9-44　高性能模式下[4,16]×[16,16]^{T}矩阵乘法中 PE 阵列数据通路的第 2 个周期

参考文献

[1] HE K, ZHANG X, REN S, et al. Deep residual learning for image recognition [C] //2016 IEEE Conference on Computer Vision and Pattern Recognition, Las Vegas, USA, 2016.

[2] VASWANI A, SHAZEER N, PARMAR N, et al. Attention is all you need [J]. Advances in neural information processing systems, 2017, 30: 5998-6008.

[3] DEVLIN J, CHANG M W, LEE K, et al. BERT: pretraining of deep bidirectional transformers for language understanding [J]. arXiv preprint arXiv: 1810.04805, 2018.

[4] JOUPPI N P, YOUNG C, Patil N, et al. In-datacenter performance analysis of a tensor processing unit [C] //Proceedings of the 44th Annual International Symposium on Computer Architecture (ISCA), 2017.

[5] WATERMAN A, ASANOVIĆ K. The RISC-V instruction set manual volume Ⅰ: unprivileged ISA [EB/OL]. (2019-06-08) [2024-09-01]. https://riscv.org/specifications/isa-spec-pdf/.

[6] IEEE. IEEE Standard for Floating-Point Arithmetic: IEEE Std 754™-2008 [S]. New York: IEEE Computer Society Microprocessor Standards Committee, 2008.

[7] BATCHER K E. Sorting networks and their applications [C/OL] //Proceedings of the April 30-May 2, 1968, Spring Joint Computer Conference (AFIPS '68 (Spring)). New York: Association for Computing Machinery, 1968: 307-314. https://doi.org/10.1145/1468075.1468121.

[8] VOLDER J E. The CORDIC trigonometric computing technique [J]. IRE Transactions on electronic computers, 1959, EC-8 (3): 330-334. doi: 10.1109/TEC.1959.5222693.

[9] SAMAJDAR A, JOSEPH J M, ZHU Y, et al. A systematic methodology for characterizing scalability of DNN accelerators using SCALE-Sim [C] //IEEE International Symposium on Performance Analysis of Systems and Software, ISPASS 2020, Boston, MA, USA, 2020.

[10] YEH T, PATT Y. A comparison of dynamic branch predictors that use two levels of branch history [C] //Proceedings of the 20th Annual International Symposium on Computer Architecture, 1993.

[11] SEZNEC A, MICHAUD P. A case for (partially) TAgged GEometric history length branch prediction [J]. The journal of instruction-level parallelism, 2006, 8: 23.

[12] SHERWOOD T, CALDER B. Loop termination prediction [C] //International Symposium on High Performance Computing, 2000.

[13] DUBOIS M, ANNAVARAM M, STENSTRÖM P. Parallel computer organization and design [M]. Cambridge, UK: Cambridge University Press, 2012.

[14] ZHAO W, YANG G, XIA T, et al. HiPU: a hybrid intelligent processing unit with fine-grained ISA for real-time deep neural network inference applications [J]. IEEE transactions on very large scale integration (VLSI) systems, 2023, 31 (12): 1980-1993.

[15] ARM. AMBA AXI and ACE Protocol Specification [DB/OL]. (2013-02-22) [2024-09-01]. http://www.arm.com.